Linux网络服务器配置与管理项目教程

（第三版）| 微课版

谢树新　潘玫玫　王浦衡　编著

刘志成　主审

科学出版社

北京

内 容 简 介

本书根据高职高专的人才培养目标，结合高职高专教学改革的要求，本着“工学结合、项目引领、任务驱动、教学做评一体化”的教学模式，以项目为单元，以应用为主线，将理论知识融入实践项目，是为高职高专院校学生学习知识和提高技能量身定做的教材。

本书以服务器配置与管理的企业真实项目为载体，精心组织了安装Linux并构建网络环境、管理Linux文件系统、管理Linux操作系统、Shell脚本编程、配置与管理Samba服务器、配置与管理NFS服务器、配置与管理DHCP服务器、配置与管理DNS服务器、配置与管理Web服务器、配置与管理FTP服务器、配置防火墙与NAT服务器、综合案例共12个符合职业岗位能力标准、对接企业用人需求的真实项目。

本书既可作为高职高专院校计算机应用技术、软件工程、网络技术等相关专业的教材，也可供广大的Linux爱好者、Linux系统管理维护和网络管理人员、计算机培训机构的教师和学员参考使用。

图书在版编目（CIP）数据

Linux网络服务器配置与管理项目教程：微课版/谢树新，潘玫玫，王浦衡编著. —3版. —北京：科学出版社，2021.2（2024.7重印）
（“十四五”职业教育国家规划教材）

ISBN 978-7-03-067651-1

Ⅰ.①L… Ⅱ. ①谢…②潘…③王… Ⅲ. ①Linux操作系统–高等职业教育–教材 Ⅳ. ①TP316.89

中国版本图书馆CIP数据核字（2020）第270233号

责任编辑：孙露露 王会明／责任校对：马英菊
责任印制：吕春珉／封面设计：东方人华平面设计部

科学出版社 出版
北京东黄城根北街16号
邮政编码：100717
http://www.sciencep.com

三河市中晟雅豪印务有限公司 印刷
科学出版社发行 各地新华书店经销
*
2011年 8 月第 一 版 2024年7月第十六次印刷
2014年12月第 二 版 开本：787×1092 1/16
2021年 2 月第 三 版 印张：21 1/4
2023年 7 月第三版增订版 字数：488 000

定价：56.00元

（如有印装质量问题，我社负责调换〈中晟雅豪〉）

销售部电话 010-62136230 编辑部电话 010-62135763-2010

前　言

Linux 是一个免费、多用户、多任务的操作系统，它的稳定性、安全性和网络功能是许多商业操作系统无法比拟的。因此，它在系统级的数据库、消息管理、Web 应用、桌面办公、嵌入式开发等领域得到了广泛的应用。Red Hat 公司发行的 Linux 是 Linux 发行版本中最成功的一个，它在 Linux 服务器应用中的占有率也是最高的。自从 Red Hat Linux 9.0 版本发布后，Red Hat 公司就不再开发桌面版的 Linux 发行套件，而将全部精力集中在服务器版的开发上，也就是 Red Hat Enterprise Linux 版。

《Linux 网络服务器配置与管理项目教程》出版后，得到了众多职业院校师生的厚爱，于 2014 年 7 月被评为“十二五”职业教育国家规划教材，于 2023 年 6 月被评为“十四五”职业教育国家规划教材。为了适应计算机网络技术的发展和高等职业教育教材改革的需要，本书在修订的过程中，紧紧围绕“培养什么人、怎样培养人、为谁培养人”这一教育根本问题，全面落实立德树人根本任务，完善了素质目标，将“法律意识”“安全意识”“文化自信”“工匠精神”“网络强国”等以思政小贴士的方式有机融入教材，不断提升育人效果。本书坚持“职普融通、产教融合、科教融汇”原则，进一步吸收有实践经验的企业网络工程师和兄弟院校优秀教师参与教材大纲的审订和教材的编写。

本书以 RHEL 8 和 CentOS 8 系统为平台，结合编者多年的教学以及实践经验，以服务器配置与管理的真实项目为载体，从实用出发，全面系统地介绍了 Linux 网络服务器的配置与管理的技巧和技能。

1. 本书内容

本书安排了 12 个项目，包括 91 个任务案例、76 个操作示例、21 个课堂任务、21 个课后训练和 51 个微课（见表 0-1）。项目安排如下。

项目 1：安装 Linux 并构建网络环境。训练学生安装 Red Hat Enterprise Linux 8.0，构建服务器的网络工作环境。

项目 2：管理 Linux 文件系统。训练学生掌握文件和目录浏览、操作、压缩及归档的使用方法和技巧，学会 vi 编辑器的使用。

项目 3：管理 Linux 操作系统。训练学生掌握用户和组的建立与删除、软件包的安装与升级、存储设备的挂载与卸载、进程的查看与终止等。

项目 4：Shell 脚本编程。训练学生进行简单的 Shell 编程，在 Shell 中使用参数、表达式、循环和条件语句进行编程的能力。

项目 5：配置与管理 Samba 服务器。训练学生掌握安装与配置 Samba 服务器的方法，使安装 Linux 的计算机能与 Windows 系统的计算机共享资源。

项目 6：配置与管理 NFS 服务器。训练学生具有检查并安装 NFS 软件包、分析 exports 核心配置文件、配置与管理 NFS 服务器、进行简单故障判断与处理的技能。

项目 7：配置与管理 DHCP 服务器。训练学生掌握 DHCP 软件包的安装、DHCP 的主配置文件 dhcpd.conf 的配置选项的分析、DHCP 服务器和客户端的配置方法。

项目 8：配置与管理 DNS 服务器。训练学生掌握 DNS 软件包的安装方法，具有分析并编辑全局配置文件 named.conf、主配置文件、正向区域文件、反向区域文件，配置 DNS 服务器和客户端，判断和处理简单故障的能力。

项目 9：配置与管理 Web 服务器。训练学生掌握 Apache 服务的安装，分析核心配置文件 httpd.conf，配置与管理 Web 服务器，以及配置客户端的方法等。

项目 10：配置与管理 FTP 服务器。通过任务案例引导学生检查并安装 FTP 服务，分析核心配置文件 vsftpd.conf，具体训练学生对 FTP 服务器以及客户端的配置与管理。

项目 11：配置防火墙与 NAT 服务器。通过任务案例引导学生检查并安装 iptables；全面熟悉 iptables 和 firewall-cmd 的语法规则与应用技巧；具体训练学生利用 iptables 和 firewall-cmd 配置与管理防火墙和 NAT 等方面的技能。

项目 12：综合案例——泰德公司局域网设计与实现。通过真实的企业情境引导学生构建基于 Linux 平台的企业网络系统，具体内容可扫描二维码学习。

表 0-1　本书涉及的任务案例、操作示例、技能训练及微课统计表

内容	项目 1	项目 2	项目 3	项目 4	项目 5	项目 6	项目 7	项目 8	项目 9	项目 10	项目 11	项目 12	合计
任务案例	6	7	9	11	9	4	6	8	10	10	11	0	91
操作示例	6	8	14	12	9	10	4	4	2	3	4	0	76
课堂任务	2	2	1	3	2	1	2	2	2	2	2	0	21
课后训练	2	1	1	4	1	2	2	1	2	2	3	0	21
微课	4	6	6	4	5	4	5	4	3	5	4	1	51

2．本书特点

本书是编者在充分汲取国内外 Linux 网络服务器配置与管理方面相关文献的精华和相关编者的丰富实践经验的基础上，结合国内外信息产业发展趋势和网络服务的特点，依据自身多年的 Linux 网络服务器配置与管理方面的理论研究与教学实践成果，以及在大学和企业讲授与管理 Linux 网络服务器的经验总结而成。本书遵循“工学结合、项目引领、任务驱动、教学做评一体化”的教学模式，遵循学生的认知规律和不同学生的个性特点，根据企业和行业的要求对项目重新进行优化和筛选，主要特点如下。

（1）校企联合开发，编写理念新颖

本书由校企联合开发，所有项目均与企业专家进行了深度研讨，行业特色鲜明；编写团队成员来自学校和企业，具有很强的理论研究与教学实践能力，编写经验丰富，编写理念新颖。

本书编写以项目任务为载体，以工作过程为导向，提供大量任务案例、操作示例和技能训练，有助于讲练结合、现场示范、互教互练教学过程的实施。

（2）体例模式创新，教学项目对接职业岗位能力标准

本书根据职业岗位需求精选教学项目，采用情境引入，按照“任务描述→任务分析→知识储备→任务实施→技能训练→总结提高”的层次流程对教学内容进行组织。

本书所有任务案例、操作示例和技能训练都源于编者的工作实践和教学经验，操作步骤详细，语言叙述通俗易懂，过程设计完整，有助于全面提升学生动手能力和综合素质。

（3）内容选材新，层次分明，重点、难点突出

本书内容选材新，案例、资料、图片选择紧密结合实际生产需要，每个项目都给出了具体的学习目标，使学生在学习新内容之前能够做到心中有数、有的放矢。

本书在项目引领下，采用由浅入深、层次递进的“层次化”策略，以大部分学生为主体，照顾全体，兼顾不同层次学生的需求，便于学生理解与记忆。

本书的知识体系构建对接了岗位职业能力要求和国家职业标准，有利于实施“课证融通”，提高教学质量。

（4）提供丰富的立体化、数字化教学资源，方便教学

本书提供丰富的教学资源，包括课程标准、课程考核标准、教学课件、教学设计、微课视频、互动学习视频、项目库、技能考核题库等，为师生创造良好的线上、线下学习环境，便于提高学生的学习兴趣和学习效果。

（5）强化课程思政教育，践行职业道德规范

本书以立德树人为根本，充分发挥教材承载的思政教育功能，将课程思政教学内容有机融入每个项目的情境描述和任务案例之中，并结合职业特点，潜移默化地培育学生的职业精神和道德素养。

3. 其他

本书由湖南铁道职业技术学院谢树新、潘玫玫，湖南化工职业技术学院王浦衡编著，湖南铁道职业技术学院副校长刘志成教授对本书进行了审核。湖南铁道职业技术学院王昱煜、秦金、林保康，娄底职业技术学院肖忠良，湘潭技师学院彭星星，湖南汽车工程职业学院刘洪亮，娄底潇湘职业学院田卫红，北京神州数码云科信息技术有限公司丁明勇等参与了教材的编写、校对与整理工作，还有许多网络同行给予了热情的帮助，在此一并表示感谢。

由于编者水平有限，书中难免存在疏漏与不足之处，希望广大读者不吝赐教。读者对书中内容如有疑问，或者在实际工作中遇到什么问题，都可以发 E-mail 至 5688609@qq.com 获得技术支持与帮助。

目　　录

项目十二

项目 1

安装 Linux 并构建网络环境

学习指导

教学目标

知识目标

了解 Linux 系统的主要特点

了解 Linux 网络操作系统的要求

掌握 Linux 磁盘分区的方法

掌握 Linux 网络操作系统的安装方法

掌握 Linux 网络操作系统网络参数的配置方法

技能目标

会选择合适的 Linux 系统

会收集硬件信息

能进行磁盘分区

能安装 Linux 网络操作系统

能配置 Linux 网络操作系统网络参数

会使用 Linux 网络操作系统

素质目标

培养认真细致的工作态度和工作作风

养成刻苦、勤奋、好问、独立思考和细心检查的学习习惯

具有一定的自学能力，分析问题、解决问题能力和创新能力

具有法律意识、奉献精神、爱国情感和责任担当

建议课时

教学课时：理论学习 2 课时+教学示范 2 课时

技能训练课时：课堂模拟 2 课时+课堂训练 2 课时

Linux 是一个优秀的操作系统。它支持多用户、多进程和多线程；实时性好，自由开放，且具备强大的网络功能。Linux 的这些特性使其成为非常流行的服务器操作系统之一，且使其具有无限广阔的发展前景。Red Hat Enterprise Linux 8.0 具备很多全新的特性，引起了业界广泛的关注，是构建网络服务器的理想选择。

本项目按照工作流程引领学生从选择 Linux 版本，分析 Linux 的硬件需求，到安装 Red Hat Enterprise Linux，配置 Linux 网络的基本参数等几个方面，运用大量的任务案例进行讲解和训练，对每项任务的操作步骤进行详细的阐述，从而帮助学生全面而又熟练地掌握 Red Hat Enterprise Linux 8.0 网络操作系统的安装、使用与网络参数的配置。

1.1 任务描述

安装 Linux 并构建网络环境

由新奇网络公司负责的天一电子产品研发中心的网络改造工程，改造前局域网中的服务器采用 Windows 网络操作系统，考虑系统的安全性和稳定性，经过双方协商，决定改用 Linux 网络操作系统，改造的前期工作（如网络布线与设备安装调试）已基本完成，接下来的工作是安装与配置网络服务器。这项任务交给了谢立夫。谢立夫应该为天一电子产品研发中心选择哪个 Linux 版本呢？选择好 Linux 版本后他该怎么进行安装呢？安装完操作系统后，还应该进行哪些应用环境的配置呢？

谢立夫经过调研与分析，认为需要为天一电子产品研发中心的服务器安装 Red Hat Enterprise Linux 8.0（简称 RHEL 8）来解决此问题[也可以用 CentOS 8①（community enterprise operating system，社区企业操作系统）]。他要做的事情是首先了解服务器的硬件配置情况，并根据网络拓扑和网络规模规划网络服务器的工作环境，安装时选择较为常用的光盘安装方式，系统安装完成后再进行主机名设置、TCP/IP 配置及其他应用环境的配置，配置完成后进行相应的测试。

① CentOS 是 Linux 的发行版本之一，它由 RHEL 依照开放源代码规定释出的源代码所编译而成。

1.2 任务分析

1. 了解主流的 Linux 发行版本，熟悉 Red Hat Enterprise Linux 8.0

Linux 是一款免费使用和自由传播的类 UNIX 操作系统，具有稳定可靠、高效灵活的特点，是架设网络服务器的主流操作系统。它能够在个人计算机上实现 UNIX 的全部特性，并具有多用户、多任务的能力。

目前，主流的 Linux 发行版本有 Red Hat、CentOS、SuSE、Debian、Fedora、Ubuntu、Gentoo 以及国内的红旗、蓝点、中标麒麟等。在众多 Linux 发行版本中，Red Hat Linux 是目前全球使用最为广泛的 Linux 发行版本。Red Hat 针对个人用户和企业用户分别提供了两个不同的Linux版本，其中面向个人用户的版本是Red Hat Fedora，面向企业用户的版本是Red Hat Enterprise Linux，简称为 RHEL，而 CentOS 是 RHEL 的社区版，可供所有人免费使用。目前企业级用户所使用的版本是 2019 年 5 月 7 日发布的 Red Hat Enterprise Linux 8.0（RHEL 8）。

RHEL 8 在云工作负载和容器化工作负载方面做了许多改进，它包含 Linux 4.18 内核，带有 Wayland 的 GNOME 3.28 的默认工作站桌面，支持的最大文件达 1024TB，支持的最大内存达 24TB。RHEL 8 是为混合云时代重新设计的操作系统，支持从企业数据中心到多个公共云的工作负载和运作，包括 Linux 容器、混合云、DevOps、人工智能等。

2. 做好安装 Red Hat Enterprise Linux 8.0 的准备工作

（1）了解硬件需求

处理器和内存：AMD、Intel 64 位和 ARM 64 位架构等兼容处理器，并支持 Intel Vt 或者 AMD-V。文本模式最小内存值 512MB，图形模式最小内存值 2048MB，图形模式推荐内存值 4096MB 或更高。

硬盘空间需求：RHEL 8 安装需要 10GB 以上的硬盘空间，安装全部软件包需要 30GB 硬盘空间，建议硬盘空间适当配大一点。

（2）收集硬件信息

在开始安装 Linux 操作系统之前查看一下硬件兼容清单，确保硬件能够被 Linux 操作系统支持，也可借助 Windows 系统了解计算机硬件的基本信息。

（3）设置引导顺序

Linux 支持几种安装方式，但直接以光盘开机启动进行安装最方便和快速。若要机器以光盘启动，需要修改服务器的 BIOS，将光驱设置为第一启动盘。

（4）确认 Linux 分区参数

Linux 分区和 Windows 分区不同，不能共用。所以，需要为 Linux 单独开辟一个空闲的分区，最好是最后一个分区。一般情况下早期的 Linux 最少需要两个分区，即根分区（/）与交换分区（swap）。其中，根分区要分大些；交换分区设为实际内存的 1.5～2 倍。新版的 Linux 一般需要 3 个分区，增加了一个/boot 分区（解决著名的 137GB 限制问题），大小 200MB 左右即可。如果是企业生产环境，建议再增加一个/data 分区，用于存储数据。

3．熟悉 Red Hat Enterprise Linux 8.0 的安装方式

Linux 系统安装方式多样、灵活，可以根据环境的不同选择不同的安装方式。常见安装方式有硬盘安装、网络安装和光驱安装等几种。

（1）硬盘安装

硬盘安装方式一般用在 Windows 系统上安装 Linux。例如，安装 Windows 和 Linux 共存的双系统或者在系统没有光驱的情况下安装 Linux，就可以用硬盘方式进行安装。

（2）网络安装

在安装单台或数量不多（不超过 10 台）的服务器时，通过 U 盘或光驱方式进行安装还可以应付，但是如果要安装几百台甚至上千台服务器，这时就得选择网络安装方式了。

（3）光驱安装

光驱方式安装 Linux 系统是最常见的方式，简单易懂，因此选择光驱安装 Linux 为本项目讲述的重点，前提是计算机一定要有 DVD 光驱，并且准备好 RHEL 8/CentOS 8 安装光盘。由于本书教学采用虚拟机环境，所以本项目详细介绍使用光盘方式安装 Linux。

（4）U 盘安装

现在很多服务器一般都不配备光驱了，而且光驱安装速度较慢，批量安装系统时，会浪费很多时间。此时，可通过 U 盘方式来安装系统。

4．了解配置网络服务器需要构建哪些网络环境

构建网络环境是搭建网络服务的基础，没有合适的网络环境，Linux 无法完成各项网络服务，也就无法很好地与外界进行通信。

1）确定主机名并予以设置：在一个局域网中，为便于主机与主机之间的区分，就需要为每台机器设置主机名，让人们使用易记的方法进行访问。

2）选择好 IP 地址并完成相关配置：无论在局域网还是 Internet 上，每台主机必须有一个固定的 IP 地址，IP 地址就是主机的门牌号。

3）对防火墙进行相关的设置：在默认情况下，绝大多数服务是不允许外部计算机访问的，如果需要将计算机作为 FTP、HTTP 或 Samba 等服务器，就必须对防火墙进行设置。

4）测试服务器的网络环境：在服务器上做好相关配置后，可采用 hostname 命令、ping 命令、route 命令和 traceroute 命令对配置环境进行测试。

5．熟悉本项目的具体任务

本项目的具体任务包括了解硬件信息、安装 Linux 网络操作系统和构建网络工作环境等几个方面，具体任务如下。

1）了解硬件信息：包括查看内存大小，记录鼠标、网卡、声卡、显卡和显示器型号规格等。参考服务器的配置清单或进入 Windows 系统进行查看，观察硬盘结构，了解硬盘接口，确定分区格式及各分区的大小。

2）安装 Linux 网络操作系统：包括选择安装模式，设置分区大小、格式，选择服务组件、启动 Linux 完成简单设置。

3）构建合适的网络环境：包括设置主机名和 IP 地址、设置网卡相关信息、测试网络工作环境。

1.3 知识储备

Linux 是一种开放源代码的操作系统，随着不断地开发，Linux 成为 UNIX 类操作系统家族中发展最快的一员，目前互联网上很多服务器采用的就是 Linux 操作系统。至今，Linux 依然保持着惊人的发展速度，而且在嵌入式系统及企业高级应用等很多领域取得了成功，这些都表明 Linux 正在走向成熟，并在改变着世界的网络格局。

1.3.1 Linux 的诞生与发展

Linux 操作系统的诞生、发展和成长过程主要依赖着 UNIX 操作系统、MINIX 操作系统、GNU 计划、POSIX 标准和 Internet 五个支柱。

1. UNIX 操作系统

UNIX 操作系统是美国贝尔实验室的 Ken Thompson（肯·汤普逊，图 1-1）和 Dennis Ritchie（丹尼斯·里奇，图 1-2）于 1969 年夏在 DEC PDP-7 小型计算机上开发的一个分时操作系统。Thompson 为了能在闲置不用的 PDP-7 计算机上运行他非常喜欢的《星际旅行》（*Space Travel*）游戏，于是在 1969 年夏天趁他夫人回家乡加利福尼亚度假期间，在一个月内开发出了 UNIX 操作系统的原型。当时使用的开发语言是 BCPL（basic combined programing language，基本组合编程语言）。这个系统非常粗糙，与现代 UNIX 相差很远，它只具有操作系统最基本的一些特性。

1973 年，Thompson 和 Ritchie 发明了 C 语言，而后他们使用 C 语言对整个 UNIX 系统进行了重新加工与编写，使得 UNIX 能够非常容易地移植到其他硬件的计算机上。从那以后，UNIX 系统开始了令人瞩目的发展。

图 1-1 Ken Thompson（肯·汤普逊）

图 1-2 Dennis Ritchie（丹尼斯·里奇）

2. MINIX 操作系统

1984 年，因为 UNIX 规定“不能对学生提供源代码”，为了满足教学需求，Tanenbaum

（塔能鲍姆，图 1-3）1986 年完成了兼容 UNIX 的 MINIX，并以开源的形式进行了发布。

3. Linux 的诞生

1991 年，芬兰赫尔辛基大学的学生 Linus B. Torvalds（林纳斯·托瓦兹，图 1-4）为了能在家里的 PC（个人计算机）上使用与学校一样的操作系统，开始了编写类似 UNIX 内核的工作。

当时，Torvalds 使用的是 MINIX，即使 MINIX 很不错，可它只适合学生，是个教学工具，而不是一个强大的实战系统。因此，Torvalds 参考 MINIX 的设计理念（并没有使用 MINIX 的源代码），使用 GUN 中的一些软件开发了 Linux 核心代码。

到了 1991 年的 10 月 5 日，Torualds 在 comp.os.minix 新闻组上发布消息，正式向外宣布 Linux 内核系统（Free minix-like kernel sources for 386-AT）的诞生。

为了让 Linux 兼容 UNIX，Torvalds 严格参考了 POSIX（针对 UNIX 以及一些软件运行时的标准规范），所以 Linux 成为一种“类 UNIX”的系统。

图 1-3 Tanenbaum（塔能鲍姆）

图 1-4 Linus B. Torvalds（林纳斯·托瓦兹）

4. GNU 计划

软件产业在 20 世纪 70 年代成就了两位针锋相对的领袖人物，他们是来自哈佛大学的 Bill Gates（比尔·盖茨，图 1-5）和 Richard M. Stallman（理查德·斯托曼，图 1-6）。Gates 宣布了版权（copyright）时代的到来，并构建了微软帝国的辉煌；Stallman 于 1984 年创立自由软件体系 GNU，拟定普遍公用版权协议（general public license，GPL）。今天，Linux 的成功就得益于 GPL 协议。

所有 GPL 协议下的自由软件都遵循着 Stallman 的非版权（copyleft）原则，即自由软件允许用户自由复制、修改和销售，但是对源代码的任何修改都必须向所有用户公开。

思政小贴士

学习完“GPL 协议”，请大家分析讨论自由软件的优点和付费软件的缺点。大家在使用自由软件的同时，应该感谢软件背后的开发者，敬畏他们的奉献精神。

GNU 计划和自由软件基金会（Free Software Foundation，FSF）是由 Stallman 于 1984 年一手创办的。旨在开发一个类似 UNIX 并且是自由软件的完整操作系统：GNU 操作系统（GNU 是“GNU's Not UNIX”的递归缩写，它的发音为“guh-NEW”）。

各种以 Linux 为核心的 GNU 操作系统正在被广泛地使用。虽然这些系统通常被称作

Linux，但是 Stallman 认为，严格地说，它们应该被称为 GNU/Linux 系统。

图 1-5 Bill Gates（比尔·盖茨）

图 1-6 Richard M. Stallman（理查德·斯托曼）

5. POSIX 标准

POSIX（portable operating system interface for computing systems）是由 IEEE 和 ISO/IEC 开发的一组标准。该标准基于现有的 UNIX 实践和经验，描述了操作系统的调用服务接口，用于保证编制的应用程序可以在源代码一级上在多种操作系统上移植和运行。它是在 1980 年早期一个 UNIX 用户组（usr/group）的早期工作基础上取得的。该 UNIX 用户组原来试图将 AT & T 的 System V 操作系统和 BerkeleyCSRG 的 BSD 操作系统的调用接口之间的区别重新调和集成，并于 1984 年定制出了/usr/group 标准。

在 20 世纪 90 年代初，POSIX 标准的制定正处在最后投票敲定的时候，那是 1991—1993 年。此时正是 Linux 刚刚起步的时候，这个 UNIX 标准为 Linux 提供了极为重要的信息，使得 Linux 能够在标准的指导下进行开发，并能够与绝大多数 UNIX 操作系统兼容。在最初的 Linux 内核源代码（0.01 版、0.11 版）中就已经为 Linux 系统与 POSIX 标准的兼容做好了准备工作。

6. Linux 的发展

1991 年底，Torvalds 首次在 Internet 上发布了基于 Intel 386 体系结构的 Linux 源代码，从此以后，奇迹开始发生了。由于 Linux 具有结构清晰、功能简捷等特点，许多大专院校的学生和科研机构的研究人员纷纷把它作为学习和研究的对象。他们在更正原有 Linux 版本中错误的同时，也不断地为 Linux 增加新的功能。在众多热心用户的努力下，Linux 逐渐成为一个稳定可靠、功能完善的操作系统。

1993 年，100 余名程序员参与了 Linux 内核代码编写/修改工作，其中核心组由 5 人组成，此时 Linux 0.99 的代码约 10 万行，用户约 10 万人。

1994 年 3 月，Linux 1.0 发布，代码约 17 万行，当时按照完全自由免费的协议发布，随后正式采用 GPL 协议。

1995 年 1 月，Bob Young 创办了 Red Hat（红帽），以 GNU/Linux 为核心，集成了 400 多个源代码开放的程序模块，开发出了一种冠以品牌的 Linux，即 Red Hat Linux，称为 Linux“发行版”。

1996 年 6 月，Linux 2.0 内核发布，此内核有大约 40 万行代码，并可以支持多个处理器。此时的 Linux 已经进入了实用阶段，全球大约有 350 万人使用。

1998 年全球前 500 台超级计算机中只有 1 台运行着 Linux，而 2015 年 500 台超级计算机中有 498 台运行着 Linux，剩余的两台超级计算机运行着基于 UNIX 的操作系统。

2003 年 12 月，Linux 2.6 版内核发布，与 2.4 版内核相比 2.6 版对系统的支持有很大的变化。NEC 宣布将在其手机中使用 Linux 操作系统，代表着 Linux 成功进军手机领域。

2018 年，Linux Kernel 4.15 问世，RHEL 8 使用 Linux 内核 4.18。

Linux 最初基于 Intel 386 体系结构，经过不断开发，使 Linux 具有卓越的可移植性。目前，它已经可以运行在各种 PC、手机、游戏机、小型计算机及大型计算机上，几乎涵盖了所有的计算机平台。

1.3.2 Linux 的内核版本和发行版本

Linux 的内核版本和发行版本

Torvalds 开发的 Linux 只是一个内核，人们通常所说的 Linux 操作系统是指 GNU/Linux，即采用 Linux 内核的 GNU 操作系统。由此可知，Linux 的版本号可分为两部分：内核（kernel）版本和发行（distribution）版本。

1. Linux 的内核版本

Linux 内核使用 C 语言编写，符合 POSIX 标准，采用 GNU 通用公共许可证发布，是目前最受欢迎的自由计算机操作系统内核。

Linux 内核一直都是由 Torvalds 领导下的开发小组负责开发和规范的，其第一个公开版本就是 1991 年 10 月 5 日发布的 0.0.2 版本。1994 年 3 月完成了具有里程碑意义的 1.0.0 版本内核。从该版本开始，Linux 内核开始使用两种方式来标注版本号，即测试版本和稳定版本。其版本由 3 部分组成，格式如下：

主版本号.次版本号.修正版本号（即 A.B.C 的形式）

其中，主版本号表示有重大的改动，次版本号表示有功能性的改动，修正版本号表示有 Bug 的改动。

从次版本号可以区分内核是测试版本还是稳定版本：如果次版本号是偶数，则表示是稳定版本，用户可以放心使用；如果次版本号是奇数，则表示是测试版本，这些版本的内核通常加入了一些新的功能，而这些功能可能是不稳定的。例如，2.6.24 是一个稳定版本，而 2.7.64 则是一个测试版本。

到目前最新的内核 5.2.13 版本，Linux 的功能越来越强大，用户可以在 Linux 内核的官方网站 http://www.kernel.org 上下载最新的内核代码，如图 1-7 所示。

Linux 内核由进程调度（SCHED）、内存管理（MM）、虚拟文件系统（VFS）、网络接口（NET）和进程间通信（IPC）5 个子系统组成，这 5 个子系统之间的关系如图 1-8 所示。

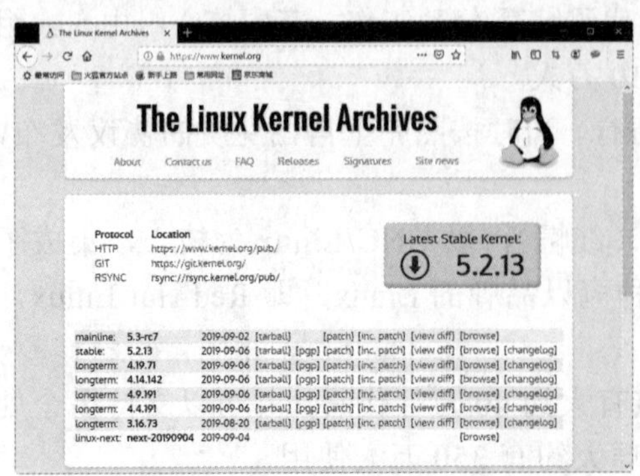

图 1-7 Linux 内核官方网站

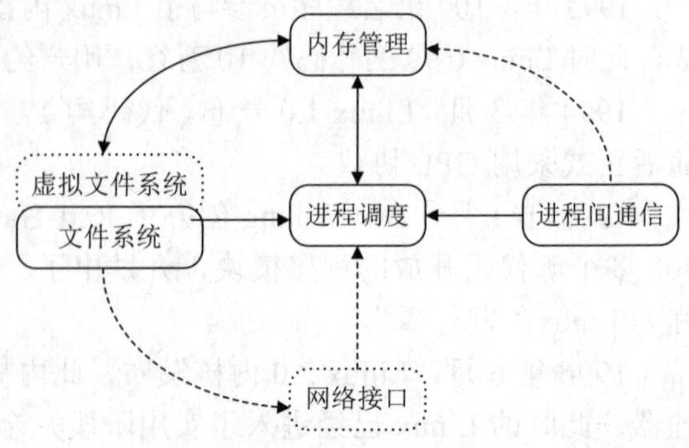

图 1-8 内核中 5 个子系统之间的关系

2. Linux 的发行版本

Linux 的发行版基于 Linux 内核源代码，将 Linux 系统的内核与外围实用程序（Utilities）软件和文档包装起来，并提供一些系统安装界面和系统配置、设定与管理工具，就构成了一种发行版本（distribution）。

由于 Linux 内核是完全开放源代码以及免费的，因此很多公司和组织将 Linux 内核与应用软件和文档包装起来，并提供了安装界面、系统设置以及管理工具等，这就构成了一个发行套件。目前，全世界有近 500 种 Linux 发行版，其中比较知名的有 Red Hat、CentOS、Debian、SuSE、Ubuntu、Slackware、Mandarke、红旗和中标麒麟等。

（1）Red Hat（官网：http://www.redhat.com/）

Red Hat 是最成功的 Linux 发行版本之一，它的特点是安装和使用比较简单，同时它可以让用户很快享受到 Linux 的强大功能而免去烦琐的安装与设置工作，而且 Red Hat 是全球最流行的 Linux。许多人一提到 Linux 就会毫不犹豫地想到 Red Hat，它曾被权威计算机杂志 *InfoWorld* 评为最佳 Linux。Red Hat 的标志如图 1-9 所示。

RHEL 的技术支持可靠、更新及时、用户群庞大、衍生版本众多（如 CentOS、Fedora 等），服务器软件硬件生态系统良好，技术支持社区规模大而有活力。其缺点是技术支持和更新服务费用相当昂贵。

（2）CentOS（官网：https://www.centos.org/）

CentOS 来自于 RHEL，CentOS 的目标是 100%兼容 RHEL 企业版。CentOS 是使用 RHEL 源代码再编译的产物，而且在 RHEL 的基础上修正了不少已知的 Bug，因此相对于其他 Linux 发行版，其稳定性值得信赖。CentOS 的标志如图 1-10 所示。

CentOS 包括更新在内的服务完全免费，具备良好的社区技术支持，可以平滑地从 CentOS 迁移至 RHEL。其缺点是不提供专门技术支持，不包含封闭源代码软件；对多媒体的支持不是很好；更新服务较为滞后，当然开发团队的可靠性也无法与收费的商业版本相比。

（3）Debian（官网：http://www.debian.org/）

Debian GNU/Linux 是 Linux 爱好者最中意的 Linux 操作系统之一，Debian 计划是以创造一个自由操作系统为共同目标的个人团体组建的协会。Debian 提供了 25000 多套完全由网络上的 Linux 爱好者负责维护的发行套件。Debian 的标志如图 1-11 所示。

图 1-9　Red Hat 的标志

图 1-10　CentOS 的标志

图 1-11　Debian 的标志

Debian 是一款极为精简而又十分稳定的 Linux 发行版，有着干净的作业环境，优秀的网络和社区资源。在国外拥有很高的认可度和使用率。其缺点是不提供专门技术支持，不包含封闭源代码软件，安装相对较难；发行周期过长，稳定版本中软件过时。

（4）SuSE（官网：http://www.novell.com/linux/suse/）

SuSE 是德国最著名的 Linux 发行版，SuSE 企业版的市场占有率仅次于 RHEL，在整个 Linux 行业中具有较高的名誉。SuSE 技术支持非常可靠，服务器软硬件生态系统良好，经常会提供许多完善的创新功能；其缺点是技术支持和更新服务付费较高，中文输入支持不是很完善。SuSE 的标志如图 1-12 所示。

（5）Ubuntu（官网：https://ubuntu.com/）

现在最流行的 Linux 桌面系统莫过于 Ubuntu。Ubuntu 基于 Debian 的 unstable 版本演变而来，Ubuntu 的安装非常人性化，只要按照提示一步一步地进行即可，Ubuntu 被誉为对硬件支持最好且最全面的 Linux 发行版之一，支持的软件也是最新的版本。Ubuntu 具有庞大的社区力量，它的技术支持较好，用户界面友好，硬件的兼容性好。其缺点是技术支持和更新服务需要付费，软件生态系统的规模和活力方面要稍弱于 RHEL。Ubuntu 的标志如图 1-13 所示。

（6）中标麒麟（官网：http://www.cs2c.com.cn/）

中标麒麟操作系统采用强化的 Linux 内核，分成桌面版、通用版、高级版和安全版等，满足不同客户的要求，已经广泛地使用在能源、金融、交通、政府、央企等行业领域。中标麒麟增强安全操作系统采用银河麒麟 KACF 强制访问控制框架和 RBA 角色权限管理机制，支持以模块化方式实现安全策略，提供多种访问控制策略的统一平台，是一款真正超越“多权分立”的 B2 级结构化保护操作系统产品。中标麒麟的标志如图 1-14 所示。

图 1-12 SuSE 的标志

图 1-13 Ubuntu 的标志

图 1-14 中标麒麟的标志

思政小贴士

操作系统作为最基本、最重要的基础软件，是计算机系统的内核与基石。Windows 操作系统存在很多的安全隐患，而且 Windows XP、Windows7、Windows 10 等更新服务终止将给用户带来巨大的安全风险。因此，要学好、用好 Linux 操作系统；同时，需要深入了解国产 Linux 操作系统的应用与发展前景。

1.3.3 Linux 的应用领域

Linux 的应用领域

Linux 的应用范围非常广，可以这样说，凡是可以使用操作系统的地方都可以使用 Linux，其具体的应用领域包括以下几个方面。

1）服务器。使用 Linux 搭建服务器的最大特点是成本低，用户可以从任何一个 Linux 厂家网站下载，然后根据需要搭建如 Web、FTP、Mail 等类型的服务器。Linux 服务器的另一大优点就是防病毒和反黑能力强。由于在 Linux 下可以运行的病毒或黑客程序非常少，所以通常情况下 Linux 感染病毒的概率几乎为零。这就是为什么 Linux 在服务器领域有着举足轻重的地位。

2）嵌入式开发。由于 Linux 内核体积小，并且没有知识产权费用，所以嵌入式开发领域可以说是 Linux 应用最为广泛的空间。目前，常见的应用包括手机操作软件，电视机中的多媒体与网络功能以及机顶盒中的相关功能等。

3）个人用户。目前，很少有家庭用户使用 Linux，Linux 更为广泛的应用还是在企业。当然，任何事物的发展都有一个过程，相信在不久的将来会有更多的家庭用户使用 Linux。

1.3.4 Linux 的主要优势

Linux 备受大众青睐，它主要具有以下几个方面的优势。

1）开放、自由。用户可以用很低廉的价格，甚至免费的方式取得 Linux，在日益注重知识产权的今日，用户不用支付庞大的版权费用，即可合法享用 Linux。

2）资源占用率低、稳定度高。Linux 是由内核（kernel）以及相应的实用程序构成的。当启动 Linux 时，内核被调入内存，并一直驻留在内存中直到关机断电。与代码日渐庞大的 Windows 相反，Linux 的内核被设计得尽量小，把许多额外工作交给实用程序执行。Linux 的稳定度很高，开机一年而不宕机的比比皆是。

3）良好的用户界面。Linux 的传统用户界面是基于文本的命令行界面，即 Shell，它既可以联机使用，又可以在文件上脱机使用。Linux 还为用户提供了直观、易操作、交互性强的友好的图形化界面。

4）多用户、多任务。Linux 是一个先进的多用户、多任务操作系统，不仅可以让使用者同时执行数个应用程序，还允许多人同时登入主机执行程序，让系统发挥至高的效能。

5）丰富的网络功能。Linux 支持调制解调器、ADSL、局域网络等上网方式，且各种网络应用程序都支持。更重要的是，Linux 内附多套服务器软件，无须付费就能架设功能强大的服务器。

6）错误更新迅速。以往在 Windows 系统中发现安全性漏洞时，Windows 用户只能等待 Microsoft 公司推出修正程序。Linux 则因为开放了源代码，全世界的程序设计师都可以帮其修改错误。因此若发现有安全漏洞，Linux 通常在很短的时间内就会推出修正程序。

7）可靠的系统安全。Linux 采取了许多安全技术措施，包括对读/写进行权限控制、带保护的子系统、审计跟踪、核心授权等，这为网络多用户环境中的用户提供了必要的安全保障。

1.3.5 Linux 磁盘分区基础

安装过 Windows 的用户都知道，在安装前必须对硬盘进行分区，对于 Linux 来说也是如此，但是，Linux 中的分区和 Windows 中的分区有很大的区别。由于对 Linux 进行分区是难点也是重点，所以下面将对 Linux 中的分区知识进行详细讲解。

1. 分区命名方式

在 Windows 中使用英文字母来表示每个分区，但是在 Linux 中不使用这种方式。如果硬盘是 IDE 硬盘，那么它使用/dev/hdxN/来表示，其中，dev/hd 是固定的文字；x 是表示第几个磁盘，从小写的 a 开始；N 表示这个磁盘的第几个分区。例如 dev/hdb2，其含义就是第二个磁盘的第二个分区。

如果硬盘是 SCSI 硬盘，那么分区就表示为/dev/sdxN/，以此类推，其含义与 IDE 硬盘相同。

Linux 中的分区和 Windows 中的分区命名的对比如图 1-15 所示。

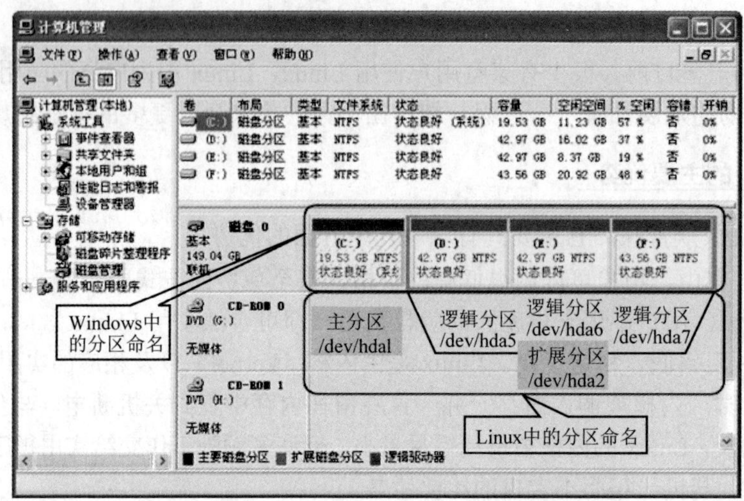

图 1-15 Linux 分区与 Windows 分区命名对比

2. Linux 中的 3 个基本分区

在进行 Linux 的具体安装前，有必要先对安装 Linux 时自动创建的几个基本分区进行了解。在 Linux 中一共有 3 个基本分区：引导分区（/boot）、交换分区（swap）和根分区（/）。

1）/boot 分区：该分区用于引导系统，在安装 Linux 时允许 Linux 自动创建其大小，也可以手动设置。这个分区包含 Linux 中的引导文件，用来对 Linux 进行初始化和引导，该分区的大小一般为 100MB。

2）swap 分区：该分区的作用是充当虚拟内存，swap 的调整对 Linux 服务器，特别是 Web 服务器的性能至关重要。swap 空间应大于或等于物理内存的大小，最小不应小于 64MB，通常 swap 空间的大小应是物理内存的 2～2.5 倍。

3）/（根）分区：该分区包括所有的 Linux 安装后的文件以及分区，其类似于 Windows 中的 C 盘。

3. 分区和挂载点

在 Windows 中，要访问一个分区，直接访问代表该分区的字母即可，但是在 Linux 中不可以通过/dev/hdxy 或/dev/sdxy/的方式来访问分区，必须通过挂载点的名字来访问分区。挂载点可以理解为分区的名字，只要输入挂载点的名字就可以访问其对应的分区。当然，还有一种理解就是在 Linux 中每一个分区都是一个目录，而挂载点就是这个目录的名字，只要访问这个目录就是访问这个分区。

4. 分区格式

在 Windows 中有 FAT16、FAT32 和 NTFS 等分区格式，Linux 要比 Windows 多一些，有 ext2、ext3、ext4、swap、soft raid、ReiserFS、XFS、JFS 和 vfat 等。

1）ext2：标准的 UNIX 文件系统与 Linux 是兼容的，具有文件名长度为 225 个字符的功能，在早期的 Linux 中就是使用的这种格式。

2）ext3：ext3 文件系统是直接从 ext2 文件系统发展而来的，目前 ext3 文件系统已经非常稳定可靠。它完全兼容 ext2 文件系统。ext3 目前所支持的文件系统最大可达 16TB，文件最大可达 2TB，可支持 32000 个子目录。

3）ext4：Linux 内核自 2.6.28 开始正式支持新的文件系统 ext4。ext4 可以提供更佳的性能和可靠性，还有更为丰富的功能。ext4 可支持 1EB（1EB=1024PB，1PB=1024TB）的文件系统，以及 16TB 的文件，ext4 支持无限数量的子目录。

4）swap：swap 分区是 Linux 系统的交换分区，当内存不够用的时候，可使用 swap 分区存放内存中暂时不用的数据。建议 swap 分区的大小是内存的 1.5～2 倍。

5）soft raid：通过操作系统建立磁盘阵列。由于磁盘阵列已经超出本书的范围，所以不做讨论。

6）vfat：与 Windows 长文件名兼容的格式，如果要通过 U 盘或其他存储设备在 Linux 和 Windows 中进行文件的复制，那么建立一个使用 vfat 格式的分区是大有用处的。

5. 分区方案

方案 1：针对网站集群架构中的某个节点服务器分区。

如果服务器上有多份数据（其他节点也有），且数据不太重要，宜采用的分区方案如下：

- /boot：200MB。
- swap：物理内存的 1.5 倍，当内存大于或等于 8GB 时，配置为 8～16GB 即可。
- /：剩余硬盘空间大小（/usr、/home、/var 等分区和“/”共用一个分区，这相当于在 Windows 系统中只有一个 C 盘，所有数据和文件都放在一起）。

方案 2：针对数据库及存储角色的服务器分区。

如果服务器上的业务多，且存储着大量重要的数据，宜采用的分区方案如下：

- /boot：200MB。
- /：大小设置为 50～200GB，只存放系统相关文件，网站等业务数据不放在这里。
- Swap：物理内存的 1.5 倍，当内存大于或等于 8GB 时，配置为 8～16GB 即可。
- /data：剩余硬盘空间大小，放数据库及存储服务等重要数据。当然，data 的名称可以换成别的名字。

方案 3：针对大网站或门户级别企业的服务器进行分区。

此分区方案更灵活，比较适合业务线比较多、需求不确定的大企业使用，宜采用的分区方案如下：

- /boot：200MB。
- /：大小设置为 100～500GB，只存放系统相关文件，网站等业务数据不放在这里。
- Swap：物理内存的 2 倍，当内存大于或等于 8GB 时，配置为 8～16GB 即可。
- 剩余的磁盘空间保留，不再进行分区，将来分配给不同的使用部门，由他们自己根据需求再进行分配。

1.4 任务实施

1.4.1 安装 Red Hat Enterprise Linux 8

Linux 系统的安装方式多样、灵活，可以根据环境的不同选择不同的安装方式。常见安装方式有硬盘安装、网络安装和光驱安装等几种。本书以光盘安装为例，详细讲解 Linux 系统的安装过程，并帮助用户解决安装中可能遇到的问题，其他安装方法作为课外拓展任务。

任务案例 

设置 BIOS 从光驱启动，将 RHEL 8/CentOS 8 的 DVD 光盘放入光驱，选择全新方式安装 Linux，在安装过程中合理进行分区，正确选择安装内容，顺利完成 Linux 的安装。

完成任务的步骤如下。

STEP 01 设置启动顺序

将 RHEL 8/CentOS 8 DVD 插入光驱，重启计算机，按 F2 键（或 Delete 键）进入服务器的 BIOS 设置界面，将光盘设置为第一启动盘，如图 1-16 所示。

提示

如果不能在真实机中直接安装 RHEL 8，则先完成 1.5 节中的【课堂任务 1-1】后，再在虚拟机中安装 RHEL 8/CentOS 8。

STEP 02 选择安装模式

设置好 BIOS 后，再重新启动计算机即可进入 RHEL 8/CentOS 8 的安装启动界面，如图 1-17 所示。在图中有 3 个选项，分别是：

- Install Red Hat Enterprise Linux 8.0.0：直接安装 RHEL 8。
- Test this media & install Red Hat Enterprise Linux 8.0.0：测试镜像，然后安装 RHEL 8（镜像源检测需要一定的时间，如果可以保证镜像源没有问题，可以选择第一项）。
- Troubleshooting：故障排除。

这里选择第 1 项进行安装，即先按 1 键再按 Enter 键进入安装向导。也可以按 Esc 键，出现 boot:后输入 linux，再按 Enter 键进行安装。安装程序将会加载内核 vmliuz 以及 RAMDISK 映像 initrd 进入安装。

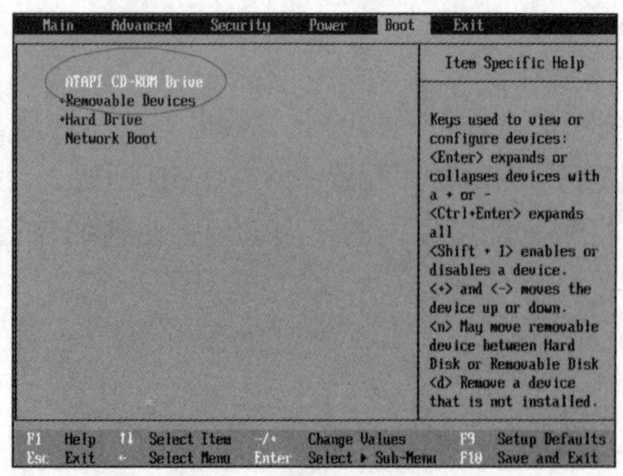

图 1-16 设置光盘启动

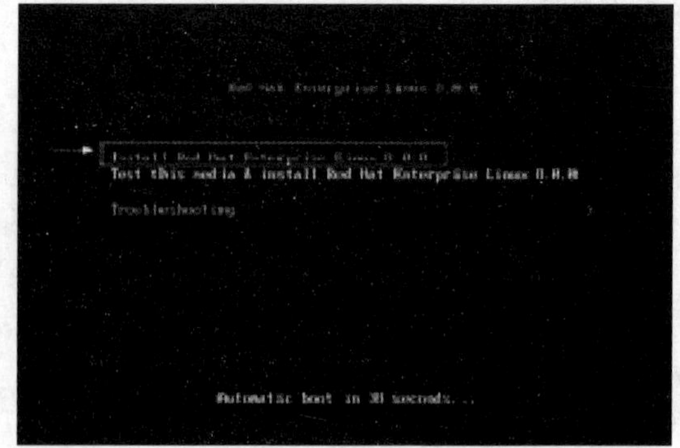

图 1-17 RHEL 8 的安装启动界面

STEP 03 选择安装语言

进入安装语言选择界面（注意：此处选择的不是系统语言，系统语言在后面选择），如图 1-18 所示。在列表中选择“简体中文（中国）”，单击“继续”按钮继续进行安装。

STEP 04 进入安装信息摘要界面

进入安装信息摘要（一站式安装）界面，在此界面，需要把所有带内容的感叹号全部消除，才能正式进行安装。这里包括键盘布局设置、语言支持设置、时间和日期设置、安装源设置、软件选择、安装目的地设置、网络和主机名设置、安全策略设置等，如图 1-19 所示。

图 1-18 选择安装语言

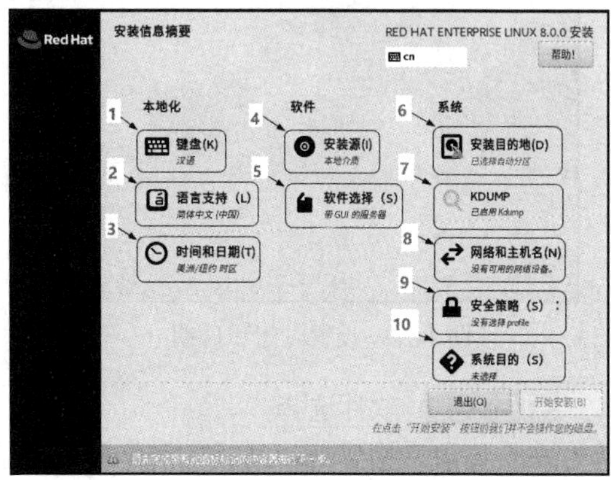

图 1-19 安装信息摘要（一站式安装）界面

STEP 05 选择键盘布局

在安装信息摘要（一站式安装）界面单击“键盘”按钮，进入键盘布局界面，如图 1-20 所示，在此保持默认，单击“下一步”按钮返回安装信息摘要（一站式安装）界面。

STEP 06 选择系统语言

在安装信息摘要（一站式安装）界面单击“语言支持”按钮为系统选择合适的语言，如图 1-21 所示，在此选择“中文”→“中文（简体）”，然后单击“下一步”按钮返回安装信息摘要（一站式安装）界面。

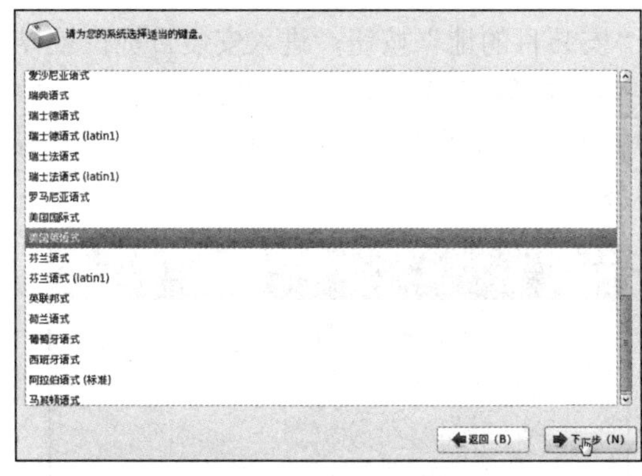

图 1-20 选择键盘布局

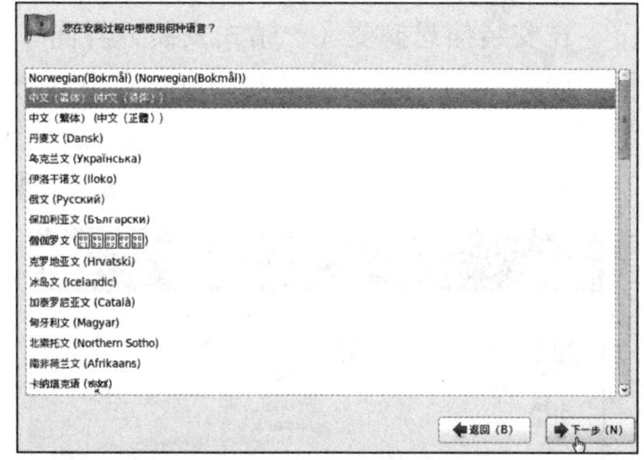

图 1-21 选择系统语言

STEP 07 设置系统时间和日期

在安装信息摘要（一站式安装）界面单击“时间和日期”按钮，进入时间和日期设置界面，如图 1-22 所示，在此设置好时区和正确的时间，然后单击“完成”按钮返回安装信息摘要（一站式安装）界面。

STEP 08 设置安装源

在安装信息摘要（一站式安装）界面单击“安装源”按钮，进入安装源设置界面，如图 1-23 所示，在此保持默认设置，然后单击“完成”按钮返回安装信息摘要（一站式安装）

界面。

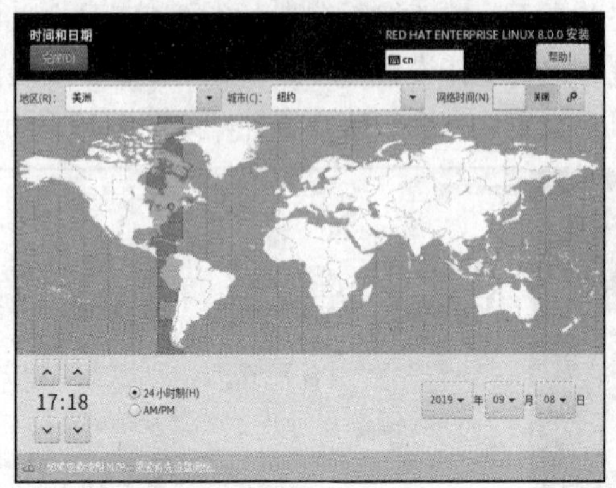

图 1-22　设置时间和日期

图 1-23　设置安装源

STEP 09 软件选择

在安装信息摘要（一站式安装）界面单击“软件选择”按钮，进入软件选择界面，如图 1-24 所示，在基本环境中选中“带 GUI 的服务器”，在右侧已选环境的附加选项中选择合适的附加项，这里需要选择“远程桌面客户端”“网络文件系统客户端”等，然后单击“完成”按钮返回安装信息摘要（一站式安装）界面。常见的安装类型如下：

- 最小安装（minimal install）：没有 GUI 的最小系统，用于高级 Linux 系统管理员。
- 工作站（workstation）：适用于笔记本计算机和 PC 上的安装。
- 带 GUI 的服务器（server with GUI）：带有图形界面的服务器安装，用于管理。

如果要将 RHEL 8 用作管理程序，例如仅运行 KVM，则选择“虚拟化主机（Virtualization Host）”即可。

STEP 10 设置安装目的地

在安装信息摘要（一站式安装）界面单击“安装目的地”按钮，进入安装目标位置界面，如图 1-25 所示，在此对磁盘设置分区方案（可选择自动分区，也可进行手动分区，如果采用手动分区方案，其分区可参考 1.3.5 节中的 5），在此保持默认的“自动”，然后单击“完成”按钮返回安装信息摘要（一站式安装）界面。

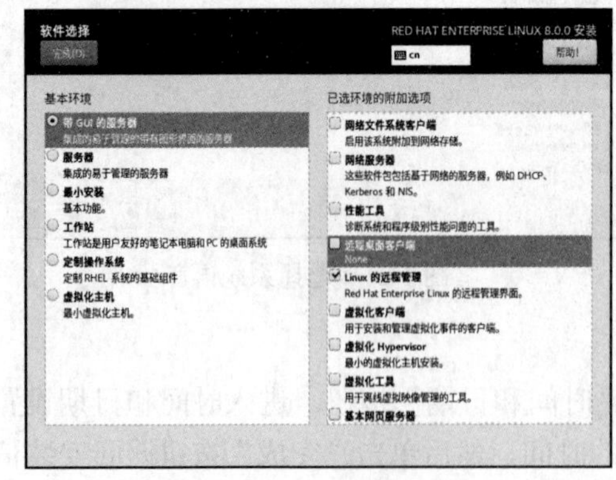

图 1-24　软件选择界面

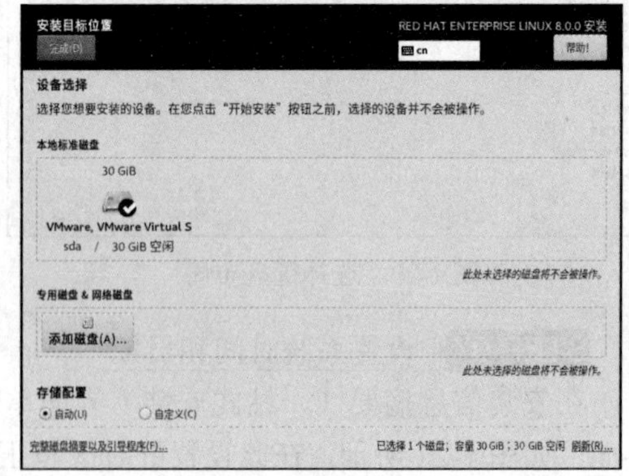

图 1-25　设置安装目的地

STEP 11 设置网络和主机名

在安装信息摘要（一站式安装）界面单击“网络和主机名”按钮，进入网络和主机名设置界面，如图 1-26 所示，在主机名列表框中可修改主机名，此处保持默认。在右侧设置网络，拖动右侧滑块至打开处，单击“配置”按钮进入网络配置界面，如图 1-27 所示，在此选择“IPv4 设置”，在方法中选择“手动”，单击添加按钮，在地址列表框中输入 IP 地址（192.168.2.110）、子网掩码（255.255.255.0）、网关（192.168.2.1）和 DNS 服务器（222.246.129.80），输入完成后单击“保存”按钮返回网络和主机名设置界面，最后单击“完成”按钮返回安装信息摘要（一站式安装）界面。

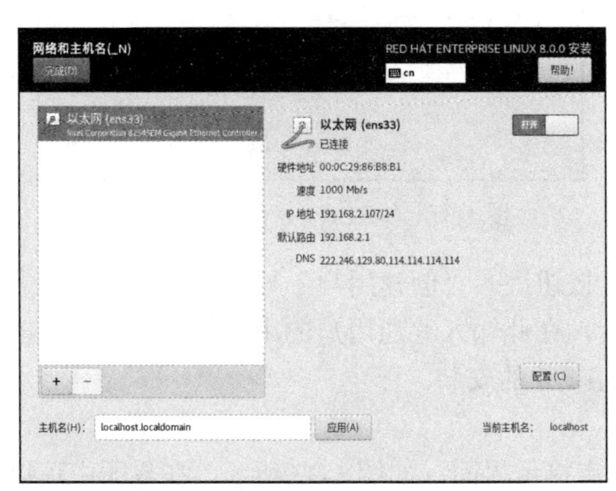

图 1-26　设置网络和主机名

图 1-27　网络配置界面

STEP 12　设置安全策略

在安装信息摘要（一站式安装）界面单击“安全策略”按钮，进入安全策略设置界面，如图 1-28 所示，在选择档案列表框选中所需策略，然后单击“选择档案”按钮，然后单击“完成”按钮返回安装信息摘要（一站式安装）界面。

STEP 13　正式安装 RHEL 8

所有设置全部完成后，在安装信息摘要（一站式安装）界面可以看到“开始安装”按钮由原来的灰色变成了黑色，此时单击“开始安装”按钮即可正式安装 RHEL 8，如图 1-29 所示。

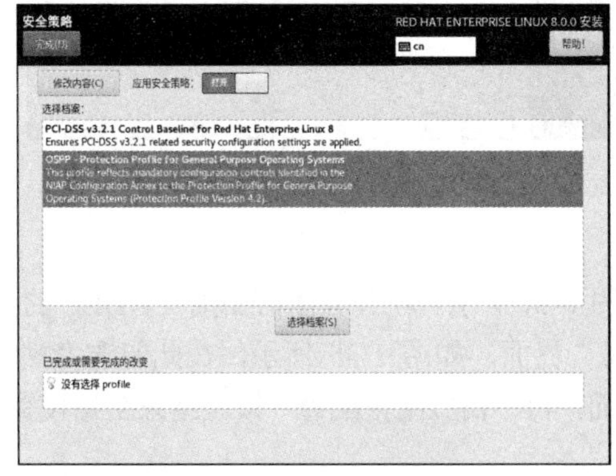

图 1-28　设置安全策略

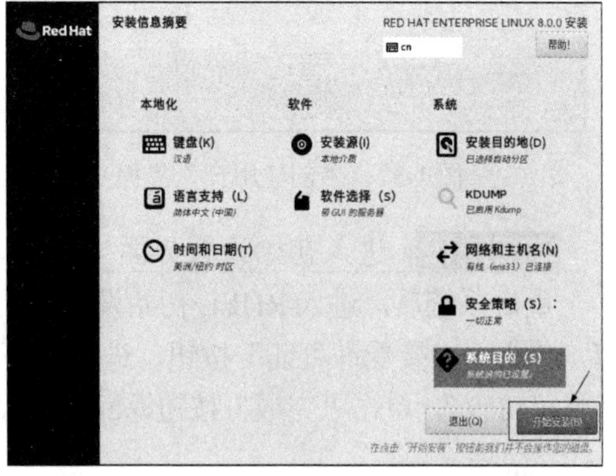

图 1-29　“开始安装（B）”提示界面

STEP 14　设置 root 用户密码

RHEL 8 安装开始时，用户需要在“配置”界面为 root 用户设置登录密码（设置时注意密码的安全性），如图 1-30 所示，在“配置”界面单击“根密码”进入“ROOT 密码”

设置界面，如图 1-31 所示，在“Root 密码”文本框中输入登录密码（如 abc123XYZ），在确认文本框中输入相同的密码，输入完成后单击“完成”按钮返回“配置”界面。

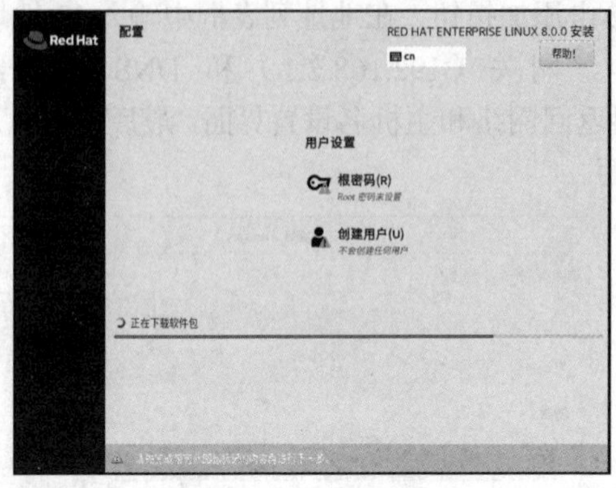

图 1-30 “配置”界面

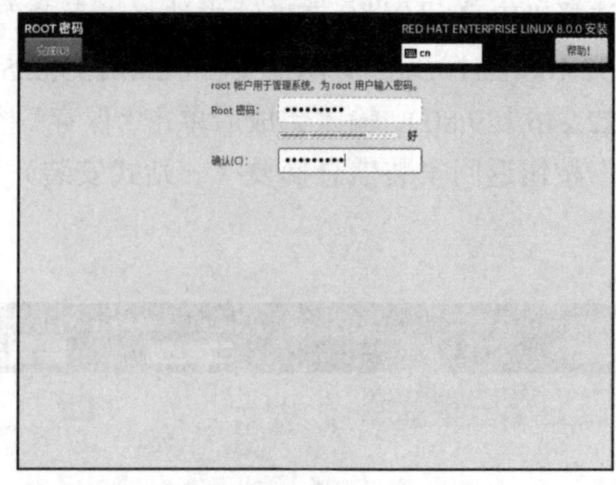

图 1-31 “ROOT 密码”设置界面

接下来在“配置”界面单击“创建用户”按钮进入“创建用户”界面（如果在此处不创建，则在后面创建也一样），如图 1-32 所示，在此输入普通用户的用户名和密码，单击“完成”按钮返回“配置”界面，继续等待 RHEL 8 的安装。

STEP 15 提示成功安装

RHEL 8.0/CentOS 8 安装完成后，出现重启提示界面，如图 1-33 所示，在界面中可以看到提示“Red Hat Enterprise Linux 已成功安装并可使用！”。至此，RHEL 8 的安装全部完成，单击“重启”按钮重启系统。

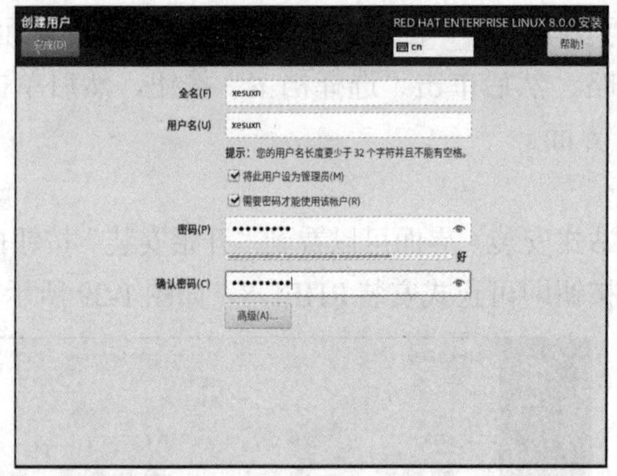

图 1-32 “创建用户”界面

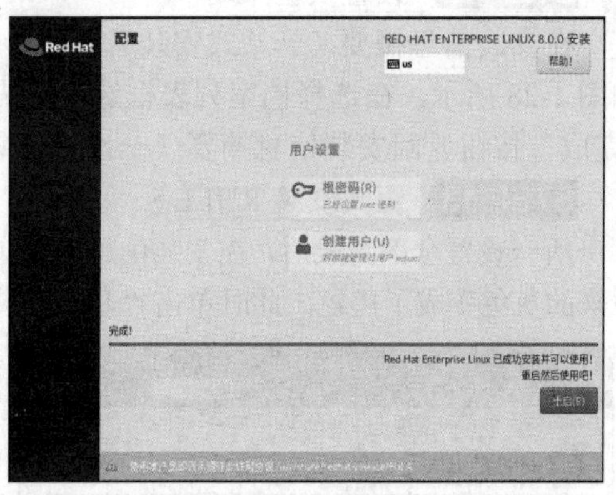

图 1-33 系统安装提示

STEP 16 进入初始设置界面

重启系统后，进入 RHEL 初始设置界面，如图 1-34 所示。在此界面需要接受 RHEL 的许可，单击“未接受许可证”按钮，进入“许可信息”界面，如图 1-35 所示，在此勾选“我同意许可协议”，单击“完成”按钮返回初始设置界面，再单击“结束配置”按钮结束初始设置。

思政小贴士

在安装与使用操作系统及各类软件时，要在遵守法律、法规的前提下，尊重知识产权，做到合法、合规地安装与使用操作系统及各类软件。如果长期使用 Redhat 的 Enterprise 系列 Linux，就一定要进行注册。如果想节约成本，可以使用免费的 Linux 操作系统。

提示

如果需要注册，单击“这个系统目前没有注册”按钮进入注册界面进行注册。

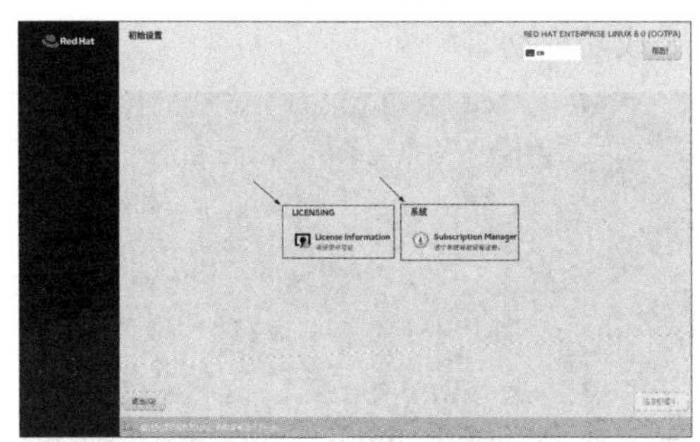

图1-34 初始设置界面

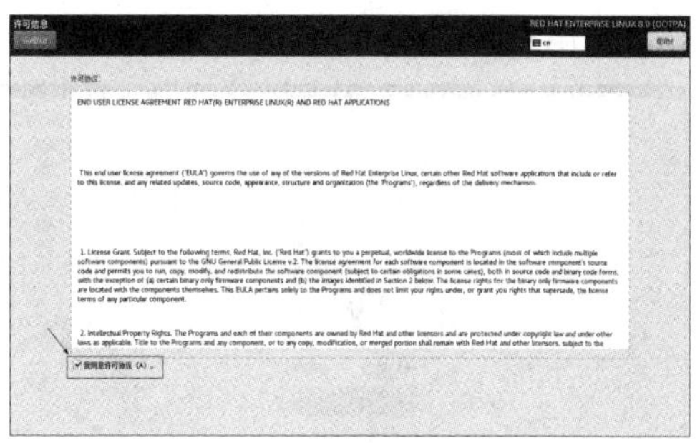

图1-35 “许可信息”界面

STEP 17 进入RHEL登录界面

初始设置结束后，进入RHEL的登录界面，如图1-36所示，在此界面单击“未列出”链接继续。

STEP 18 登录RHEL 8

进入输入登录用户名界面，如图1-37所示，在文本框中输入登录用户名root后单击“下一步”按钮，进入输入登录密码界面，如图1-38所示。输入登录密码后，单击“登录”按钮登录RHEL 8。

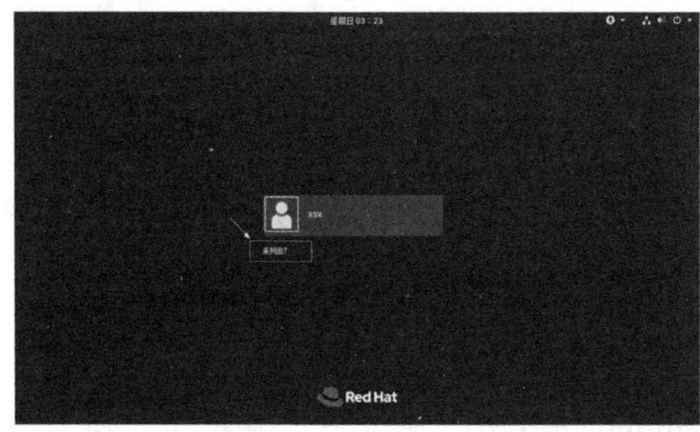

图1-36 登录界面

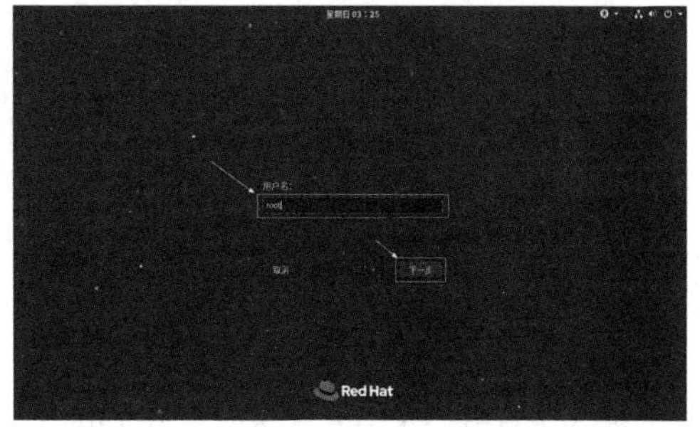

图1-37 登录用户名界面

STEP 19 进入“欢迎”登录界面

进入“欢迎”登录界面后，单击“前进”按钮，进入选择键盘布局或者其他输入方式，单击“前进”按钮，进入“位置服务”设置窗口，将“打开”滑块拖动至“关闭”，如图1-39

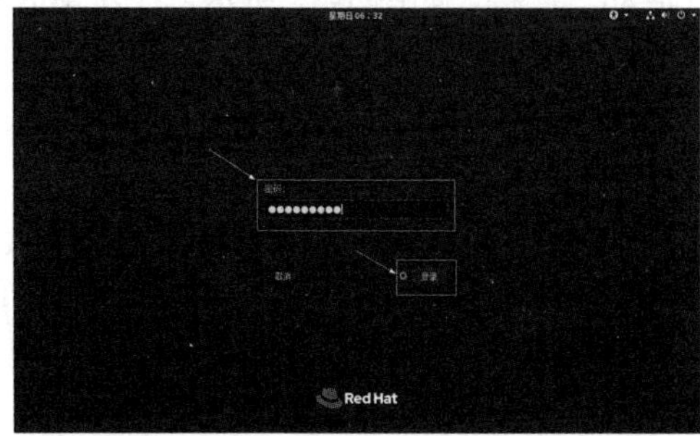

图1-38 输入登录密码

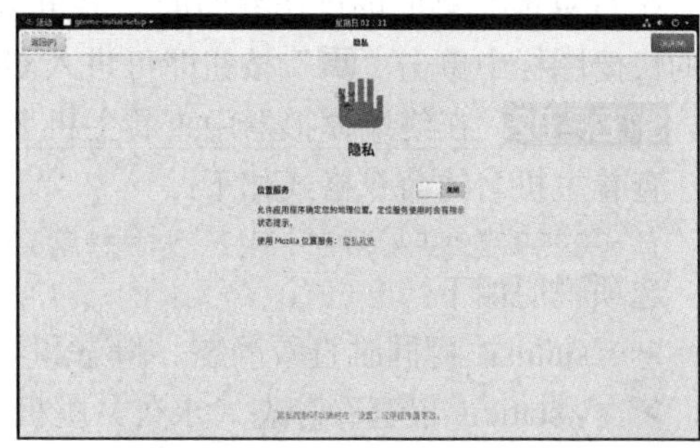

图1-39 “位置服务”设置窗口

所示，单击“前进”按钮，进入“连接您的在线账号”窗口，单击“跳过”按钮。

STEP 20 成功启动 RHEL 8

进入“一切就绪，开始用吧！”界面，如图 1-40 所示，单击开始使用“Red Hat Enterprise Linux”按钮，进入“Getting Started”界面，单击右上角的关闭按钮关闭窗口，随即进入 RHEL 工作界面，如图 1-41 所示。至此，RHEL 8 成功启动。

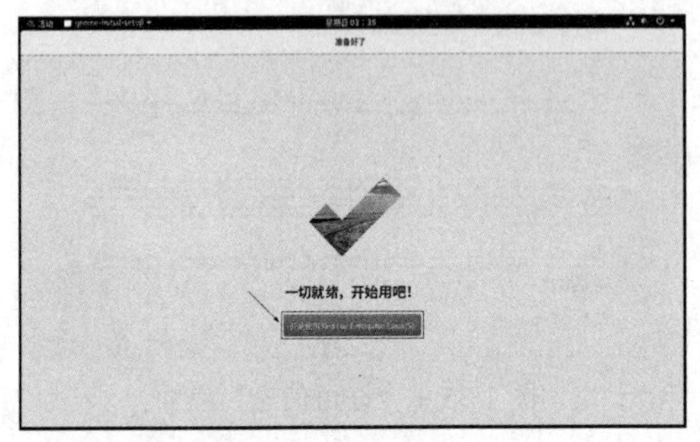

图 1-40　自定义软件包

图 1-41　系统工作界面

1.4.2　配置网络工作环境

网络环境的设置是所有服务搭建的基础，没有好的网络环境，Linux 服务器的配置与管理就很难顺利进行，并且很难更好地与外界进行通信。一个良好的网络环境可以减少维护成本，大大提高 Linux 服务器的工作效率和服务质量。

网络的基本配置主要包括配置主机名、配置 IP 地址、配置网卡和配置客户端名称解析服务等。

1. 配置主机名

主机名用于标识主机的名称，在网络中要保证主机名的唯一性，否则通信会受到影响，建议按一定的规则设置主机名。

任务案例 1-2

进入 RHEL 8/CentOS 8，打开 GNOME Terminal 仿真器，查看当前主机名，将系统的配置主机名设置为研发中心的拼音首字母（TianHe），并保证主机名更改后长期生效。

完成任务的步骤如下。

STEP 01 进入终端模式

在 GNOME 桌面的操作界面的左上角单击“活动”连接，如图 1-42 所示，在左下方弹出的快捷图标中单击“■”按钮即可进入 GNOME 桌面的终端模拟器。

STEP 02 在终端模拟器中查看主机名

查看主机名的命令格式如下：

```
hostnamectl  [status]  [--static|--transient|--pretty]
```

选项说明如下：

- status：可同时查看静态、瞬态和灵活三种主机名及相关的设置信息。
- --static：仅查看静态（永久）主机名。
- --transient：仅查看瞬态（临时）主机名。

➢　--pretty：仅查看灵活主机名。

在 GNOME 桌面的终端模拟器中查看当前的主机名，可以使用 hostnamectl status 命令，如图 1-43 所示。

图 1-42　RHEL 8 的 GNOME 桌面

```
root@localhost:~
文件(F)  编辑(E)  查看(V)  搜索(S)  终端(T)  帮助(H)
[root@localhost ~]# hostnamectl  status
   Static hostname: localhost.localdomain
         Icon name: computer-vm
           Chassis: vm
        Machine ID: 7896bbb43f514665af3cf94d4db86317
           Boot ID: 4254a40315874f179cd57af0b2368354
    Virtualization: vmware
  Operating System: Red Hat Enterprise Linux 8.0 (Ootpa)
       CPE OS Name: cpe:/o:redhat:enterprise_linux:8.0:GA
            Kernel: Linux 4.18.0-80.el8.x86_64
      Architecture: x86-64
[root@localhost ~]#
```

图 1-43　查看当前主机名

STEP 03 修改主机名

修改主机名的命令格式如下：

```
hostnamectl  [--static|--transient|--pretty]  set-hostname  <新主机名>
```

1）采用 hostnamectl　--transient　set-hostname 查看、修改瞬态（临时）主机名，操作方法如图 1-44 所示。

```
root@localhost:~
文件(F)  编辑(E)  查看(V)  搜索(S)  终端(T)  帮助(H)
[root@localhost ~]# hostnamectl  --transient  set-hostname TianHe   修改瞬态（临时）主机名
[root@localhost ~]# hostnamectl  --transient   查看修改后的瞬态（临时）主机名
TianHe
[root@localhost ~]#
```

图 1-44　查看、修改瞬态（临时）主机名

2）采用 hostnamectl　--static　set-hostname 查看、修改静态（永久）主机名，操作方法如图 1-45 所示。

3）在设置新的静态主机名后，会立即修改内核主机名，只是在提示符中“@”后面的主机名还未自动刷新，此时，只要执行重新开启 Shell 登录命令，便可在提示符中显示新的主机名，操作方法如图 1-46 所示。

```
root@localhost:~
文件(F) 编辑(E) 查看(V) 搜索(S) 终端(T) 帮助(H)
TianHe
[root@localhost ~]# hostnamectl  --static          查看修改前的静态（永久）主机名
localhost.localdomain
[root@localhost ~]# hostnamectl  --static  set-hostname TianHe.com   修改静态（永久）主机名
[root@localhost ~]# hostnamectl  --static
TianHe.com                                          查看修改后的静态（永久）主机名
[root@localhost ~]#
```

图 1-45　查看、修改静态（永久）主机名

```
root@localhost:~
文件(F) 编辑(E) 查看(V) 搜索(S) 终端(T) 帮助(H)
[root@localhost ~]# bash        重新开启Shell
[root@TianHe ~]#
```

图 1-46　重新开启 Shell

4）当用 hostnamectl 命令修改静态主机名后，/etc/hostname 文件中保存的主机名会被自动更新，而/etc/hosts 文件中的主机名却不会自动更新，因此，在每次修改主机名后，一定要手工更新/etc/hosts 文件，在其中添加新的主机名与 IP 地址的映射关系，操作方法如图 1-47 所示。

```
root@localhost:~
文件(F) 编辑(E) 查看(V) 搜索(S) 终端(T) 帮助(H)
127.0.0.1    localhost localhost.localdomain localhost4 localhost4.localdomain4
::1          localhost localhost.localdomain localhost6 localhost6.localdomain6
192.168.2.110   TianHe.com      添加此行，其中192.168.2.110是本机的IP地址

:wq      保存退出
```

图 1-47　更新/etc/hosts 文件

2. 配置 IP 地址

在 RHEL 8/CentOS 8 上没有传统的 network.service，在/etc/sysconfig/network-scripts/里也看不到任何脚本文件，因此只能通过 NetworkManager.service（简称 NM）进行网络配置，包括动态 IP 和静态 IP。换言之，在 RHEL 8/CentOS 8 上必须开启 NM，否则无法使用网络。任何一台计算机要连接到网络，都需要对该机的网络接口进行配置，而对网络接口的配置，实际上就是在网络接口上添加一个或多个网络连接。

添加网络连接有如下两种方式。

- 添加临时生效的网络连接：该方式适合在调试网络时临时使用。这种方式虽然在设置后能马上生效，但由于是直接修改目前运行内核中的网络参数，并未改动网络连接配置文件中的内容，因此在系统或网络服务重启后会失效。
- 持久生效的网络连接配置：此方式是对存放网络连接参数的配置文件进行修改或设置，适合在长期稳定运行的计算机上使用。其配置工具有 vi、nmtui 和 nmcli 等。

任务案例 1-3

首先用 ip 命令查看当前网卡 ens33 的 IP 地址，再临时设置为 10.0.0.18，子网掩码为 255.255.0.0，设置好后查看设置结果。然后通过编辑配置文件、使用 nmtui 工具和使用 nmcli 命令配置 IP 地址使之永久生效。

完成任务的步骤如下。

STEP 01 查看当前网卡的 IP 地址

打开终端模拟器，使用 ip addr show ens33 命令查看第一块以太网卡（ens33）的 IP 地址和子网掩码，操作方法如图 1-48 所示。

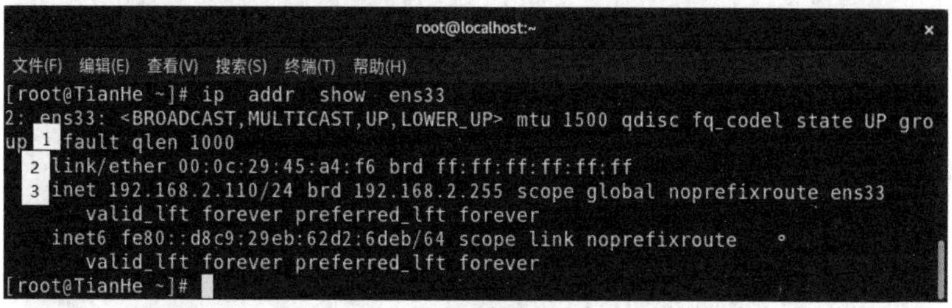

```
root@localhost:~
文件(F)  编辑(E)  查看(V)  搜索(S)  终端(T)  帮助(H)
[root@TianHe ~]# ip  addr  show  ens33
2: ens33: <BROADCAST,MULTICAST,UP,LOWER_UP> mtu 1500 qdisc fq_codel state UP gro
up 1 fault qlen 1000
  2 link/ether 00:0c:29:45:a4:f6 brd ff:ff:ff:ff:ff:ff
  3 inet 192.168.2.110/24 brd 192.168.2.255 scope global noprefixroute ens33
       valid_lft forever preferred_lft forever
    inet6 fe80::d8c9:29eb:62d2:6deb/64 scope link noprefixroute
       valid_lft forever preferred_lft forever
[root@TianHe ~]#
```

图 1-48　查看网卡的 IP

1）已启用的活动接口的状态为 up，禁用接口的状态为 down。

2）link 行指定网卡设备的硬件（MAC）地址。

3）inet 行显示 IPv4 地址和网络前缀（子网掩码）。

4）广播地址、作用域和网卡设备的名称。

STEP 02 使用 ip 命令配置临时生效的网络连接

使用 ip addr add 命令在接口 ens33 上添加临时 IP 地址 10.0.0.18，配置方法如图 1-49 所示。

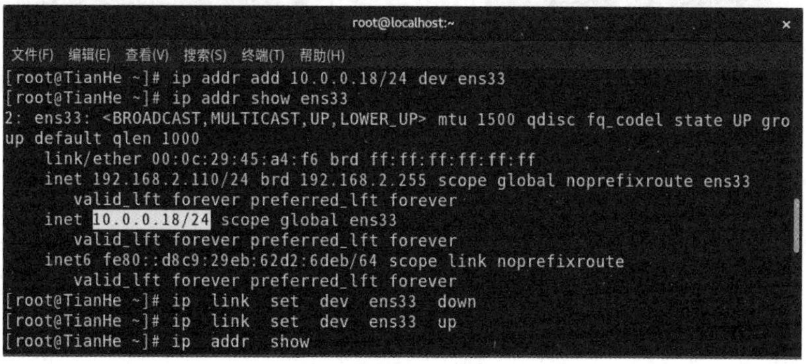

```
root@localhost:~
文件(F)  编辑(E)  查看(V)  搜索(S)  终端(T)  帮助(H)
[root@TianHe ~]# ip addr add 10.0.0.18/24 dev ens33
[root@TianHe ~]# ip addr show ens33
2: ens33: <BROADCAST,MULTICAST,UP,LOWER_UP> mtu 1500 qdisc fq_codel state UP gro
up default qlen 1000
    link/ether 00:0c:29:45:a4:f6 brd ff:ff:ff:ff:ff:ff
    inet 192.168.2.110/24 brd 192.168.2.255 scope global noprefixroute ens33
       valid_lft forever preferred_lft forever
    inet 10.0.0.18/24 scope global ens33
       valid_lft forever preferred_lft forever
    inet6 fe80::d8c9:29eb:62d2:6deb/64 scope link noprefixroute
       valid_lft forever preferred_lft forever
[root@TianHe ~]# ip  link  set  dev  ens33  down
[root@TianHe ~]# ip  link  set  dev  ens33  up
[root@TianHe ~]# ip  addr  show
```

图 1-49　配置临时生效的网络连接

> **提示**
>
> ip 命令不会修改网卡的配置文件，所设置的 IP 地址仅对本次操作有效，重启系统或网卡被禁用后又重启，其 IP 地址将被还原。因此，要使所做的修改长期有效，必须编辑配置文件、使用 nmtui 工具或使用 nmcli 命令。

STEP 03 编辑配置文件；设置永久生效 IP

利用 vim 编辑/etc/sysconfig/network-scripts/ifcfg-ens33 文件，将 IPADDR 修改成 192.168.2.118，网关 GATEWAY 设置成 192.186.2.1，最后保存退出即可使配置的 IP 地址永久生效，操作方法如图 1-50 所示。

STEP 04 用 nmtui 工具修改网卡配置文件

首先使用 systemctl status NetworkManager.service 命令检查 nmtui 是否启用。若 nmtui

工具的安装包没有按照可用 yum install NetworkManager-tui 命令进行安装、使用 systemctl start NetworkManager.service 命令启用。如果已经安装了 nmtui 软件包，则可运行 nmtui 配置 IP 地址等。

```
root@TianYi:/etc/sysconfig
文件(F) 编辑(E) 查看(V) 搜索(S) 终端(T) 帮助(H)
PROXY_METHOD=none
BROWSER_ONLY=no
BOOTPROTO=none                              # 引导协议: dhcp、static, none不指定
DEFROUTE=yes                                # 启动默认路由
IPV4_FAILURE_FATAL=no                       # 不启用IPV4错误检测功能
IPV6INIT=yes                                # 启用IPV6协议
IPV6_AUTOCONF=yes                           # 自动配置IPV6地址
IPV6_DEFROUTE=yes                           # 启用IPV6默认路由
IPV6_FAILURE_FATAL=no                       # 不启用IPV6错误检测功能
IPV6_ADDR_GEN_MODE=stable-privacy
NAME=ens33                                    # 网卡设备的别名
UUID=dcdc9b83-353d-4760-8419-16ade8423e08     # 网卡设备的UUID唯一标识号
DEVICE=ens33                                  # 网卡的设备名称
ONBOOT=yes                                    # 开机自动激活网卡
IPADDR=192.168.2.118                          # 网卡的IP地址
PREFIX=24                                     # 子网掩码，等同于NETMASK=255.255.255.0
GATEWAY=192.168.2.1                           # 网关
DNS1=222.246.129.80                           # 第一个DNS服务器指向
IPV6_PRIVACY=no

:wq!
```

图 1-50 编辑 ifcfg-ens33 文件

1）在终端模拟器的命令行执行 nmtui，操作方法如图 1-51 所示。

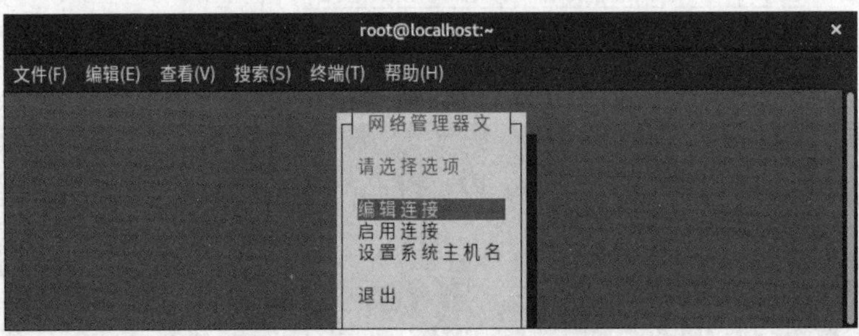

图 1-51 执行 nmtui 打开配置窗口

2）在打开的 NetworkManager 窗口中，添加第二块网卡 ens38 并配置网络参数，操作过程如图 1-52 所示。

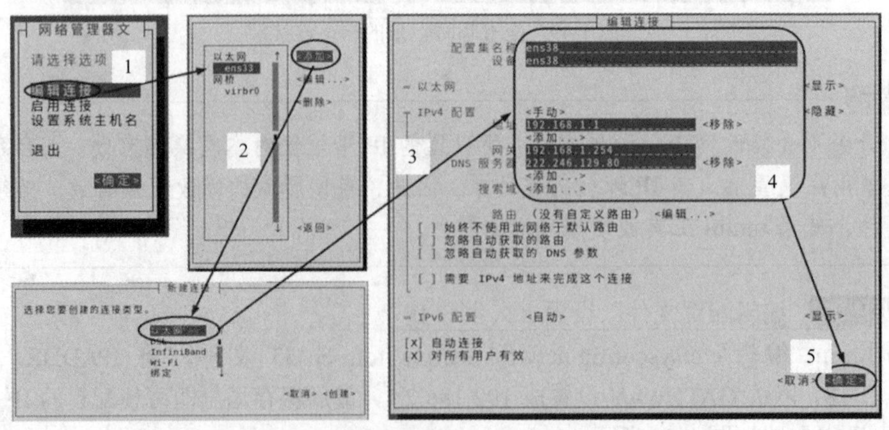

图 1-52 添加第二块网卡 ens38 并配置网络参数

注意

此处步骤较多，需严格按图中 1～5 中的步骤执行操作，最后一定要选择“确定”。

3）系统返回“以太网”窗口，按 Tab 键将焦点移至“<返回>”→按 Enter 键→在返回的 NetworkManager 窗口，使用光标下移键将焦点移至“退出”选项→按 Enter 键退出 nmtui 工具。

4）在命令行下，执行 systemctl restart network.service 命令重启网络服务命令，使配置生效。

STEP 05 使用 nmcli 命令配置网络连接

nmcli 命令依赖 NetworkManager，若 NetworkManager 关闭，则 nmcli 命令不可用，在使用 nmcli 命令配置网络前，先使用 systemctl status NetworkManager 命令确认 NetworkManager 处于开启状态，如图 1-53 所示。

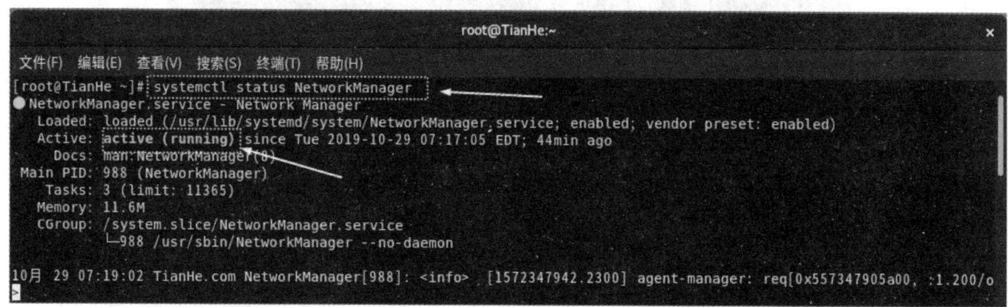

图 1-53　确认 NetworkManager 处于开启状态

nmcli 使用方法类似 linux ip 命令、cisco 交换机命令，并且支持 Tab 补全，也可在命令最后通过-h、--help、help 查看帮助。在 nmcli 中有两个命令最为常用。

- nmcli connection

译作连接，可理解为配置文件，相当于 ifcfg-ethX。可简写为 nmcli c。

- nmcli device

译作设备，可理解为实际存在的网卡（包括物理网卡和虚拟网卡）。可简写为 nmcli d。

nmcli 的命令参数如表 1-1 所示。

表 1-1　nmcli 的命令参数

命令用法	功能
nmcli device status	显示所有网卡设备的状态
nmcli connection show [-active] [网络连接名]	显示所有的、活动的或指定的网络连接
nmcli con add con-name 网络连接名 type ethernet ifname 网络接口名称 [ip4 ip 地址/前缀] [gw4 默认网关]	为指定的网卡设备添加网络连接，并以“ifcfg-连接名”名称保存其配置文件
nmcli con modify 网络连接名 ipv4.add “ip 地址/前缀，默认网关”	修改并保存指定网络连接中的 IP 地址和网关
nmcli connection up|down 网络连接名	激活或关闭指定的网络连接
nmcli dev dis 网络设备名	关闭（断开）指定的网络设备
nmcli connection delete 网络连接名	删除指定的网络连接及其配置文件
nmcli con reload	重新读取网络连接配置文件，使其修改生效

【操作示例 1-1】使用 nmcli device status 命令查看当前主机中所有网卡设备的状态信息，操作方法如图 1-54 所示。

【操作示例 1-2】使用 nmcli connection show 命令查看网络连接的信息，操作方法如图 1-55 所示。

```
root@TianHe:~
文件(F) 编辑(E) 查看(V) 搜索(S) 终端(T) 帮助(H)
[root@TianHe ~]# nmcli device status
DEVICE       TYPE      STATE   CONNECTION
ens33        ethernet  已连接  ens33
virbr0       bridge    已连接  virbr0
lo           loopback  未托管  --
virbr0-nic   tun       未托管  --
[root@TianHe ~]#
```

图 1-54 查看当前主机中所有网卡设备的状态信息

```
root@TianHe:~
文件(F) 编辑(E) 查看(V) 搜索(S) 终端(T) 帮助(H)
virbr0-nic  tun        未托管  --
[root@TianHe ~]# nmcli connection show
NAME    UUID                                  TYPE      DEVICE
ens33   1d83d50b-d08c-408a-9b34-91e575cd69d7  ethernet  ens33
virbr0  b12c2ff4-8208-4411-bc64-2e6a455ab605  bridge    virbr0
ens38   ad078ab0-9300-4e3e-aa30-2a146bcfd431  ethernet  --
[root@TianHe ~]#
```

图 1-55 查看网络连接的信息

【操作示例 1-3】在 ens33 设备上添加网络连接名为 ens33-1 的新连接，操作方法如图 1-56 所示。

```
root@TianHe:~
文件(F) 编辑(E) 查看(V) 搜索(S) 终端(T) 帮助(H)
virbr0-nic  tun        未托管  --
[root@TianHe ~]# nmcli connection show
NAME    UUID                                  TYPE      DEVICE
ens33   1d83d50b-d08c-408a-9b34-91e575cd69d7  ethernet  ens33
virbr0  b12c2ff4-8208-4411-bc64-2e6a455ab605  bridge    virbr0
ens38   ad078ab0-9300-4e3e-aa30-2a146bcfd431  ethernet  --
[root@TianHe ~]# nmcli  con add  con-name  ens33-1  ifname ens33  type ethernet  ip4
 10.1.85.1/24  gw4  10.10.10.254
连接 "ens33-1" (841c93b7-5051-46a8-bd16-c416354e93e3) 已成功添加。
[root@TianHe ~]#
```

图 1-56 添加网络连接名为 ens33-1 的新连接

【操作示例 1-4】修改 ens33-1 网络连接，在其中添加首选 DNS（地址为 222.246.129.80）和辅助 DNS（地址为 114.114.114.114），操作方法如图 1-57 所示。

```
root@TianHe:~
文件(F) 编辑(E) 查看(V) 搜索(S) 终端(T) 帮助(H)
[root@TianHe ~]# nmcli  con  modify  ens33-1  ipv4.dns  222.246.129.80
[root@TianHe ~]# nmcli  con  modify  ens33-1  +ipv4.dns  114.114.114.114
[root@TianHe ~]#
```

图 1-57 添加首选 DNS 地址和辅助 DNS 地址

【操作示例 1-5】使用 nmcli connection delete 命令删除网络连接 ens33-1 及其配置文件，操作方法如图 1-58 所示。

```
root@TianHe:~
文件(F) 编辑(E) 查看(V) 搜索(S) 终端(T) 帮助(H)
[root@TianHe ~]# nmcli  connection  delete  ens33-1
成功删除连接 "ens33-1" (841c93b7-5051-46a8-bd16-c416354e93e3)。
[root@TianHe ~]#
```

图 1-58 删除网络连接 ens33-1 及其配置文件

3. 网卡的禁用或启用

在 Linux 中有时需要对网卡进行禁用或启用，但要注意的是，如果是远程连接到 Linux，不要随便禁用网卡，否则就会被“挡在外面”，无法进入内部网。这个操作只适合本地，下面介绍两种启用或禁用网卡的方法。

任务案例 1-4

> 首先使用 ifdown/ifup 命令禁用或启用网卡 ens33，并查看禁用或启用结果，接下来使用 nmcli connection down/up 命令禁用或启用网卡 ens33。

完成任务的步骤如下。

STEP 01 使用 ifdown/ifup 命令禁用或启用网卡

使用 ifdown/ifup 命令禁用或启用网卡，格式如下。

（1）禁用网卡命令格式

```
ifdown 网卡设备名
```

（2）启用网卡命令格式

```
ifup 网卡设备名
```

使用 ifdown 和 ifup 命令实现禁用和启用网卡 ens33，操作方法如图 1-59 所示。

```
root@TianHe:~
文件(F) 编辑(E) 查看(V) 搜索(S) 终端(T) 帮助(H)
[root@TianHe ~]# ifdown ens33
成功停用连接 "ens33" (D-Bus 活动路径: /org/freedesktop/NetworkManager/ActiveConnection/6)

[root@TianHe ~]# ifup ens33
连接已成功激活 (D-Bus 活动路径: /org/freedesktop/NetworkManager/ActiveConnection/7)
[root@TianHe ~]#
```

图 1-59 使用 ifdown 和 ifup 命令禁用和启用网卡

STEP 02 使用 nmcli connection down/up 禁用或启用网卡

（1）禁用网卡命令格式

```
nmcli connection down 网卡设备名
```

（2）启用网卡命令格式

```
nmcli connection up 网卡设备名
```

使用 nmcli connection down/up 命令先禁用网卡 ens33，然后再启用它，操作方法如图 1-60 所示。

图 1-60 使用 nmcli connection down/up 命令禁用或启用网卡

STEP 03 重启网卡

重启网卡命令如下：

```
nmcli connection reload
```

```
nmcli connection up ens33
```

4. 为 Linux 主机指派域名解析

DNS 就是域名解析器，访问网站的时候，其实都是在访问一个 IP 主机，如访问 www.baidu.com，输入的是百度的网址，但实际转换的是该主机的 IP 地址，好处是访问网站或者服务器时，不用记 IP 地址的数字串，而是记一些比较容易记的字符，如 baidu.com。在 Linux 中实现域名解析涉及的文件通常包括 hosts、host.conf 和 resolv.conf 三个文件。

1）hosts 文件，与 Windows 系统下的 host 文件类似，是一个文本文件，里面存放 IP 地址和域名的对应关系。

2）host.conf 文件，是解析器查询顺序配置文件。

3）resolv.conf 文件，是配置 Linux 系统 DNS 服务器的配置文件。在这个配置文件中，一定有 nameserver 关键字。其作用是指定 DNS 服务器的位置，若不指定，则无法通过输入 www.baidu.com 访问百度，只能输入百度服务器的 IP 地址来访问它。

任务案例 

在 Linux 中通过修改 hosts、host.conf 和 resolv.conf 三个文件保证系统能正确完成域名解析。

完成任务的步骤如下。

STEP 01 使用 vi 编辑器修改/etc/hosts

使用 vi 编辑器修改/etc/hosts 文件实现主机名 www.baidu.com 与 IP 地址 14.215.177.39 之间对应关系的解析，操作方法如图 1-61 所示。

图 1-61 使用 vi 编辑器修改/etc/hosts

STEP 02 使用 vi 编辑器修改/etc/resolv.conf 文件

使用 vi 编辑器修改/etc/resolv.conf 文件，指派 222.246.129.80、114.114.114.114 为域名解析服务的地址，操作方法如图 1-62 所示。

图 1-62 使用 vi 编辑器修改/etc/resolv.conf 文件

STEP 03 指定域名解析的顺序

/etc/hosts 和/etc/resolv.conf 文件均可响应域名解析的请求，响应的先后顺序可在文件/etc/nsswitch.conf 中设置，默认解析顺序为 hosts 文件、resolv.conf 文件中的 DNS 服务器，操作方法如图 1-63 所示。

```
root@TianHe:~
文件(F) 编辑(E) 查看(V) 搜索(S) 终端(T) 帮助(H)
[root@TianHe ~]# vim /etc/hosts
[root@TianHe ~]# vim /etc/resolv.conf
[root@TianHe ~]# grep  hosts  /etc/nsswitch.conf
#       hosts: files dns
#       hosts: files dns  # from user file
hosts:      files dns myhostname   ——— 其中的files代表用hosts文件来进行名称解析
[root@TianHe ~]#
```

图 1-63　指定域名解析的顺序

1.4.3　测试网络环境

RHEL 8 安装完成以后，为了保证 Linux 服务器能够正常工作，必须保证它能够与网络中其他计算机正常通信。前面介绍了如何配置主机名、IP 地址和域名解析等，这些参数配置完成后，能否正常工作，还需使用命令进行测试。

任务案例 1-6

在 RHEL 8 中使用 ping、netstat、tracepath 和 nslookup 等命令对网络工作环境进行测试。

完成任务的步骤如下。

STEP 01 用 ping 命令检测网络状况

ping 命令是测试网络连接状况以及信息包发送和接收状况非常有用的工具，是网络测试最常用的命令。ping 命令在执行时向目标主机（地址）发送一个回送请求数据包，要求目标主机收到请求后给予答复，从而判断网络的响应时间和本机是否与目标主机（地址）连通。

如果执行 ping 不成功，则可以根据 ping 的结果初步判断故障出现在哪个位置，如网线故障、网络适配器配置不正确、IP 地址不正确。如果执行 ping 成功而网络仍无法使用，那么问题很可能出在网络系统的软件配置方面。

该命令的一般格式如下：

```
ping [-dfnqrRv][-c<完成次数>][-i<间隔秒数>][-I<网络接口>][-l<前置载入>]
[-p<范本样式>][-s<数据包大小>][-t<存活数值>][主机名称或 IP 地址]
```

ping 命令支持大量可选项，功能十分强大，如表 1-2 所示。

表 1-2　ping 命令选项

选项	说明
-c<完成次数>	设置完成要求回应的次数
-s<数据包大小>	设置数据包的大小
-i<间隔秒数>	指定收发信息的间隔时间
-f	极限检测

续表

选项	说明
-I<网络接口>	使用指定的网络接口送出数据包
-n	只输出数值
-p<范本样式>	设置填满数据包的范本样式
-R	记录路由过程
-q	不显示指令执行过程，开头和结尾的相关信息除外
-r	忽略普通的路由表，直接将数据包送到远端主机上
-t<存活数值>	设置存活数值 TTL 的大小
-v	详细显示指令的执行过程
-l<前置载入>	设置在送出要求信息之前，先行发出的数据包

使用 ping 命令简单测试网络连通性，操作方法如图 1-64 所示。

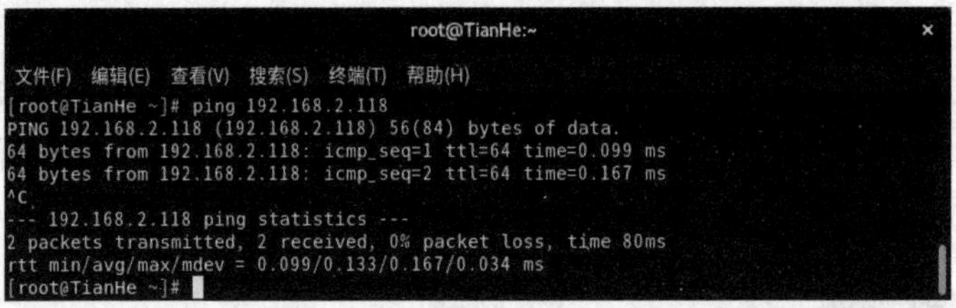

```
root@TianHe:~
文件(F) 编辑(E) 查看(V) 搜索(S) 终端(T) 帮助(H)
[root@TianHe ~]# ping 192.168.2.118
PING 192.168.2.118 (192.168.2.118) 56(84) bytes of data.
64 bytes from 192.168.2.118: icmp_seq=1 ttl=64 time=0.099 ms
64 bytes from 192.168.2.118: icmp_seq=2 ttl=64 time=0.167 ms
^C
--- 192.168.2.118 ping statistics ---
2 packets transmitted, 2 received, 0% packet loss, time 80ms
rtt min/avg/max/mdev = 0.099/0.133/0.167/0.034 ms
[root@TianHe ~]#
```

图 1-64 测试网络连通性

向 192.168.2.118 的主机发送请求后，192.168.2.118 主机以 64 字节的数据包做回应，说明两节点间的网络可以正常连接。

每条返回信息会表示响应的数据包情况。

- icmp_seq：数据包的序号从 1 开始递增。
- ttl：Time to Live，生存周期。
- time：数据包的响应时间，即从发送请求数据包到接收到响应数据包的整个时间。该时间越短说明网络的延时越小，速度越快。

在 ping 命令终止后，会在下方出现统计信息，显示发送及接收的数据包、丢包率及响应时间。其中，丢包率越低，说明网络状况越良好、越稳定。

也可以利用 ping 命令检查当前系统能否连接到 Internet。

STEP 02 用 netstat 命令检测网络配置

netstat（network statistics）命令是监控 TCP/IP 网络的非常有用的工具，它可以显示实际的网络连接、路由表以及每一个网络接口设备的状态信息，可以让用户得知目前都有哪些网络连接正在运作，netstat 支持 UNIX、Linux 及 Windows 系统，功能强大。该命令的一般格式如下：

```
netstat [可选项]
```

netstat 命令常用的可选项很多，表 1-3 列出了一些主要的参数。

表 1-3 netstat 命令选项

选项	说明
-r 或-route	显示路由表
-a 或-all	显示所有连接信息

续表

选项	说明
-t 或-tcp	显示 TCP 传输协议的连线状况
-u 或-udp	显示 UDP 传输协议的连线状况
-o 或-timers	显示计时器
-c 或-continuous	持续列出网络状态
-i 或-interfaces	显示网络界面信息表单
-s 或-statistice	显示网络工作信息统计表
-h 或-help	在线帮助

1）使用 netstat　-atn 命令查看端口信息，以数字方式查看所有 TCP 连接情况，操作方法如图 1-65 所示。其中，-a 表示显示所有连接；-t 表示只显示 TCP，不设置则显示所有协议；-n 表示显示主机名和服务名称。

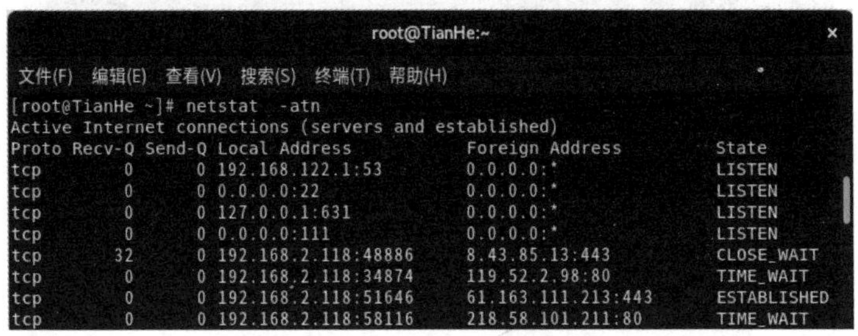

```
root@TianHe:~
文件(F) 编辑(E) 查看(V) 搜索(S) 终端(T) 帮助(H)
[root@TianHe ~]# netstat  -atn
Active Internet connections (servers and established)
Proto Recv-Q Send-Q Local Address           Foreign Address         State
tcp        0      0 192.168.122.1:53        0.0.0.0:*               LISTEN
tcp        0      0 0.0.0.0:22              0.0.0.0:*               LISTEN
tcp        0      0 127.0.0.1:631           0.0.0.0:*               LISTEN
tcp        0      0 0.0.0.0:111             0.0.0.0:*               LISTEN
tcp       32      0 192.168.2.118:48886     8.43.85.13:443          CLOSE_WAIT
tcp        0      0 192.168.2.118:34874     119.52.2.98:80          TIME_WAIT
tcp        0      0 192.168.2.118:51646     61.163.111.213:443      ESTABLISHED
tcp        0      0 192.168.2.118:58116     218.58.101.211:80       TIME_WAIT
```

图 1-65　查看所有 TCP 连接

2）使用 netstat　-r 命令显示当前主机的路由表信息，操作方法如图 1-66 所示。

```
root@TianHe:~
文件(F) 编辑(E) 查看(V) 搜索(S) 终端(T) 帮助(H)
[root@TianHe ~]# netstat  -r
Kernel IP routing table
Destination     Gateway         Genmask         Flags   MSS Window  irtt Iface
default         _gateway        0.0.0.0         UG        0 0          0 ens33
192.168.2.0     0.0.0.0         255.255.255.0   U         0 0          0 ens33
192.168.122.0   0.0.0.0         255.255.255.0   U         0 0          0 virbr0
[root@TianHe ~]#
```

图 1-66　查看路由表

3）使用 netstat　-t 命令监控主机网络接口的统计信息，显示数据包发送和接收情况，操作方法如图 1-67 所示。

```
root@TianHe:~
文件(F) 编辑(E) 查看(V) 搜索(S) 终端(T) 帮助(H)
[root@TianHe ~]# netstat -t
Active Internet connections (w/o servers)
Proto Recv-Q Send-Q Local Address           Foreign Address         State
tcp        0      0 TianHe.com:51646        hn.ly.kd.adsl:https     TIME_WAIT
tcp        0      0 TianHe.com:38092        116.129.251.35:https    TIME_WAIT
tcp        0      0 TianHe.com:55832        101.71.145.130:https    TIME_WAIT
tcp        0      0 TianHe.com:52670        27.221.30.58:https      TIME_WAIT
tcp        0      0 TianHe.com:54608        223.252.195.133:https   TIME_WAIT
tcp        0      0 TianHe.com:44320        36.250.87.213:https     TIME_WAIT
tcp        0      0 TianHe.com:37740        203.208.43.70:https     TIME_WAIT
tcp        0      0 TianHe.com:37872        116.129.251.35:https    TIME_WAIT
tcp        0      0 TianHe.com:54922        39.106.232.15:https     TIME_WAIT
```

图 1-67　查看网络接口状态

STEP 03　用 tracepath 命令实现路由跟踪

tracepath 指令可以追踪数据到达目标主机的路由信息，并沿着这条路径发现 MTU。该指令使用 UDP 端口或一些随机端口，类似 traceroute，但不需要超级用户特权，并且没有花哨的选项。tracepath 6 很好地替代了 traceroute 6 和 Linux 错误队列应用程序的典型示例。

tracepath 命令的一般格式如下：

```
tracepath [ -n] [ -l pktlen] destination [ port]
```

主要选项如下：

-n：不查看主机名字。

-l：设置初始化的数据包长度，默认为 65535。

使用 tracepath 命令显示当前主机到达目标主机 www. 163.com 所经过的全部路径、节点的 IP 地址及花费的时间，操作方法如图 1-68 所示。

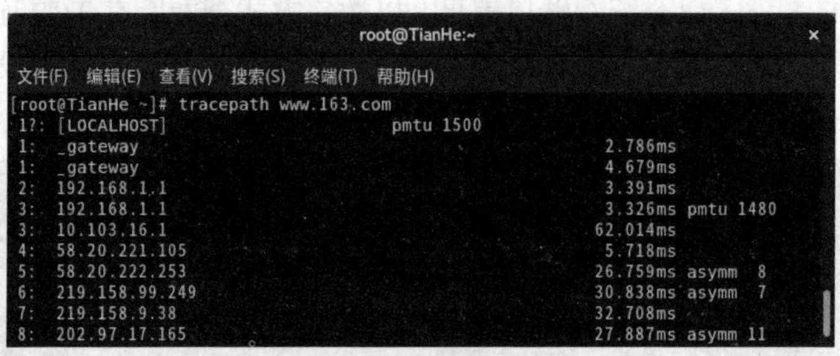

图 1-68 路由跟踪

从图 1-69 可见，到达 www.163.com 要经过跳数，最大记录的路由跳数不超过 30 个。

STEP 04 用 nslookup 命令测试域名解析

nslookup（name server lookup）即域名服务器查找，该命令用来查找 DNS 服务器上的 DNS 记录，查看域名解析是否正常，在网络故障的时候用来诊断网络问题。这个命令可以指定查询的类型，可以查到 DNS 记录的生存时间，还可以指定使用哪个 DNS 服务器进行解析。

nslookup 有两种工作模式，即“交互模式”和“非交互模式”。在“交互模式”下，用户可以向域名服务器查询各类主机、域名的信息，或者输出域名中的主机列表；在“非交互模式”下，用户可以针对一个主机或域名获取特定的名称或所需信息。

（1）交互式运行模式

交互式运行模式允许用户通过域名服务器检索各种主机，并可以打印出主机名称列表。用户可以在提示状态下输入指令进行交互式操作。

在交互式运行模式下，利用 nslookup 命令查询主机或域名信息，具体操作方法如图 1-69 所示。

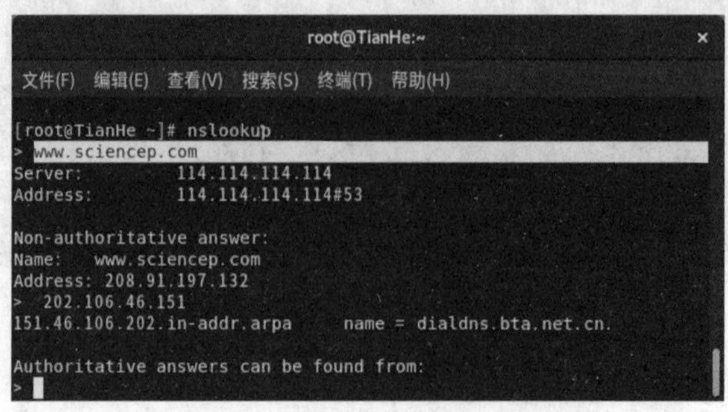

图 1-69 查询主机或域名信息

（2）非交互式运行模式

非交互式运行模式用来打印所请求的某个主机或域的特定信息。在命令行下，直接输入 nslookup 命令，即可查询域名信息。命令格式如下：

```
nslookup  域名或 IP 地址
```

1）使用非交互式运行模式查询 www.sciencep.com 对应的 DNS 信息，操作方法如图 1-70 所示。

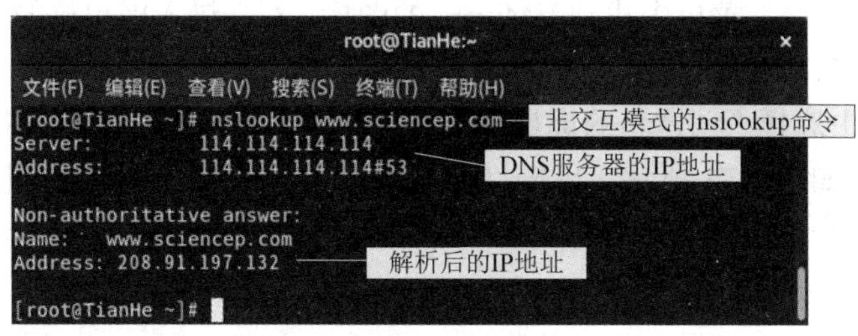

图 1-70　查询 DNS 信息

通过 nslookup 命令得到 www.sciencep.com 域名的解析结果：208.91.197.132。

2）使用非交互式运行模式将 IP 地址解析为主机名，操作方法如图 1-71 所示。IP 地址 202.106.46.151 对应的主机名为 dialdns.bta.net.cn。

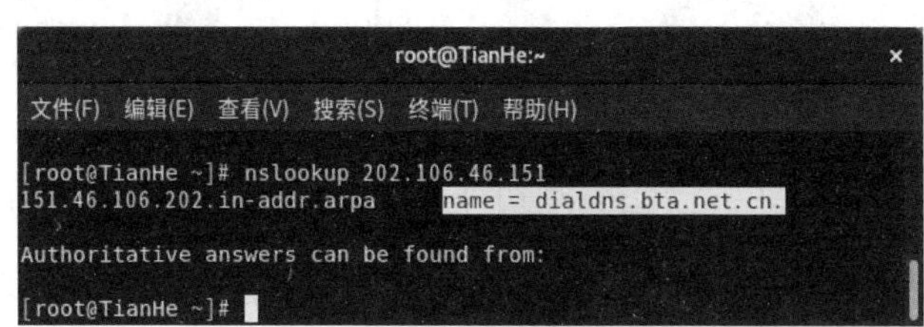

图 1-71　IP 地址解析

1.5　技能训练

1.5.1　课堂训练

VMware 是 VMware 公司出品的一款多系统安装软件。利用该软件可以将计算机上的硬盘和内存的一部分拿出来虚拟出若干台机器，每台机器可以运行单独的操作系统且互不干扰，这些“新机器”各自拥有独立的芯片、硬盘和操作系统，可以像使用普通机器一样对它们进行分区、格式化、安装系统和应用软件等操作，还可以将这几台虚拟机器构建成一个网络。

课堂任务 

上网下载并安装好 VMware Workstation 15，在较为空闲的磁盘（建议盘空间 30GB 以上）创建 VMRHEL8 文件夹，然后建立虚拟主机，设置好虚拟主机的内存、光驱等。

训练步骤如下。

STEP 01 下载并安装 VMware Workstation

1）登录 http://downloads.vmware.com/下载 VMware Workstation 15，或在浏览器中进行搜索下载。由于 VMware Workstation 文件很大，此步最好在训练前完成。

2）下载完成后，找到 VMware Workstation 的安装文件，双击进入 VMware Workstation 安装向导界面，按提示进行安装。

STEP 02 创建虚拟主机

1）在桌面或“开始”菜单中找到 VMware 的图标，双击进入虚拟机的主界面，如图 1-72 所示（以 VMware Workstation 15 中文版为例）。

2）在主界面中选择“创建新的虚拟机”或选择“文件”→“新建虚拟机”选项，进入新建虚拟机向导，如图 1-73 所示，单击“下一步”按钮进入“选择虚拟机硬件兼容性”界面，再次单击“下一步”按钮。

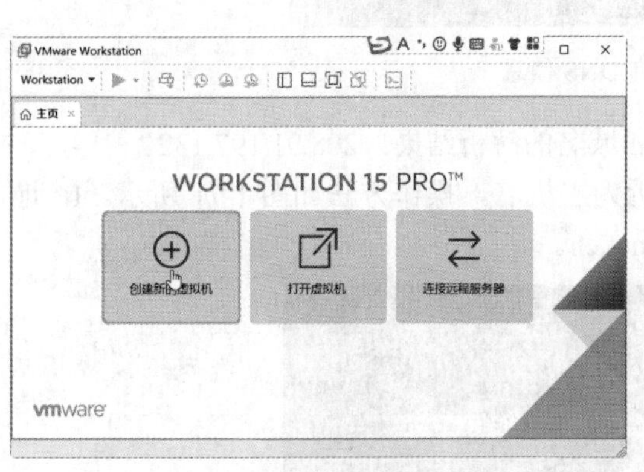

图 1-72　虚拟机的主界面

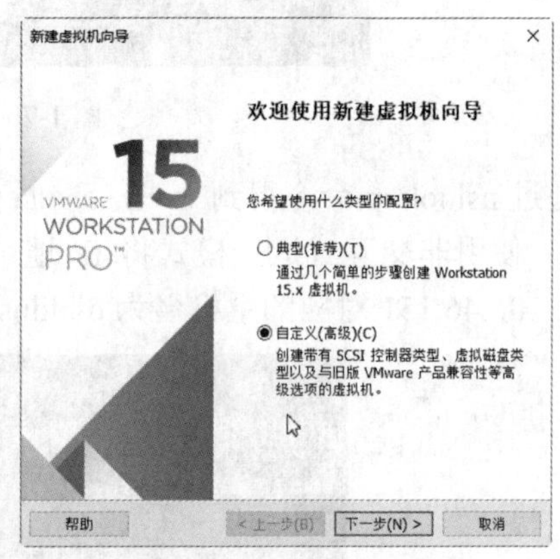

图 1-73　新建虚拟机向导

3）进入“安装客户机操作系统”界面，选中“稍后安装操作系统”单选按钮，如图 1-74 所示，单击“下一步”按钮。

4）进入“选择客户机操作系统”界面，选择需要安装的操作系统（Linux）和操作系统的版本（其他 Linux 4.x 或更高版本内核 64 位），如图 1-75 所示，选择好后单击“下一步”按钮。

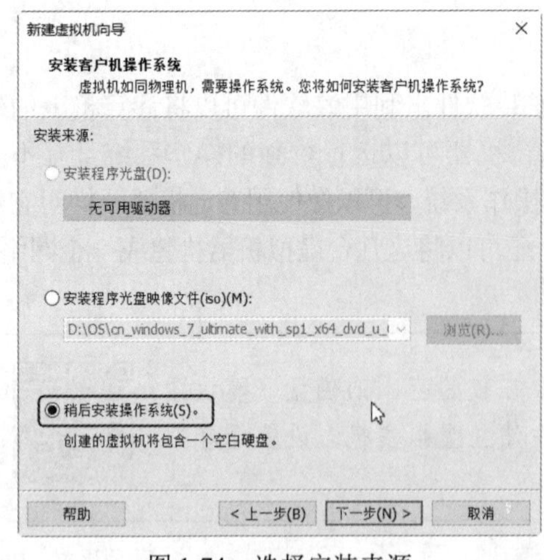

图 1-74　选择安装来源

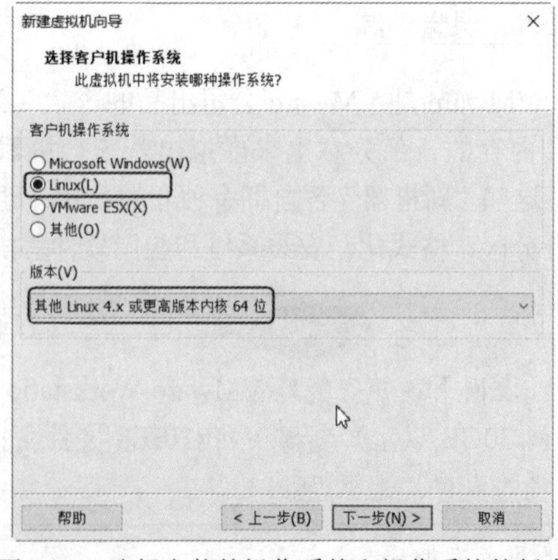

图 1-75　选择安装的操作系统和操作系统的版本

5）在“命名虚拟机”界面的“虚拟机名称”文本框中为新建的虚拟机命名（如MYVMLinux），在“位置”文本框中选择前面建立的 VMRHEL8 文件夹（如果前面没有建好文件夹，可在此单击“浏览”按钮建立）作为虚拟机的存储目录，如图 1-76 所示，单击“下一步”按钮。

6）进入“处理器配置”界面，保持默认，单击“下一步”按钮，进入“此虚拟机的内存”界面，如图 1-77 所示。在此设置虚拟机的内存，可根据实际内存合理设置，也可使用系统的推荐内存，这里设置为 2GB，单击“下一步”按钮。

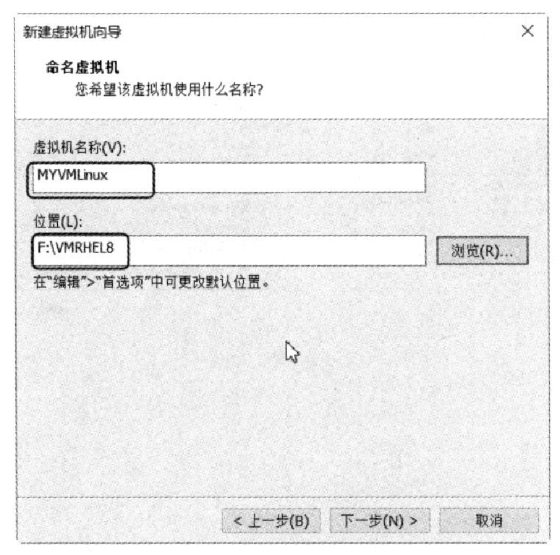

图 1-76　命名虚拟机

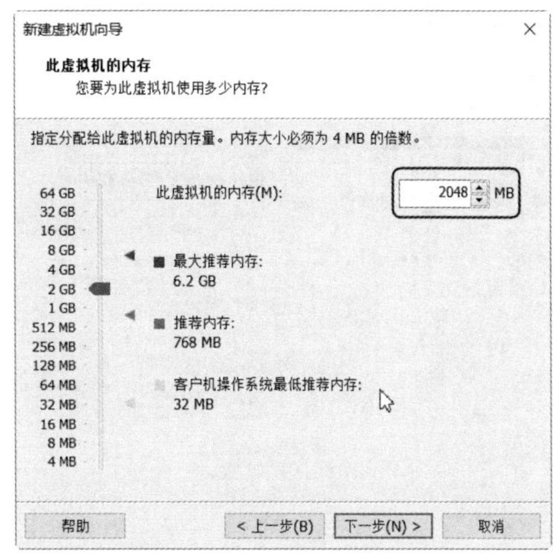

图 1-77　设置虚拟机的内存

7）进入“网络类型”界面，选择“使用桥接网络”，接下来多次单击“下一步”按钮，直至出现“指定磁盘容量”界面，根据实际情况合理设置虚拟机的磁盘大小，此处设置为20GB，其他保持默认，如图 1-78 所示，单击“下一步”按钮进入“指定磁盘文件”界面，保持默认单击“下一步”按钮。

8）进入“已准备好创建虚拟机”提示界面（如果对个别设置不满意，可以单击“自定义硬件”按钮进行更改），如图 1-79 所示，单击“完成”按钮完成虚拟机的基本设定，程序返回虚拟机的主界面。

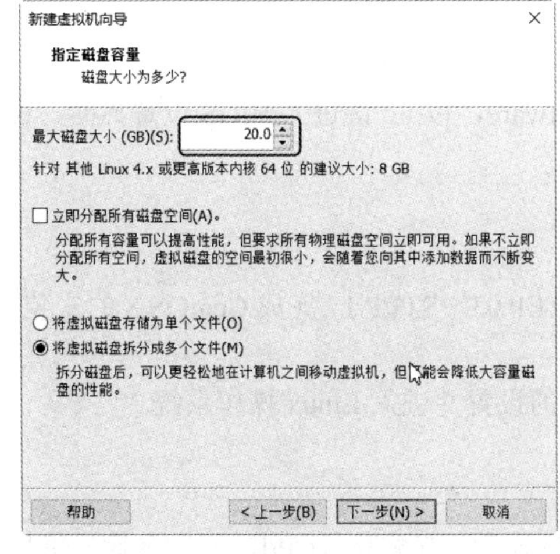

图 1-78　设置虚拟机的磁盘大小

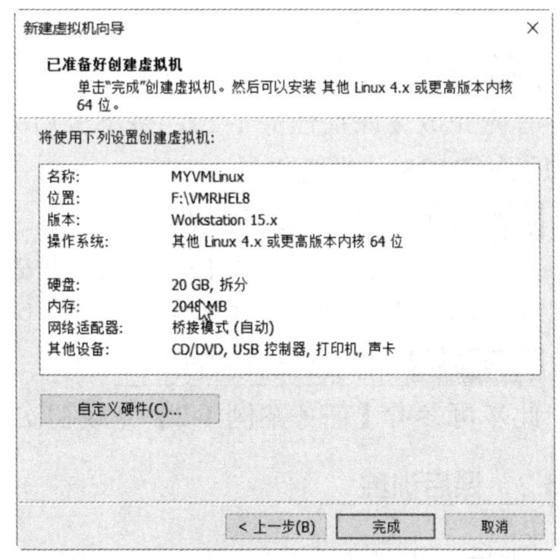

图 1-79　“已准备好创建虚拟机”提示界面

STEP 03 设置虚拟机参数

1）虚拟机中的内存是计算机上的物理内存，所以在配置虚拟机的内存时，首先必须保证真实机正常运行时所需要的内存，否则计算机运行速度会很慢。虚拟机的内存最多是真实机内存的一半，如果真实机内存为 4GB，那么虚拟机的内存最好小于 2048MB（2GB）。在虚拟机主界面双击“内存”选项可对内存进行设置，如图 1-80 所示。

2）如果采用 ISO 映像文件安装系统，可将光驱设置成使用 ISO 映像文件，单击“浏览”按钮，找到之前准备好的安装光盘的镜像文件（若没有，可上网搜索并下载，文件名为 rhel-server-8.0-x86_64-dvd.iso），设置方法如图 1-81 所示。

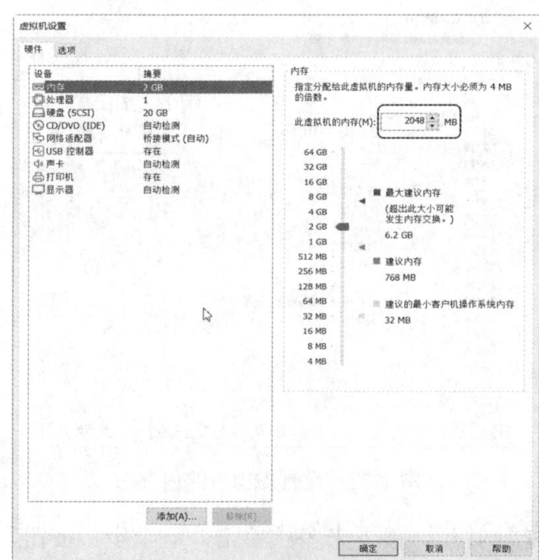

图 1-80 配置虚拟机的内存

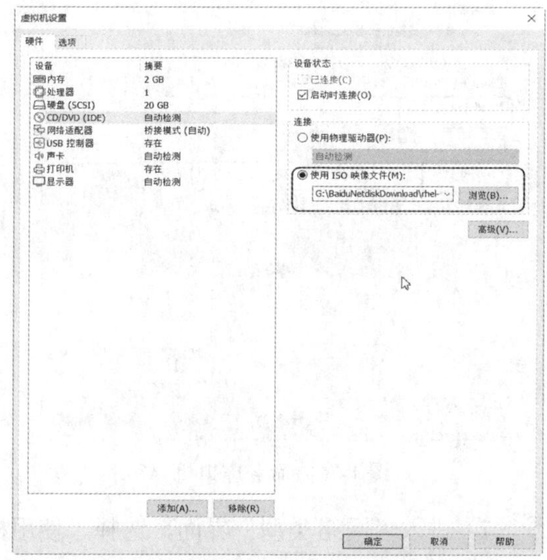

图 1-81 光驱设置成使用 ISO 映像文件

课堂任务 1-2

准备 CentOS 8 操作系统的安装镜像文件，打开虚拟机，设置系统从光盘引导，再在虚拟机中将光驱设置为使用 ISO 光盘映像文件，按照【任务案例 1-1】实施安装。

训练步骤如下。

STEP 01 设置 BIOS 从光盘引导

首先完成【课堂任务 1-1】，接下来启动 VMware，按 F2 键进入 BIOS 设置界面，设置虚拟机的 BIOS 从光盘引导。

STEP 02 安装 CentOS 8

进入安装向导界面，按 Enter 键继续安装。

此后的操作可参考【任务案例 1-1】中的 STEP 03～STEP 17 完成 CentOS 8 的安装。

STEP 03 初次启动设置用户

此步可参考【任务案例 1-2】完成初次启动的设置并进入 Linux 操作系统。

1.5.2 课后训练

|课后训练 1-1| 在已经安装好 Linux 系统但还没有配置 TCP/IP 网络参数的虚拟机上，设置 TCP/IP 的各项参数。其中，主机名为 tianyi，IP 地址为 192.168.0.1X（X 为学号

最后两位），子网掩码为 255.255.255.0，默认网关为 192.168.0.254，DNS 服务器为 192.168.0.88。全部设置好后，检查网络的连通性（包括与真实机之间的连通性）。

训练步骤参考【任务案例 1-3】～【任务案例 1-5】。

|课后训练 1-2|　上网下载红旗 Linux 最新版映像文件，在虚拟机中完成安装，并体验最新版红旗 Linux。

训练步骤如下。

1）上网搜索红旗 Linux 的下载网址或到 http://www.redflag-linux.com/scheme/index 下载。

2）打开 VMware Workstation，新建虚拟机，进入虚拟机设置，将光驱 CD-ROM 设置成"使用 ISO 映像"，启动虚拟机。

3）启动虚拟机后，大约等待 2 分钟即可进入安装向导界面，单击"确定"按钮进入欢迎界面，此时单击"开始安装"按钮即可开始红旗 Linux 的安装。

4）按提示安装完毕后重启即可进入红旗 Linux。

1.6　总结提高

本项目以 RHEL 8 的安装为核心，首先介绍了安装前的一些准备工作，包括硬件、软件资料的收集，安装方法和安装类型的选择，磁盘分区的基本概念，然后着重训练了图形化界面安装 RHEL 的技能，最后训练了网络工作环境的基本配置与管理，包括设置主机名、IP 地址、子网掩码、网关，检查网络配置情况等，还训练了网卡的禁用与启用、网络环境的测试等。

Linux 的安装简单易学，相信初学者能很快掌握 Linux 的安装步骤和安装要领。配置与管理网络工作环境有一定的难度，希望读者多加练习，并熟练掌握。

通过本项目的学习，你的收获怎样？请认真填写学习情况考核登记表（表 1-4），并及时予以反馈。

表 1-4　学习情况考核登记表

序号	知识与技能	重要性	自我评价					小组评价					老师评价				
			A	B	C	D	E	A	B	C	D	E	A	B	C	D	E
1	会选择合适的 Linux 操作系统	★★															
2	会安装 RHEL 8/CentOS 8	★★★★★															
3	会使用 RHEL 8/CentOS 8	★★☆															
4	会配置主机名、IP 地址、子网掩码、网关等，会网卡设置参数	★★★★															
5	会使用相关命令测试网络环境	★★★															
6	会安装虚拟机	★★☆															
7	会使用虚拟机	★★★☆															
8	会安装其他 Linux 操作系统	★★★★															

说明：评价等级分为 A、B、C、D 和 E 共 5 等。其中，对知识与技能掌握很好，能够熟练地完成 Linux 的安装，并掌握网络环境的配置为 A 等；掌握了 75%以上的内容，能较为顺利地完成任务为 B 等；掌握 60%以上的内容为 C 等；基本掌握为 D 等；大部分内容不够清楚为 E 等。

项目 2

管理 Linux 文件系统

学习指导

教学目标 ☞

知识目标

了解 Linux 文件系统的概念

掌握常用的文件系统管理命令的使用方法

掌握设置和修改文件权限的方法

掌握 vi 编辑器的使用方法

技能目标

会使用文件系统的管理命令

会进行文件的压缩与归档

能浏览文件和目录

能操作文件和目录

能设置文件和目录的权限

能使用 vi 编辑器编辑文件

素质目标 ☞

培养认真细致的工作态度和工作作风，培育精益求精的工匠精神

养成刻苦、勤奋、好问、独立思考和细心检查的学习习惯

具有一定的自学能力，分析问题、解决问题能力和创新能力

具有信息安全意识，能够保护好文件与目录的安全

建议课时 ☞

教学课时：理论学习 2 课时+教学示范 4 课时

技能训练课时：课堂模拟 4 课时+课堂训练 4 课时

在Linux的系统管理与使用过程中，文件系统是管理员打交道最多，也是最基本的管理对象。文件系统中的文件是数据的集合，文件系统不仅包含文件中的数据，还包含文件系统的结构，所有Linux用户和程序看到的文件、目录、文件保护信息等都存储在文件系统中。

本项目详细介绍管理Linux文件系统常用命令的使用方法。通过任务案例引导学生学习目录和文件的操作命令、目录和文件的权限设置命令；全面介绍vi编辑器的使用方法和技巧；具体训练学生对文件和目录进行浏览和操作，使学生逐步掌握各种文件系统命令的使用方法，具备命令行下管理Linux文件系统的能力。

2.1 任务描述

使用命令管理Linux文件系统

在天一电子产品研发中心的网络改造项目中，谢立夫负责技术开发和服务器的配置与管理，目前已经初步完成了Linux网络操作系统的安装。接下来的工作是解决项目方案中的有关问题、配置相应的服务，并负责培训天一电子产品研发中心的吴航掌握各类配置技术。根据以往的经验，谢立夫认为，首先需要让吴航熟悉在终端模式下使用命令对文件系统进行管理。

那么，如何对Linux的文件和目录进行有效的管理呢？

谢立夫凭借自己所学的知识和多年的工作经验，经过认真的分析，认为要想让吴航尽快熟悉在终端模式下使用命令对文件系统进行管理，必须先让他了解Linux文件系统的组织方式，再熟悉Linux文件系统的目录结构，然后通过安排多项任务反复进行操作练习，达到掌握命令的使用方法和技巧的目的。

2.2 任务分析

1. 了解文件及文件系统

Linux 的文件是由一段连续的字节组成的无内部结构的集合。应用程序定义文件的结构，文件存储在文件系统中。在 Linux 中，一个文件可以有多个引用（即文件名）。Linux 中定义了一些特殊文件，如设备文件等。

文件系统是存放文件的容器，在 Linux 中，文件系统是一个有层次结构的树结构目录。一个文件系统是通过装载到另一个文件系统的装载点来使用的。一般来讲，装载点（即目录）是空的。根文件系统（/）是在系统引导时自动加载的。

Linux 能够支持的常见的文件系统类型有 ext、ext2、ext3、ext4、JFS2、XFS 等数十种，RHEL 从 7.0 开始默认使用 XFS 文件系统。

2. 熟悉 Linux 命令的使用技巧

在 Linux 系统中，命令区分大小写。在命令行中，可以使用 Tab 键自动补齐命令，即可以只输入命令的前几个字母，然后按 Tab 键，如果系统只找到一个和输入字符相匹配的目录或文件，则自动补齐；如果没有匹配的内容或有多个相匹配的名字，系统将发出警鸣声，再按一下 Tab 键将列出所有相匹配的内容（如果有的话），以供用户选择。

另外，利用向上或向下按键，可以翻查曾经执行过的历史命令，并可以再次执行。

如果要在一个命令行上输入和执行多条命令，可以使用分号分隔命令。

断开一个长命令行，可以使用反斜杠“\”将一个较长的命令分成多行表达，以增强命令的可读性。执行后，Shell 自动显示提示符“>”，表示正在输入一个长命令，此时可继续在新行上输入命令的后续部分。

3. 掌握在 Linux 系统中让程序后台运行的方法

文本控制台或仿真终端在同一时刻只能运行一个程序或命令，在执行未结束前，一般不能进行其他操作，此时可让程序在后台执行，以释放控制台或终端，使其仍能进行其他操作。要使程序以后台方式执行，只需在要执行的命令后加上一个“&”符号即可。

4. 熟悉 vi 的工作方式及其切换方法

vi 的工作方式有命令模式、编辑模式与末行模式三种，这三种模式之间可以相互转换。

（1）命令模式

用 vi 编辑文件的时候，一进入该文件就是命令模式了。在这个模式中，如果打开的文件已经存在，则可以使用“上”“下”“左”“右”按键移动光标，也可以使用“删除字符”或“删除整行”处理文件的内容，还可以使用“复制”“粘贴”处理文件数据。

（2）编辑模式

在命令模式下可以处理删除、复制、粘贴等动作，但无法对文件进行编辑。要在按下 i、I、o、O、a、A、r、R 中任一字母之后才会进入编辑模式，只有在编辑模式下才能对文件进行编辑。在 Linux 中，按下上述的字母后，在画面的左下方会出现 INSERT 或 REPLACE 的字样。此时，即可将字符输入文件。如果想返回命令模式，则必须按 Esc 键退出编辑模式。

（3）末行模式

末行模式也称 ex 转义模式，在命令模式下，输入“:”“/”或“?”就可以将光标移动到最末一行。在这种模式中，可以进行“搜寻资料”的操作，如读取、存盘、替换字符、退出 vi、显示行号等操作都是在此模式中进行的。

（4）三种模式之间的转换

在任意模式下，按 Esc 键即可进入命令模式。在命令模式下按 i、a 或 o 等键即可进入编辑模式，输入“：”即可进入末行模式，想要退出编辑模式或末行模式，按 Esc 键即可切换到命令模式。

刚进入 vi 时，处在命令模式下，必须切换到编辑模式。下面用两种简单的方法对三种模式之间的转换进行描述。

1）简易的文字表示方法如下：

命令模式→i→编辑模式，编辑模式→Esc→命令模式，命令模式→:→末行模式。

2）图形方式的表示方法如图 2-1 所示。

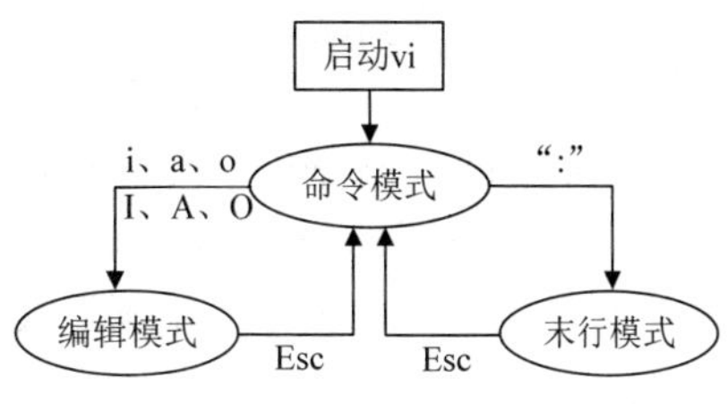

图 2-1　vi 三种模式的转换

5. 熟悉本项目的具体任务

本项目的具体任务包括了解命令的使用方法、文件目录操作命令的使用方法、文件与目录权限操作命令的使用方法和 vi 编辑器的使用方法等几个方面。

2.3 知识储备

2.3.1 Linux 文件系统概述

操作系统中负责管理和存储文件信息的软件机构称为文件管理系统，简称文件系统。文件系统由三部分组成：与文件管理有关的软件、被管理的文件以及实施文件管理所需的数据结构。从系统角度来看，文件系统是对文件存储器空间进行组织和分配，负责文件的存储并对存入的文件进行保护和检索的系统。具体地说，它负责为用户建立文件，存入、读出、修改、转储文件，控制文件的存取，当用户不再使用时撤销文件等。

文件系统是操作系统用于明确磁盘或分区上的文件的方法和数据结构，即在磁盘上组织文件的方法，也指用于存储文件的磁盘或分区，或文件系统种类。

2.3.2 Linux 文件系统的组织方式

Linux 文件系统的组织方式

不同的操作系统组织文件的方式各不相同，其所支持的文件系统数量和种类也不完全相同。Linux 文件系统的组织方式称为文件系统分层标准（filesystem hierarchy standard，FHS），即采用层次式的树目录结构。在此结构的最上层是根目录“/”，然后在此根目录下是其他的目录和子目录，如图 2-2 所示。

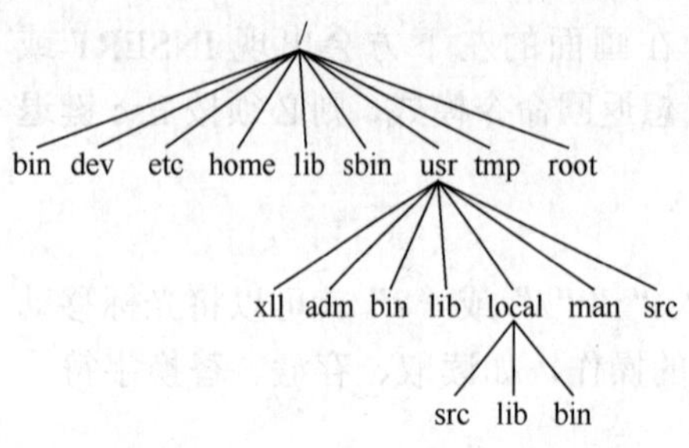

图 2-2　Linux 文件系统目录的层次结构

Linux 与 DOS 及 Windows 一样，采用路径表示文件或目录在文件系统中所处的层次。路径由以“/”为分隔符的多个目录名字符串组成，分为绝对路径和相对路径。

绝对路径是指由根目录“/”为起点表示系统中某个文件或目录的位置的方法。例如，如果用绝对路径表示图 2-2 中第 4 层目录中的 bin 目录，应为“/usr/local/bin”。

相对路径则是以当前目录为起点，表示系统中某个文件或目录在文件系统中的位置的方法。若当前工作目录是“/usr”，则用相对路径表示图 2-2 中第 4 层目录中的 bin 目录，应为“local/bin”或“./local/bin”，其中“./”表示当前目录，通常可以省略。

2.3.3 Linux 系统的默认安装目录

按照 FHS 的要求（关于 FHS 的详细信息可以登录 http://www.pahtname.com/fhs 查询），Linux 系统在安装过程中会创建一些默认的目录。这些默认的目录都有特殊的功能，不可随便更名，以免造成系统的错误，表 2-1 列出了这些目录及其功能说明。

表 2-1　Linux 系统的默认安装目录及其功能

目录名称	说明
/	Linux 文件系统的最上层目录，称为根目录，其他所有目录均是该目录的子目录
/bin	Binary 的缩写，该目录包含供用户使用的可执行程序（文件）
/boot	操作系统启动时所需的文件，包括 vmlinux 和 initrd.img 等，这些文件若损坏会导致系统无法正常启动，因此最好不要任意改动
/dev	/dev 目录包含代表硬件设备的特殊文件，主要包括：块设备，如硬盘；字符设备，如磁带机和串设备，例如/dev/hda 表示第一块 IDE 设备
/etc	有关系统设置与管理的文件，包括密码、守护程序及 X-Windows 相关的配置。可以通过编辑器（如 vi、gedit 等）打开并编辑相关的配置文件
/home	普通用户的主目录（也称为家目录）或 FTP 站点目录，一般存放在/home 目录下
/lib	存放共享函数库（library）
/mnt	文件系统挂载点（mount），例如光盘的挂载点可以是/mnt/cdrom，软盘的挂载点可以是/mnt/floppy，Zip 驱动器为/mnt/zip
/opt	该目录通常提供给较大型的第三方应用程序使用，例如 Sun Staroffice、Corel WordPerfect，这可避免将文件分散至整个文件系统
/proc	保存目前系统内核与程序执行的相关信息，与利用 ps 命令看到的内容相同。例如，/proc/interrupts 文件保存了当前分配的中断请求端口号
/root	根用户的主目录
/sbin	System Binary 的缩写，目录包含仅供管理员使用的可执行程序
/tmp	Temporary 的缩写，用来存放临时文件的目录
/usr	存放用户使用的系统命令和应用程序
/usr/bin	存放用户可执行的程序，例如 OpenOffice 的可执行程序
/usr/include	存放 C 语言用到的头文件
/usr/lib	函数库

续表

目录名称	说明
/usr/local	提供自动安装的应用程序位置
/usr/sbin	存放用户经常使用的程序
/usr/src	保存程序的源文件的目录，一般系统内核源代码存放在/usr/src/Linux 目录下
/var	Variable 的缩写，存放日志、邮件等经常变化的文件。由于/var 目录的大小经常变动，建议将/var 安装到一个独立的分区上

2.3.4　Linux 中的文件类型

Linux 中的文件类型

Linux 系统中，文件可分为普通文件、目录文件、设备文件、链接文件和管道文件 5 种类型，下面对文件类型予以说明。

1）普通文件：用于存放数据、程序等信息的文件。一般都长期存放在外存储器（磁盘、光盘等）中，普通文件又分为文本文件和二进制文件。

2）目录文件：由文件系统中一个目录所包含的目录项组成的文件。目录文件只允许系统进行修改。用户进程可以读取目录文件，但不能对其进行修改。

3）设备文件：用于为 I/O 设备提供连接的一种文件，分为字符设备文件和块设备文件，对应于字符设备和块设备。Linux 把对设备的 I/O 当作普通文件的读取/写入操作，内核提供了对设备处理和对文件处理的统一接口。每种 I/O 设备对应一个设备文件，存放在/dev/目录中。

4）链接文件：又称符号链接文件，在链接文件中不是通过文件名实现文件共享，而是通过链接文件中包含的指向文件的指针实现对文件的访问。普通用户可以建立链接文件，并使用通过其指针所指向的文件。使用链接文件可以访问普通文件，还可以访问目录文件和不具有普通文件实态的其他文件，它可以在不同的文件系统之间建立链接关系。

5）管道文件：又称先进先出（FIFO）文件，主要用于在进程间传递数据。管道是进程间传递数据的“媒介”，某进程数据写入管道的一端，另一个进程从管道另一端读取数据。Linux 对管道的操作与文件操作相同，它把管道作为文件进行处理。

2.3.5　Linux 中的文件权限

Linux 中的文件权限

Linux 系统以安全性高而著称，它有完善的文件和目录权限控制机制。使用 ls -l 命令可查看系统中文件和目录的权限，例如：

```
[root@tianyi~]#ls -l
drwxr-xr-x   3 root    root  4096 2014-12-05 02:01 SAPGUI
lrwxrwxrwx   1 root    root  7 2014-05-21 22:16 x001.txt -> readme.txt
-rw-r--r--   1 root    root  72 2014-12-03 20:24 setup.log
-rwxr-xr-x   1 root    root  268 2014-12-13 15:44 test
......
```

1. 文件和目录的权限

左边的第一列字符（共 10 位）是文件和目录的权限控制字符串，权限字符串各位的作用和分组的方式如图 2-3 所示。

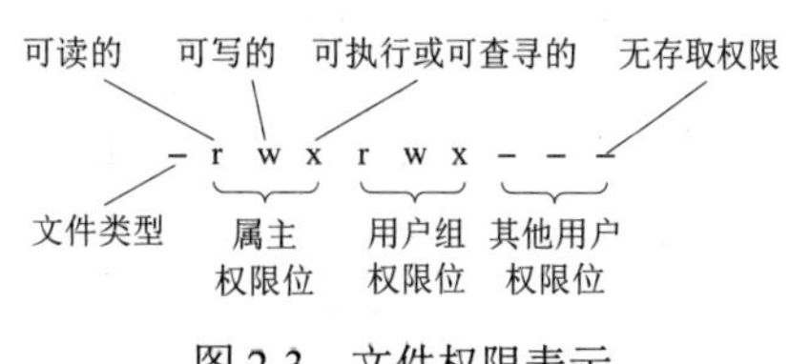

图 2-3　文件权限表示

权限字符串的第一个字符代表文件类型，不同字符代表不同的文件类型，具体含义如下。

1）-：一般文件。

2）d：目录。

3）l：符号连接（软连接）。

4）b：块设备。

5）c：字符型设备。

6）s：socket 套接字。

7）p：命名管道。

2. 属主、用户组和其他用户的权限

权限字符串中后面 9 个字符每三位被分为一组，分别代表属主权限位、用户组权限位、其他用户权限位。比如 rwxr-xr-x，数一下就知道是不是 9 个位置了，正是这 9 个权限位来控制文件属主、用户组以及其他用户的权限。每组有三个权限位，代表具体的权限。

1）r：文件可读或目录可读，位于三位权限组的第一位置。

2）w：文件可修改或目录可修改，位于三位权限组的第二位置。

3）x：文件可执行或目录中的文件可执行，位于三位权限组的第三位置。

4）s：set UID 或 set GID。位于 user 或 group 权限组的第三位置。如果在 user 权限组中设置了 s 位，则当文件执行时，该文件是以文件所有者 UID 而不是用户 UID 执行程序。如果在 group 权限组中设置了 s 位，当文件被执行时，该文件是以文件所有者 GID 而不是用户 GID 执行程序。s 权限位是一个敏感的权限位，容易造成系统的安全问题。在设置时要小心，并注意系统中已有的 SUID 或 SGID 文件和目录。

5）t：黏着位（sticky）。位于 other 权限组的第三位置。该位的文件和目录只有创建者才能删除。

6）-：没有权限。该字符可出现在任何位置，表示没有许可权限。

在 Linux 中创建文件或目录时，系统通过 umask 环境变量控制默认的权限位设置。umask 的值多为 022，在 profile 文件设置。设置格式如下：

```
......
umask 022
......
```

通过 chmod 八进制语法可以改变文件或目录的权限，权限用数字表达分别是：r 用 4 代表；w 用 2 代表；x 用 1 代表；-用 0 代表。

每个三位的权限代码（分别是属主、用户组、其他用户）组合，有 8 种可能，如表 2-2 所示。

表 2-2 权限代码组合的八进制数值

八进制数值	权限	值的计算方法
0	---	0+0+0=0
1	--x	0+0+1=1
2	-w-	0+2+0=2
3	-wx	0+2+1=3
4	r--	4+0+0=4
5	r-x	4+0+1=5

续表

八进制数值	权限	值的计算方法
6	rw-	4+2+0=6
7	rwx	4+2+1=7

可以根据表2-2的数字列表来组合权限，比如想让属主拥有rwx权限（所对应的数字是7），属组拥有 --x权限（所对应的数字是1），其他用户拥有---权限（所对应的数字是0），这样把各组的权限组合起来就是rwx--x---（对应的八进制数值是710）。

按照上面的规则，rwx合起来就是4+2+1=7。一个rwxrwxrwx权限全开放的文件，数值表示为777，而完全不开放权限的文件“---------”，其数值表示为000。

2.4 任务实施

2.4.1 分析Linux的命令格式

Linux提供了几百条命令，虽然这些命令的功能不同，但它们的使用方式和规则都是统一的。Linux命令的一般格式如下：

```
命令名 [选项] [参数1] [参数2]……
```

命令名由小写的英文字母构成，往往是表示相应功能的英文单词或单词的缩写。例如，date表示日期；who表示谁在系统中；cp是copy的缩写，表示复制文件等。方括号中的部分对命令行来讲不是必需的，可有可无。

思政小贴士

Linux操作系统的操作命令很多，既枯燥又难记。大家可以了解一下“李时珍和曼陀罗”的故事以及“荷花定律”的具体内容，体会学习需要发挥主观能动性，需要多实践、多积累，成功不是一蹴而就的，而是一个厚积薄发的过程。

【操作示例2-1】可以直接在提示符后面输入命令date，显示当前的日期和时间。

```
#date
```

【操作示例2-2】也可以在date命令名后面带有选项和参数，如“date -s 15:30:00”，设置系统时间为下午3点30分。

```
# date -s 15:30:00
```

【操作示例2-3】选项是对命令的特别定义，以“-”开始，多个选项可用一个“-”连起来，如“ls -l -a”与“ls -la”相同。

```
# ls -l -a          //与ls -la相同
```

命令行的参数提供命令运行的信息，或者命令执行过程中所使用的文件名。通常参数是一些文件名，告诉命令从哪里可以得到输入，以及把输出送到什么地方。

如果命令行中没有提供参数，命令将从标准输入文件（即键盘）接收数据，输出结果显示在标准输出文件（即显示器）上，而错误信息则显示在标准错误输出文件（即显示器）上，可使用重定向功能对这些文件进行重定向。

2.4.2 目录与文件操作命令的使用

在 Linux 操作系统中，大部分的操作需要通过目录来完成，而 Linux 的最大特点就是有功能强大的 Shell 模块。通过该模块用户可以方便地查看某个目录的内容，改变当前的工作目录或创建/删除目录。本节将介绍 Linux 下经常使用的一些目录操作命令。

1. 目录浏览系列命令的使用

目录浏览系列命令主要包括 pwd 命令、cd 命令和 ls 命令。

任务案例 

首先利用 root 用户登录 Linux 系统，然后进入终端模式。接下来利用 pwd 命令查看用户当前的工作路径，利用 cd 命令改变用户的工作路径，利用 ls 命令查看当前目录下文件清单，并全面掌握它们的作用。

完成任务的步骤如下。

STEP 01 查看当前路径命令 pwd 的使用

首先运用【任务案例 1-3】中的 STEP 01 进入终端模式，使用 pwd 命令显示用户当前所在的目录，操作方法如下。

```
[root@TianYi~]# pwd                    #显示用户当前所在目录
/root                                  #可以看到的用户当前所在目录
[root@TianYi~]#
```

从命令的执行结果可得知，系统的当前用户所在目录是/root。

STEP 02 改变当前路径命令 cd 的使用

cd 命令用来在不同的目录中进行切换。用户在登录系统后，会处于用户的家目录（$HOME）中，该目录一般以/home 开始，后跟用户名，这个目录就是用户的初始登录目录（root 用户的家目录为/root）。如果用户想切换到其他的目录，就可以使用 cd 命令，后跟想要切换的目录名，操作方法如下：

```
[root@tianyi~]#cd                      #进入用户登录时的工作目录
[root@TianYi~]#
[root@TianYi~]#cd /etc                 #改变目录到/etc
[root@TianYi etc]#
[root@tianyi~]#cd ~                    #进入用户登录时的工作目录(即/root)
[root@TianYi~]#
[root@tianyi~]#cd /etc/sysconfig       #改变目录到/etc/sysconfig 目录下
[root@TianYi sysconfig]#
[root@tianyi~]#cd ..                   #进入当前目录的父目录(即/etc)
[root@TianYi etc]#
[root@tianyi~]#cd /etc/samba           #改变目录到/etc/samba 目录下
[root@TianYi samba]#
[root@tianyi~]#cd ../yum               #进入当前目录父目录下的 yum 子目录
[root@TianYi yum]#
```

注意

在 Linux 系统中，用“.”代表当前目录，用“..”代表当前目录的父目录，用“~”代表用户的家目录（主目录）。例如，root 用户的个人主目录是/root，则不带任何参数的“cd”命令相当于“cd ~”，即将目录切换到用户的家目录。

STEP 03 列出文件清单命令 ls 的使用

ls 命令用来显示指定目录中的文件或子目录信息，当不指定文件或目录时，将显示当前工作目录中的文件或子目录信息。该命令的语法如下：

```
ls [参数] [目录|文件]
```

ls 命令的常用参数选项如下。

- -a：显示所有文件，包括以“.”开头的隐藏文件。
- -A：显示指定目录下所有的子目录及文件，包括隐藏文件，但不显示“.”和“..”。
- -c：按文件的修改时间排序。
- -C：分成多列显示各行。
- -d：如果参数是目录，只显示其名称而不显示其下的各个文件。
- -l：以长格形式显示文件的详细信息。
- -i：在输出的第一列显示文件的 i 节点号。

操作方法如下：

```
[root@tianyi~]#cd
[root@tianyi~]#ls            #列出当前目录下的文件及子目录
[root@tianyi~]#ls -a         #列出包括以“.”开始的隐藏文件在内的所有文件
[root@tianyi~]#ls -t         #依照文件最后修改时间的顺序列出文件
[root@tianyi~]#ls -F         #列出当前目录下的文件名及其类型
[root@tianyi~]#ls -l         #列出所有文件的权限、所有者、文件大小、修改时间及名称
[root@tianyi~]#ls -lg        #同上，并显示出文件的所有者工作组名
[root@tianyi~]#ls -R         #显示出目录及所有子目录的文件名
```

2. 文件浏览系列命令的使用

任务案例 2-2

在终端模式下，利用 cat、more、less、head 和 tail 等命令以不同的方式显示文件内容。任务完成后，熟记这些命令的使用方法和各命令的作用。

完成任务的步骤如下。

STEP 01 显示文件内容命令 cat 的使用

cat 命令主要用于滚屏显示文件内容或是将多个文件合并成一个文件。该命令的语法格式如下：

```
cat [参数]   文件名
```

cat 命令的常用参数选项如下。

- -b：对输出内容中的非空行标注行号。
- -n：对输出内容中的所有行标注行号。

通常使用 cat 命令查看文件内容时不能分页显示，要查看超过一屏的文件的内容时，需要使用 more 或 less 等浏览命令。如果在 cat 命令中没有指定参数，则 cat 会从标准输入（键盘）获取内容，操作方法如下：

```
[root@tianyi~]#cd /etc                    #进入 etc 目录
[root@TianYi etc]# cat autofs.conf        #查看/etc/ autofs.conf 文件的内容
```

利用 cat 命令还可以合并多个文件。例如，要把 file1 和 file2 文件的内容合并为 file3，且 file2 文件的内容在 file1 文件的内容前面，操作方法如下：

```
[root@tianyi~]#cat file2 file1>file3     #如果 file3 文件存在，此命令的执行结果
                                          #会覆盖 file3 文件中的原有内容
[root@tianyi~]#cat file2 file1>>file3    #如果 file3 文件存在，此命令的执行结果
                                          #将把 file2 和 file1 文件的内容附加
                                          #到 file3 文件中原有内容的后面
```

Linux 系统中一个非常有用的概念就是 I/O 重定向，能用输出重定向符“>”将输出内容写入一个指定的文件。通常命令的执行结果都显示在屏幕上，但如果想将结果记录到一个文件中，就能利用该输出重定向的功能了。

STEP 02 分屏显示文件命令 more 的使用

当文件内容过长使整个屏幕都显示不全时，用 cat 命令只能看到最后几行，这时 more 命令可就大有用处了，它能一页一页地查看内容冗长的文件内容。执行 more 命令后，进入 more 状态，按 Enter 键可以向下移动一行，按 Space 键可以向下移动一页，按 Q 键可以退出 more 命令。在 more 状态下还有许多功能可用 man more 命令获得。more 命令的语法如下：

```
more  [参数]   文件名
```

more 命令的常用参数选项如下。

- -num：这里的 num 是一个数字，用来指定分页显示时每页的行数。
- +num：指定从文件的第 num 行开始显示。
- -c：从顶部清屏然后显示文件内容。

more 命令的操作方法如下：

```
[root@tianyi~]#cd  /etc                  #回到 root 用户登录目录/root
[root@tianyi~]#more autofs.conf          #以分页方式查看 autofs.conf 文件的内容
[root@tianyi~]#cat autofs.conf|more      #以分屏方式查看 autofs.conf 文件的内容
```

more 命令经常在管道中被调用，用以实现各种命令输出内容的分屏显示。上面的最后一个命令就是利用 Shell 的管道功能分屏显示 autofs.conf 文件的内容。

STEP 03 分屏显示文件命令 less 的使用

less 命令是 more 命令的改进版，用法与 more 基本相同，但比 more 命令的功能强大。more 命令只能向下翻页，而 less 命令可以向下、向上翻页，甚至可以进行前、后、左、右的移动。执行 less 命令后，进入 less 状态，按 Enter 键可以向下移动一行，按 Space 键可以向下移动一页，按 B 键可以向上移动一页，也可以用上、下、左、右光标键进行移动。按 Q 键可以退出 less 命令。less 命令的语法如下：

```
less [参数]  文件
```

less 命令的常用参数选项如下。

- -f：强制打开文件，二进制文件显示时，不提示警告。
- -m：显示读取文件的百分比。
- -N：在每行前输出行号。

less 命令的操作方法如下：

```
[root@TianYi etc]# less  autofs.conf  #以分页方式查看 autofs.conf 文件的内容
```

STEP 04 从头查看文件内容命令 head 的使用

head 命令用于显示文件的开头部分，默认情况下只显示文件的前 10 行内容。该命令的

语法如下：

```
head  [参数]  文件名
```

head 命令的常用参数选项如下。

- -n num：显示指定文件的前 num 行。
- -c num：显示指定文件的前 num 个字符。

按照默认设置，只能阅读文件的前 10 行。可以通过指定一个数字选项来改变要显示的行数，以下命令是显示文件的前 20 行：

```
[root@tianyi etc]#head -n 20  autofs.conf  #显示 autofs.conf 文件前 20 行的内容
```

STEP 05 tail 命令的使用

与 head 命令相反的是 tail 命令。使用 tail 命令，可以查看文件结尾的 10 行。这有助于查看日志文件的最后 10 行来阅读重要的系统消息。还可以使用 tail 来观察日志文件更新的过程。使用-f 选项，tail 会自动实时地把打开文件中的新消息显示到屏幕上。该命令语法如下：

```
tail  [参数]  文件名
```

tail 命令的常用参数选项如下。

- -n num：显示指定文件的末尾 num 行。
- -c num：显示指定文件的末尾 num 个字符。
- +num：从第 num 行开始显示指定文件的内容。
- -f：参数-f 使 tail 不停地去读最新的内容，这样有实时监视的效果。

tail 命令的操作方法如下：

```
[root@tianyi~]#tail -20 /etc/passwd
[root@tianyi~]#tail -f /var/log/messages
```

3. 目录操作系列命令的使用

任务案例 2-3

在终端模式下，使用 mkdir、rmdir 命令在 Linux 系统中完成目录的建立、删除等任务。任务完成后，熟记这些命令的使用方法和各命令的作用。

完成任务的步骤如下。

STEP 01 使用 mkdir 命令建立目录

mkdir（make directory）命令用于创建目录，目录可以是绝对路径，也可以是相对路径。该命令的语法如下：

```
mkdir  [参数]  目录名
```

mkdir 命令的常用参数选项如下。

- -p：在创建目录时，如果父目录不存在，则同时创建该目录及该目录的父目录。

mkdir 命令的操作方法如下：

```
[root@TianYi~]#mkdir test1            #在当前目录下建立 test1 目录
[root@TianYi~]#mkdir test2            #在当前目录下建立 test2 目录
[root@TianYi~]#mkdir -p test3/bak     #在 test3 目录下建立 bak 目录，如果 test3
                                      #目录不存在，那么同时建立 test3 目录
```

STEP 02 使用 rmdir 命令删除目录

rmdir 命令用于删除空目录，目录可以是绝对路径，也可以是相对路径，但所删除的目录必须为空目录。该命令的语法如下：

```
rmdir  [参数]  目录名
```

rmdir 命令的常用参数选项如下。

➢ -p：一起删除父目录时，父目录下应无其他目录。

rmdir 命令的操作方法如下。

```
[root@tianyi~]#rmdir test2          #在当前目录下删除 dir2 目录
[root@tianyi~]#rmdir -p test3/bak   #删除当前目录中 test3/bak 子目录，删除 bak 目
                                     #录时，如果 test3 目录无其他目录，则一起删除
```

4. 文件操作系列命令的使用

任务案例 2-4

在终端模式下，使用 cp、mv、rm、touch、diff、ln、gzip、gunzip、tar、whereis、whatis 等命令对文件或目录进行复制、移动、删除、更新、比较、建立链接、压缩、归档等操作。任务完成后，熟记这些命令的使用方法和各命令的作用。

完成任务的步骤如下。

STEP 01 使用 cp 命令复制文件或目录

命令 cp（copy）用于将一个文件、多个文件或目录复制到另一个地方。该命令的语法格式如下：

```
cp  [参数]   源文件    目标文件
```

cp 命令的常用参数选项如下。

➢ -f：强制复制，如果目标目录存在相同的文件或者目录将会覆盖。

➢ -i：交互式的复制文件，通常使用*通配符时用到。

➢ -r：复制目录时必须使用这个参数。

cp 命令的操作方法如下：

```
[root@tianyi~]#cp /etc/inittab  ~/inittab.bak
[root@tianyi~]#cp  -R  /etc/init.d/  /initbak
```

上面第一句是将/etc/inittab 文件复制到用户的家目录下，复制后的文件名为 inittab.bak。上面第二句是将/etc/init.d 目录（包含 rc.d 目录的文件及子目录）复制到/initbak 目录下。

STEP 02 使用 mv 命令移动文件或目录

mv（move）命令具有"移动"和"重命名"双重意义。它既可以移动文件，也可以重命名文件，还可以移动目录。该命令的语法格式如下：

```
mv  [参数]   源文件或目录    目标文件或目录
```

mv 命令的常用参数选项如下。

➢ -b：移动后原文件不删除，效果相当于复制。

➢ -f：强制移动，如果目标目录存在相同的文件或者目录，将会覆盖它。

➢ -i：交互式的移动文件，通常使用*通配符时用到。

mv 命令的操作方法如下：

```
[root@tianyi~]#mv test1 /usr/
[root@tianyi~]#touch /usr/file-a
[root@tianyi~]#mv /usr/file-a /file1
```

上面第一句是将当前目录下的 test1 文件移动到/usr/目录下，目录名不变。

上面第二句是在/usr 目录下新建一个文件 file-a。

上面第三句是将/usr/file-a 文件移动到根目录下，移动后的文件名为 file1。

STEP 03 使用 rm 命令删除文件或目录

rm（remove）命令用于删除文件和目录。该命令的语法格式如下：

```
rm [参数] 文件名或目录名
```

rm 命令的常用参数选项如下。

- -r：用于删除目录，功能与 rmdir 相当，当目录中存在文件时，rm 会询问是否进入目录删除其中的文件，同意后还会对每一个文件确认删除。
- -f：强制删除文件而不询问，常和-r 一起使用删除有文件的目录。
- -i：用于交互式的删除文件，在删除每一个文件时都需要用户确认。
- -R：递归删除目录，即包含目录下的文件和各级子目录。

rm 命令的操作方法如下：

```
[root@tianyi~]# mkdir /test1
[root@tianyi~]# cd /test1
[root@tianyi test1]# touch file0 file1 file2
[root@tianyi test1]#rm *
[root@tianyi test1]# rm -iR dir
```

上面第一句是在 Linux 的根目录下建立 test1 目录。

上面第二句是进入 test1 目录。

上面第三句是在/test1 目录下新建 file0、file1、file2 三个文件。

上面第四句是删除当前目录下的所有文件，但不删除子目录和隐藏文件。

上面第五句是删除当前目录下的子目录 dir，包含其下的所有文件和子目录，并且提示用户确认。

注意

命令 rm 支持通配符*、?，因此在日常使用时，删除目录中的所有文件使用*通配符时可以和-i 搭配，以免错误删除文件。

STEP 04 使用 touch 命令更新文件的修改日期

touch 命令用于建立文件或更新文件的修改日期。该命令的语法格式如下：

```
touch [参数] 文件名或目录名
```

touch 命令的常用参数选项如下。

- -d yyyymmdd：把文件的存取或修改时间改为 yyyy 年 mm 月 dd 日。
- -a：只把文件的存取时间改为当前时间。
- -m：只把文件的修改时间改为当前时间。

touch 命令的操作方法如下：

```
[root@tianyi test]#touch newfile
[root@tianyi /]#touch -d 20200608 newfile
```

上面第一句是：如果当前目录下存在 newfile 文件，则把 newfile 文件的存取和修改时间改为当前时间；如果不存在 newfile 文件，则新建 newfile 文件。

上面第二句是将 newfile 文件的存取和修改时间改为 2020 年 6 月 8 日。

STEP 05 使用 diff 命令比较两个文件的内容

diff 命令用于比较两个文件内容的不同。该命令的语法格式如下：

```
diff [参数] 源文件 目标文件
```

diff 命令的常用参数选项如下。

- -a：将所有的文件当作文本文件处理。
- -b：忽略空格造成的不同。
- -B：忽略空行造成的不同。
- -q：只报告什么地方不同，不报告具体的不同信息。
- -i：忽略大小写的变化。

diff 命令的操作方法如下：

```
[root@TianYi test1]# echo 'abcd'>a1.txt
[root@TianYi test1]# echo 'abcd0123'>a2.txt
[root@TianYi test1]# diff a1.txt a2.txt
```

上面命令的作用是在/test1 目录下先建立两个文件 a1.txt 和 a2.txt，然后比较 a1.txt 文件和 a2.txt 文件的不同。

STEP 06 使用 ln 命令为文件建立链接

在 Linux 系统中，可以使用 ln（link）命令为文件或目录建立链接。链接是到某个文件的指针。广义上讲，任何文件名都是一个指针，指向文件在磁盘中的实际位置，即当用户使用程序打开或者编辑文件时，通过读取指针的信息便可以找到文件在磁盘上的物理位置。因此，指针可以复制，而真正的文件不需要复制或移动，这样做可以节省硬盘空间和移动所花费的时间。通常使用 ln 命令实现文件链接。该命令的语法格式如下：

```
ln [参数] 源文件或目录 链接名
```

ln 命令的常用参数选项如下。

- -s：建立符号链接（软链接），不加该参数时建立的链接为硬链接。
- -f：删除已经存在的目标文件。
- -i：交互式地删除目标文件。

两个文件之间的链接关系有以下两种。

一种链接关系称为硬链接（Hard Link），是指两个文件名指向的是硬盘上的同一块存储空间，对两个文件中的任何一个文件的内容进行修改都会影响另一个文件。硬链接由 ln 命令不加任何参数建立，ln 命令建立硬链接的操作方法如下：

```
[root@TianYi test1]# echo 'This is test file'>test.txt
[root@TianYi test1]# cat test.txt
This is test file!                                        ①
[root@TianYi test1]# ln test.txt lntest
[root@TianYi test1]# ll test.txt lntest
-rw-r--r--. 2 root root 18 2月  17 11:22 lntest
-rw-r--r--. 2 root root 18 2月  17 11:22 test.txt
```

```
[root@TianYi test1]# cat lntest
This is test file!                                    ②
```

从①和②两处可以看出，test.txt 和 lntest 的大小相同，内容相同。再看详细信息的第二列，原来 test.txt 文件的链接数为 1，说明这块硬盘空间只有 test.txt 文件指向，而建立起 test.txt 和 lntest 的硬链接后，这块硬盘空间就有 test.txt 和 lntest 两个文件同时指向它，所以 test.txt 和 lntest 的链接数都变为 2。

此时，如果修改 test.txt 或 lntest 任何一个文件的内容，另外一个文件的内容也将随之变化。如果删除其中一个文件，就是删除了该文件和硬盘空间的指向关系，该硬盘空间不会释放，另外一个文件的内容也不会发生改变，但是该文件的链接数会减少 1。

注意

只能对文件建立硬链接，不能对目录建立硬链接，但可以对文件或目录建立软链接。

另外一种链接关系称为符号链接（软链接，Symbolic Link），是指一个文件指向另外一个文件的文件名。软链接类似于 Windows 系统中的快捷方式，建立软链接时需要在 ln 命令后加 - s 参数。

创建 test.txt 文件的符号链接 test1，创建完成后查看 test.txt 和 test1 文件链接数的变化：

```
[root@tianyi~]#ll test.txt
-rw-r--r--  2 root root 11  5月  31 15:44 test1
[root@tianyi~]# ln -s test.txt test_soft_ln
[root@tianyi~]#ll test.txt test_soft_ln
lrwxrwxrwx. 1 root root  8 2月  17 21:55 test_soft_ln -> test.txt
-rw-r--r--. 4 root root 18 2月  17 11:22 test.txt
```

可以看出，test_soft_ln 文件是指向 test.txt 文件的一个符号链接，而指向存储 test.txt 文件内容的那块硬盘空间的文件仍然只有 test.txt 一个文件，test_soft_ln 文件只不过是指向了 test.txt 文件名而已，所以 test.txt 文件的链接数仍为 1。

在利用 cat 命令查看 test_soft_ln 文件的内容时，cat 命令在寻找 test_soft_ln 的内容时，发现 test_soft_ln 是一个符号链接文件，就根据 test_soft_ln 记录的文件名找到 test.txt 文件，然后将 test.txt 文件的内容显示出来。此时，如果将 test_soft_ln 删除，对 test.txt 文件无任何影响，但如果删除了 test.txt 文件，那么 test_soft_ln 文件就毫无用处了。

STEP 07 文件压缩与解压缩和归档命令的使用

首先需要明确两个概念：压缩文件和归档文件。压缩文件是将一组文件或目录保存在另一个文件中，并按照某种存储格式保存在磁盘上，所占磁盘空间比其中所有文件总和要少。归档文件是将一组文件或目录保存在一个文件中，归档文件是没有经过压缩的。

1）文件的压缩命令 gzip 与解压缩命令 gunzip 的使用。gzip 命令用于对文件进行压缩，生成以“gz”为扩展名的压缩文件，而 gunzip 命令是对以“gz”为扩展名的文件进行解压缩。该命令的语法格式如下：

```
gzip -v 文件名
gunzip -v 文件名
```

gzip 和 gunzip 命令的常用参数选项如下。

➢ -v：显示被压缩文件的压缩比或解压时的信息。

gzip 和 gunzip 命令的操作方法如下：

```
[root@tianyi~]#gzip -v /etc/vsftpd/vsftpd.conf
/etc/vsftpd/vsftpd.conf: 56.3% -- replaced with /etc/vsftd/vsftpd.conf.gz
[root@tianyi~]#gunzip -v /etc/httpd.conf.gz
/etc/vsftpd/vsftpd.conf.gz: 56.3% -- replaced with /etc/vsftd/vsftpd.conf
```

2）文件归档命令 tar 的使用。tar 命令可以把一系列的文件（甚至磁带）归档到一个称为 tarfile 的文件中，通常文件扩展名为 tar，然后再使用 zip、gzip 或 bzip2 等压缩工具进行压缩。tar 命令主要用于打包和解包。该命令的语法格式如下：

```
tar [参数] 档案文件 文件列表
```

tar 命令的常用参数选项如下。

- -c：生成档案文件。
- -v：列出归档、解档的详细过程。
- -f：指定档案文件名称。
- -r：将文件追加到档案文件末尾。
- -z：以 GZIP 格式压缩或解压缩文件。
- -x：解开档案文件。

tar 命令的操作方法如下：

```
[root@tianyi~]#cd /test1
[root@TianYi test1]#ll a1.txt a2.txt
-rw-r--r--. 1 root root 11 2月  17 11:16 a1.txt
-rw-r--r--. 1 root root 15 2月  17 11:16 a2.txt
[root@TianYi test1]# tar -cvf a.tar a1.txt a2.txt #将 a1.txt 和 a2.txt
                                                   #归档为 a.tar
[root@TianYi test1]# tar -xvf a.tar        #从 a.tar 档案文件中恢复数据
[root@TianYi test1]# tar -czvf a.tar.gz a1.txt a2.txt
                                   #将 a1.txt 和 a2.txt 文件归档并压缩为 a.tar.gz
[root@TianYi test1]# tar -xzvf a.tar.gz  #将 a.tar.gz 文件解压缩并恢复数据
```

STEP 08 查找可执行文件所在位置命令 whereis 的使用

whereis 命令的主要功能是寻找一个可执行文件所在的位置。例如，最常用的 ls 命令，它是在/bin 目录下的。如果希望知道某个命令存在哪一个目录下，可以用 whereis 命令来查询。该命令的语法格式如下：

```
whereis [参数] 命令名称
```

whereis 命令的常用参数选项如下。

- -b：只查找二进制文件。
- -m：只查找命令的联机帮助手册部分。
- -s：只查找源代码文件。

一般直接使用不加选项的 whereis 命令，但用户也可根据特殊需要选用它的一些选项。whereis 命令的操作方法如下：

```
[root@tianyi~]#whereis rpm              #查找命令 rpm 的位置
rpm: /usr/bin/rpm /usr/lib/rpm /etc/rpm /usr/share/man/man8/rpm.8.gz
```

STEP 09 获取命令使用方法的命令

1）man 命令的使用。假设想查 ls 命令的更多信息，输入 man ls，就会打开 man page（man 是 manual 的缩写，因此 man page 就是“手册页面”），显示关于 ls 命令各个方面的信息。试着查一查前面已经介绍的有关命令的更多信息，会发现几乎所有的命令都有各自的man page。该命令的语法格式如下：

```
man  命令名称
```

man 命令的操作方法如下：

```
[root@tianyi~]#man ls
[root@tianyi~]#man cat
```

使用 man 命令可以查看相关命令的使用方法，查看时可以使用上、下、左、右键进行移动，查看完成后按 Q 键退出。

2）help 命令的使用。显示 bash shell 内置命令的简单信息。使用 help 命令而不带任何参数，将显示 bash shell 所有内置的命令。最短的 bash shell 内置命令应该包括 alias、bg、cd、echo、exit、export、help、history、jobs、kill、logout、pwd、set、source、ulimit、umask、unalias、unset。该命令的语法格式如下：

```
help  命令名称
```

help 命令的操作方法如下：

```
[root@tianyi~]#help cd
[root@tianyi~]#help pwd
[root@tianyi~]#help kill
```

STEP 10 文件查找命令 find 和 grep 的使用

1）find 命令的使用。find 命令用于文件查找，它的功能非常强大。该命令的语法格式如下：

```
find  [路径]  [匹配表达式]
```

find 命令的匹配表达式主要有如下几种类型。

- -name filename：查找指定名称的文件。
- -user username：查找属于指定用户的文件。
- -group grpname：查找属于指定组的文件。
- -print：显示查找结果。
- -size n：查找大小为 n 块的文件，一块为 512B。符号“+n”表示查找大小大于 n 块的文件；符号“-n”表示查找大小小于 n 块的文件；符号“nc”表示查找大小为 n 个字符的文件。
- -type：查找指定类型的文件。文件类型有 b（块设备文件）、c（字符设备文件）、d（目录）、p（管道文件）、l（符号链接文件）、f（普通文件）。
- -newer file：查找比指定文件新的文件，即最后修改时间离现在较近的文件。
- -exec command {} \;：对匹配指定条件的文件执行 command 命令。
- -ok command {} \;：与 exec 相同，但执行 command 命令时请求用户确认。

find 命令的操作方法如下：

```
[root@tianyi~]# find . -type f -exec ls -l {} \;                ①
[root@tianyi~]# find /logs -type  f -mtime 5 -exec rm {} \;     ②
[root@tianyi~]# find /etc -name "*.conf"                        ③
[root@tianyi~]# find  .  -type f -perm 755 -exec ls {} \;       ④
```

① 在当前目录下查找普通文件，并以长格式显示。

② 在/logs 目录中查找修改时间为 5 天以前的普通文件，并删除。

③ 在/etc/目录下查找以“conf”为扩展名的文件。

④ 在当前目录下查找权限为 755 的普通文件，并显示。

2）grep 命令的使用。grep 命令用于查找文件中包含有指定字符串的行，其语法格式如下：

```
grep  [参数]  要查找的字符串  文件名
```

grep 命令的常用参数选项如下。

- –v：列出不匹配的行。
- –c：对匹配的行计数。
- –l：只显示包含匹配模式的文件名。
- –n：每个匹配行只按照相对的行号显示。
- –i：对匹配模式不区分大小写。

在 grep 命令中，字符“^”表示行的开始，字符“$”表示行的结尾。如果要查找的字符串中带有空格，可以用单引号或双引号括起来。

grep 命令的操作方法如下：

```
[root@tianyi~]# grep -2 user1 /etc/passwd                     ①
[root@tianyi~]# grep "^user1$" /etc/passwd                    ②
```

① 在文件 passwd 中查找包含字符串“user1”的行，如果找到，显示该行及该行前后各 2 行的内容。

② 在 passwd 文件中搜索只包含“user1”这 5 个字符的行。

提示

grep 和 find 命令的差别在于 grep 是在文件中搜索满足条件的行，而 find 是在指定目录下根据文件的相关信息查找满足指定条件的文件。

2.4.3 文件与目录的权限操作

在 Linux 中，一个用户是否有权利去使用一个文件（目录），是由此文件（目录）设置的权限所决定的，从安全性上考虑，文件目录访问权限是 Linux 设置中最基础的环节。

Linux 中的一个文件在正常情况下属于一个用户所有，将此用户称为文件的所有者（也可以称为属主）；若将一些用户统一分在一个组里，设定此组对文件操作的权限，这个组为文件的所属组，既不是文件的所有者，也不是文件的所属组里的用户，统一称为其他人。

思政小贴士

计算机中重要文件丢失或被人窃取会带来无法弥补的损失，因此，在实际工作中要有安全意识，应合理规划并设置文件和目录的权限，保护系统中的重要资源。

1. 权限设置命令 chmod 的使用

在 Linux 中，文件（目录）的权限分为可读、可写和可执行三类权限，其中可读用字母 r 表示，可写用字母 w 表示，可执行用字母 x 表示。对于每个文件有三类用户，即所有者（u）、同组用户（g）和其他用户（o），也可以使用 a 代表所有人。“+”代表赋予权限，

“-”表示取消权限。也可以用八进制表示这些权限，把拥有权限的表示为 1，把没有相应权限的用 0 表示。文件的拥有者具有改变文件权限的权利，而 root 用户具有改变所有文件权限的权利，不管 root 是不是文件的拥有者。

使用 chmod 命令设定权限的方法有两种：数字方式和字符方式。字符方式使用符号表示文件权限，对大多数新用户来说，这种方式更容易理解；数字方式使用数字表示文件权限的每一个集合，这种表示方法更加有效，而且系统也是用这种方法查看权限。

任务案例 

在终端模式下，使用 chmod 命令的数字方式和字符方式对文件和目录设定相应的权限。任务完成后，熟记这些命令的使用方法和各命令的作用。

完成任务的步骤如下。

STEP 01 使用 chmod 命令的字符方式设定权限

chmod 命令字符方式的一般语法格式如下：

```
chmod  [who]  [opt]  [mode] 文件/目录名
```

其中，who 代表对象，是以下字母中的一个或组合：u 表示文件所有者；g 表示同组用户；o 表示其他用户；a 表示所有用户。

opt 代表操作：“+”表示添加某个权限；“-”表示取消某个权限；“=”表示赋予给定的权限，并取消原有的权限。

mode 代表权限：r 表示可读；w 表示可写；x 表示可执行。

```
[root@tianyi~]#cd /test1
[root@TianYi test1]# ls -l test.txt
-rw-r--r--. 4 root root 18 2月  17 11:22 test.txt
```

在以上命令中，test.txt 文件的权限为“-rw-r--r--”，即文件所有者具有可读可写的权限，组内用户和其他用户都具有可读权限。

接下来使用 chmod 命令，分别为文件所有者添加可执行的权限，为组内用户设置可写和可执行权限，为其他用户添加可写权限。最后 test.txt 文件的权限为“-rwx-wxrw-”，操作方法如下：

```
[root@TianYi test1]#chmod  u+x  test.txt
[root@TianYi test1]#chmod  g=wx  test.txt
[root@TianYi test1]#chmod  o+w  test.txt
[root@TianYi test1]# ls -l test.txt
-rwx-wxrw-. 4 root root 18 2月  17 11:22 test.txt
```

STEP 02 使用 chmod 命令的数字方式设定权限

chmod 命令数字方式的一般语法格式如下：

```
chmod  [mode]  文件名
```

这里关键是 mode 的取值，将“rwx”看成二进制数，如果有则用 1 表示，如果没有则用 0 表示，那么“rwx r-x r--”可以表示成二进制数 111 101 100，再将其每三位转换成为一个十进制数，就是 754。

延续上面的例子，依然是希望将 test.txt 的权限“-rw-r--r--”设置为“-rwx-wxrw-”，转换成二进制数就是 111 011 110，再每三位转换成为一个十进制数，就得到 736，因此执行命令 chmod 736 test.txt 即可，操作方法如下：

```
[root@TianYi test1]#chmod  736 test.txt
[root@TianYi test1]# ls -l test.txt
-rwx-wxrw-. 4 root root 18 2月  17 11:22 test.txt
```

注意

文件权限是一种安全措施，无论何时如果允许其他人读取、写入或执行文件，都会增加文件被篡改或删除的危险。作为一种基本原则，只能给予那些真正需要对文件进行读写的用户权限。

2. 改变目录或文件的属主或属组

一个 Linux 目录或者文件，都会有一个属主和属组。所谓属主，即文件的所有者，而所谓属组，即该文件属主所在的组。Linux 这样设置目录或文件属性的目的是为了目录或文件的安全。

任务案例 2-6

在终端模式下，先使用 chgrp 命令修改文件的属组，再使用 chown 命令改变命令或文件的属主。任务完成后，熟记这些命令的使用方法和各命令的作用。

完成任务的步骤如下。

STEP 01 使用 chgrp 命令改变命令或文件的属组

在 Linux 系统中，当使用“ls-l”命令查看文件的时候，如果看到该文件的属主和属组均是 root 且权限是“-rwxr--r--”时，普通用户是无法修改此文件的，此时就得修改文件或目录的属主，就要使用 chgrp 命令，chgrp 命令的一般语法格式如下：

```
chgrp  [ -R ]  组名  文件名/目录
```

其中，文件名为改变所属组的文件名，可以是多个文件，用空格隔开。选项“-R”表示递归地改变指定目录及其子目录和文件的所属组。需要说明的是，更改文件/目录的属组，需要有超级用户或所改组用户权限才可执行有关操作。

以下命令行中，chgrp 命令将 test.txt 的属组由原来的 root 组改变为 tianyi 组，操作方法如下：

```
[root@TianYi test1]# ls -l test.txt
-rwx-wxrw-. 4 root root 18 2月  17 11:22 test.txt
[root@TianYi test1]#chgrp  tianyi  test.txt    #改变 test.txt 的属组
chgrp: 无效的组:“tianyi”                    #出错是因为系统中没有建立 tianyi 组
[root@TianYi test1]#groupadd tianyi          #添加一个 tianyi 的组
[root@TianYi test1]#chgrp  tianyi  test.txt   #再执行一遍
[root@TianYi test1]# ls -l test.txt
-rwx-wxrw-. 4 root tianyi 18 2月  17 11:22 test.txt  #可以看出文件已经属于
                                                    tianyi 组
[root@TianYi test1]#
```

STEP 02 使用 chown 命令改变命令或文件的属主

chown 命令用于将指定文件的所有者改变为指定用户或组。chown 命令的一般语法格式如下：

```
chown  [ -R ]  [user:group]  文件/目录名
```

其中，“文件”为改变属主或属组的文件名，可以是多个文件，用空格隔开。选项“-R”表示递归地改变指定目录及其子目录和文件的属主或属组。

以下使用 chown 命令将 a1.txt 的属主和属组由原来的 root tianyi 改变为 root root，可以看出 chown 命令功能是 chgrp 命令的超集。

```
[root@TianYi test1]# ls -l test.txt
-rwx-wxrw-. 4 root tianyi 18 2月  17 11:22 test.txt
[[root@TianYi test1]# chown  root:root test.txt  #改变文件的属主、属组
[root@TianYi test1]# ls -l test.txt
-rwx-wxrw-. 4 root root 18 2月  17 11:22 test.txt
```

2.4.4 vi 编辑器的使用

Linux 支持的文本编辑器有很多，比如支持图形模式的编辑器有 gedit、kwrite、OpenOffice 等，支持文本模式的编辑器有 emacs、vi 和 nano。

vi 是 visual interface 的简称，运用它可以执行输出、删除、查找、替换、块操作等众多文本操作，而且用户可以根据自己的需要对其进行定制，这是其他编辑程序所没有的。vi 不是一个排版程序，它不像 Microsoft 的 Word 或金山的 WPS 可以对字体、格式、段落等属性进行编排，它只是一个文本编辑程序。vi 没有菜单，只有命令，且命令繁多，本节将通过任务案例介绍一些主要命令的应用。

任务案例 2-7

在终端模式下，熟悉 vi 编辑器的启动、编辑、退出等相关操作，同时在 vi 编辑器完成文本的输入、删除、修改、替换等操作。任务完成后，熟记这些命令的使用方法和各命令的作用。

完成任务的步骤如下。

STEP 01 启动 vi

在命令终端窗口启动 vi 编辑器。根据不同目的，vi 编辑器有三种启动方式，如表 2-3 所示。

表 2-3 vi 编辑器启动方式

命令	描述
vi	打开 vi 空白面板。不使用文件名作参数，在退出时，系统提示保存编辑内容
vi filename	以编辑模式打开文件。如参数为已有文件名时，在 vi 中打开该文件；如新文件名作参数时，在 vi 退出时，系统提示保存编辑内容
vi-R filename	以只读方式打开文件

当 vi 编辑器启动后，即进入了 vi 的命令模式。在这种模式下，所输入的任何内容甚至单个字符，都被解释成命令，以便使用户能够执行管理任务，在命令模式中，用户可以用

以下按键在文本区域移动光标。

- ↑或 k：上移一行（文本中的上一行）。
- ↓或 j：下移一行（文本中的下一行）。
- ←或 h：左移一个字符。
- →或 l：右移一个字符。

如果用户需要输入文本（内容），必须进入编辑模式，只有在编辑模式下，才能输入文本（内容），进入和退出编辑模式可按 i、a、o 或 I、A、O 键等，具体功能见表 2-4，退出编辑器需要按 Esc 键。如果用户不能确定当前 vi 处于什么状态，按两次 Esc 键，用户就进入命令模式。

【操作示例 2-4】启动 vi 编辑器打开/etc 目录下的 hosts 文件，操作方法如下：

```
[root@TianYi ~]# vi /etc/hosts
```

文件被打开后，vi 编辑器会检测会话终端的类型，并用全屏模式将整个控制台窗口作为编辑器区域。在编辑窗口显示了 passwd 文件的内容，并在窗口的底部显示了一条消息行。如果文件内容并未占据整个屏幕，vim 会在非文件内容行放置一个波浪线。其结果如图 2-4 所示，此时处于 vi 编辑器命令模式，需要利用编辑指令才能对文件进行编辑。

```
root@TianYi:~
文件(F) 编辑(E) 查看(V) 搜索(S) 终端(T) 帮助(H)
127.0.0.1   localhost localhost.localdomain localhost4 localhost4.localdomain4
::1         localhost localhost.localdomain localhost6 localhost6.localdomain6
127.0.0.1 localhost.localdomain localhost
192.168.2.110 ftp.TianYi.com
192.168.2.111 mail.TianYi.com
192.168.2.118 www.TianYi.com
~
~
~
~
"/etc/hosts" 6L, 288C
```

图 2-4　利用 vi 编辑器打开 hosts 文件

在命令模式中，按":Q"退出 vi 编辑器，如果需要编辑文件，可进入下一步。

STEP 02 编辑文件

vi 启动后首先处于命令状态，等待用户下达命令进入编辑模式，才可开始文本编辑。除了使用 i 键外，还有其他方法可进入编辑模式，只是进入的编辑状态不同，如表 2-4 所示。

在 vi 的命令模式下，使用表 2-4 中的命令，用户就可以开始编辑文本了。用户会一直保持在编辑模式下，直到按下 Esc 键。在文本编辑过程中，命令模式下可以利用上、下、左、右键移动光标，用户的输入总是从光标处开始。

表 2-4　vi 编辑器编辑模式切换命令

命令	功能描述
i	在当前的光标位置之前插入文本
I	在当前行的开始处插入文本
a	在当前的光标位置之后插入文本
A	在当前行的结尾处插入文本
o	在光标位置的下面为文本条目创建一个新行
O	在光标位置的上面为文本条目创建一个新行

【操作示例 2-5】利用 vi 编辑器建立一个新文件 myfile，在该文件中输入图 2-4 中的所有内容，输入完成后再进行相应的修改，将 ftp.TianYi.com 中的.com 改为.net，在 www.TianYi.com 后面添加“.cn”，操作方法如下：

```
#vi myfile
```

按 Enter 键后即可看到打开的空白文件，如图 2-5 所示。然后在光标处按 I 键进入编辑模式，接下来输入图 2-4 中所有内容，输入完毕按 Esc 键退出编辑模式，进入命令模式。

然后，将光标移到 ftp.TianYi.com 行的.com 的点“.”处，按 A 键后，输入 net；再按 Esc 键退出编辑模式，将光标移到 www.TianYi.com 的 m 处，按 A 键后，输入“.cn”；再按 Esc 键退出编辑模式，此时文件内容如图 2-6 所示。

图 2-5 编辑 myfile 文件

图 2-6 输入文件内容并进行编辑

在编辑过程中，使用 vi 的编辑命令可以大大简化日常编辑工作，提高工作效率。表 2-5 列出了 vi 常用的与编辑功能相关的命令。

表 2-5 vi 编辑器常用编辑命令

功能类别	命令	功能描述
删除	x	删除光标所在位置的字符
	X	删除光标位置前面的字符
	dw	从当前的光标位置开始删除，一直到下一个单词
	d$	删除当前光标所在位置至行尾的内容
	D	从光标位置开始删除，一直到当前行结束
	dd 或 ndd	删除光标所在的行或删除 n 行（这里 n 是需删除的行数）
修改	cw	修改光标所在位置的单词，修改范围是从游标位置一直到单词结束
	r	替换光标所在位置的字符
	R	覆盖从光标当前所在的字符开始的多个字符
替换	s	用输入字符替换当前字符
	s/old/new/g	一行命令替换所有 old
	n,ms/old/new/g	替换行号 n 和 m 之间所有 old
	S	删除光标所在行，并用新文本替换，输入新文本后，仍处在插入状态
复制	J	将当前行与下面的行合并为一行
	yy 或 nyy	复制当前行或复制 n 行（这里 n 是需复制的行数）
	yw	复制当前单词
	p	将复制的文本插入光标位置的后面
	P	将复制的文本插入光标位置的前面

【操作示例 2-6】利用 vi 编辑器打开 myfile，然后删除“192.168.2.111 mail.TianYi.com”这一行，删除 www.TianYi.com.cn 中的“.cn”，再将这一行复制一份，操作方法如下：

```
#vi myfile
```

打开 myfile 后，将光标移到“192.168.2.111 mail.TianYi.com”这一行，输入 dd 即可删该行；将光标移到 www.TianYi.com.cn 中的“.cn”点“.”处，按 D 键即可删除“.cn”；再将光标移到行前，输入 yy 后，再输入 p 即可将当前行复制一份并插入到光标位置的后面，操作后文件的内容如图 2-7 所示。

```
root@TianYi:~
文件(F) 编辑(E) 查看(V) 搜索(S) 终端(T) 帮助(H)
127.0.0.1   localhost localhost.localdomain localhost4 localhost4.localdomain4
::1         localhost localhost.localdomain localhost6 localhost6.localdomain6
127.0.0.1 localhost.localdomain localhost
192.168.2.110 ftp.TianYi.net
192.168.2.118 www.TianYi.com
192.168.2.118 www.TianYi.com
~
:wq!
```

图 2-7　编辑 myfile 文件

STEP 03 保存文件

在使用文本编辑工具 vi 完成文件的读取或编辑后，用户应当完成相关保存或放弃保存等操作，以便安全退出 vi。表 2-6 列出了退出 vi 编辑器之前常用的退出命令。

表 2-6　vi 编辑器退出命令

命令	功能描述
:q	退出 vi 编辑器，如果对文件进行了修改，vi 不能退出，返回编辑模式
:q! 或 :w! 或 :wq!	强行退出 vi 编辑器，无论对文件是否进行了修改，都将退出编辑器
:w	保存当前文件，如果用户正在编辑一个已有文件，直接保存。如果当前用户对该文件没有写入权限，将保存失败
:wq 或 ZZ 或:x	保存并退出
:w filename	将文件保存在 filename 中，该命令将修改后的文件保存为另一个文件。如果用户启动 vi 时没有使用文件名作为参数，就必须使用这个命令，否则会丢失已做的修改
:e!	打开文件上一次成功保存的版本，以便在发现输入错误时，退回最近一次的保留版本

【操作示例 2-7】在图 2-7 中按 Esc 键退出编辑模式，再按“:WG”保存退出，然后使用 vi myfile 打开 myfile，在 tyyfzx.com 后输入“.cn”，删除最后一行即可。

STEP 04 其他操作

【操作示例 2-8】保存【操作示例 2-4】修改的内容并退出，利用 vi 打开 myfile 文件，首先在文件中使用“:set nu”显示行号，然后使用“:set autoindent”设置自动缩排，最后使用“:1,$s/TianYi/tianyi/g”替换字符串（其中，1 是从第一行开始，$是直到最后一行，TinaYi 是被替换字符串，tianyi 是替换为的字符串，g 是替换该行的所有匹配）。任务完成后文件的内容如图 2-8 所示。

```
root@TianYi:~
文件(F) 编辑(E) 查看(V) 搜索(S) 终端(T) 帮助(H)
  1 127.0.0.1   localhost localhost.localdomain localhost4 localhost4.localdomain4
  2 ::1         localhost localhost.localdomain localhost6 localhost6.localdomain6
  3 127.0.0.1 localhost.localdomain localhost
  4 192.168.2.110 ftp.tianyi.net
  5 192.168.2.118 www.tianyi.com
  6 192.168.2.118 www.tianyi.com
  7
~
3 substitutions on 3 lines
```

图 2-8　对 myfile 文件的其他操作

2.5　技能训练

2.5.1　课堂训练

课堂任务 2-1

利用 root 用户登录，进入终端模式，按照如下要求完成相关操作，并熟练掌握各种文件和目录操作命令的使用。

1）使用 cd 命令进入 usr 目录。

2）使用 mkdir 命令建立 yourname 的子目录。

3）使用 touch 命令建立 testfile 文件。

4）使用 cp 命令复制 testfile 文件为 newfile。

5）使用 diff 命令对 testfile 和 newfile 进行比较。

6）使用 pwd 命令确认当前工作目录。

7）使用 ls 命令列出当前目录中的文件，查看文件的权限。

8）使用 chmod 命令将目录中所有文件的权限设置为 764，并说明其含义。

9）使用 gzip 命令对该目录中所有文件进行压缩。

10）使用 tar 命令将该目录中所有文件进行归档。

11）使用 rm 命令删除 testfile 文件。

课堂任务 2-2

使用 vi 文本编辑器，完成以下相关操作，并熟练掌握 vi 的使用技巧。

1）以普通用户身份登录系统。

2）启动 vi，此处无须输入文件名。

3）从命令模式转换至编辑模式，输入一段文字，最好是英文，如“This is myfile!”。

4）将该文件命名为 file1，然后存盘退出。

5）对 vi 进行环境设置，显示每一行的行号，此时输入“:se nu”命令即可。

6）以 vi file2 的方式进入 vi 编辑 file2。

7）输入“I am a student.”“She is a teacher.”。

8）在第一和第二行之间插入文件 file1，将光标移到第一行，此时输入“:r file1”命令即可。

9）删除当前行。

10）查询文章中为 student 的字符串。

11）复制当前行至缓冲区，再将通用缓冲区的内容粘贴到文章的第 4 行。

12）在文章的第 1、3、5 行开始处，插入 Linux 字符串。

13）取消行号的显示。

2.5.2　课后训练

测试是否已经熟悉了 vi 命令。按照需求进行操作，看看显示结果与书中的结果是否相同。

1）在/tmp 目录下建立一个名为 vitest 的目录。

2）进入 vitest 目录中。

3）将/etc/man.config 复制到本目录中。

4）使用 vi 打开本目录下的 man.config 文件。

5）在 vi 中设置行号。

6）移动到第 58 行，向右移动 40 个字符，请问双引号内是什么目录？

7）移动到第一行，并向下搜索“bzip2”字符串，请问它在第几行？

8）接下来，将 50～100 行之间的 man 改为 MAN，并且一个一个挑选是否需要修改，如何执行命令？

9）修改完之后，若突然反悔，要全部复原，有哪些方法？

10）复制 51～60 行的内容，并且贴到最后一行之后。

11）删除 11～30 行之间的 20 行。

12）将这个文件另存为 man.test.config 文件。

13）在第 29 行删除 15 个字符。

14）所有操作完毕，存储后离开。

2.6 总结提高

Linux 的许多操作都可以通过命令方式来完成，本项目首先介绍了 Linux 文件系统的基本概念，文件系统的组织方式和文件的类型，再对文件权限进行了分析，然后着重训练了文件和目录的显示、增加、删除、修改，以及文件和目录的权限设置等命令的使用技能，最后训练了利用 vi 文本编辑器进行文本的编辑等。

通过本项目的学习，读者应对 Linux 中文件和目录的操作有一个大致的了解，这对后续学习有很大的帮助，越往后学习越能体会到这一点。

通过本项目的学习，你的收获怎样？请认真填写学习情况考核登记表（表 2-7），并及时予以反馈。

表 2-7 学习情况考核登记表

序号	知识与技能	重要性	自我评价					小组评价					老师评价				
			A	B	C	D	E	A	B	C	D	E	A	B	C	D	E
1	会进入终端模式	★★★☆															
2	能使程序以后台方式执行	★★☆															
3	能分析 Linux 文件系统的组织方式	★★★☆															
4	会识别 Linux 的文件类型	★★★★															
5	会分析文件和目录的权限	★★★★															
6	能对文件和目录进行浏览	★★★★☆															
7	能对文件和目录进行建立、删除、修改等	★★★★★															
8	能设置文件和目录的权限	★★★★☆															
9	能运用 vi 编辑文件	★★★★★															
10	能完成课堂训练	★★★☆															

说明：评价等级分为 A、B、C、D 和 E 共 5 等。其中，对知识与技能掌握很好，能够熟练地完成文件和目录的各项浏览与操作，能够利用 vi 很好地完成文本编辑工作为 A 等；掌握了 75%以上的内容，能够较为顺利地完成任务为 B 等；掌握 60%以上的内容为 C 等；基本掌握为 D 等；大部分内容不够清楚为 E 等。

项目 3

管理 Linux 操作系统

学习指导

教学目标 ☞

知识目标

了解系统管理的概念

了解用户管理配置文件

掌握用户和组的管理

掌握 rpm 软件包的管理

掌握进程管理

技能目标

会关闭与重启 Linux 系统

会查看系统的磁盘信息、内存信息等

能进行用户和组的添加、删除

能进行软件包的安装、升级和删除

能进行存储设备的挂载与卸载

能进行进程的查看、调整运行级别和终止等操作

素质目标 ☞

培养认真细致的工作态度和工作作风

养成刻苦、勤奋、好学、独立思考和细心检查的学习习惯

具有一定的自学能力，分析问题、解决问题能力和创新能力

激发爱国热情，培育精益求精的工匠精神

建议课时 ☞

教学课时：理论学习 2 课时+教学示范 3 课时

技能训练课时：课堂模拟 3 课时+课堂训练 3 课时

在管理 Linux 操作系统的过程中，虽然有很多应用可以使用图形界面，但是大多数使用和管理 Linux 的实用程序和技巧还是通过输入命令来运行的。

对 Linux 操作系统进行管理，有助于系统的稳定和安全。本项目详细介绍如何在 Linux 操作系统中进行用户和组的管理、软件包的管理、存储设备的管理和进程的管理等。通过任务案例引导学生学习用户和组的建立与删除、软件包的安装与升级、存储设备的挂载与卸载、进程的查看与终止等，具体训练学生的操作技能，使学生逐步掌握各种管理命令的使用方法，具有命令行下管理 Linux 操作系统的能力。

3.1 任务描述

使用命令管理 Linux 操作系统

天一电子产品研发中心的吴航已基本掌握在终端模式下使用命令对文件系统进行管理的方法，接下来的工作是让他进一步掌握使用命令对操作系统进行管理。

那么，如何对 Linux 操作系统中的用户、组、软件包、进程和存储设备等进行行之有效的管理呢？

谢立夫凭借所学的知识和多年来的工作经验，经过认真的分析后认为，要想让吴航进一步使用命令对操作系统进行管理，就必须先让他了解如何建立、删除用户和组，如何进行软件包的安装和升级，如何挂载和卸载文件系统等，然后通过安排多项任务反复进行操作练习，达到掌握运用命令方式对操作系统进行有效管理的目的。

3.2 任务分析

1. 熟悉实现用户账号管理的主要工作

Linux 系统是多用户多任务的分时操作系统，任何要使用系统资源的用户，都必须首先向系统管理员申请一个账号，然后以这个账号的身份进入系统。用户的账号一方面可以帮助系统管理员对使用系统的用户进行跟踪，控制用户对系统资源的访问；另一方面也可以帮助用户组织文件，为用户提供安全性保护。每个用户账号都拥有一个唯一的用户名和密码。用户在登录时输入正确的用户名和密码后，就能够进入系统和自己的主目录。

实现用户账号的管理，要完成的工作主要包括三个方面：用户账号的添加、删除与修改，用户口令的管理，用户组的管理。

2. 了解 RPM 软件包

RPM（red hat package manager）是由 Red Hat 公司开发的软件包安装和管理程序，与 Windows 平台上的 Uninstaller 类似。用户使用 RPM 可以自行安装和管理 Linux 上的应用程序和系统工具。

RPM 可以让用户直接以 binary 方式安装软件包，并且可替用户查询是否已经安装了有关的库文件。如果使用 RPM 来升级软件，RPM 会保留原来的配置文件，这样用户就不用重新配置新的软件了。RPM 保留一个数据库，这个数据库中包含所有的软件包的资料，通过这个数据库，用户可以进行软件包的查询。RPM 虽然是为 Linux 而设计的，但是它已经移植到 SunOS、Solaris、AIX、Irix 等其他 UNIX 系统上了。RPM 遵循 GPL 版权协议，用户可以在符合 GPL 协议的条件下自由使用及传播 RPM。

3. 理解 Linux 中的进程

程序是为了完成某种任务而设计的软件，比如 vi 程序。那么什么是进程呢？进程就是运行中的程序。一个运行着的程序可能有多个进程。

Linux 命令的执行是通过进程实现的，当在提示符之后输入一个命令或可执行文件的名字后按 Enter 键，这个命令就开始执行了。在操作系统中，为了执行这个命令，往往要创建相应的进程，通过进程的活动来完成预定的任务。其实，在 Linux 中，通常执行任何一个命令都会创建一个或多个进程。当进程完成了预期的目标自行终止时,该命令也就执行完毕。不但用户可以创建进程，系统程序也可以创建进程。可以说，一个运行着的操作系统就是由许许多多的进程组成的。

4. 掌握文件系统的挂载与卸载

创建文件系统后，可能想要使用它。这个过程与其他操作系统不同，如在 Windows 操作系统中，Windows 中所有可用的文件系统均自动加载。在 UNIX 操作系统中，文件系统必须由操作系统挂载，可使用 mount 命令进行挂载。挂载是通过把文件系统与一个目录相关联，来把文件系统的根依附到系统的文件层次结构中的过程。

卸载文件系统实际上就是删除文件系统和它所挂载的目录之间的关联，是使用 umount 命令来完成的。必须是根用户或使用根用户的特权执行用户，才能卸载文件系统。要卸载文件系统，只需在 umount 命令行上指定分区的名称、文件系统或挂载点。

5. 熟悉项目的具体任务

本项目的具体任务包括用户和组的管理、软件包管理、存储设备的使用、进程管理和查看系统信息等几个方面，具体任务如下。

1）用户和组的管理：包括用户账户管理和组的管理。

2）软件包管理：包括软件包的安装与卸装、软件包的升级以及软件包的查询和校验。

3）存储设备的使用：包括磁盘分区的使用、光盘的使用、U 盘的使用。

4）进程管理：包括查看系统进程、终止系统进程、设置进程的优先级。

5）查看系统信息：包括查看开机信息、查看磁盘和内存情况、查看系统日期和时间。

3.3 知识储备

3.3.1 Linux 系统管理概述

Linux 操作系统=1 个内核+n 个系统程序+ n 个用于工作的应用程序

其中，内核是操作系统的心脏，维护着磁盘上文件的轨迹，启动程序并且并行地运行着它们，给各种进程分配内存及其他资源，从网络上接收和发送数据包等。内核做的事很少，但提供了建立所有服务所需的工具，也防止了用户直接对硬件的访问，迫使用户使用内核所提供的工具。这样，内核为各个用户之间提供了一些保护。内核所提供的工具是通过系统调用实现的。

系统程序利用内核所提供的工具实现操作系统所需的各种服务。系统程序及所有其他程序，都运行于“内核之上”，即所谓的用户模式（user mode）。

应用程序和系统程序之间的区别在于不同的应用方面：应用程序主要用于将有用的事情做好（或用于游戏，如果它正好是一个游戏程序），而系统程序用于使系统正常地工作。

操作系统也可包含一些编译程序以及相应的库程序（在 Linux 下是指 GCC 以及 C 库程序），尽管不是所有编程语言必须成为操作系统的一部分；另外，文档，有时甚至一些游戏，也能算是操作系统的一部分。

Linux 内核由几个重要部分组成：进程管理、内存管理、硬件设备驱动程序、文件系统驱动程序、网络管理以及各种其他部分。也许内核中最重要的部分（没有就不能工作）是内存管理和进程管理。内存管理用来给进程分配内存区域和分配交换空间区域；进程管理主要用于创建进程，以及通过在处理器上交换活动进程实现多任务的功能。

3.3.2 Linux 中的用户分类

Linux 中的用户

用户分类

Linux 中的用户可以分为三类：超级用户、系统用户和普通用户。超级用户的用户名为 root，提示符为“#”，它具有一切权限，只有进行系统维护（如建立用户等）或其他必要情形下才用超级用户登录，以避免系统出现安全问题。系统用户是 Linux 系统正常工作所必需的内建的用户，主要是为了满足相应的系统进程对文件属主的要求而建立的，系统用户不能用来登录，如 bin、daemon、adm、lp 等用户。

每个用户都有一个数值，称为 UID。超级用户的 UID 为 0，系统用户的 UID 一般为 1～999，普通用户的 UID≥1000。

root 用户的 UID 和 GID 都为 0。实际上，普通用户如果其 UID 和 GID 也都为 0，他就成了和 root 平起平坐的超级用户了。大多情况下，这样做并没有什么好处，而且还有坏处。但有时在组织中需要多个系统管理员管理同一系统，多个超级用户有利于多个管理员的责任明确。普通用户是为了让使用者能够使用 Linux 系统资源而建立的，大多数用户属于此类。

3.3.3　Linux 中的用户管理配置文件

Linux 中的用户管理配置文件

Linux 系统中用户和组群的管理是通过对有关的系统文件进行修改和维护实现的，与用户和用户组相关的管理维护信息都存放在一些系统文件中。

1. /etc/passwd 文件

/etc/passwd 是用于用户管理的最重要的文件，文件对系统的所有用户都是可读的。每个用户账号在文件中对应一行，并且用冒号（:）分为 7 个域，每一行的形式如下：

```
用户名：加密的口令：UID：GID：用户的全名或描述：登录目录：Shell
```

字段说明如下。

- 用户名：用户登录 Linux 系统时使用的名称。
- 加密的口令：以前是以加密格式保存密码的位置，现在密码保存在/etc/shadow 文件中，此处只是密码占位符“x”或“*”。若为“x”，说明密码经过了 shadow 的保护。
- UID：用户的标识，是一个数值，用它来区分不同的用户。
- GID：用户所在基本组的标识，是一个数值，用它来区分不同的组，相同的组具有相同的 GID。
- 用户的全名或描述：可以记录用户的完整姓名、地址、电话等个人信息。
- 登录目录：类似 Windows 的个人目录，通常是/home/username，这里 username 是用户名，用户执行“cd~”命令时当前目录会切换到个人主目录。
- Shell：定义用户登录后激活的 Shell，默认是 Bash Shell。

/etc/passwd 文件对系统的所有用户都是可读的，这样的好处是每个用户都可以知道系统上有哪些用户，但缺点是其他用户的口令容易受到攻击（尤其当口令较简单时）。所以，很多 Linux 系统都使用了 shadow 技术，把真正加密的用户口令字存储在另一个文件/etc/shadow 中，而在/etc/passwd 文件的口令字段中只存放一个特殊字符，并且该文件只有根用户 root 可读，因而大大提高了安全性。

2. /etc/shadow 文件

为了保证系统的安全性，系统通常对用户的口令进行 shadow 处理，并把用户口令保存到只有超级用户可读的/etc/shadow 文件中。该文件包含了系统中所有用户和用户口令等相关信息。

每个用户在该文件中对应一行，并且用冒号（:）分成 9 个域。每一行包括以下内容。

- 用户登录名。
- 用户加密后的口令（使用 SHA-512/SHA-256/MD5 算法加密后的密码：若为空表示该用户无须密码即可登录，若为“*”表示该账号不能用于登录系统，若为“!!”

表示该账号密码已被锁定）。

- 最后一次修改时间：从1970年1月1日至口令最近一次被修改的天数。
- 最小时间间隔：密码在多少天内不能被修改。默认值为0，表示不限制。
- 最大时间间隔：密码在多少天后必须被修改。默认值为99999，表示不进行限制。
- 警告时间：提前多少天警告用户密码将过期，默认值为7天，0表示不提供警告。
- 不活动时间：密码过期多少天后禁用此用户。
- 密码失效日期，以距离1970年1月1日的天数表示，默认为空，表示永久可用。
- 保留域。

3. /etc/group 文件

在Linux中，使用组来赋予用户访问文件的不同权限。组的划分可以采用多种标准，一个用户可同时包含在多个组内。管理用户组的基本文件是/etc/group，其中包含了系统中所有用户组的相关信息。

每个用户组对应文件中的一行，并用冒号（:）分成4个域。其中每一行的形式如下：

```
用户组名：加密后的组口令：组 ID：组成员列表
```

Linux在系统安装中同样创建了一些标准的用户组，在一般情况下，建议不要对这些用户组进行删除和修改。

思政小贴士

为了系统安全，与用户和用户组相关的管理维护信息要分别保留在不同的配置文件中，且用户密码是加密存储的。同时，系统中用户的密码应设置成包含字母、数字和特殊符号相组合的复杂口令，其长度应大于6个字符。

3.3.4 Linux中的设备文件

Linux中设备也是由文件来表示的，每种设备都被抽象为设备文件的形式，这样就给应用程序一个一致的文件界面，方便应用程序和操作系统之间的通信。设备文件集中放置在/dev目录下，一般有几千个，都是Linux系统在安装的时候自动创建的。需要说明的是，一台Linux计算机即使在物理上没有安装某一种设备，或者数量只有一个，Linux也会创建该类设备文件，而且数量足够，以备用户使用。如计算机中最常见的是安装1～3块IDE硬盘，而Linux也会创建出hda、hdb、hdc直至hdz共26个IDE硬盘设备文件以供使用，目前服务器中使用的硬盘大多是SCSI类型的，因此其命名方式是sda、sdb、sdc等，其他类设备也是如此。可通过对这些设备文件进行操作，来对设备进行配置和管理。

Linux下的驱动程序的命名与其他操作系统下的命名不同，常见的设备及对应的驱动程序命名如表3-1所示。

表3-1 Linux下常见设备及对应的驱动程序命名

设备	命名	设备	命名
软盘驱动器	/dev/fd[0-1]	SATA/SCSI/SAS/USB 硬盘/U 盘接口	/dev/sdbXY
光驱 CD ROM/DVD ROM	/dev/cdrom	第1个磁盘阵列设备	/dev/md0
IDE 接口硬盘	/dev/hdXY	第1个 SCSI 磁带设备	/dev/st0
打印机	/dev/lp0	计算机的串行接口	/dev/ttyS

在表 3-1 中，其中：X：硬盘设备的 ID 序号，从字母 a 开始依次命名。如：第 1 个 SCSI 硬盘设备为 sda，第 2 个 SCSI 硬盘为 sdb。

Y：该块硬盘上的分区顺序号。因此，对于硬盘中的分区，则在设备文件名后增加相应的数字来代表相应的分区。主分区或扩展分区的序号为 1～4，如第一个 SCSI 硬盘中的第一个主分区为 sda1，第二个主分区为 sda2，以此类推。

第一个软驱的设备名为/dev/fd0；计算机的串行接口用/dev/ttyS 表示，其中 COM1 的设备名为/dev/ttyS0；空设备用/dev/null 表示。

思政小贴士

紫光集团有限公司在 2019 年初自主研发的国产固态硬盘——紫光存储 S100 实现了量产，该硬盘采用了国产闪存颗粒。至此，我国一举打破了国外固态硬盘长期垄断的局面。

3.4 任务实施

3.4.1 用户和组管理

本节介绍 Linux 上用户和组的管理。作为一种多用户的操作系统，Linux 可以允许多个用户同时登录到系统上，并响应每一个用户的请求。对于系统管理员而言，一个非常重要的工作就是对用户账户和用户组进行管理。这些工作包括添加和删除用户、分配用户主目录、限制用户的权限等。

1. 用户账户管理

任务案例 3-1

在终端模式下，使用 useradd、passwd、chage 和 usermod 等命令完成用户的创建、用户口令修改、用户停用等操作。任务完成后，按要求牢记命令的作用和重要参数。

完成任务的步骤如下。

STEP 01 创建新的用户

在系统中新建用户可以使用 useradd 或者 adduser 命令，一般来说这两个命令是没有差别的，可先用 root 用户登录后，再执行。useradd 命令的语法格式如下：

```
useradd [选项] <username>
```

useradd 命令的常用参数选项如下。

- −c comment：注释行，一般为用户的全名、地址、办公室电话、家庭电话等。
- −d home_dir：设置个人主目录，默认值是/home/用户名。
- −e YYYY-MM-DD：设置账号的有效日期，此日期后用户将不能使用该账号，要启用 shadow 才能使用此功能。
- −f days：指定密码到期后多少天永久停止账号，要求启用 shadow 功能。

- −g group：设定用户的所属基本组，group 必须是存在的组名或组的 GID。
- −p passwd：加密的口令。
- −m：若用户主目录不存在，则创建主目录。
- −s Shell：设置用户登录后启动的 Shell，默认是 Bash Shell。
- −u UID：设置账号的 UID，默认是已有用户的最大 UID 加 1。

【操作示例 3-1】新建用户 stu001，用户的 UID 为 1001，并指定它所属的私有组为 test（test 组的标识符为 1001），用户的主目录为/home/ stu001，用户的 shell 为/bin/bash，用户的初始密码为 123456，账户永不过期，操作方法如下：

```
[root@TianYi~]#useradd -u 1001 -g 1001 -d /home/ stu001 -s /bin/bash -p 123456 -f -1 stu001
```

在/etc/passwd 文件中会看到增加了一行：

```
[root@TianYi~]#tail -1 /etc/passwd
stu001:x:1001:1001::/home/tianyi:/bin/bash
```

同时，用 ls 查看/home 目录中的 stu001 会发现 stu001 对/home/stu001 目录有所有权限，其他用户无任何权限，操作方法如下：

```
[root@TianYi~]#ls -l /home
……
drwx------. 3 stu003 tianyi 78 2月  18 06:53 stu001
……
```

同时，打开/etc/shadow 文件中，也会发现增加了一行：

```
[root@TianYi~]#tail -1 /etc/shadow
stu001:x:1001:1001::/home/stu001:/bin/bash
```

添加用户最简单的方法是：先使用 useradd stu002 添加用户，再使用 passwd stu002 为用户添加口令。

```
[root@TianYi~]#useradd stu002
[root@TianYi~]#passwd stu002
```

注意

密码字段的内容如果为“!!”，表示密码没有设置。

STEP 02 修改用户的属性

1）用 passwd 命令修改用户的密码。修改用户的密码需要两次输入密码确认。密码是保证系统安全的一个重要措施，在设置密码时，不要使用过于简单的密码。超级用户可以为自己和其他用户设置口令，而普通用户只能为自己设置口令。passwd 命令的语法格式如下：

```
passwd [选项] <username>
```

passwd 命令的常用参数选项如下。

- −l：锁定（停用）用户账户。
- −u：口令解锁。
- −d：将用户口令设置为空，这与未设置口令的账户不同。未设置口令的账户无法登录系统，而口令为空的账户可以。
- −f：强迫用户下次登录时必须修改口令。
- −S：显示账户口令的简短状态信息。

【操作示例 3-2】假设当前用户为 root，先修改 root 用户的口令，再修改 stu001 用户的口令，操作方法如下：

```
[root@TianYi~]# passwd
更改用户 root 的密码。
新的密码：                                      #在此处输入 root 用户的新密码
重新输入新的密码：
passwd：所有的身份验证口令已经成功更新
[root@TianYi~]# passwd stu001
更改用户 stu001 的密码
新的密码：
无效的密码：密码少于 12 个字符
重新输入新的密码：
passwd：所有的身份验证口令已经成功更新
```

注意

普通用户修改口令时，passwd 命令会首先询问原来的口令，只有验证通过才可以修改；root 用户为用户指定口令时，不需要知道原来的口令。为了系统安全，用户应选择包含字母、数字和特殊符号相组合的复杂口令，且口令长度应大于 6 个字符。

2）用 chage 命令修改用户的密码。chage 命令可以修改用户的密码，语法格式如下。

```
chage [选项] <username>
```

chage 命令的常用参数选项如下。

- -m：密码可更改的最小天数，为 0 时代表任何时候都可以更改密码。
- -M：密码保持有效的最大天数。
- -W：用户密码到期前，提前收到警告信息的天数。
- -E：账号到期的日期。过了这天，此账号将不可用。
- -i：停滞时期。如果一个密码已过期这些天，那么此账号将不可用。
- -l：列出当前的设置。由非特权用户来确定他们的密码或账号何时过期。

【操作示例 3-3】设置 stu001 用户的最短口令存活期为 7 天，最长口令存活期为 60 天，口令到期前 3 天提醒用户修改口令。设置完成后查看各属性值。操作方法如下：

```
[root@TianYi~]# chage -m 7 -M 60 -W 3 stu001
[root@TianYi~]# chage -l stu001
最近一次密码修改时间：2 月 18, 2020
密码过期时间：4 月 18, 2020
密码失效时间：从不
账户过期时间：从不
两次改变密码之间相距的最小天数：7
两次改变密码之间相距的最大天数：60
在密码过期之前警告的天数：3
```

3）改变用户的属性。管理员用 useradd 命令创建好账户之后，可以用 usermod 命令修改 useradd 的设置，两者的用法几乎相同。usermod 命令的语法格式如下：

```
usermod [选项] <username>
```

usermod 命令的常用参数选项如下。

- -c comment：改变用户的注释，如全名、地址、办公室电话、家庭电话等。

- -d dir：改变用户的主目录，如果同时使用“-m”选项，原来主目录的内容会移动到新的主目录。
- -e YYYY-MM-DD：修改用户的有效日期。
- -f days：在密码到期的 days 天后停止使用账户。
- -g GID 或组名：修改用户的所属基本组。
- -G GID 或组名：修改用户的所属附加组，组之间用逗号“,”分隔。
- -p 密码：修改用户的密码。
- -s Shell：修改用户的登录 Shell。
- -u UID：改变用户的 UID 为新的值。

【操作示例 3-4】将用户 stu002 的主目录改为/home2/stu002，操作方法如下：

```
[root@TianYi~]# usermod -d /home2/stu002 stu002
```

STEP 03 用户停用

有以下几种不同程度的停用。

- 暂时停止用户登录系统的权利，日后再恢复。
- 从系统中删除用户，但保留用户的文件。
- 从系统中删除用户，并删除用户所拥有的文件。

1）暂停用户。暂停用户常常用于某用户在未来较长的一段时间内不登录系统的情形（如出差）。只需要利用编辑工具将 passwd 文件中的密码字段加上“*”即可（如果采用了 shadow 文件，就编辑 shadow 文件）。恢复时，把“*”删除即可。也可以使用带“-l”参数的 passwd 命令暂停用户。

【操作示例 3-5】在系统中暂停 stu001 用户使用系统，操作方法如下：

```
[root@TianYi~]# passwd -l stu001
锁定用户 stu001 的密码 。
passwd: 操作成功
```

2）删除用户。删除账户可以直接将 passwd 文件中的用户记录整行删除（如采用 shadow，还要删除 shadow 文件中的记录）。也可以使用 userdel 命令：

```
userdel [选项] <username>
```

userdel 命令的常用参数选项如下。

- -r：删除用户时将用户主目录下的所有内容一并删除，同时删除用户的邮箱。

【操作示例 3-6】删除 stu001，并将 stu001 下的内容删除，操作方法如下：

```
[root@TianYi~]# userdel -r stu001
```

2. 组的管理

Linux 的组有私有组、系统组、标准组之分。建立账户时，若没有指定账户所属的组，系统会建立一个组名和用户名相同的组，这个组就是私有组，这个组只容纳了一个用户。而标准组可以容纳多个用户，组中的用户都具有组所拥有的权利。系统组是 Linux 系统正常运行所必需的，安装 Linux 系统或添加新的软件包会自动建立系统组。

一个用户可以属于多个组，用户所属的组又有基本组和附加组之分。在用户所属组中的第一个组称为基本组，基本组在/etc/passwd 文件中指定；其他组为附加组，附加组在/etc/group 文件中指定，属于多个组的用户所拥有的权限是它所在的组的权限之和，Linux

系统关于组的信息存放在文件/etc/group 中。

任务案例 

在终端模式下，使用 groupadd 命令完成建立组、修改组的属性、为组添加用户等操作。任务完成后，按要求牢记命令的作用和重要参数。

完成任务的步骤如下。

STEP 01 组的添加

创建组群和删除组群的命令和创建、维护账户的命令相似。创建组群可以使用命令 groupadd 或者 addgroup。groupadd 命令的语法格式如下：

```
groupadd [选项] 组名
```

groupadd 命令的参数选项如下。

- -g GID：指定新组的 GID，默认值是已有的最大的 GID 加 1。
- -r：建立一个系统专用组，与-g 不同时使用时，则分配一个 1～999 的 GID。

【操作示例 3-7】在系统中添加一个组 ID 为 1003、组名为 tygroup01 的新组，操作方法如下：

```
[root@TianYi~]# groupadd -g 1003 tygroup01
```

STEP 02 组属性的修改

修改组的属性，使用 groupmod 命令，语法格式如下：

```
groupmod [选项] 组名
```

groupmod 命令的参数选项如下。

- -g GID：指定组新的 GID。
- -n name：更改组的名字为 name。

【操作示例 3-8】将组 tygroup01 的标识号改为 10000，组名修改为 tygroup00，操作方法如下：

```
[root@TianYi~]# groupmod -g 10000 -n tygroup00 tygroup01
```

STEP 03 为组群添加用户

在 RHEL 8 中使用不带任何参数的 useradd 命令创建用户时，会同时创建一个和用户账户同名的组群，称为主组群。当一个组群中必须包含多个用户时，则需要使用附属组群。在附属组中增加、删除用户都用 gpasswd 命令。gpasswd 命令的语法格式如下：

```
gpasswd [选项] [用户] [组]
```

只有 root 用户和组管理员才能够使用这个命令。gpasswd 命令的参数选项如下。

- -a：把用户加入组。
- -d：把用户从组中删除。
- -r：取消组的密码。
- -A：为组指派管理员。

【操作示例 3-9】将 stu002 用户加入 tygroup00 组，并指派 stu002 为管理员，操作方法如下：

```
[root@TianYi~]# gpasswd -a stu002 tygroup00
```

```
正在将用户“stu002”加入到“tygroup00”组中
[root@TianYi~]# gpasswd -A stu002 tygroup00
```

3.4.2 存储设备的使用

在 Linux 系统中，如果要使用硬盘、光盘、U 盘等存储设备，必须先进行挂载（mount）。当存储设备挂载完成之后，就可以将其作为一个目录来进行访问了。挂载设备需要使用 mount 命令。mount 命令的语法格式如下：

```
mount [选项] 设备 挂载点
```

mount 命令的常用参数选项如下。

- -v：显示信息，通常和-f 一起使用来除错。
- -a：将/etc/fstab 中定义的所有文件系统挂上。
- -t vfstype：显示被加载文件系统的类型。
- -n：一般而言，mount 挂上后会在/etc/mtab 中写入一些信息，在系统中没有可写入文件系统的情况下，可以用这个选项取消这个动作。

所有挂载的文件系统不需要使用时，都可以利用 umount 命令进行卸载（“/”目录除外，它直到关机时才进行卸载）。umount 命令的语法格式如下：

```
umount 设备 挂载点
```

当光盘等移动设备使用完成后，必须经过正确卸载后才能取出，否则会造成一些不必要的错误。正在使用的文件系统不能卸载。

任务案例 3-3

在终端模式下，使用 mount 命令完成磁盘分区、光驱、U 盘的挂载和使用，使用完成后再进行卸载。所有任务完成后，按要求牢记命令的作用和重要参数。

完成任务的步骤如下。

STEP 01 挂载磁盘分区

将磁盘分区/dev/hda5（分区需在执行本任务前建好）挂载到/mnt 下的 myhda5，操作方法如下：

```
[root@tianyi~]#mkdir /mnt/myhda5
[root@tianyi~]#mount -t auto /dev/hda5 /mnt/myhda5
```

当挂载设备所采用的文件系统类型未知时，可采用“-t auto”选项，mount 命令将自动检测分区的文件系统。

是否被挂载了，可以通过 df -lh 命令查看，操作方法如下：

```
[root@tianyi~]# df -lh
Filesystem          容量    已用    可用    已用%   挂载点
/dev/hda8            11G    8.5G    1.9G    83%     /
/dev/shm            236M       0    236M     0%     /dev/shm
/dev/hda5           7.9G    5.8G    2.1G    74%     /mnt/hda5
```

STEP 02 挂载光驱

CD-ROM 驱动器从根本上讲是只读设备，它与其他块设备的安装方式相同。CD-ROM 一般包含标准的 ISO9660 文件系统和一些可选的扩充。

在光驱中插入光盘，将其挂载到/mnt 下的 cdrom 目录，操作方法如下：

```
[root@tianyi~]#mkdir /mnt/cdrom
[root@TianYi ~]# mount -t iso9660 /dev/cdrom /mnt/cdrom
mount: /mnt/cdrom: WARNING: device write-protected, mounted read-only.
```

也可使用以下命令完成光驱的挂载：

```
[root@TianYi ~]# mount /dev/sr0 /mnt/cdrom
mount: /mnt/cdrom: WARNING: device write-protected, mounted read-only.
```

光驱挂载成功后，使用 cd 命令进入挂载目录，再使用 ls 命令查看光盘中的信息。

注意

如果系统提示“设备已经安装或目录忙”的信息，可能是由于用户的当前目录是在安装点/mnt/cdrom 或子目录而造成的，此时必须切换到其他目录下才能进行。

STEP 03 挂载 U 盘

在 Linux 系统的计算机中插入 U 盘，并将其挂载到/mnt 下的 usb 目录，假设 U 盘只有一个 FAT32 分区，操作方法如下：

```
[root@tianyi~]#mkdir /mnt/usb
[root@tianyi~]#mount -t vfat /dev/sda1 /mnt/usb
```

需要说明的是，根据系统所安装的 SCSI 设备的不同，具体使用时，U 盘的设备名可能会有所不同。当 U 盘插入计算机的 USB 接口后，Linux 将自动检测到该设备，并显示出相关信息，用户可从显示出的信息中获知该 U 盘的设备名。

STEP 04 卸载文件系统

卸载前面挂载的磁盘分区、光驱和 U 盘的操作方法如下：

```
[root@tianyi~]#umount /mnt/myhda5                    #卸载磁盘分区
[root@tianyi~]#umount /mnt/cdrom                     #卸载光驱
[root@tianyi~]#umount /mnt/usb                       #卸载 U 盘
```

在卸载文件系统时，要注意的是，如果有进程使用该目录下的任何文件，都不能卸载这个文件系统。

STEP 05 自动挂载文件系统

Linux 中的/etc/fstab 文件保存了自动挂载文件系统的参数，通过设置该文件中的相关参数，可使系统在每次启动时自动挂载指定的文件系统。

使用 vi 打开/etc/fstab 文件，如图 3-1 所示。在文件中设置系统自动挂载/dev/sdb2 分区到文件系统中。

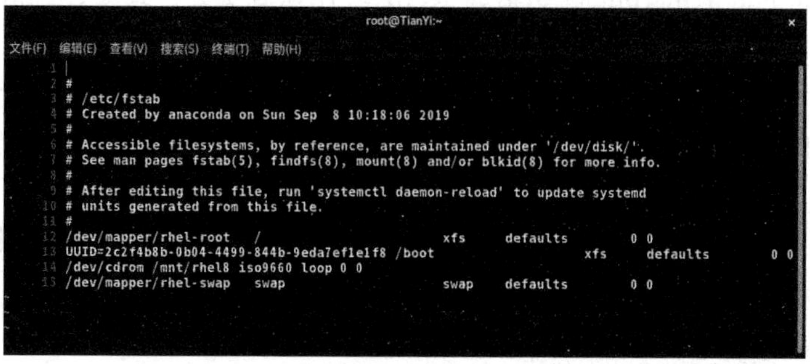

```
root@TianYi:~
文件(F) 编辑(E) 查看(V) 搜索(S) 终端(T) 帮助(H)

#
# /etc/fstab
# Created by anaconda on Sun Sep  8 10:18:06 2019
#
# Accessible filesystems, by reference, are maintained under '/dev/disk/'.
# See man pages fstab(5), findfs(8), mount(8) and/or blkid(8) for more info.
#
# After editing this file, run 'systemctl daemon-reload' to update systemd
# units generated from this file.
#
/dev/mapper/rhel-root   /                       xfs     defaults        0 0
UUID=2c2f4b8b-0b04-4499-844b-9eda7ef1e1f8 /boot                   xfs     defaults        0 0
/dev/cdrom /mnt/rhel8 iso9660 loop 0 0
/dev/mapper/rhel-swap   swap                    swap    defaults        0 0
```

图 3-1　编辑/etc/fstab 文件

从图 3-1 显示的内容可以看出 fstab 文件的格式，其中每一行表示一个自动挂载选项。每行由 6 个字段组成，下面分别介绍各字段的作用。

- 第一个字段给出设备名，也可使用设备的标签名（用 LABEL=的形式标出）。对磁盘分区进行格式化时可设置其标签，也可使用 e2label 命令设置标签。
- 第二个字段设置挂载点。
- 第三个字段设置文件系统的类型。
- 第四个字段设置挂载选项。使用 defaults 表示 rw、suid、dev、exec、auto、nouser 和 async 这些选项的组合。
- 第五个字段设置是否要备份。0 为不备份，1 为要备份，一般根分区要备份。
- 第六个字段设置自检顺序。该字段被 fsck 命令用来决定在启动时需要被扫描的文件系统的顺序，根文件系统“/”对应该字段的值应为 1，其他文件系统应为 2。若该文件系统无须在启动时扫描，则设置该字段为 0。

下面分析图 3-1 中的第 14 行：

```
/dev/cdrom /mnt/rhel8 iso9660 loop 0 0
```

该行表示将磁盘分区标签为/dev/cdrom 的分区挂载到/mnt/rhel8 目录，分区类型为 iso9660。

要使用系统自动挂载/dev/sdb2 分区，可在/etc/fstab 文件中添加以下一行：

```
/dev/sdb2 /usr/video ext3 defaults 0 0
```

则系统每次启动后，都可通过/usr/video/目录访问/dev/sdb2 分区的内容，不用每次重复使用 mount 命令去挂载该分区到文件系统。

3.4.3 软件包管理

RPM 是一个功能十分强大的软件包管理系统，它使得 Linux 下的安装、升级和删除软件包的工作非常简单易行，并且还有查询、验证软件包的功能。与图形化工具相比，使用命令的方式更灵活、更强大。

RPM 软件包的文件名称通常如 tracker-2.1.5-1.el8.i686.rpm，这个文件名包含软件包名称（tracker）、版本号（2.1.5）、发行版（1）、操作系统主版本（el8）以及 CPU 平台（i686）。

RPM 有 5 种基本操作模式：安装、卸载、升级、查询和校验。

1. 挂载光盘安装 rpm 软件包

任务案例 

在终端模式下，使用 rpm 命令完成 RPM 软件包的安装、卸载、升级、查询和校验操作。任务完成后，牢记命令的作用和重要参数。

完成任务的步骤如下。

STEP 01 安装 RPM 软件包

RPM 软件包的安装可以使用 RPM 命令来完成。该命令的语法格式如下：

```
rpm -ivh [rpm软件包名称]
```

采用 RPM 命令进行软件包安装时常用参数选项如下。

- i：表示安装软件包。
- v：表示在安装过程中显示详细的信息。
- h：表示显示水平进度条。

假设需要安装vsftpd的RPM软件包，首先将RHEL 8/CentOS 8的DVD盘放入光驱，其次使用mount命令挂载光驱，最后使用rpm -ivh命令安装vsftpd软件包，操作方法如下：

```
[root@TianYi ~]# mount /dev/sr0 /mnt/cdrom                    #挂载光驱
mount: /mnt/cdrom: WARNING: device write-protected, mounted read-only.
[root@tianyi test]#cd /mnt/cdrom/AppStream/Packages           #进入软件包目录
[root@TianYi Packages]# ls -l vsftp*                  #查看vsftp开头的软件包
[root@TianYi Packages]#rpm -ivh vsftpd-3.0.3-28.el8.x86_64.rpm
#安装rpm软件包
```

如果安装成功，系统会显示软件包的名称，然后在软件包安装时在屏幕上打印"#"显示安装进度，显示如下信息：

```
[root@TianYi Packages]# rpm -ivh vsftpd-3.0.3-28.el8.x86_64.rpm
Verifying...                  ################################# [100%]
准备中...                     ################################# [100%]
正在升级/安装...
  1:vsftpd-3.0.3-28.el8       ################################# [100%]
```

如果某软件包的同一版本已经安装，系统会显示如下信息：

```
Preparing...         ########################################### [100%]
软件包 vsftpd-3.0.3-28.el8.x86_64 已经安装
```

STEP 02 卸载RPM软件包

卸载软件包十分简单，也是使用rpm命令，该命令的语法格式如下：

```
rpm -e [rpm软件包名称]
```

采用rpm命令进行软件包卸载时使用的参数选项为e。

假设需要卸载vsftpd软件包，操作方法如下：

```
[root@TianYi Packages]# rpm -e vsftpd
```

注意

卸载软件包时，只需要提供软件包的名称即可，即vsftpd，使用RPM软件包的全名（vsftpd-2.2.2-11.el6_4.1.i386）则会提示"错误的软件包"。

如果要卸载的软件包被其他软件包所依赖，系统则会提示"依赖性错误"。

要使RPM忽略这个错误并强制删除该软件包，可以使用"--nodeps"选项，但是依赖它的软件包可能无法正常运行。

STEP 03 升级软件包

升级软件包与安装软件包的命令十分相似，只是升级使用-U选项，安装使用-i选项。升级软件包的语法格式如下：

```
rpm -Uvh [rpm软件包名称]
```

假设需要升级vsftpd-3.0.3-28.el8.x86_64. rpm的软件包，操作方法如下：

```
[root@TianYi Packages]# rpm -Uvh vsftpd-3.0.3-28.el8.x86_64.rpm
```

作为升级软件包进程的一部分，RPM 会自动卸载之前老版本的 tree 软件包。当系统中没有安装先前版本的软件包时，“-U”选项会执行安装操作。因此使用“-U”选项，既能够安装，也能够升级软件包。

升级软件包实际上是删除和安装的组合，因此，在 RPM 软件包升级过程中，还会碰到另一个错误，如果 RPM 认为用户正试图升级到软件包的早期版本，系统会显示如下信息：

```
#package foo-2.0-1 (which is newer than foo-1.0-1) is already installed
```

要使 RPM 软件包强制升级，可以使用“--oldpackage”选项。

STEP 04 查询软件包

RPM 数据库中存储了安装在系统中所有软件包的信息，数据库的位置是/var/lib/rpm/。使用这个数据库，能够查询到系统中安装了哪些软件包、软件包的版本号是多少、软件包中的文件自安装之后进行了多少更改，以及其他方面的查询。

1）查询指定软件包的详细信息，语法格式如下：

```
rpm -q  [RPM 软件包名称]
```

查询 vsftpd 软件包是否安装，操作方法如下：

```
[root@TianYi Packages]# rpm -q vsftpd
vsftpd-3.0.3-28.el8.x86_64
```

可以看出 vsftpd 软件包已经安装。

2）查询系统中所有已安装的 RPM 软件包，语法格式如下：

```
rpm -qa
```

3）查询指定已安装软件包的描述信息，语法格式如下：

```
rpm -qi [rpm 软件包名称]
```

该命令将显示软件包的名称、描述、发行版本、大小、制造日期、生产商以及其他杂项。

查询 vsftpd 软件包的描述信息，操作方法如下：

```
[root@tianyi test]#rpm -qi vsftpd
```

4）查询指定已安装软件包所含的文件列表，语法格式如下：

```
rpm -ql [rpm 软件包名称]
```

查询 vsftpd 软件包所包含的文件列表，操作方法如下：

```
[root@tianyi test]#rpm -ql vsftpd
```

STEP 05 校验软件包

校验软件包将检查从软件包安装的文件和原始软件包中的同一文件的信息，它校验每个文件的大小、MD5 值、权限、类型、所有者和组群。

校验所有在 vsftpd 软件包内的文件，操作方法如下：

```
[root@tianyi test]#rpm -V vsftpd
```

2. 配置 YUM 源安装软件包

YUM（yellow dog updater，modified）是一个在 RHEL 8/CentOS 8 中的 Shell 前端软件包管理器。基于 RPM 包管理，能够从指定的服务器自动下载 RPM 包并且安装，可以自动处理依赖性关系，并且一次安装所有依赖的软体包，无须烦琐地一次次下载和安装。

在 RHEL 8/CentOS 8 中把软件源分成 BaseOS 和 AppStream 两部分，统一的 ISO 自动

加载BaseOS和AppStream安装源存储库。BaseOS存储库旨在提供一套核心的底层操作系统的功能，为基础软件安装库。AppStream存储库中包括额外的用户空间应用程序、运行时语言和数据库，以支持不同的工作负载和用例。

（1）配置本地YUM源

任务案例 

在终端模式下，完成本地YUM源的配置与测试。任务完成后，牢记命令的作用和重要参数。

完成任务的步骤如下。

STEP 01 挂载光盘

要配置本地YUM源，首先需要完成光盘的挂载，操作方法如下：

```
[root@tianyi~]#mount /dev/sr0 /mnt/cdrom
```

STEP 02 编辑配置文件（.repo）

编辑YUM源的配置文件，具体操作方法如下：

```
[root@tianyi~]#cp /mnt/cdrom/media.repo /etc/yum.repos.d/tianyi.repo
[root@tianyi~]#chmod 744 /etc/yum.repos.d/tianyi.repo
[root@tianyi~]#vi /etc/yum.repos.d/tianyi.repo
```

注意

RHEL 8/CentOS 8中有2个Packages分别在/mnt/AppStream/和/mnt/BaseOS/下，所以需要配置2个源，tianyi.repo配置文件的内容如下：

```
[InstallMedia]
name=Red Hat Enterprise Linux 8.0.0
mediaid=None
metadata_expire=-1
gpgcheck=1
gpgkey=file:///mnt/cdrom/RPM-GPG-KEY-redhat-release
baseurl=file:///mnt/cdrom/AppStream/
enable=1
cost=500
[InstallMedia_OS]
name=Red Hat Enterprise Linux 8.0.0
mediaid=None
metadata_expire=-1
gpgcheck=1
gpgkey=file:///mnt/cdrom/RPM-GPG-KEY-redhat-release
baseurl=file:///mnt/cdrom/BaseOS/
enable=1
cost=500
```

STEP 03 建元数据缓存

采用yum makecache建元数据缓存，具体操作方法如下：

```
[root@TianYi~]#yum clean all
[root@TianYi~]#yum makecache
```

STEP 04 检测是否配置成功

采用 yum list 和 yum repolist 命令检测 YUM 配置是否成功，操作方法如下：

```
[root@TianYi~]# yum list
```

如果在输出的结果中看到自己命名的 InstallMedia_OS 和 InstallMedia，说明 YUM 配置成功。

```
xsane-gimp.x86_64     0.999-30.el8                   InstallMedia
xterm.x86_64          331-1.el8                      InstallMedia
xterm-resize.x86_64   331-1.el8                      InstallMedia
yajl.i686             2.1.0-10.el8                   InstallMedia
yelp-libs.i686        2:3.28.1-3.el8                 InstallMedia
yp-tools.x86_64       4.2.3-1.el8                    InstallMedia
ypbind.x86_64         3:2.5-2.el8                    InstallMedia
ypserv.x86_64         4.0-6.20170331git5bfba76.el8   InstallMedia
zsh.x86_64            5.5.1-6.el8                    InstallMedia_os
zsh-html.noarch       5.5.1-6.el8                    InstallMedia
zziplib.i686          0.13.68-7.el8                  InstallMedia
zziplib.x86_64        0.13.68-7.el8                  InstallMedia
```

配置成功后，使用 yum repolist 查看仓库，再尝试使用 yum -y install <软件包名>或 dnf -y install <软件包名>安装 1 个软件包，如果能顺利完成安装，说明安装正确，今后就可以利用 YUM 方式安装软件包了。

```
[root@TianYi~]# yum repolist
[root@TianYi~]# dnf -y install vsftpd
Updating Subscription Management repositories.
Unable to read consumer identity
This system is not registered to Red Hat Subscription Management. You can use subscription-manager to register.
上次元数据过期检查：0:38:41 前，执行于 2020 年 02 月 18 日 星期二 22 时 54 分 48 秒。
Package vsftpd-3.0.3-28.el8.x86_64 is already installed.
依赖关系解决。
无须任何处理。
完毕！
```

注意

在 RHEL 8/CentOS 8 中，YUM 是 DNF 的一个软连接，所以 YUM 和 DNF 都可以使用。

（2）配置网络 YUM 源

在配置网络 YUM 源之前，一定要确保网络正常，如果没有网络则无法使用网络 YUM 源。RHEL 8 系统安装好尽管默认带有 YUM，但是 RHEL 的更新包只对注册用户有效（收费）。所以如果需要在 RHEL 8/CentOS 8 中配置网络 YUM 源，就只能使用 CentOS 的网络源了，有兴趣的读者，可以上网搜索配置方法自行完成。

3.4.4 进程管理命令的使用

进程管理命令是对进程进行各种显示和设置的命令。Linux 中涉及进程的命令有 at、bg、fg、kill、crontab、jobs、ps、pstree、top、nice、renice、sleep、nohup。

任务案例 3-6

在终端模式下，使用 at、bg、fg、kill、crontab、jobs、ps、pstree、top、nice、renice、sleep、nohup 等相关命令对 Linux 操作系统的进程进行有效管理。任务完成后，牢记命令的作用和重要参数。

完成任务的步骤如下。

STEP 01 查看系统进程

Linux 系统中每个用户运行着的程序都是系统的一个进程，要查看系统当前的进程及其执行情况，可以使用 ps 和 top 命令来实现。

1）使用 ps 命令查看系统进程。ps 命令主要用于查看系统的进程。该命令的语法格式如下：

```
ps [参数]
```

ps 命令的常用参数选项如下。

- −a：显示当前控制终端的进程（包含其他用户）。
- −u：显示进程的用户名和启动时间等信息。
- −l：按长格形式显示输出。
- −x：显示没有控制终端的进程。
- −e：显示所有的进程。
- −t n：显示第 n 个终端的进程。

【操作示例 3-10】 查看当前用户在当前控制台上启动的进程，操作方法如图 3-2 所示。

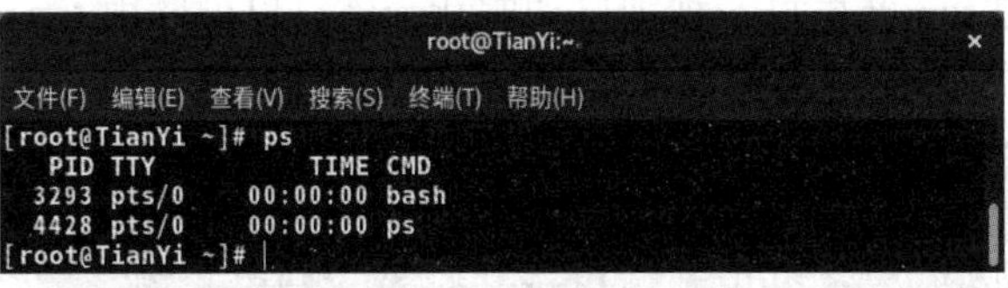

图 3-2　查看当前用户在当前控制台上启动的进程

【操作示例 3-11】 使用 ps –aux|more 命令分页查看系统所有的进程，同时显示进程的用户名和起始时间，操作方法如图 3-3 所示。

```
[root@TianYi ~]# ps -aux|more
USER         PID %CPU %MEM    VSZ   RSS TTY      STAT START   TIME COMMAND
root           1  0.0  0.7 195520 13384 ?        Ss   21:50   0:04 /usr/lib/sys
temd/systemd --switched-root --system --deserialize 18
root           2  0.0  0.0      0     0 ?        S    21:50   0:00 [kthreadd]
root           3  0.0  0.0      0     0 ?        I<   21:50   0:00 [rcu_gp]
root           4  0.0  0.0      0     0 ?        I<   21:50   0:00 [rcu_par_gp]
root           6  0.0  0.0      0     0 ?        I<   21:50   0:00 [kworker/0:0
--更多--

root        4553  0.0  0.0      0     0 ?        I    23:47   0:00 [kworker/u256:1]
root        4554  0.0  0.0      0     0 ?        I    23:47   0:00 [kworker/0:1-eve
nts]
root        4585  0.0  0.2  27028  5360 pts/1    Ss   23:49   0:00 bash
root        4609  0.0  0.3  38212  5852 pts/1    S+   23:49   0:00 vi /etc/hosts
root        4625  0.0  0.0   7492   796 ?        S    23:49   0:00 sleep 60
root        4634  0.0  0.2  59772  4112 pts/0    R+   23:50   0:00 ps -aux
root        4635  0.0  0.1  10088  2188 pts/0    S+   23:50   0:00 more
[root@TianYi ~]#
```

图 3-3　ps −aux|more 命令详解

ps 命令主要输出字段的含义如下。

- USER：进程所有者的用户名。

- PID：进程号，可以唯一标识该进程。
- %CPU：进程自最近一次刷新以来所占用的 CPU 时间和总时间的百分比。
- %MEM：进程使用内存的百分比。
- RSS：进程占用物理内存的总数量，以 KB 为单位。
- TTY：进程相关的终端名。
- STAT：进程状态，用字母（R 表示运行或准备运行；S 表示睡眠状态；I 表示空闲；Z 表示冻结；D 表示不间断睡眠；W 表示进程没有驻留页；T 表示停止或跟踪）来表示。
- START：进程开始运行时间。
- TIME：进程使用的总 CPU 时间。

提示

要对进程进行监测和控制，首先要了解当前进程的情况，也就是需要查看当前进程。根据显示的信息可以确定哪个进程正在运行、哪个进程被挂起、进程已运行了多久、进程正在使用的资源、进程的相对优先级，以及进程的标志号（PID）。

2）使用 top 命令查看系统进程。top 命令和 ps 命令很相似，都是用来查看系统正在执行的进程。但是 top 是一个动态显示过程，可以通过用户按键来不断刷新当前状态。如果在前台执行该命令，它将独占前台，直到用户终止该程序为止。比较准确地说，top 命令提供了实时的对系统处理器的状态监视。它将显示系统中 CPU 最“敏感”的任务列表。该命令可以按 CPU 使用率、内存使用率和执行时间对任务进行排序，而且该命令的很多特性都可以通过交互式命令或者在个人定制文件中进行设定。

【操作示例 3-12】 top 屏幕每 5 秒钟自动刷新一次，也可以用 top -d 20 命令使得 top 屏幕每 20 秒钟刷新一次。top 屏幕的部分内容如图 3-4 所示。

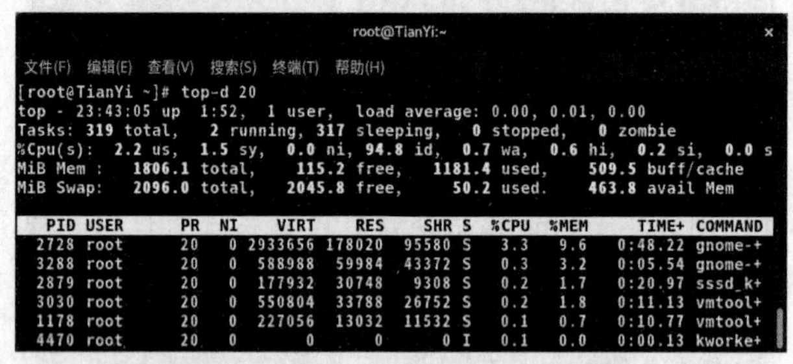

图 3-4 使用 top 命令查看系统进程

top 命令前三行的含义如下。

第一行：正常运行时间行。显示系统当前时间，系统已经正常运行的时间，系统当前用户数等。

第二行：进程统计数。显示当前的进程总数，睡眠的进程数，正在运行的进程数，暂停的进程数，僵死的进程数。

第三行：CPU 统计行。包括用户进程，系统进程，修改过 NI 值的进程，空闲进程各自使用 CPU 的百分比。

在 top 屏幕下，按 Q 键可以退出，按 M 键将按内存使用率排列所有进程，按 P 键将按 CPU 使用率排列所有进程，按 H 键可以显示 top 下的帮助信息。

STEP 02 使用 kill 命令终止进程

当需要中断一个前台进程的时候，通常使用 Ctrl+C 组合键；但是对于一个后台进程，就不是一个组合键所能解决的了，这时就必须使用 kill 命令。

kill 命令的语法格式如下：

```
kill [参数] 进程 1 进程 2 ……
```

kill 命令的常用参数选项如下。

- -s：指定需要送出的信号，既可以是信号名，也可以对应数字。
- -p：指定 kill 命令只显示进程的 PID，并不真正送出结束信号。
- -l：打印可以用 kill 命令终止的信号名表，可以在/usr/include/linux/signal.h 文件中找到。

【操作示例 3-13】 使用 kill -l 显示 kill 的所有信号，操作方法如图 3-5 所示。

图 3-5 显示 kill 的所有信号

上述命令用于显示 kill 命令所能够发送的信号种类。每个信号都有一个数值对应，例如 SIGKILL 信号的值为 9。

终止图 3-3 中的 vi 进程（被框选起来的进程，PID 为 4609），操作方法如下：

```
[root@tianyi~]#kill -s SIGKILL 4609
```

或者用以下方法：

```
[root@tianyi~]#kill -9 4609
```

再用 ps 命令查看进程情况，就会发现 vi 进程已经结束了。对于僵死的进程，可以用 kill -9 来强制终止，要撤销所有的后台作业，可以使用 kill 0。

终止一个进程或终止一个正在运行的程序，一般通过 kill、killall、pkill、xkill 等命令进行。例如，一个程序已经死掉，但又不能退出，这时就应该考虑应用这些工具。

STEP 03 设置进程的优先级

在 Linux 系统中，每个进程在执行时都会被赋予使用 CPU 的优先等级，对于等级高的进程，系统会提供较多的 CPU 使用时间，以缩短执行的周期，反之则需要较长的执行时间。因此，如有特殊需求，可以使用 nice 和 renice 命令自行设置进程执行的优先级。

1）nice 命令。nice 命令用来设置优先级，优先级的数值为-20～19，其中数值越小优先级越高，数值越大优先级越低，-20 的优先级最高，19 的优先级最低。优先级高的进程被优先运行，默认时进程的 NI 值为 0。nice 命令的语法格式如下：

```
nice [-n <优先级>] [--help] [--version] [执行指令]
```

nice 命令的常用参数选项如下。

- -n <优先级>：指定优先级。
- --help：帮助信息。
- --version：版本信息。

【操作示例 3-14】以下通过 6 个不同优先级的命令来说明 nice 命令的使用方法。

```
[root@ty~]# vi &                    #以优先等级 0 在后台运行 vi
[root@ty~]# nice vi &               #以优先等级 10 在后台运行 vi
[root@ty~]# nice 19 vi &            #以优先等级 19 在后台运行 vi
[root@ty~]# nice -18 vi &           #以优先等级 18 在后台运行 vi
[root@ty~]# nice --18 vi &          #以优先等级-18 在后台运行 vi
```

可以通过 ps -1 命令验证以上命令使用的正确性。

2）renice 命令。renice 命令是根据进程的进程号改变进程的优先级的。renice 的语法格式如下：

```
renice  优先级数值  参数
```

renice 命令的常用参数选项如下。

- -p 进程号：修改指定进程的优先级，-p 可以采用默认值。
- -u 用户名：修改指定用户所启动进程的默认优先级。
- -g 组 ID 号：修改指定组中所有用户所启动进程的默认优先级。

将 PID 为 4531 的进程的优先级设置为-15，操作方法如下：

```
[root@ty ~]# renice -15 4531
```

3.4.5 系统信息命令的使用

系统信息命令是对系统的各种信息进行显示和设置的一些命令。

任务案例 3-7

在终端模式下，使用 dmesg、df、du、date、cal 和 clock 等命令对系统信息进行查看。任务完成后，牢记主要命令的作用和重要参数。

完成任务的步骤如下。

STEP 01 使用 dmesg 命令显示开机信息

dmesg 命令用实例名和物理名称标识连接到系统上的设备。dmesg 命令也显示系统诊断信息、操作系统版本号、物理内存大小及其他信息，操作方法如图 3-6 所示。

```
root@TianYi:~
文件(F) 编辑(E) 查看(V) 搜索(S) 终端(T) 帮助(H)
[root@TianYi ~]# dmesg|more
[    0.000000] Linux version 4.18.0-80.el8.x86_64 (mockbuild@x86-vm-08.build.eng.b
os.redhat.com) (gcc version 8.2.1 20180905 (Red Hat 8.2.1-3) (GCC)) #1 SMP Wed Mar
 13 12:02:46 UTC 2019
[    0.000000] Command line: BOOT_IMAGE=(hd0,msdos1)/vmlinuz-4.18.0-80.el8.x86_64
root=/dev/mapper/rhel-root ro crashkernel=auto resume=/dev/mapper/rhel-swap rd.lvm
.lv=rhel/root rd.lvm.lv=rhel/swap rhgb quiet audit=1 audit_backlog_limit=8192 fips
=1 boot=UUID=2c2f4b8b-0b04-4499-844b-9eda7ef1e1f8 slub_debug=P page_poison=1 vsysc
all=none
[    0.000000] Disabled fast string operations
[    0.000000] x86/fpu: Supporting XSAVE feature 0x001: 'x87 floating point regist
ers'
[    0.000000] x86/fpu: Supporting XSAVE feature 0x002: 'SSE registers'
[    0.000000] x86/fpu: Supporting XSAVE feature 0x004: 'AVX registers'
[    0.000000] x86/fpu: Supporting XSAVE feature 0x008: 'MPX bounds registers'
[    0.000000] x86/fpu: Supporting XSAVE feature 0x010: 'MPX CSR'
```

图 3-6 使用 dmesg 命令显示开机信息

STEP 02 使用 df 命令查看磁盘剩余情况

df 命令主要用来查看文件系统各个分区的占用情况，操作方法如图 3-7 所示。

```
root@TianYi:~
文件(F) 编辑(E) 查看(V) 搜索(S) 终端(T) 帮助(H)
[root@TianYi ~]# df
文件系统                    1K-块     已用     可用 已用% 挂载点
devtmpfs                  909212        0   909212    0% /dev
tmpfs                     924712        0   924712    0% /dev/shm
tmpfs                     924712     9888   914824    2% /run
tmpfs                     924712        0   924712    0% /sys/fs/cgroup
/dev/mapper/rhel-root   28244508  4355336 23889172   16% /
/dev/loop0               6935944  6935944        0  100% /mnt/rhel8
/dev/sda1                1038336   213984   824352   21% /boot
tmpfs                     184940       16   184924    1% /run/user/42
tmpfs                     184940     3496   181444    2% /run/user/0
/dev/sr0                 6935944  6935944        0  100% /mnt/cdrom
[root@TianYi ~]#
```

图 3-7 使用 df 命令查看分区占用情况

该命令列出了系统上所有已挂载的分区的大小、已占用的空间、可用空间以及占用率。空间大小的单位为 KB。使用选项-h 将使输出的结果具有更好的可读性。

STEP 03 使用 du 命令查看硬盘空间数

du 命令主要用来查看某个目录中的各级子目录所使用的硬盘空间数。基本用法是在命令后跟目录名，如果不跟目录名，则默认为当前目录，操作方法如图 3-8 所示。

该命令显示出当前目录下各级子目录所占用的硬盘空间数。有些情况下，用户可能只想查看某个目录总的已使用空间，这时可以使用-s 选项。

```
root@TianYi:~
文件(F) 编辑(E) 查看(V) 搜索(S) 终端(T) 帮助(H)
[root@TianYi ~]# du /home
0       /home/xesuxn/.mozilla/extensions
0       /home/xesuxn/.mozilla/plugins
0       /home/xesuxn/.mozilla
12      /home/xesuxn
0       /home/stu003/.mozilla/extensions
0       /home/stu003/.mozilla/plugins
0       /home/stu003/.mozilla
12      /home/stu003
28      /home
[root@TianYi ~]# |
```

图 3-8 查看文件系统的各个分区的占用情况

STEP 04 使用 free 命令查看系统内存占用情况

free 命令用来查看系统内存、虚拟内存的大小及占用情况，操作方法如图 3-9 所示。

```
root@TianYi:~
文件(F) 编辑(E) 查看(V) 搜索(S) 终端(T) 帮助(H)
[root@TianYi ~]# free
              total        used        free      shared  buff/cache   available
Mem:        1849428     1224648      130096        6568      494684      459936
Swap:       2146300       51432     2094868
[root@TianYi ~]# |
```

图 3-9 使用 free 命令查看系统内存占用情况

STEP 05 使用 date 命令查看和设置当前日期和时间

date 命令可以用来查看系统当前的日期和时间，还可以用来设置当前日期和时间，操作方法如图 3-10 所示。

STEP 06 使用 cal 命令显示日历

cal 命令用于显示指定月份或年份的日历，其语法格式如下：

```
cal [参数] [月] [年]
```

cal 命令可以带两个参数，其中年份、月份用数字表示；只有一个参数时表示年份，年份的范围为 1～9999；不带任何参数的 cal 命令显示当前月份的日历。操作方法如图 3-11 所示。

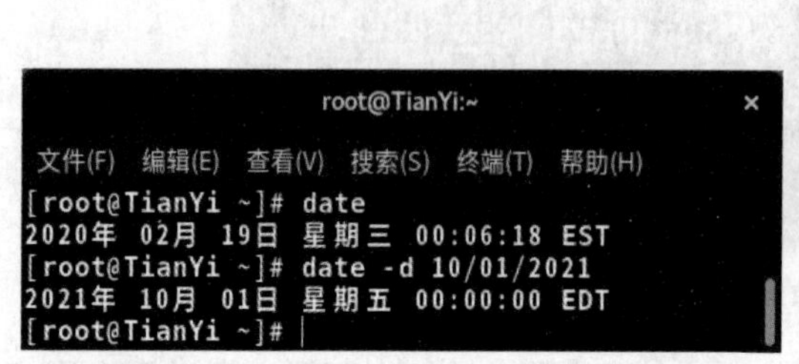

图 3-10　查看和设置当前日期和时间

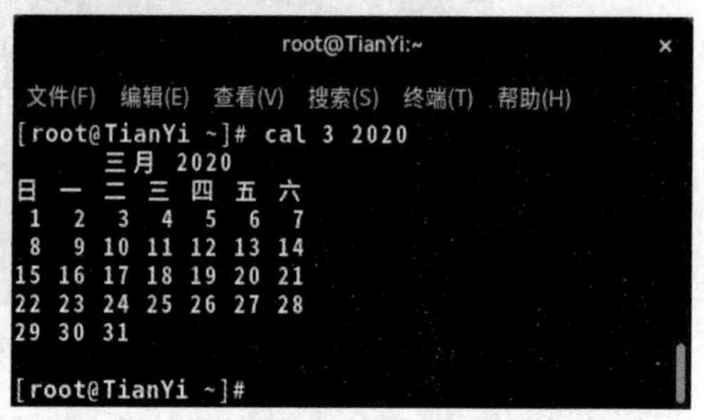

图 3-11　使用 cal 命令显示日历

STEP 07 使用 clock 命令获得日期和时间

clock 命令用于从计算机的硬件获得日期和时间，操作方法如图 3-12 所示。

```
root@TianYi:~
文件(F) 编辑(E) 查看(V) 搜索(S) 终端(T) 帮助(H)
[root@TianYi ~]# clock
2020-02-19 00:09:57.345102-05:00
[root@TianYi ~]#
```

图 3-12　使用 clock 命令从计算机的硬件获得日期和时间

3.4.6 其他常用命令的使用

除了前面介绍的有关目录和文件命令、管理命令以及系统信息命令外，还有一些命令也经常使用。

任务案例 3-8

在 Linux 系统的终端模式下，使用 clear、uname、alias、unalias 和 history 等命令进行清除屏幕、显示系统信息、创建命令的别名、取消别名、查看历史记录等操作。任务完成后，牢记命令的作用和重要参数。

完成任务的步骤如下。

STEP 01 使用 clear 命令清除屏幕

clear 命令的功能是清除屏幕上的信息，它类似于 DOS 中的 cls 命令。clear 命令在命令行模式下和图形环境中的终端上皆可执行。该命令语法格式如下：

```
clear
```

clear 命令使用方法如下：

```
[root@ty~]#clear
```

STEP 02 使用 uname 命令显示系统信息

需要显示系统信息时，可以使用 uname 命令来实现，该命令的语法格式如下：

```
uname [参数]
```

uname 命令的常用参数选项如下。

- -a：显示全部的信息。
- -v：显示内核版本类型及发布时间（kernel version）。
- -m：显示计算机系统架构类型，等同于 arch 命令。
- -n：输出网络节点上的主机名。
- -o：显示操作系统名称。

uname 命令的使用方法如下：

```
[root@ty~]#uname
Linux
[root@ty~]#uname -o
GNU/Linux
[root@ty~]#uname -r
4.18.0-80.el8.x86_64
[root@ty~]#uname -a
```

STEP 03 使用 alias 命令创建命令的别名

alias 命令用于创建命令的别名。该命令的语法格式如下：

```
alias  命令别名="命令行"
```

alias 命令不带任何参数时，将列出系统已定义的别名。

定义 httpd 为命令“vi/etc/httpd/conf/httpd. conf”的别名，操作方法如下：

```
[root@tianyi ~]#alias httpd="vi /etc/httpd/conf/httpd.conf"
```

STEP 04 使用 unalias 命令取消别名

unalias 命令用于取消别名的定义。操作方法如下：

```
[root@tianyi~]#unalias httpd
```

STEP 05 使用 history 命令查看历史记录

查看以前使用过的命令，默认最大历史记录条数为 1000，可以在 “/etc/profile”里面修改“HISTSIZE”参数来修改默认值。只要在编号前加“!”，就可以重新运行 history 中显示出的命令行。例如，列出目前记忆体内的所有 history 记忆，操作方法如下：

```
[root@tianyi~]# history
```

列出最近的 3 条记录，操作方法如下：

```
[root@tianyi ~]# history 3
```

将目前的资料写入 histfile 当中，操作方法如下：

```
[root@tianyi ~]# history -w
```

3.4.7 关机重启命令的使用

可以在控制台执行 shutdown 命令、init 命令或 halt 命令关闭或重新启动系统。

任务案例 3-9

在 Linux 系统的终端模式下，利用 shutdown、init、halt、reboot 和 poweroff 等命令完成 Linux 的关机与重启操作，并掌握这些命令的使用方法。

完成任务的步骤如下。

STEP 01 使用 shutdown 命令关机

shutdown 命令能够采用一种比较安全的方式关闭系统。它首先通知已经注册到系统中的所有用户，使用户早做准备，及时保存尚未完成的处理工作，同时封锁其他用户登录到系统。shutdown 命令的语法格式如下：

```
shutdown [参数] time [警告信息]
```

shutdown 命令常用的参数选项如下。

- -r：系统关闭后重新启动。
- -h：关闭系统。

其中，参数 time 指定关机时间。time 可以是以下几种形式。

- now：表示立即。
- hh:mm：指定绝对时间，hh 表示小时，mm 表示分钟。
- +m：表示 m 分钟以后。

现在想让系统在 5 分钟后关机，操作方法如下：

```
[root@tianyi~]#shutdown -h +5
```

假设让 Linux 系统 18 时 12 分准时关机，操作方法如下：

```
[root@tianyi~]#shutdown -h 18:12
```

假设让 Linux 系统马上关闭系统，操作方法如下：

```
[root@tianyi~]#shutdown -h now
```

STEP 02 使用 halt 命令停止系统

halt 命令是为了与 System V 系列系统兼容才保留的指令，它只能由 root 用户执行。halt 命令的语法格式如下：

```
halt [选项]
```

常用的选项-p 表示在关机时同时关闭电源。如果计算机不能自动切断电源，那么当看到“System halted”消息后，可以手动切断计算机的电源。

使用 halt 命令关机，操作方法如下：

```
[root@tianyi~]#halt
```

STEP 03 使用 init 命令关闭或重启系统

init 是所有进程的祖先，其进程号始终为 1。init 用于切换系统的运行级别，切换的工作是立即完成的。init 0 命令用于立即将系统运行级别切换为 0，即关机；init 6 命令用于将系统运行级别切换为 6，即重新启动。

利用 init 命令关闭 Linux 系统，操作方法如下：

```
[root@tianyi~]#init 0
```

STEP 04 使用 reboot 命令重启系统

reboot 命令用于重新启动系统，相当于“shutdown-r now”。

因系统原因，需重启 Linux 系统，操作方法如下：

```
[root@tianyi~]#reboot
```

STEP 05 使用 poweroff 命令关闭系统

poweroff 命令比较简单，用于立即停止系统并关闭电源，相当于“shutdown-h now”。

```
[root@tianyi~]#poweroff
```

3.5 技能训练

3.5.1 课堂训练

天一电子产品研发中心的服务器大多数安装的是 Linux 系统，对于网络管理员来讲，需要对系统进行维护与管理，这时免不了要在终端模式下使用命令来完成，下面按要求完成课堂任务。

课堂任务

根据以下要求，完成用户和组的建立、删除，软件包的安装、升级，存储设备的挂载、卸载等任务，反复练习，达到熟练运用的目的。

任务目标如下：

1）在系统中新建用户 student 和 yourname，并将其口令均设置为“123456”，再设置 student 用户的最短口令存活期为 7 天，最长口令存活期为 60 天，口令到期前 3 天提醒用户修改口令，设置完成后查看各属性值。

2）在系统中创建 mygroup 组群和 testgroup 群组，将 mygroup 组的标识号改为 10000，组名修改为 newgroup，将 student 用户加入 testgroup 组，并指派 student 为管理员。

3）在系统中检查是否安装了软件包 bind；如果没有安装，则挂载 Linux 安装光盘，安装 bind 软件包；安装完成后对 bind 软件包进行升级；最后卸载刚刚安装的 bind 软件包。

4）在系统中将磁盘分区/dev/hda3 挂载到/mnt 下的 myhda3；将光驱挂载到/media/cdrom；将 U 盘挂载到/media/usb。

5）在系统中查看和控制进程；显示本用户的进程；显示所有用户的进程；在后台运行 vi 命令；查看进程 vi；终止进程 vi；再次查看进程 vi 是否被终止。用 top 命令动态显示当前的进程。

6）在系统中显示系统当前时间，并修改系统的当前时间；显示当前登录到系统的用户状态；显示内存的使用情况；显示系统的硬盘分区及使用状况；显示当前目录下各级子目录的硬盘占用情况。

7）在系统中清除屏幕上的信息；查看 useradd 命令的使用方法；创建“vi /etc/named”命令的别名；查看历史记录，并重复执行第 26 个历史命令。

8）在 Linux 系统的终端模式下，利用 shutdown、init、halt、reboot 和 poweroff 等命令完成 Linux 的关机与重启操作。

3.5.2 课后训练

根据课堂训练的内容和命令的执行结果，用表格的方式总结本项目中介绍的这些管理命令的名称、语法格式、主要参数（选项）、作用（功能）、操作示例、使用心得等。

3.6 总结提高

Linux 的许多操作都可以通过命令方式来完成，本项目首先介绍了 Linux 系统管理和设备文件的基本概念，再对用户管理配置文件进行了分析，然后着重训练了用户和组的建立、删除，软件包的安装与更新，存储设备的挂载与卸载，进程的查看与终止等操作技能，最后训练了大家对 Linux 系统的关机与重启操作等。

通过本项目的学习，学生应对 Linux 的系统管理有一个大致的了解，这对后续学习有很大的帮助。

通过本项目的学习，你的收获怎样？请认真填写学习情况考核登记表（表 3-2）。

表 3-2 学习情况考核登记表

序号	知识与技能	重要性	自我评价					小组评价					老师评价				
			A	B	C	D	E	A	B	C	D	E	A	B	C	D	E
1	会进入终端模式	★★★															
2	会建立、删除用户与组	★★★★☆															
3	能进行软件包的安装、更新和删除	★★★★☆															
4	会进行磁盘分区、光驱和 U 盘的挂载与卸载	★★★★☆															
5	会查看系统的内存、磁盘、日期等相关信息	★★★															
6	会查看系统进程，会终止进程	★★★★☆															
7	会用多种方法关闭与重启系统	★★★☆															
8	能完成课堂训练	★★★☆															

说明：评价等级分为 A、B、C、D 和 E 共 5 等。其中，对知识与技能掌握很好，能够熟练地完成用户和组的管理、软件包的管理，掌握存储设备的使用，能很好地完成进程的查看与终止操作为 A 等；掌握了 75%以上的内容，能较为顺利地完成任务为 B 等；掌握 60%以上的内容为 C 等；基本掌握为 D 等；大部分内容不够清楚为 E 等。

项目 4

Shell 脚本编程

学习指导

教学目标 ☞

知识目标

了解 Shell 的基本概念、种类，Shell 中的变量

了解 Shell 变量表达式

了解 Shell 的输入/输出

掌握 Shell 脚本的编写方法

掌握 Shell 脚本的执行方法

技能目标

熟悉 Shell 的基本语法结构

能编写简单的 Shell 程序

会在 Shell 中使用参数进行编程

会使用表达式进行 Shell 编程

会使用循环语句进行 Shell 编程

会使用条件语句进行 Shell 编程

素质目标 ☞

培养诚信、敬业、科学、严谨的工作态度和工作作风

养成刻苦、勤奋、好问、独立思考和细心检查的学习习惯

能与组员精诚合作，能正确面对他人的成功或失败

培育求真务实、精益求精的工匠精神

培养逻辑思维能力和逻辑推理能力，养成良好的分析问题、处理问题和解决问题的能力

建议课时 ☞

教学课时：理论学习 2 课时+教学示范 3 课时

技能训练课时：课堂模拟 3 课时+课堂训练 3 课时

Shell 作为操作系统的外壳，为用户提供使用操作系统的接口，是命令语言、命令解释程序及程序设计语言的统称。Shell 是 Linux 操作系统整体的一个组成部分，也是 Linux 操作系统和 UNIX 设计的一部分。Shell 是用户和 Linux 内核之间的接口程序，为用户提供了使用的界面，即 Shell，其功能非常强大。学好 Shell 脚本编程是管理 Linux 系统的一门基本功，也是自动化工作的必备工具。学好 Shell 开发不仅可以更为深入地了解 Linux，还可以减少网络管理的工作琐事。

本项目详细介绍了 Shell 编程的一些基本知识、Shell 的种类、Shell 中的变量、变量表达式、Shell 的输入/输出以及 Shell 的基本语法结构。通过任务案例引导学生学习 Shell 编程的方法和技巧；具体训练学生进行简单的 Shell 编程、在 Shell 中使用参数进行编程、使用表达式进行编程、使用循环语句进行编程和使用条件语句进行编程的能力。

4.1 任务描述

使用 Shell 编程简化操作

在天一电子产品研发中心的网络改造项目中，谢立夫对吴航的培训也进行得比较理想，他让吴航学会了在终端模式下使用命令对 Linux 的文件系统进行管理，还学会了使用命令对操作系统进行管理，但是，每输入一次命令就会得到系统的一次响应，当需要执行多个命令时就得一个接着一个地输入，这样的做法效率太低，有没有一个更好的方法呢？

谢立夫凭借自己所学的知识和多年的工作经验，经过认真分析，认为必须让吴航尽快熟悉在终端模式下使用 Shell 进行编程。Shell 程序有很多类似 C 语言和其他程序设计语言的特征，但是没有程序语言那样复杂。Shell 程序是指放在一个文件中的一系列 Linux 命令和实用程序。在执行的时候，通过 Linux 操作系统一个接一个地解释和执行每条命令。

4.2 任务分析

1. 了解 Shell 程序

Shell 是一个命令解释器，它会解释用户在命令提示符下输入的命令。但是，用户可能有一组想要多次执行的命令。Shell 提供了一种功能，让用户将这组命令存放在一个文件中，然后用户可以像 UNIX 系统提供的其他程序一样执行这个文件。这个命令文件就称为 Shell 程序或者 Shell 脚本。当用户运行这个文件时，它会像在命令行输入这些命令一样执行这些命令。

2. 学会编写 Shell 脚本

Shell 编程实际上是用户使用文本编辑程序（如 vi），将一系列 Linux 命令按照一定的规则放在一个文件中的过程。Shell 脚本是以行为单位的，在执行脚本的时候会分解成一行一行依次解释和执行单个命令。脚本中所包含的主要内容有注释、命令、Shell 变量和结构控制语句。

1）注释。用于对脚本进行解释和说明，在注释行的前面要加上符号“#”，这样在执行脚本的时候 Shell 就不会对该行进行解释。

2）Shell 命令。在 Shell 脚本中可以出现任何能够在交互方式下使用的命令。

3）Shell 变量。Shell 支持具有字符串值的变量。Shell 变量不需要专门的说明语句，通过赋值语句完成变量说明并予以赋值。在命令行或 Shell 脚本文件中使用$name 的形式引用变量 name 的值。

4）结构控制语句。主要为一些用于结构控制的内部命令。

3. 熟悉 Shell 的打开方式

用户可以在 Linux 系统图形用户界面 GNOME 桌面的左上角单击“活动”链接，在弹出的图标中单击“终端”即可打开 Shell 窗口，如图 4-1 所示。

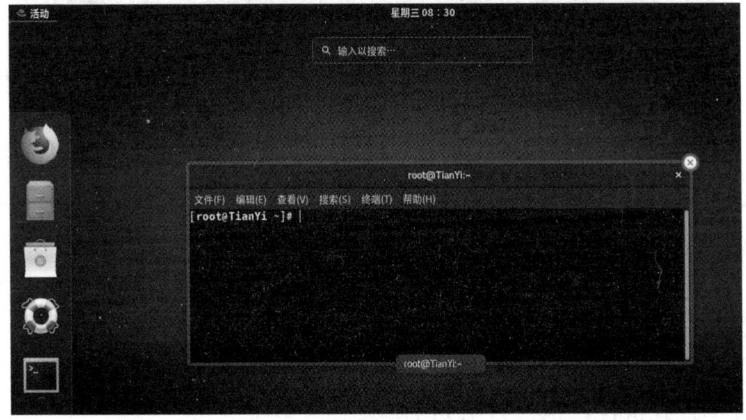

图 4-1　在 GNOME 下打开 Shell

熟悉 Linux 系统的用户一般不通过图形用户界面操纵 Linux 系统，而是直接通过 Shell 登录到 Linux 系统。因此，打开 Shell 的方式还可以利用一些软件工具以 SSH 的方式远程登录到 Linux 系统，目前比较流行的 Shell 软件工具是 SSH Secure Shell 和 PuTTY。这两种软件的用法在此不做介绍，如果需要，可上网搜索使用方法。

一旦启动了终端仿真软件包或者登录 Linux 虚拟控制台，就会看到 Shell CLI 提示符。提示符就是进入 Shell 的大门，是输入 Shell 命令的地方。

默认的 Bash Shell 提示符是美元符号（$），这个符号表明 Shell 在等待用户输入。不同的 Linux 发行版采用不同格式的提示符。

4. 学会运行 Shell 脚本

脚本 showinfo.sh 编辑完成之后，怎样运行呢？脚本运行方法一般有 4 种。

前面学过显示系统信息的有关命令，如果将几条命令放在一行内运行，只要在命令与目录之间用分号“;”隔开即可。

```
[root@TianYi etc]# date;who
2020年 02月 19日 星期三 08:54:08 EST
root     tty2        2020-02-19 08:22 (tty2)
[root@TianYi etc]#
```

这个简单的脚本只用到了两个 Bash Shell 命令。 date 命令先运行，显示了当前日期和时间，后面紧跟着 who 命令的输出，显示当前是谁登录到了系统上。使用这种办法就能将任意多个命令串连在一起了，只要不超过最大命令行字符数 255 就行。

这种技术对于小型脚本尚可，但它有一个很大的缺陷：每次运行之前，都必须在命令提示符下输入整个命令。也可以使用 vi 编辑器将这些命令组合成简单的文本文件，在需要运行这些命令时，只运行这个文本文件就行了。这个文件就是 Shell 脚本。

1）先用 vi 将 date、who 两个 Bash Shell 命令写入 showinfo.sh 文件中。

```
[root@TianYi etc]# vi showinfo.sh
```

showinfo.sh 文件的内容如图 4-2 所示。

图 4-2 编写 showinfo.sh 脚本文件

2）使用 chmod 命令将脚本的权限设置为可执行。

```
[root@TianYi etc]#chmod u+x,g+x showinfo.sh
```

3）Linux 中 Shell 脚本的执行通常有工作目录执行、绝对路径执行、sh 执行和 Shell 环境执行 4 种执行方式。

① 工作目录执行：指的是执行脚本时，先进入脚本所在的目录（此时，称为工作目录），然后使用 ./ 脚本方式执行，执行方法如下：

```
$./showinfo.sh
```

② 绝对路径执行，指的是直接从根目录到脚本目录的绝对路径，执行方法如下：

```
$ /root/test/showinfo.sh
```

③ sh 执行，指的是用脚本对应的 sh 或 bash 接着脚本执行，执行方法如下：

```
$ sh showinfo.sh
$ bash showinfo.sh
```

④ Shell 环境执行，指的是在当前的 Shell 环境中执行，可以使用“.脚本”或“Source 脚本”执行，执行方法如下：

```
$ . showinfo.sh
$ source showinfo.sh
```

4）使用命令替换。这是一个相当有用的方法，如果想要使某个命令的输出成为另一个命令的参数时，就可以使用这个方法。将命令列于两个“'”号之间，而 Shell 会以这个命令执行后的输出结果代替这个命令以及两个“'”符号。

```
 [root@TianYi~]# str="Current directory is" 'pwd'
/root
[root@TianYi~]# echo $str
```

结果如下：

```
Current directory is /root
```

5. 了解本项目的具体任务

本项目的具体任务包括了解 Shell 的基本概念、掌握 Shell 脚本的基本结构、学会 Shell 脚本的编写方法、能够执行等几个方面。

4.3 知识储备

4.3.1 Shell 概述

Shell 概述

Shell 是一种具备特殊功能的程序，提供了用户与内核进行交互操作的接口。它接收用户输入的命令，并把它送入内核去执行。内核是 Linux 系统的心脏，从开机自检时就驻留在计算机的内存中，直到计算机关闭为止，而用户的应用程序存储在计算机的硬盘上，仅当需要时才被调入内存。Shell 是一种应用程序，当用户登录 Linux 系统时，Shell 就会被调入内存执行。Shell 独立于内核，它是连接内核和应用程序的桥梁，并由输入设备读取命令，再将其转为计算机可以理解的机械码，Linux 内核才能执行该命令。图 4-3 描述了 Shell 在 Linux 系统中的位置。

有一些命令（比如改变工作目录命令 cd）是包含在 Shell 内部的。还有一些命令（如复制命令 cp 和移动命令 rm）是存在于文件系统中某个目录下的单独的程序。对用户而言，不必关心命令是建立在 Shell 内部还是一个单独的程序。

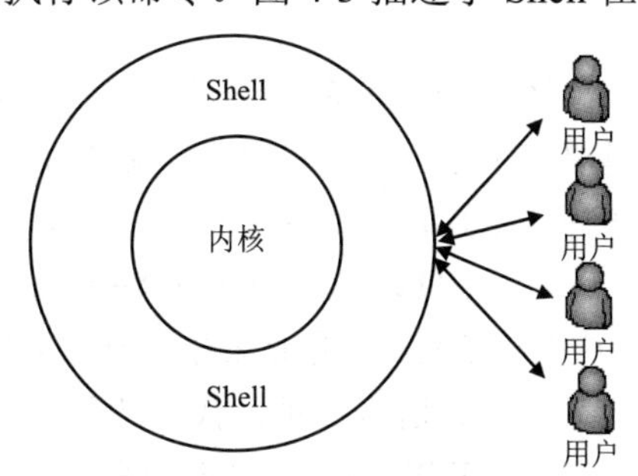

图 4-3　Shell 在 Linux 系统中的位置

Shell 接到用户输入的命令后首先检查命令是否是内部命令，若不是再检查是否是应用程序。当普通用户成功登录后，系统将执行一个称为 Shell 的程序。正是 Shell 进程提供了命令行提示符。对普通用户用“$”做提示符，对超级用户（root）用“#”做提示符。一旦出现了 Shell 提示符，就可以输入命令名称及命令所需要的参数。Shell 将执行这些命令。

4.3.2 Shell 的种类

Linux 系统的 Shell 作为操作系统的外壳，为用户提供使用操作系统的接口。每个 Linux 系统的用户都可以拥有自己的用户界面或 Shell，用以满足专门的 Shell 需要。目前主要有以下 Shell 版本。

➢ Sh（Bourne Shell）：贝尔实验室开发。

Bourne Shell 是 UNIX 最初始的 Shell，并且在每种 UNIX 上都可以使用。Bourne Shell 在 Shell 编程方面相当优秀，但在处理与用户的交互方面做得不如其他几种 Shell。

➢ BASH：是 GNU 的 Bourne Again Shell，是 GNU 操作系统上默认的 Shell。

BASH 与 Bourne Shell 完全兼容，并且在 Bourne Shell 的基础上增加了很多特性。可以提供命令补全、命令编辑和命令历史等功能。它还包含了很多 C Shell 和 Korn Shell 的优点，有灵活强大的编辑接口，同时又有很友好的用户界面。

➢ Korn Shell：是对 Bourne Shell 的发展，在大部分内容上与 Bourne Shell 兼容。

Korn Shell 集合了 C Shell 和 Bourne Shell 的优点，并且和 Bourne Shell 完全兼容。Linux 系统提供了 pdksh（ksh 的扩展），它支持任务控制，可以在命令行上挂起、后台执行、唤醒或终止程序。

➢ C Shell：是 SUN 公司 Shell 的 BSD 版本。

C Shell 是一种比 Bourne Shell 更适合编程的 Shell，它的语法与 C 语言相似。Linux 为喜欢使用 C Shell 的人员提供了 Tcsh。Tcsh 是 C Shell 的扩展版本。Tcsh 包括命令行编辑、可编程单词补全、拼写矫正、历史命令替换、作业控制和类似 C 语言的语法，它提供比 Bourne Shell 更多的提示符参数。

➢ Pdksh：是 Linux 系统提供的 ksh 的扩展。

Pdksh 支持人物控制，可以在命令行上挂起、后台执行、唤醒或终止程序。

4.3.3 Shell 中的变量

在 Linux 里有很多的变量，大致可分为 3 种：环境变量、内部变量和用户变量。用户可以通过这些变量获得系统、环境的信息。Shell 编程语言中的变量没有类型（即不需要说明变量是数值型还是字符型）。

1. 环境变量

环境变量是系统环境的部分，例如，用户的登录子目录、使用的终端类型等，这些变量决定了用户工作的环境，它们不需要用户去定义，用户可以在 Shell 中使用它们，其中的某些变量还可以用 Shell 程序修改。常用的 Shell 环境变量如下。

➢ HOME：用于保存注册目录的完全路径名。

➢ PATH：用于保存用冒号分隔的目录路径名，Shell 将按 PATH 变量中给出的顺序搜索这些目录，找到的第一个与命令名称一致的可执行文件将被执行。

➢ TERM：终端的类型。

➢ UID：当前用户的识别字，取值是由数位构成的字串。
➢ PWD：当前工作目录的绝对路径名，该变量的取值随 cd 命令的使用而变化。

【操作示例 4-1】在脚本中，用户可以在环境变量名称之前加上美元符号（$）来使用这些环境变量。下面通过脚本了解环境变量的用法。

```
 [root@TianYi~]#cat test001.sh
#!/bin/bash
# display user information from the system.
echo "User info for userid: $USER"
echo UID: $UID
echo HOME: $HOME
```

【操作示例 4-2】接下来运行该脚本，$USER、$UID 和$HOME 环境变量显示了已登录用户的有关信息。

```
 [root@TianYi~]#chmod u+x test001.sh
[root@TianYi~]# ./test001.sh
User info for userid: root
UID: 0
HOME: /root
```

2. 内部变量

内部变量是由系统提供的，用户不能修改它们。内部变量和环境变量类似，也是在 Shell 一开始时就定义了的变量。不同的是，用户只能根据 Shell 的定义使用这些变量，而不能重定义它们。所有预定义变量都是由$符和另一个符号组成的，常用的 Shell 预定义变量如下。

➢ $#：位置参数的数量。
➢ $*：所有位置参数的内容。
➢ $?：命令执行后返回的状态。
➢ $$：当前进程的进程号。
➢ $!：后台运行的最后一个进程号。
➢ $0：当前执行的进程名。

其中，$?用于检查上一个命令执行是否正确。（在 Linux 中，命令退出状态为 0 表示该命令正确执行，任何非 0 值表示命令出错。）

$$变量最常见的用途是暂存文件的名字以保证暂存文件不会重复。

3. 用户变量

用户变量是用户在编写 Shell 的过程中，在 Shell 程序内任意使用和修改的变量。这是用户根据自己的需要定义的，用户可以按照下面的语法规则定义自己的变量：

```
变量名=变量值
```

在定义变量时，变量名前不应加符号$，在引用变量的内容时则应在变量名前加$；在给变量赋值时，等号两边一定不能留空格，若变量中本身就包含了空格，则整个字串都要用双引号括起来。

在编写 Shell 程序时，为了使变量名与命令名相区别，建议所有的变量名都用大写字母表示。

在说明一个变量并将它设置为一个特定值后就不再改变它的值时，可以用下面的命令来保证该变量的只读性：

```
readonly 变量名
```

export，输出当前各环境变量的值。在任何时候，创建的变量都只是当前 Shell 的局部变量，所以不能被 Shell 运行的其他命令或 Shell 程序所利用，而 export 命令可以将一个局部变量提供给 Shell 执行的其他命令使用，其格式如下：

```
export 变量名
```

也可以在给变量赋值的同时使用 export 命令：

```
export 变量名=变量值
```

使用 export 说明的变量，在 Shell 以后运行的所有命令或程序中都可以访问到。

4．位置参数

位置参数是一种在调用 Shell 程序的命令行中按照各自的位置决定的变量，是在程序名之后输入的参数。位置参数之间用空格分隔，Shell 取第一个位置参数替换程序文件中的$1，取第二个参数替换$2，以此类推。$0 是一个特殊的变量，它的内容是当前这个 Shell 程序的文件名，所以，$0 不是一个位置参数，在显示当前所有的位置参数时是不包括$0 的。

5．参数置换的变量

Shell 提供了参数置换功能，以便用户根据不同的条件为变量赋不同的值。参数置换的变量有 4 种，这些变量通常与某一个位置参数相联系，根据指定的位置参数是否已经设置类决定变量的取值，它们的语法和功能分别如下。

- 变量=${参数-word}：如果设置了参数，则用参数的值置换变量的值，否则用 word 置换。即这种变量的值等于某一个参数的值，如果该参数没有设置，则变量就等于 word 的值。
- 变量=${参数=word}：如果设置了参数，则用参数的值置换变量的值，否则把变量设置成 word，然后再用 word 替换参数的值。注意，位置参数不能用于这种方式，因为在 Shell 程序中不能为位置参数赋值。
- 变量=${参数？word}：如果设置了参数，则用参数的值置换变量的值，否则就显示 word 并从 Shell 中退出，如果省略了 word，则显示标准信息。这种变量要求一定等于某一个参数的值。如果该参数没有设置，就显示一个信息，然后退出，因此这种方式常用于出错指示。
- 变量=${参数+word}：如果设置了参数，则用 word 置换变量，否则不进行置换。

上述 4 种形式中的“参数”既可以是位置参数，也可以是另一个变量，只是用位置参数的情况比较多。

4.3.4 变量表达式

在编程中，既然有变量，就有关于变量的表达式——比较（test）。在 Shell 程序中，通常使用表达式的比较来完成逻辑任务。表达式所代表的操作符有字符操作符、数字操作符、逻辑操作符以及文件操作符。其中，文件操作符是一种 Shell 特有的操作符。因为 Shell 里的变量都是字符串，为了达到对文件进行操作的目的，才提供了文件操作符。

1. 字符串比较

作用：测试字符串是否相等，长度是否为零，字符串是否为 NULL。

常用的字符串操作符如表 4-1 所示。

表 4-1 常用的字符串操作符

字符串操作符	含义及返回值
=	比较两个字符串是否相同，相同为“真”
!=	比较两个字符串是否不相同，不同为“真”
-n	比较两个字符串长度是否大于零，大于零为“真”
-z	比较两个字符串长度是否等于零，等于零为“真”

2. 数字比较

在 Bash Shell 编程中的关系运算有别于其他编程语言。用 test 语句比较的运算符如表 4-2 所示。

表 4-2 用 test 比较的运算符

运算符号	含义
-eq	相等
-ge	大于等于
-le	小于等于
-ne	不等于
-gt	大于
-lt	小于

3. 逻辑操作

在 Shell 程序设计中的逻辑运算符如表 4-3 所示。

表 4-3 Shell 中的逻辑运算符

运算符号	含义
!	反：与一个逻辑值相反的逻辑值
-a	与（and）：两个逻辑值为“是”，返回值为“是”，否则为“否”
-o	或（or）：两个逻辑值有一个为“是”，返回值就是“是”

4. 文件操作

文件测试操作表达式通常是为了测试文件的信息，一般由脚本决定文件是否应该备份、复制或删除。test 关于文件的操作符有很多，表 4-4 中只列举一些常用的操作符。

表 4-4 文件测试操作符

运算符号	含义
-d	对象存在且为目录，返回值为“是”
-f	对象存在且为文件，返回值为“是”

续表

运算符号	含义
-L	对象存在且为符号连接，返回值为“是”
-r	对象存在且可读，返回值为“是”
-s	对象存在且长度非零，返回值为“是”
-w	对象存在且可写，返回值为“是”
-x	对象存在且可执行，返回值为“是”

4.3.5 Shell 的输入/输出

在 Shell 脚本中，可以用几种不同的方式读入数据：可以使用标准输入，默认为键盘，或者指定一个文件作为输入。对于输出也是一样：如果不指定某个文件作为输出，标准输出总是和终端屏幕相关联。如果所使用命令出现了错误，错误信息也会默认输出到屏幕上，如果不想把这些信息输出到屏幕上，也可以把这些信息指定到一个文件中。

1．echo

使用 echo 命令可以显示文本行或变量，或者把字符串输入到文件。它的一般形式如下：

```
echo string
```

echo 命令有很多功能，其中最常用的是下面三个。

- \c：不换行。
- \t：跳格。
- \n：换行。

【操作示例 4-3】希望提示符出现在输出的字符串之后，可以用如下语句：

```
[root@TianYi~]# echo -e "What is your name? \c"
```

上面的命令执行后将出现如下提示：

```
What is your name? [root@TianYi~]#
What is your name? [root@TianYi~]# read name
Xieshuxin                                          #输入姓名
[root@TianYi~]# echo $name
xieshuxin
```

【操作示例 4-4】如果想在输出字符之后，让光标移到下一行，可以用如下语句：

```
[root@TianYi~]# echo "The red pen ran out of ink"
```

2．read

可以使用 read 语句从键盘或文件的某一行文本中读入信息，并将其赋给一个变量。如果只指定了一个变量，那么 read 将会把所有的输入赋给该变量，直至遇到第一个文件结束符或按 Enter 键，它的一般形式如下：

```
read varible1 varible2 ……
```

【操作示例 4-5】指定一个变量，将它赋予相应的值，直至按 Enter 键才结束内容的接收。

```
[root@TianYi~]#read name
Hello I am super man
[root@TianYi~]#echo $name
```

```
Hello I am super man
```

【操作示例 4-6】给出两个变量，它们分别被赋予名字和姓氏，用空格作为变量之间的分隔符。

```
[root@TianYi~]#read  name surname
John Doe
[root@TianYi~]#echo $name $surname
John Doe
```

3. cat

cat 是一个简单而通用的命令，可以用它显示文件内容，创建文件，还可以用它显示控制字符。在使用 cat 命令时要注意，它不会在文件分页符处停下来，它会显示整个文件。如果希望每次显示一页，可以使用 more 命令或把 cat 命令的输出通过管道传递到另一个具有分页功能的命令中，示例如下：

```
[root@TianYi~]#cat myfile | more
```

或

```
[root@TianYi~]#cat myfile | pg
```

4. grep

可以通过 grep 把一个命令的输出传递给另一个命令作为输入。管道用竖杠“|”表示。它的一般形式如下：

```
命令 1 | 命令 2
```

【操作示例 4-7】在当前目录中执行文件列表操作，如果没有 grep 的话，所有文件就会显示出来。当 Shell 看到 grep 以后，会把所有列出的文件交给 grep 右边的命令，因此 grep 的含义是把信息从一端传送到另外一端。下面使用 grep 命令在文件列表中搜索 test.doc。

```
[root@TianYi~]#ls|grep test.doc
test.doc
```

5. tee

tee 命令的作用可以用字母 T 形象地表示。它把输出的一个副本输送到标准输出，另一个副本复制到相应的文件中，它的一般形式如下：

```
tee -a files
```

其中，-a 表示追加到文件末尾。当执行某些命令或脚本时，如果希望把输出保存下来， tee 命令非常方便。

【操作示例 4-8】使用 who 命令，将结果输出到屏幕上，同时保存在 who.out 文件中。

```
[root@TianYi~]#who|tee who.out
[root@TianYi~]#cat who.out
```

6. 文件重定向

在 Shell 中执行命令时，每个进程都和三个打开的文件相关联，并使用文件描述符引用这些文件。由于文件描述符不容易记忆，Shell 同时也给出了相应的文件名。

- command > filename：把标准输出重定向到一个新文件中。

- command >> filename：把标准输出重定向到一个文件中。
- command1 > filename：把标准输出重定向到一个文件中。
- command > filename2 > &1：把标准输出和标准错误一起重定向到一个文件中。
- command2 > filename：把标准错误重定向到一个文件中。
- command2 >> filename：把标准输出重定向到一个文件中（追加）。
- command >> filename 2 > &1：把标准输出和标准错误一起重定向到一个文件中。
- command << delimiter：从标准输入中读入，直至遇到 delimiter 分界符。
- command < &m：把文件描述符 m 作为标准输入。
- command > &m：把标准输出重定向到文件描述符 m 中。
- command2 < &-：关闭标准输入。

【操作示例 4-9】将 myfile1 作为 sort 的输入。

```
[root@TianYi~]# sort<myfile1
```

【操作示例 4-10】将 date 的输出转向到 myfile2 文件中。

```
[root@TianYi~]# date>myfile2
```

【操作示例 4-11】将 Is -1 的输出追加到 myfile3 文件中。

```
[root@TianYi~]#  Is -l>> myfile3
```

【操作示例 4-12】将 myprogram 错误输出改向到 err_file 文件。

```
[root@TianYi~]#  myprogram 2 >err_file
```

4.4 任务实施

4.4.1 体验 Shell 编程

Shell 程序有很多类似 C 语言和其他程序设计语言的特征，但是又没有程序语言那样复杂。Shell 程序是指放在一个文件中的一系列 Linux 命令和实用程序。

思政小贴士

在进行 Shell 编程时，一定要遵守编程规范，如在任务案例 4-9 中，要弄清楚“'”是反引号还是单引号。我们做任何事情都需要发扬规范、专注、求真务实、精益求精的工匠精神。

任务案例 4-1

编写一个 Shell 程序，要求提示用户从键盘输入姓名，再在屏幕显示“Hello, xxx！”。

完成任务的步骤如下。

打开 Shell

在 GNOME 操作界面的桌面单击“活动”链接，在弹出的图标中“终端”，打开 Shell

窗口，如图 4-1 所示。

STEP 02 利用 vi 编辑器编辑 test.sh

利用 vi 编辑器编辑脚本文件 test.sh，操作方法如下：

```
[root@TianYi~]# mkdir test
[root@TianYi~]# cd test
[root@TianYitest]# vi test.sh
```

在 test.sh 文件中输入以下内容，输入完成后保存退出。

```
#!/bin/sh
#To show hello to somebody
echo -n "Enter Your Name:"
read NAME
echo "Hello,$NAME!"
```

注意

Shell 脚本不是复杂的程序，它是按行解释的。通常脚本第一行都是以#!/bin/sh 开头，它通知系统以下的 Shell 程序使用系统上的 Bourne Shell 来解释。第二行“#”后面为注释。

STEP 03 给脚本文件 test.sh 添加执行权限

脚本编写完成后给脚本添加执行权限，操作方法如下：

```
[root@tianyi test]#chmod +x  test.sh
```

STEP 04 把/bin 添加到整个环境变量中

为了在任何目录都可以编译和执行 Shell 所编写的程序，最好把/bin 目录添加到整个环境变量中。

```
[root@tianyi test]#export PATH=/bin:$PATH
```

STEP 05 运行 test.sh 脚本文件

运行 test.sh 脚本，输入姓名，检查输出结果，如图 4-4 所示。

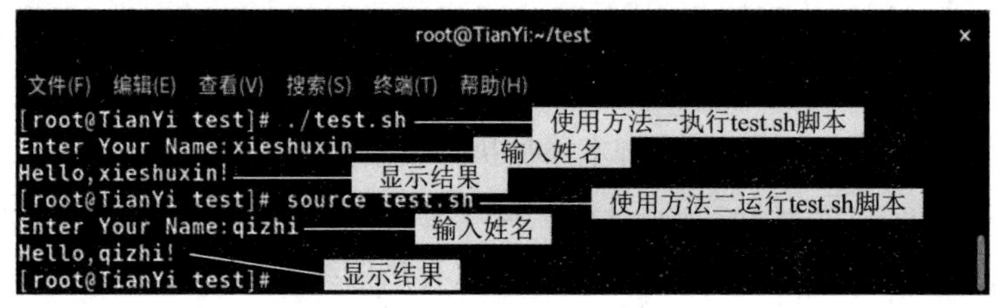

图 4-4　执行 test.sh 脚本

注意

如何指定使用哪一个 Shell 来解释执行脚本呢？

① 如果 Shell 脚本的第一个非空白字符不是“#”，它会使用 Bourne Shell。

② 如果 Shell 脚本的第一个非空白字符是“#”，但不是以“#!”开头时，它会使用 C Shell。

③ 如果 Shell 脚本以“#!”开头，则“#!”后面跟的字符串就是所使用 Shell 的绝对路径名。Bourne Shell 的路径名称为/bin/sh，而 C Shell 则为/bin/csh。

4.4.2 在 Shell 程序中使用的参数

如同 ls 命令可以接受目录等作为它的参数一样，在 Shell 编程时同样可以使用参数。Shell 程序中的参数分为位置参数和内部参数等。

1. 位置参数的使用

由系统提供的参数称为位置参数。位置参数的值可以用$N 得到，N 是一个数字，如果为 1，即$1。类似 C 语言中的数组，Linux 会把输入的命令字符串分段并给每段标号，标号从 0 开始。第 0 号为程序名字，从 1 开始就表示传递给程序的参数。如$0 表示程序的名字，$1 表示传递给程序的第一个参数，以此类推。

任务案例 

编写一个 Shell 程序，用于描述 Shell 程序中的位置参数$0、$#、$?和$*，程序名为 test1.sh。

完成任务的步骤如下。

STEP 01 打开 Shell

在 GNOME 操作界面的桌面单击“活动”链接，在弹出的图标中单击“终端”，打开 Shell 窗口，如图 4-1 所示。

STEP 02 编辑并执行 test1.sh 脚本

1）利用 vi 编辑器编辑脚本文件 test1.sh，操作方法如下：

```
[root@tianyi test]#vi test1.sh
```

2）在 test1.sh 文件中输入以下内容：

```
#! /bin/sh
echo "Program name is $0";
echo "There are totally $# parameters passed to this program";
echo "The last is $?";
echo "The parameter are $*";
```

3）输入完成后保存退出，再给脚本添加执行权限，操作方法如下：

```
[root@tianyi test]#chmod +x  test1.sh
```

4）执行 test1.sh 脚本，并传递 5 个参数，执行后的结果如下：

```
[root@ tianyi test]#./test1.sh this is a test program   //传递 5 个参数
Program name is /bin/test1                            //给出程序的完整路径和名字
There are totally 5 parameters passed to this program   //参数的总数
The last is 0                                         //程序执行效果
The parameters are this is a test program   //返回由参数组成的字符串
```

2. 内部参数的使用

任务案例 

利用内部变量和位置参数编写一个名为 test2.sh 的简单删除程序，如果删除的文件为 abc.txt，则在终端中执行 Shell 脚本时输入的命令为./test2.sh abc.txt。

完成任务的步骤如下。

STEP 01 打开 Shell

在 GNOME 操作界面的桌面单击“活动”链接，在弹出的图标中单击“终端”，打开 Shell 窗口，如图 4-1 所示。

STEP 02 编辑并执行 test2.sh 脚本

1）利用 vi 编辑器编辑脚本文件 test2.sh，操作方法如下：

```
[root@tianyi test]#vi test2.sh
```

2）在 test2.sh 文件中输入以下内容：

```
#! /bin/sh
#this program to compress a file to the dustbin
if test $# -eq 0
then
echo "Please specify a file!"
else
gzip $1                                    //先对文件进行压缩
mv $1.gz $HOME/dustbin                     //移动到回收站
echo "File $1 is deleted !"
fi
```

3）输入完成后保存退出，再给脚本添加执行权限，操作方法如下：

```
[root@tianyi test]#chmod +x  test2.sh
```

4）最后执行 test2.sh 脚本，执行后的结果如下：

```
[root@TianYi test]# echo "1234">abc //先在 test 目录下建立 abc 文件
[root@TianYi test]# ./test2.sh abc  //执行 test2.sh 脚本，压缩、删除 abc
File abc is deleted !               //提示删除完成
```

用户可以到/root/test 目录中去查看 abc 文件是否存在。

4.4.3 表达式的比较使用

1. 字符串比较的使用

任务案例 4-4

从键盘输入两个字符串，判断这两个字符串是否相等，如相等输出。

完成任务的步骤如下。

STEP 01 打开 Shell

在 GNOME 操作界面的桌面单击“活动”链接，在弹出的图标中单击“终端”，打开 Shell 窗口，如图 4-1 所示。

STEP 02 编辑并执行 test3.sh 脚本

1）利用 vi 编辑器编辑脚本文件 test3.sh，操作方法如下：

```
[root@tianyi test]#vi test3.sh
```

2）在 test3.sh 文件中输入以下内容：

```
#! /bin/sh
```

```
read ar1
read ar2
[ "$ar1"="$ar2" ]
echo $? #?保存前一个命令的返回码
```

3）输入完成后保存退出，再给脚本添加执行权限，操作方法如下：

```
[root@tianyi test]#chmod +x  test3.sh
```

4）最后执行 test3.sh 脚本，执行后的结果如下：

```
[root@TianYi test]# ./test3.sh
aaa
bbb
1
```

2. 数字比较的使用

任务案例 

设计一个从键盘输入两个数的脚本 test4.sh，比较这两个数是否相等，并输出。

完成任务的步骤如下。

STEP 01 打开 Shell

在 GNOME 操作界面的桌面单击“活动”链接，在弹出的图标中单击“终端”，打开 Shell 窗口，如图 4-1 所示。

STEP 02 编辑并执行 test4.sh 脚本

1）利用 vi 编辑器编辑脚本文件 test4.sh，操作方法如下：

```
[root@tianyi test]#vi test4.sh
```

2）在 test4.sh 文件中输入以下内容：

```
#! /bin/sh
echo "please input x y"
read x y
if test $x -eq $y
   then
     echo "$x=$y"
else
     echo "$x!=$y"
fi
```

3）输入完成后保存退出，再给脚本添加执行权限，操作方法如下：

```
[root@tianyi test]#chmod +x  test4.sh
```

4）最后执行 test4. sh 脚本，执行后的结果如下：

```
[root@TianYi test]# ./test4.sh
please input x y
110 112
110!=112
[root@TianYi test]# ./test4.sh
please input x y
66 66
66=66
```

3. 逻辑操作的使用

任务案例 4-6

分别给两个字符变量赋值，一个变量赋予一定的值，另一个变量为空，求两者的与、或操作，并输出结果。

完成任务的步骤如下。

STEP 01 打开 Shell

在 GNOME 操作界面的桌面单击“活动”链接，在弹出的图标中单击“终端”选项，打开 Shell 窗口，如图 4-1 所示。

STEP 02 编辑并执行 test5.sh 脚本

1）利用 vi 编辑器编辑脚本文件 test5.sh，操作方法如下：

```
[root@tianyi test]#vi test5.sh
```

2）在 test5.sh 文件中输入以下内容：

```
#!/bin/bash
part1="1111"
part2=" "                              #part2 为空
[ "$part1" -a "$part2" ]       #注意左方括号后面和右方括号的前面有空格
echo $?                                #保存前一个命令的返回码
[ "$part1" -o "$part2" ]
echo $?
```

3）输入完成后保存退出，再给脚本添加执行权限，操作方法如下：

```
[root@tianyi test]#chmod u+x  test5.sh
```

4）最后执行 test5.sh 脚本，执行后的结果如下：

```
[root@tianyi test]# ./test5.sh
   1
   0
```

4. 文件操作的使用

任务案例 4-7

编写一个 Shell 程序 test6.sh，输入一个字符串，如果是目录，则显示目录下的信息；如果为文件，则显示文件的内容，否则显示输入错误。

完成任务的步骤如下。

STEP 01 打开 Shell

在 GNOME 操作界面的桌面单击“活动”链接，在弹出的图标中单击“终端”，打开 Shell 窗口，如图 4-2 所示。

STEP 02 编辑并执行 test6.sh 脚本

1）利用 vi 编辑器编辑脚本文件 test6.sh，操作方法如下：

```
[root@tianyi test]#vi test6.sh
```

2）在 test5.sh 文件中输入以下内容：

```
#! /bin/Bash
echo "Please enter the directory name or file name"
read DORF
if [ -d $DORF ]
  then
    ls $DORF
  elif [ -f $DORF ]
  then
    cat $DORF
else
    echo "input error!"
fi
```

3）输入完成后保存退出，再给脚本添加执行权限，操作方法如下：

```
[root@tianyi test]#chmod u+x  test6.sh
[root@tianyi test]#echo "this is file">abcd
```

4）最后执行 test6.sh 脚本，执行后的结果如下：

```
[root@TianYi test]# ./test6.sh
Please enter the directory name or file name
abcd                                    #输入 abcd（这里的 abcd 是先建好的文件）
this is file                            #当前文件夹中 abcd 文件的内容
```

4.4.4 循环结构语句的使用

有时会要求计算机重复执行某一条或同一组指令多次，可以根据需要把那些指令复制到程序中其他新的语句行上来达到这种目的，不过更好的方法是让计算机重复执行那些已有的指令，这个过程称为循环。Shell 中提供了几种执行循环的命令，比较常见的命令有 for、while、until 命令。

1. for 循环的使用

当知道循环执行的具体次数时，可以使用 for 循环。for 循环对一个变量的可能的值都执行一个命令序列。赋给变量的几个数值既可以在程序内以数值列表的形式提供，也可以在程序以外以位置参数的形式提供。for 循环的一般格式如下：

```
for  变量名   [in 数值列表]
do
    命令 1
    命令 2
    ……
done
```

变量名可以是用户选择的任何字符串，如果变量名是 var，则在 in 之后给出的数值将顺序替换循环命令列表中的$var。如果省略了 in，则变量 var 的取值将是位置参数。对变量的每一个可能的赋值都将执行 do 和 done 之间的命令列表。

任务案例 4-8

编写一个 Shell 程序 test7.sh，先生成 test7.foo、test7new.foo 文件，将.foo 后缀的文件批量改名为.bar 后缀，修改完成后查看修改结果。

完成任务的步骤如下。

STEP 01 打开 Shell

在 GNOME 操作界面的桌面单击“活动”链接，在弹出的图标中单击“终端”，打开 Shell 窗口，如图 4-1 所示。

STEP 02 编辑并执行 test7.sh 脚本

1）利用 vi 编辑器编辑脚本文件 test7.sh，操作方法如下：

```
[root@tianyi test]#vi test7.sh
```

2）在 test7.sh 文件中输入以下内容：

```
#! /bin/bash
echo "123456">test7.foo
echo "654321">test7new.foo
for f in *.foo; do
   base='basename $f .foo'      #特别提示，此处为倒引号（键盘左上角波浪号下方）
   mv $f $base.bar
done
ls -l test7*
```

3）输入完成后保存退出，再给脚本添加执行权限，操作方法如下：

```
[root@tianyi test]#chmod u+x  test7.sh
```

4）最后执行 test7.sh 脚本，执行后的结果如下：

```
[root@TianYi test]# ./test7.sh
-rw-r--r--. 1 root root   7 2月  20 05:01 test7.bar
-rw-r--r--. 1 root root   7 2月  20 05:01 test7new.bar
```

2. while 和 until 循环的使用

while 和 until 命令都是用命令的返回状态值来控制循环的。while 循环的一般格式如下：

```
while
  若干个命令行 1
do
  若干个命令行 2
done
```

只要 while 的“若干个命令行 1”中最后一个命令的返回状态为真，while 循环就继续执行 do…done 之间的“若干个命令行 2”。

until 命令是另一种循环结构，它和 while 命令相似，其格式如下：

```
until
  若干个命令行 1
do
  若干个命令行 2
done
```

until 循环和 while 循环的区别在于：while 循环在条件为真时继续执行循环，而 until 则是在条件为假时继续执行循环。

Shell 还提供了 true 和 false 两条命令用于创建无限循环结构，它们的返回状态分别是总为 0 或总为非 0。

任务案例 4-9

编写一个 Shell 程序 test8.sh，用 while 循环求 1～100 的和。

完成任务的步骤如下。

STEP 01 打开 Shell

在 GNOME 操作界面的桌面单击“活动”链接，在弹出的图标中单击“终端”，打开 Shell 窗口，如图 4-1 所示。

STEP 02 编辑并执行 test8.sh 脚本

1）利用 vi 编辑器编辑脚本文件 test8.sh，操作方法如下：

```
[root@tianyi test]#vi test8.sh
```

2）在 test8.sh 文件中输入以下内容：

```
#! /bin/bash
total=0
num=0
while((num<=100))
do
    total='expr $total + $num'
    num='expr $num+1'
done
echo "The result is $total"
```

3）输入完成后保存退出，再给脚本添加执行权限，操作方法如下：

```
[root@tianyi test]#chmod u+x  test8.sh
```

4）最后执行 test8.sh 脚本，执行后的结果如下：

```
[root@tianyi test]# ./test8.sh
The result is 5050
```

4.4.5 条件结构语句的使用

1. if-then-else 语句的使用

当需要程序判断一个条件是真还是假时，可以使用 if 语句。if 语句告诉程序“如果条件为真，则执行这些命令，否则跳过这些指令”。if 条件语句的一般格式如下：

```
if  条件1
    then  命令列表1
elif 条件2
    then  命令列表2
    ……
else
    命令列表3
fi
```

if 的执行逻辑是这样的：当条件 1 成立时，则执行命令列表 1 并退出 if-then-else 控制结构；如果条件 2 成立，则执行命令列表 2 并退出 if-then-else 控制结构；否则，执行命令列表 3 并退出 if-then-else 控制结构。在同一个 if-then-else 结构中只能有一条 if 语句和一条

else 语句，elif 语句可以有多条。其中，if 语句是必须的，elif 和 else 语句是可选的。

注意

Linux 里的 if 的结束标志是将 if 反过来写成 fi; 而 elif 其实是 else if 的缩写。其中，elif 理论上可以有无限多个。

任务案例 

编写一个 Shell 程序 test9.sh，要求用户输入一个数字。如果该数字小于等于 5，则显示消息“the number<=5”；如果该数字在 5～10 之间，则显示消息“the number is between 5 and 10”；如果该数字大于等于 10，则显示消息“the number >= 10”。

完成任务的步骤如下。

STEP 01 打开 Shell

在 GNOME 操作界面的桌面单击“活动”链接，在弹出的图标中单击“终端”，打开 Shell 窗口，如图 4-1 所示。

STEP 02 编辑并执行 test9.sh 脚本

1）利用 vi 编辑器编辑脚本文件 test9.sh，操作方法如下：

```
[root@tianyi test]#vi test9.sh
```

2）在 test9.sh 文件中输入以下内容：

```
#! /bin/bash
read -p 'Inpu a number: ' num
if [ $num -lt 5 ];then
  echo 'The number <=5'
elif [ $num -ge 5 -a $num -lt 10 ];then
  echo 'The number is between 5 and 10'
else
  echo 'The number >=10'
fi
```

3）输入完成后保存退出，再给脚本添加执行权限，操作方法如下：

```
[root@tianyi test]#chmod u+x  test9.sh
```

4）最后执行 test9.sh 脚本，执行后的结果如下：

```
[root@TianYi test]# ./test9.sh
Inpu a number: 4
The number <=5
[root@TianYi test]# ./test9.sh
Inpu a number: 8
The number is between 5 and 10
[root@TianYi test]# ./test9.sh
Inpu a number: 22
The number >=10
```

2. case 语句的使用

假设要设计这样一个程序，对不同年龄的用户显示不同的信息。当然可以使用 if 语句来设计这样的程序，不过这会让人很难看懂。如果想获得同样的结果又不想太复杂，可以使用 case 语句。case…esac 根据变量的值来执行一组特定指令，常常用来替代 if 语句。

case 语句的功能是：把 case 右边的值和半括号“)”左边的值比较，Shell 程序中的 case 语句的一般格式为如下：

```
case 表达式 in
值 1|值 2)
    操作;;
值 3|值 4)
    操作;;
值 5|值 6)
    操作;;
*)
    操作;;
esac
```

任务案例 4-11

编写一个 Shell 程序 test10.sh，根据登录用户的不同，输出不同的反馈结果。

完成任务的步骤如下。

STEP 01 打开 Shell

在 GNOME 操作界面的桌面单击“活动”链接，在弹出的图标中单击“终端”，打开 Shell 窗口，如图 4-1 所示。

STEP 02 编辑并执行 test10.sh 脚本

1）利用 vi 编辑器编辑脚本文件 test10.sh，操作方法如下：

```
[root@tianyi test]#vi test10.sh
```

2）在 test10.sh 文件中输入以下内容：

```
#!/bin/sh
case $USER in
beichen)
   echo "You are beichen!";;
liangnian)
   echo "You are liangnian";                      //注意这里只有一个分号
   echo "Welcome!";;                               //这里才是两个分号
root)
   echo "You are root!";echo "Welcome !";;   //将两个命令写在一行
*)
   echo "Who are you?$USER?";;
esac
```

3）输入完成后保存退出，再给脚本添加执行权限，操作方法如下：

```
[root@tianyi test]#chmod u+x  test10.sh
```

4）再执行 test10.sh 脚本，执行后的结果如下：

```
[root@TianYi test]# ./test10.sh
You are root!
 Welcome!
```

4.5　技能训练

4.5.1　课堂训练

课堂任务 4-1

编写一个 Shell 程序 mkf.sh，此程序的功能是：显示 root 下的文件信息，然后建立一个 kk 的文件夹，在此文件夹下建立一个文件 cc，修改此文件的权限为可执行。

任务分析：

此 Shell 程序中需要依次执行下列命令：

进入 root 目录：cd /root。

显示 root 目录下的文件信息：ls –l。

新建文件夹 kk：mkdir kk。

进入 root/kk 目录：cd kk。

新建一个文件 aa：vi aa　#编辑完成后需手工保存。

修改 aa 文件的权限为可执行：chmod +x aa。

回到 root 目录：cd /root。

课堂任务 4-2

使用 vi 文本编辑器编辑一个 Shell 脚本，将/usr/abc 目录中大写文件名改为小写文件名。

课堂任务 4-3

设计一个 Shell 程序，在/userdata 目录下建立 50 个目录，即 user1～user50，并设置每个目录的权限，其中其他用户的权限为读；文件所有者的权限为读、写、执行；文件所有者所在组的权限为读、执行。

4.5.2　课后训练

|课后训练 4-1|　编写一个 Shell 程序 exam1.sh，程序执行时从键盘读入一个目录名，然后显示这个目录下所有文件的信息。

|课后训练 4-2|　编写一个 Shell 程序 exam2.sh，判断 zb 目录是否存在于/root 下。

|课后训练 4-3|　编写一个菜单界面，显示如下：

```
1：显示当前目录下所有文件
2：显示当前目录下所有文件大小
```

```
3：使用 vi 编辑器
4：查看当前系统中登录的用户
q：退出菜单
```

|课后训练 4-4| 编写一个 Shell 程序，呈现一个菜单，有 0~5 共 6 个命令选项：1 为挂载 U 盘，2 为卸载 U 盘，3 为显示 U 盘的信息，4 为把硬盘中的文件复制到 U 盘，5 为把 U 盘中的文件复制到硬盘中，0 为退出。

4.6 总结提高

本项目讲解了 Linux 下 Shell 脚本的定义和相关 Shell 脚本编写的基础知识，这些基础知识是学习 Shell 脚本编程的关键。接着讲解了 Shell 脚本的执行方式和 Shell 脚本的常见流程控制，为进行 Shell 脚本编程奠定基础。

通过本项目的学习，读者应对 Linux 中 Shell 编程有一个大致的了解，这对后续学习有很大的帮助，越往后学习越能体会到这一点。

通过本项目的学习，你的收获怎样？请认真填写学习情况考核登记表（表 4-5），并及时予以反馈。

表 4-5 学习情况考核登记表

序号	知识与技能	重要性	自我评价					小组评价					老师评价				
			A	B	C	D	E	A	B	C	D	E	A	B	C	D	E
1	了解 Shell 的种类、变量和表达式等	★★★★															
2	熟悉 Shell 的运行方式	★★☆															
3	能进行简单的 Shell 编程	★★★☆															
4	会在 Shell 中使用参数进行编程	★★★★															
5	会使用表达式进行编程	★★★★															
6	能使用循环语句进行编程	★★★★☆															
7	能使用条件语句进行编程	★★★★★															
8	能完成课堂训练	★★★☆															

说明：评价等级分为 A、B、C、D 和 E 共 5 等。其中，对知识与技能掌握很好，能够熟练地完成文件和目录的各项浏览与操作，能够利用 vi 很好地完成文本编辑工作为 A 等；掌握了 75%以上的内容，能够较为顺利地完成任务为 B 等；掌握 60%以上的内容为 C 等；基本掌握为 D 等；大部分内容不够清楚为 E 等。

项目 5

配置与管理 Samba 服务器

学习指导

教学目标 ☞

知识目标

了解 Samba 服务的功能和作用

掌握 Samba 软件包的安装

了解 Samba 配置文件的组成

掌握 Samba 服务器配置方法

掌握 Samba 服务客户端的配置与使用

技能目标

会安装 Samba 软件包

能分析 Samba 配置文件的组成

会配置 Samba 服务器

会配置 Samba 服务客户端

能测试 Samba 服务的完成情况

素质目标 ☞

培养认真细致的工作态度和工作作风

养成刻苦、勤奋、好问、独立思考和细心检查的学习习惯

能与组员精诚合作，能正确面对他人的成功或失败

树立民族自豪感，增强文化自信

建议课时 ☞

教学课时：理论学习 2 课时+教学示范 3 课时

技能训练课时：课堂模拟 3 课时+课堂训练 3 课时

用户在网络中熟悉了 Windows 网络环境下的“网上邻居”，通过它可以实现资源共享。如果网络中有多个操作系统存在，如 Linux、UNIX、Windows 等，用什么方法来实现文件和打印设备的共享呢？这就需要在网络中架设 Samba 服务器来实现。

本项目将详细地介绍 Samba 服务的工作原理和 Samba 服务器的架设方法，重点分析 Samba 服务的配置文件 smb.conf，并通过多个任务案例训练学生配置 Samba 服务器和解决 Samba 服务中的故障的能力。

5.1 任务描述

用 Samba 构建 Windows 和 Linux 之间的资源共享

谢立夫用自己的智慧和汗水完成了天一电子产品研发中心的服务器的搭建和网络环境的设置工作，公司的领导和研发中心把谢立夫的辛劳工作都看在眼里。谢立夫自己也很有成就感，因为他真正地架设了一台 Linux 服务器，将自己在学校所学的知识应用于实践，真正把知识转化成了客户的需要，也把知识转化成了公司的效益。

这天，研发中心与新奇网络进行了一次交流，研发中心杨主任说：我们整个产品研发中心不同部门的工作侧重点不同，中心大多数服务器使用 Linux 操作系统，而员工的计算机使用 Windows 操作系统，但员工需要访问 Linux 服务器上的数据，有时候还需要共享 Linux 系统上的打印机。为此，杨主任希望谢立夫为研发中心解决这个问题。

谢立夫经过分析认为需要在 Linux 系统中配置 Samba 服务来解决此问题，首先为所有的用户创建账号和目录，用户默认都在服务器上有一个 home 目录，只有认证通过才能看到。还要为销售部和技术部等部门创建不同的组，并且分配目录，把所有销售部的员工加入一组，技术部加入另一组，以此类推，其他部门员工加入其他组，通过 Samba 共享这些组。建立账号的时候，不分配 Shell。为了今后工作方便以及帮助研发中心提供相应的管理经验，谢立夫对整个配置过程进行了整理并予以记载。

5.2 任务分析

1. 了解 Samba 服务

Samba 是用来实现 SMB（server message block）的一种软件，由澳大利亚的 Andew Tridgell 开发，是一种在 Linux（UNIX）环境下运行的免费软件。Samba 是一个工具套件，在 Linux（UNIX）中实现 SMB 协议，或者称之为 NETBIOS/LanManager 协议。SMB 协议通常被 Windows 系列用来实现磁盘和打印机共享。

在天一电子产品研发中心的网络中既有运行 Windows 操作系统的机器又有运行 Linux 操作系统机器，且研发中心又要求在 Windows 和 Linux 操作系统之间实现文件和打印机的共享服务，此时最好的选择就是 Samba。因为利用 Samba 搭建文件服务器，不仅比 Windows 功能强大，而且访问速度快、安全。

2. 熟悉 Samba 服务所需要的软件包

在安装 Samba 服务之前，有必要了解 Samba 服务所需要的软件包以及它们的用途。

1）samba-4.9.1-8.el8.x86_64.rpm：服务端软件包。主要提供 Samba 服务器的守护程序、共享文档、日志的轮替、开机默认选项等。

2）samba-client-4.9.1-8.el8.x86_64.rpm：客户端软件包，是连接服务器和连接网上邻居的客户端工具，并包含其测试工具。

3）amba-common-tools-4.9.1-8.el8.x86_64.rpm：通用软件包，无论是服务器端还是客户端都需要安装该软件包，该软件包中提供了 Samba 服务器和客户端中都必须使用的公共文件。

4）samba4-swat-4.0.0-58.el6.rc4.i386.rpm：SWAT 是配置、管理 Samba 的图形化工具程序，它是通过 inetd 超级应用程序守护进程来启动的。通过 SWAT，用户就可以配置、修改 Samba 的配置文件，并可以监控服务器的运行。该软件包是 RHEL 系统管理工具中的一部分。

3. 熟悉 Samba 服务器的搭建流程

1）配置网络工作环境，包括设置 IP 地址、禁用 firewalld（或在防火墙中放行 Samba 服务）和 selinux、测试网络状况等。

2）安装 Samba 服务所需要的软件包。

3）建立共享文件夹，并设置相应的权限。

4）添加用户，把用户添加到 Samba 数据库。

5）利用文本编辑器编辑主配置文件 smb.conf，指定需要共享的目录，并为共享目录设置共享权限。

6）在 smb.conf 文件中指定日志文件名称和存放路径。

7）重新加载配置文件或重新启动 Samba 服务，使配置生效。

8）在客户端测试 Samba 的配置结果。

4. 了解本项目的具体任务

本项目的具体任务包括安装 Samba 软件包、搭建 Samba 服务器和配置与管理 Samba 服务等方面，具体任务如下。

1）安装 Samba 软件包：包括 Samba 工作原理分析、检查并安装 Samba 软件包。

2）搭建 Samba 服务器：包括编辑主配置文件 smb.conf、重启 Samba 服务、在客户端对配置情况进行测试。

3）配置与管理 Samba 服务：包括安装 Samba 软件包、配置 Samba 服务器、配置 Samba 客户端和测试共享资源。

5.3 知识储备

Samba 概述

5.3.1 Samba 概述

Samba 是一套让 UNIX 系统能够应用 Microsoft 网络通信协议的软件。它使执行 UNIX 系统的机器能与执行 Windows 系统的计算机分享驱动器与打印机。Samba 属于 GNU Public License（GPL）的软件，因此，可以合法且免费使用。

什么是 SMB？SMB 通信协议是微软（Microsoft）和英特尔（Intel）在 1987 年制定的协议，主要是作为 Microsoft 网络的通信协议，而 Samba 则是将 SMB 协议搬到 UNIX 上来应用；Samba 的核心是 SMB 协议。SMB 协议是客户端/服务器型协议，客户端通过该协议可以访问服务器上的共享文件系统、打印机及其他资源。

Samba 的主要功能如下。

1）提供 Windows NT 风格的文件和打印机共享 Windows 95、Windows 98、Windows NT 等以据此共享 UNIX 等其他操作系统的资源，外表看起来和共享 Windows NT 的资源没有区别。

2）解析 NetBIOS 名字 IP，在 Windows 网络中，为了能够利用网上资源，同时自己的资源也能被别人利用，各个主机都定期向网上广播自己的身份信息。而负责收集这些信息的是别的主机。提供检索情报的服务器被称为浏览服务器。Samba 可以有效地完成这项功能，在跨越网关的时候 Samba 还可以作为 WINS 服务器使用。

3）提供 SMB 客户功能，利用 Samba 提供的 smbclint 程序可以从 UNIX 下以类似 FTP 的方式访问 Windows 的资源。

4）备份 PC 上的资源，利用一个叫 smbtar 的 Shell 脚本，可以使用 tar 格式备份和恢复一台远程 Windows 上的共享文件。

5）提供一个命令行工具，在其上可以有限制地支持 Windows NT 的某些管理功能。

5.3.2 Samba 服务工作原理

Samba 服务功能强大，这与其通信基于 SMB 协议有关。SMB 不仅提供目录和打印机共享，还支持认证、权限设置。Samba 让 NetBIOS 和 SMB 这两个协议运行于 TCP/IP 通信协议之上，并且使用 Windows 的 NetBEUI 协议让 Linux 可以在网络邻居上被 Windows 看到。

1. Samba 服务的工作原理

当客户端访问服务器时，信息通过 SMB 协议进行传输，将经过协议协商、建立连接、访问共享资源和断开连接 4 个工作流程。Samba 服务的具体工作过程如图 5-1 所示。

1)首先客户端发送一个 SMB negprot 请求数据报，并列出它所支持的所有 SMB 协议版本。服务器收到请求信息后响应请求，并列出希望使用的协议版本。如果没有可使用的协议版本，则返回 0XFFFFH，结束通信。

2) 协议确定后，客户端进程向服务器发起一个用户或共享的认证，这个过程是通过发送 SesssetupX 请求数据报实现的。客户端发送一对用户名和密码或一个简单密码到服务器，然后服务器通过发送一个 SesssetupX 响应数据报来允许或拒绝本次连接。

3) 当客户端和服务器完成了磋商和认证之后，它会发送一个 Tcon 或 SMB TconX 数据报并列出它想访问网络资源的名称，之后服务器会发送一个 SMB TconX 响应数据报以表示此次连接是否被接受或拒绝。

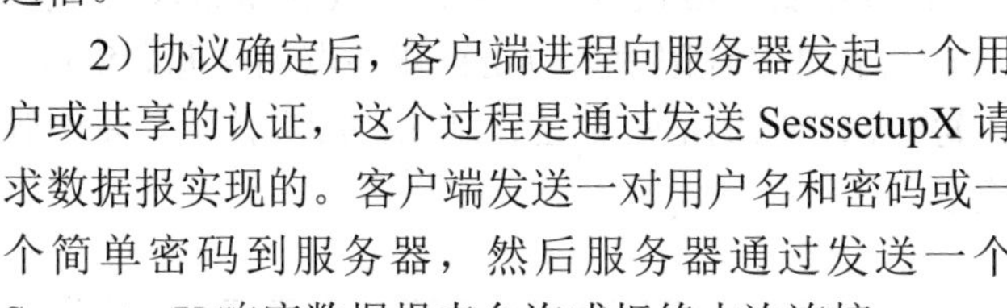
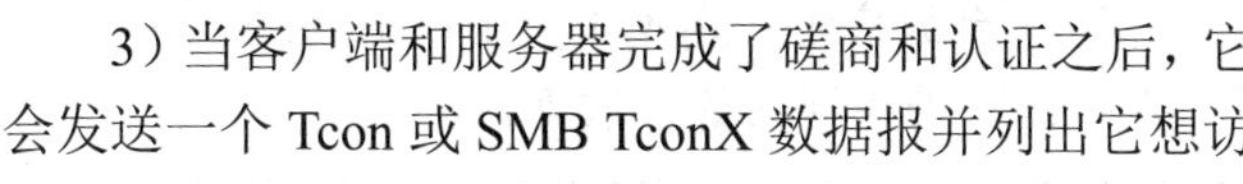
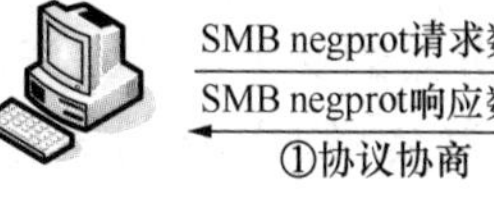
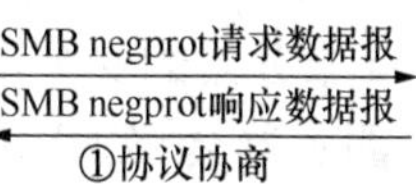

图 5-1 Samba 服务的工作过程

4) 连接到相应资源后，SMB 客户端就能够通过 open SMB 打开一个文件，通过 read SMB 读取文件，通过 write SMB 写入文件，通过 close SMB 关闭文件。

2. Samba 相关进程

Samba 的运行包含两个后台守护进程，分别是 nmbd 和 smbd，它们是 Samba 的核心。smbd 和 nmbd 使用的全部配置信息全都保存在 smb.conf 文件中，smb.conf 向 smbd 和 nmbd 两个守护进程说明输出什么以便共享，共享输出给谁及如何进行输出，其作用分别如下。

1) nmbd：其功能就是进行 NetBIOS 名解析，使其他主机（或工作站）能浏览 Linux 服务器。

2) smbd：主要功能就是用来管理 Samba 服务器上的共享目录、打印机等，处理到来的 SMB 软件包，为使用该软件包的资源与 Linux 进行协商。

5.3.3 Samba 服务工作流程

为了更好地理解设定流程中每一步的作用，下面通过图 5-2 进行讲解。

Samba 服务工作流程

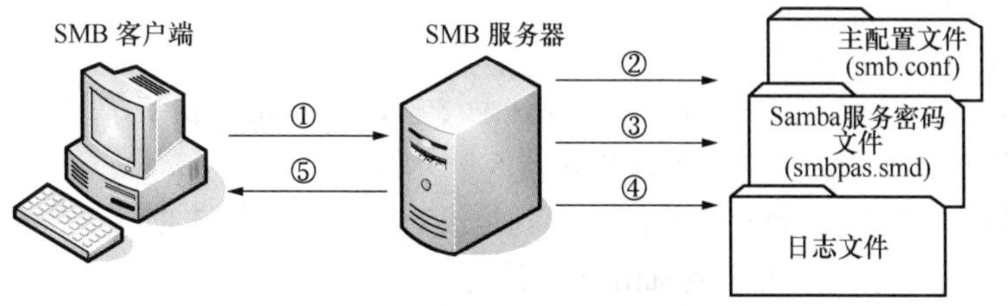

图 5-2 Samba 工作流程

① 客户端在网络中发出请求，请求访问 Samba 服务器上的共享目录。

② 服务器接收到请求后，会查询主配置文件 smb.conf，看是否有共享目录，如果有共享目录则查看客户端是否有权限访问。

③ 对客户端提交的用户名和密码与 smbpasswd 中存放的信息进行比较，如果相同，并且 Samba 服务器的安全设置允许，客户端与 Samba 服务器即可建立连接。

④ 服务器会将本次访问信息记录在日志文件中。日志文件的名称和路径都是需要进行设置的。

⑤ 如果客户端满足访问权限设置，则允许客户端进行访问。

对于 Samba 服务器而言，其主配置文件 smb.conf 记录了共享的目录列表，如 myshare 目录、test 目录等。对于每个共享目录，需要配置相应权限，服务器会根据 smb.conf 文件中的设置，判断客户端是否有权限访问，只有拥有权限才可以访问服务器的资源。Samba 服务器同样会对用户的行为进行记录，每一次访问的信息都会记录在日志文件中，以便管理员查询哪些客户端访问过 Samba 服务器。

思政小贴士

Samba 服务的特点是能够实现服务器跨平台的应用，实现更大范围的网络联通。如同中国高铁驶向世界一样，实现了“一带一路”沿线国家的互联互通。

5.4 任务实施

5.4.1 安装 Samba 软件包

Samba 是 Linux 系统集成的一个工具，在安装 Linux 的过程中如果用户选择了 Samba，那么就会在安装 Linux 的同时安装 Samba。如果没有选择的话，可以到 Samba 网站（http://www.samba.org）下载安装，也可以在机器启动后将 Linux 安装光盘放进光驱进行安装。

任务案例 

进入 Linux，首先检查系统是否安装了 Samba，若没有安装则利用安装盘进行安装，最后检查并了解系统中 Samba 组件的版本号及相关组件。

完成任务的步骤如下。

STEP 01 检查 Samba 软件包

在安装 Samba 服务之前，先使用 rpm -qa 命令检测系统是否安装了 Samba 相关软件包，或查看已安装软件包的版本，操作方法如图 5-3 所示。

如果系统还未安装 Samba 软件包，也就是没有图 5-3 中的 3 项（多出来的是因为依赖关系装上去的），此时就需要安装 samba 软件包。

```
root@TianYi:/mnt/cdrom
文件(F) 编辑(E) 查看(V) 搜索(S) 终端(T) 帮助(H)
[root@TianYi cdrom]# rpm -qa | grep samba
samba-common-4.9.1-8.el8.noarch
samba-common-tools-4.9.1-8.el8.x86_64
samba-client-libs-4.9.1-8.el8.x86_64
samba-common-libs-4.9.1-8.el8.x86_64
samba-client-4.9.1-8.el8.x86_64
samba-libs-4.9.1-8.el8.x86_64
samba-4.9.1-8.el8.x86_64
```


图 5-3 检查 Samba 软件包

STEP 02 安装 Samba 软件包

将 RHEL 8/CentOS 8 的安装盘放入光驱，使用 mount 命令挂载光驱，参照【任务案例 3-5】配置好本地 yum 源，然后使用 yum -y install samba samba-client samba-common 或 dnf -y install samba samba-client samba-common 命令（yum 的配置可参考【任务案例 3-5】）安装 Samba 软件包（也可以使用 rpm -ivh 进行安装，但是需要手动解决软件依赖性问题），安装 Samba 的操作方法如图 5-4 所示。

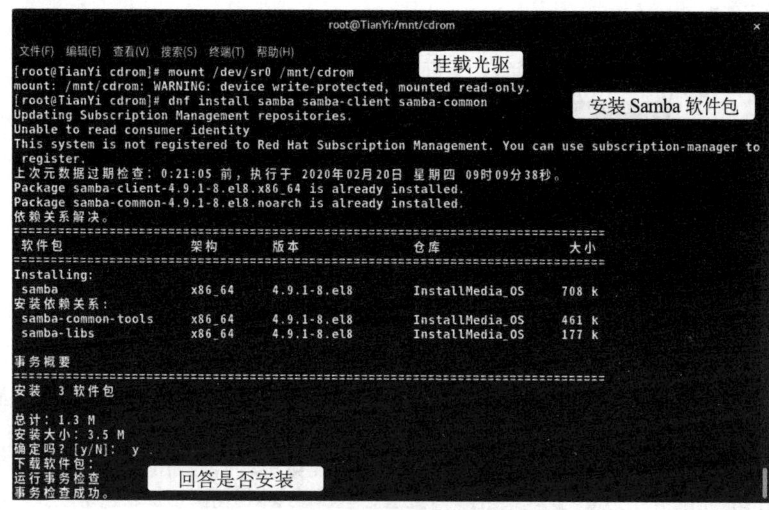

图 5-4 安装 Samba 软件包

STEP 03 检查确认

所有 Samba 软件包安装完毕后，查看是否安装 Samba。可以使用 rpm –qa 命令 whereis Samba 命令进行检查，也可以使用 testparm 命令测试 smb.conf 配置是否正确，还可以使用 testparm -v 命令详细列出 smb.conf 支持的配置参数，操作方法如图 5-5 所示。

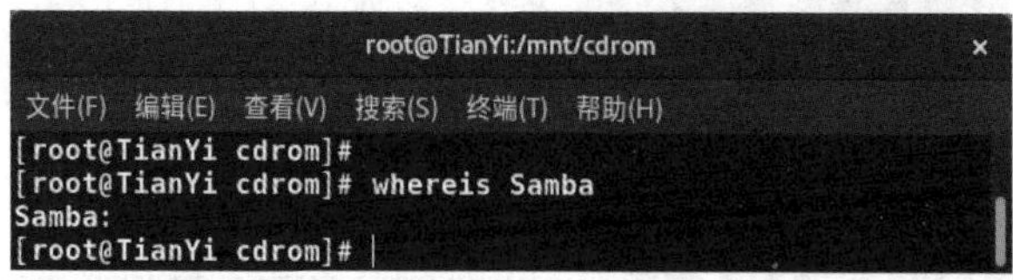

图 5-5 检查确认 Samba 软件包

5.4.2 分析主配置文件 smb.conf

Samba 服务软件包安装成功后，Samba 服务器并不能马上工作，要进行一系列的配置才能正常工作。Samba 的配置文件存放在/etc/samba 目录中，里面存放着与 Samba 相关的文件，包括 smb.conf、smb.conf.example、lmhosts、smbpasswd 等，其中，smb.conf 是 Samba 的核心，绝大部分配置都在这个文件中进行，它包含许多不同的配置选项，接下来分析 Samba 的结构。

任务案例 5-2

利用 vi 或 vim 编辑器打开主配置文件名为 smb.conf 中的内容，并对每一节的内容进行分析，同时进行一些简单设置。

完成任务的步骤如下。

STEP 01 查看 smb.conf 文件内容

首先进入 smb.conf 所在目录（/etc/samba），使用 ll 命令查看目录下的文件，发现已经存在 Samba 的主配置文件 smb.conf，这个文件是一个精简的文件（也可以直接使用它来配置 Samba 服务）。最完整的配置文件是 smb.conf.example，所以将 smb.conf.example 复制为 smb.conf，最后使用 vi（或 vim）命令打开 smb.conf 文件，操作方法如图 5-6 所示。

用 vi 命令打开 smb.conf 文件后，可看到文件的内容，如图 5-7 所示。

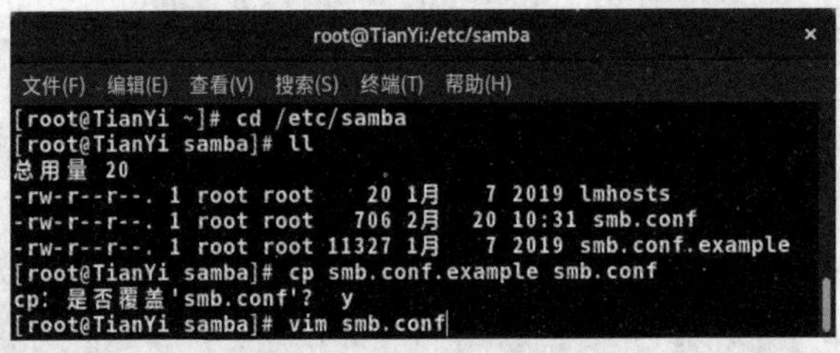

图 5-6 查看 smb.conf 文件

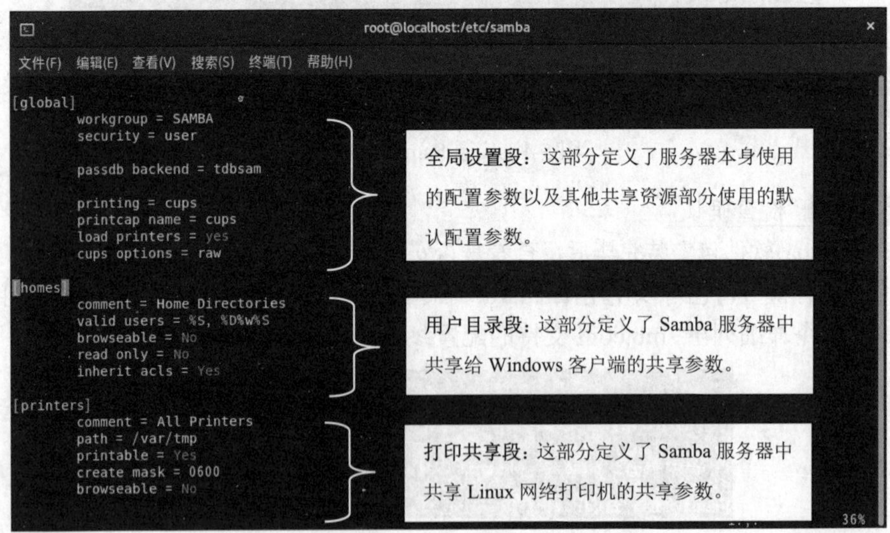

图 5-7 Smb.conf 结构图

提示

虽然 smb.conf.example 文件的内容很多，有 313 行，配置也较复杂，但不用担心，

Samba 开发组按照功能的不同，对 smb.conf 文件进行了分段划分，条理非常清楚。而且在进行配置时也只需根据共享需求修改几个关键参数即可，大部分内容可采用默认值。

STEP 02 了解 smb.conf 的结构

完整的 smb.conf 文件包含多个部分，每个部分包含若干行，共 313 行。其中，以“;”开头的表示可以由用户进行修改和设置的部分；以“#”开头的则表示是系统注释。如果用户不想看到注释行、空行，可以在 vi 中使用“g/^#/d”命令删除注释行，采用“g/^$/d”删除所有空行，删除“#”号开头的行、“;”号开头的行及空行后，这个 smb.conf 文件就成了精简的文件。在 smb.conf 文件中节名称、参数和值将忽略大小写，除非它和操作系统有关。

Samba 配置文件是一个 ASCII 文本文件，文件被分成若干段，每一段用一对方括号（[ ]）表示开始，在每一段内用“名称 = 值”的格式设置参数，等号（=）两边有空格，每一行都以换行符作为结束符。该文件主要包括全局设置段[Global]、用户目录段[homes]和打印共享段[printers]，每一节包含若干个参数，该文件的结构如图 5-7 所示。

1. 全局设置段[global]

[global]节（第 62 行）描述了服务器在工作组和域中的角色，定义了默认的节参数值，设置了管理性文件的范围、位置和网络选项。角色信息包括服务器的 NetBIOS 域名和所在工作组的组名，以及服务器是否用作 WINS 服务器、主浏览器或是域控制器。如果需要的话，在某个节中为一个参数指定新值可以覆盖默认值。下面对一些主要参数的用途和设置方法进行说明。

1）“workgroup = MYGROUP”（第 84 行）：用来指定服务器在网络邻居所处的工作组。默认值为 MYGROUP，用户可以根据自己的喜爱对工作组名称进行相应的修改。

【操作示例 5-1】假设将 Samba 服务器的工作组设置为“Student”，则只需将“MYGROUP”修改为“Student”即可，操作方法如下：

```
workgroup=Student
```

2）“server string = Samba Server”（第 85 行）：是设置 Samba 服务器的描述信息，用户在客户端通过网络邻居访问时，可以在备注里面看见这个内容，方便用户访问时识别自己所登录的服务器是哪台服务器。

【操作示例 5-2】将 Samba 服务器简要说明设置成“Student’s samba Server”，操作方法如下：

```
server string=Student's samba Server
```

3）“; hosts allow = 127. 192.168.12. 192.168.13.”（第 90 行）：hosts allow 是一个用来指定在局域网中哪些机器可以使用 Samba 服务的描述。一般情况，无须设置，所以最前面用“;”开始，表示将这句注释掉。

【操作示例 5-3】设置 Samba 服务器允许主机 Clint1 的客户端访问，允许域名为 tianyi.com 的域访问，同时允许 192.168.2.*的所有主机访问（192.168.2.4 除外），操作方法如下：

```
hosts allow=clint1,tianyi.com,192.168.2. EXCEPT 192.168.2.4
```

4）“security = user”（第 116 行）：指定 Samba 服务器使用的安全等级。Samba 服务器的

安全等级有 share、user、server、domain 和 ads，共 5 种，分别适合不同的用户需求。

- share 安全级别模式：使用该级别，用户不需要输入用户名和密码即可登录 Samba 服务器，浏览 Samba 服务器的共享资源。这个选项只能在早期版本中使用，RHEL 8/CentOS 8 不再支持该模式。
- user 安全级别模式：用户需要提交合法账号和密码才能登录 Samba 服务器，服务器验证通过后，才可以访问共享资源。该级别为默认安全级。
- server 安全级别模式：客户端需要将用户名和密码提交到指定的一台 Samba 服务器上进行验证。如果验证出现错误，客户端会用 user 级别访问。
- domain 安全级别模式：如果 Samba 服务器加入 Windows 域环境中，验证工作由 Windows 域控制器负责。domain 级别的 Samba 服务器只是成为域的成员客户端，并不具备服务器的特性，Samba 早期版本使用此级别登入 Windows 域。
- ads 安全级别模式：当 Samba 服务器使用 ads 安全级别加入 Windows 域环境中时，其包含 domain 级别中的所有功能，并可以具备域控制器的功能。

【操作示例 5-4】将 Samba 服务的安全级别设置为 server 安全级，口令服务器为 SMB2，另一个有效的密码文件为 smbpasswd_smb2，存放在/etc/samba 目录下，操作方法如下：

```
security=server
passwordserver=SMB2
smb password file=/etc/samba/smbpasswd_smb2
```

5）smb passwd file = /etc/samba/smbpasswd：用来定义 samba 用户的密码文件，自己添加，一般添加在 117 行附近，如果没有 smbpasswd 文件，那就要手工新建。

6）passdb backend = tdbsam（第 117 行）：passdb backend 就是用户后台的意思，目前有 3 种后台：smbpasswd、tdbsam 和 ldapsam。

- smbpasswd：该方式是使用 smb 自己的工具 smbpasswd 来给系统用户（真实用户或者虚拟用户）设置一个 Samba 密码，客户端就用这个密码访问 Samba 的资源。smbpasswd 文件默认在/etc/samba 目录下，不过有时候要手工建立该文件。
- tdbsam：该方式则是使用一个数据库文件来建立用户数据库。数据库文件叫 passdb.tdb，默认在/etc/samba 目录下。passdb.tdb 用户数据库 可以使用 smbpasswd -a 来建立 Samba 用户，不过要建立的 Samba 用户必须先是系统用户。也可以使用 pdbedit 命令建立 Samba 账户。
- ldapsam：该方式则是基于 LDAP 的账户管理方式来验证用户。首先要建立 LDAP 服务，然后设置“passdb backend = ldapsam:ldap://LDAP Server”。

7）“load printers = yes”（第 247 行）：则是告诉 Samba 服务器，允许浏览所有的打印机。

8）“printcap name = /etc/printcap”（第 250 行）：设置打印配置文件的存储路径。

9）“username map = /etc/samba/smbusers”：用来定义用户名映射，比如可以将 root 换成 administrator、admin 等。不过要事先在 smbusers 文件中定义好。

2. 用户目录段[homes]

Samba 服务器为每个 Samba 用户提供一个主目录，该目录通常只有用户本身可以访问。个人主目录默认情况下存放在/home 目录下，每个 Linux 用户都有一个独立的子目录。

用户个人主目录的相关设置可通过修改 smb.conf 文件中用户目录段[homes]中的参数

来控制，这个段是用来表示允许客户端连接的用户主目录。在 smb.conf 文件中没有这个目录的特定内容。当发出服务请求时，就在 smb.conf 文件的其他部分寻找这种特定的服务。如果没有发现这种服务，并且提供了 homes 段时，就搜索密码文件去发现用户的主目录。通过分解 homes 段，Samba 使用用户主目录作为共享使用，用户也可以添加共享节（如[myshare]），下面对这个段中一些最基本的参数的设置方法和用途进行说明。

1）“comment = 任意字符串”：comment 是对该共享的描述，可以是任意字符串。

2）“path = 共享目录路径”：path 用来指定共享目录的路径。可以用%u、%m 这样的宏来代替路径里的 UNIX 用户和客户机的 Netbios 名，用宏表示主要用于[homes]共享域，例如：path = /home/share/%u。

3）“browseable = no/yes”：设置客户端可否浏览共享目录，建议不允许浏览。

4）“writables = yes/no”：设置客户端对共享目录是否有写入权限，此处建议使用默认值，即允许写入。

5）“valid users = 允许访问该共享的用户”：valid users 用来指定允许访问该共享资源的用户。例如：valid users = bobyuan，@bob，@tech，表示允许 bobyuan 用户和 bob 组、tech 组的用户访问。

6）“invalid users = 禁止访问该共享的用户”：与上面相反，用来指定不允许访问该共享资源的用户。

7）“public = yes/no 或 guest ok = yes/no”：用来指定该共享是否允许 guest 账户访问。

3. 打印共享段[printers]

[printers]段用于指定如何共享 Linux 网络打印机，从 Windows 操作系统访问 Linux 网络打印机时，共享应是 printcap 中指定的 Linux 打印机名，printable 指明该打印机可以打印，guest ok = no 说明来宾账户不能打印，path 指明打印的文件队列暂时放到/usr/spool/samba 目录下。printer driver 的作用是指明该打印机的类型，这样在安装网络打印机时候可以直接自动安装驱动而不必选择。

> **提示**
>
> 默认的 smb.conf 文件中已经做了最基本的设置，不用修改就可以应用，建议初学者不要随意改动。当然如果必要的话，可以参考注释语句进行一些改动尝试，但是在尝试之前最好做好备份。更多设置参考官方文档：https://www.samba.org/samba/docs/man/。

5.4.3 配置匿名方式的 samba 服务器

除了用户的主目录外，通常情况下还需要根据实际需要设置其他的共享目录，为用户提供服务。此时要做的事就是在 Share Definition 部分添加其他共享段，进行相关的设置。Share Definition 字段非常丰富，设置也很灵活，下面通过一个简单的任务案例进行讲解。

任务案例 

在 RHEL 8/CentOS 8 中，建立共享目录/home/share，允许匿名用户进行访问，但匿名用户对共享目录只具备读取权限。

完成任务的步骤如下。

STEP 01 配置 Samba 服务器的 IP 地址

为了保证 Samba 服务器能够正常工作，且局域网内用户能够访问 Samba 服务器上的共享资源，Samba 服务器必须配置静态 IP。这里假设 Samba 服务器的 IP 是 192.168.2.110，配置过程参考【任务案例 1-4】。

STEP 02 关闭防火墙和 SELinux

先使用 firewall-cmd --state 查看防火墙状态，如果是 running，表示防火墙处于开启状态，然后使用 systemctl stop firewalld.service 命令停止防火墙，再使用 systemctl disable firewalld.service 设置开机禁用防火墙，最后使用 setenforce 0 临时关闭 SELinux，如图 5-8 所示，如果需要永久关闭，需要使用 vi 编辑/etc/selinux/config，将 SELinux=enforcing 改为 SELinux=disabled。

```
root@TianYi:/etc/samba
文件(F) 编辑(E) 查看(V) 搜索(S) 终端(T) 帮助(H)
[root@TianYi samba]# firewall-cmd --state
running
[root@TianYi samba]# systemctl stop firewalld.service
[root@TianYi samba]# systemctl disable firewalld.service
Removed /etc/systemd/system/multi-user.target.wants/firewalld.service.
Removed /etc/systemd/system/dbus-org.fedoraproject.FirewallD1.service.
[root@TianYi samba]# setenforce 0
[root@TianYi samba]# |
```

图 5-8 关闭防火墙和 SELinux

STEP 03 建立共享目录 share

使用 mkdir /home/share 在/home 目录下建立子目录 share 以供共享，同时在 share 目录中新建 1 个 xsx 的文件夹、1 个 abc.txt 的文件，操作方法如图 5-9 所示。

```
root@localhost:/etc/samba
文件(F) 编辑(E) 查看(V) 搜索(S) 终端(T) 帮助(H)
[root@TianYi samba]# mkdir /home/share
[root@TianYi samba]# echo "654321">/home/share/abc.txt
[root@TianYi samba]# mkdir /home/share/xsx
[root@TianYi samba]#
```

图 5-9 建立共享目录

STEP 04 配置 smb.conf 文件

用 vi 或 vim 打开 smb.conf，在 smb.conf 文件中先修改[global]节，再在 Share Definition 部分添加[share]共享节。

1）修改[global]节，可以在[global]节修改 workgroup 和 server string 等，但必须添加 map to guest = Bad User 以此保证匿名用户可以访问（注意：在 RHEL 8/CentOS 8 中设置 security = share 不能实现匿名访问），具体配置方法如图 5-10 所示。

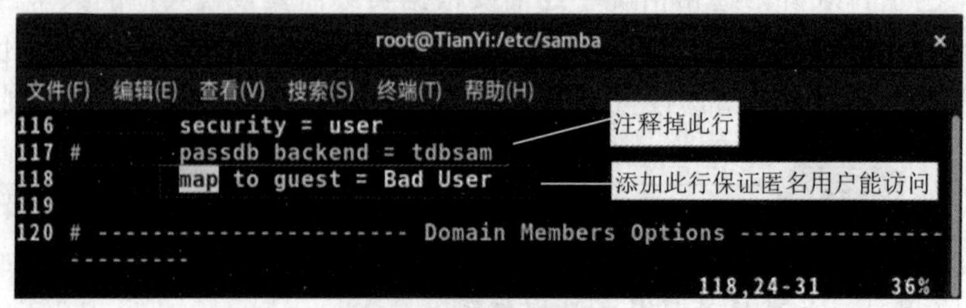
root@TianYi:/etc/samba
文件(F) 编辑(E) 查看(V) 搜索(S) 终端(T) 帮助(H)
116 security = user
117 # passdb backend = tdbsam
118 map to guest = Bad User
119
120 # ---------------------- Domain Members Options ----------------------
注释掉此行
添加此行保证匿名用户能访问
118,24-31 36%

图 5-10 修改[global]节

2）在[share]共享节中编辑共享的相关信息，包括对共享资源的描述 comment、指定共享目录 path、设置访问权限等（在共享节可以设置更多的共享参数，如 writable、browseable、大家可以参考），具体配置方法如图 5-11 所示。

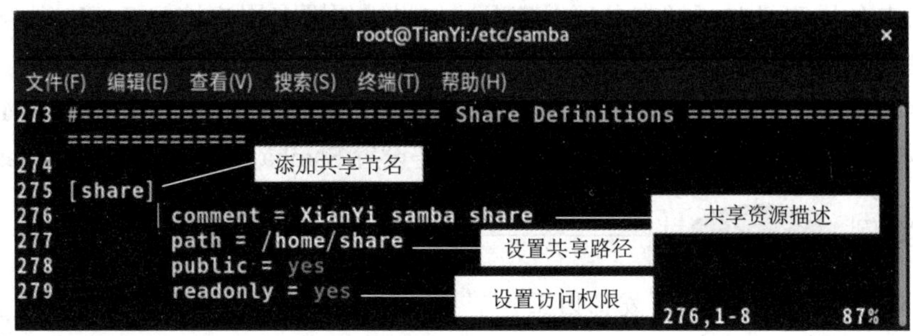

图 5-11　配置[share]节

STEP 05　启动 Samba 服务

使用 systemctl status smb.serverice 检测 smb 是否开启，如果没有开启，使用 systemctl start smb 命令开启，如果需要开机自动启动，需要运行 systemctl enable smb 和 systemctl enable nmb 命令，具体操作方法如图 5-12 所示。

```
[root@TianYi samba]# systemctl status smb.serverice
Unit smb.serverice.service could not be found.
[root@TianYi samba]# systemctl start smb
[root@TianYi samba]# systemctl enable smb
[root@TianYi samba]# systemctl enable nmb
[root@TianYi samba]# ps -ef | grep smb
root      5605     1  0 01:34 ?        00:00:00 /usr/sbin/smbd --foreground --no-process-group
root      5607  5605  0 01:34 ?        00:00:00 /usr/sbin/smbd --foreground --no-process-group
root      5608  5605  0 01:34 ?        00:00:00 /usr/sbin/smbd --foreground --no-process-group
root      5612  5605  0 01:34 ?        00:00:00 /usr/sbin/smbd --foreground --no-process-group
root      5701  3156  0 01:35 pts/0    00:00:00 grep --color=auto smb
```

图 5-12　启动 Samba 服务

STEP 06　在 Windows 客户端测试

在局域网中的 Windows 10 中打开“运行”对话框，在“运行”对话框的文本框中输入\\192.168.2.110 即可访问 Samba 服务器上的共享文件夹，操作结果如图 5-13 所示。

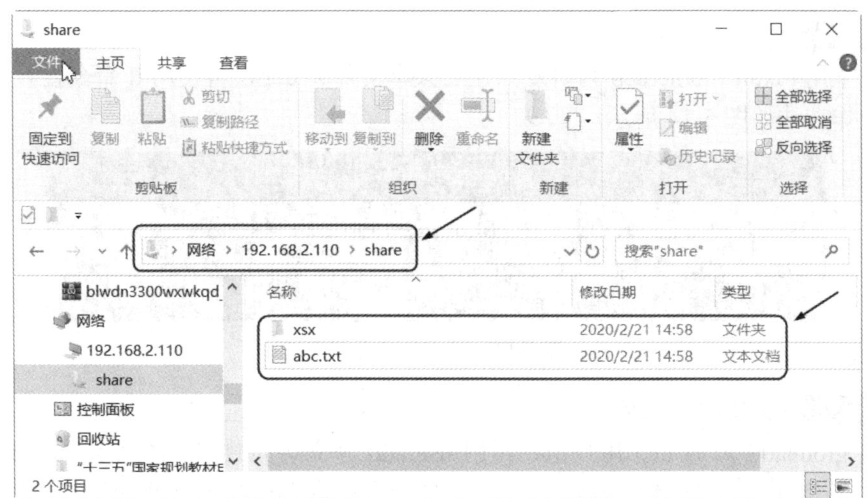

图 5-13　在 Windows 10 中访问共享文件夹

5.4.4 配置认证模式的 Samba 服务器

天一电子产品研发中心研发部的员工经常需要将相关文件和资料发布到共享目录上，以便研发部其他同事及时了解产品研发情况，如果采用匿名用户访问 Samba 服务器，其安全性就无法得到保障。

实现用户的身份验证，将安全级别配置为 user、server、domain 或 ads，user 级可配置验证身份的 Samba 服务器，其配置中最重要的是设置 Samba 密码文件，建立 Samba 账号。

任务案例 

天一电子产品研发中心研发部因工作需要，经常要将新产品研发资料存放在 Samba 服务器的/dep 目录中集中管理，以便本部门员工浏览，而且该目录只允许本部门员工访问。

案例分析：

研发部的重要资料存放在 Samba 服务器的/dep 目录中，为了保证其他部门无法查看其内容，需要在全局配置中将 security 设置为 user，这样就启用了 Samba 服务器的身份验证机制，然后在共享目录[dep]段设置 valid users 字段，配置只允许研发部员工能够访问这个共享目录，Samba 服务器的 IP 为 192.168.2.200。

完成任务的步骤如下。

STEP 01 配置 Samba 服务器的 IP 地址

为了保证 Samba 服务器能够正常工作，且局域网内用户能够访问 Samba 服务器上的共享资源，Samba 服务器必须配置静态 IP，这里假设 Samba 服务器的 IP 是 192.168.2.200，配置过程参考【任务案例 1-4】。

STEP 02 关闭防火墙和 SELinux

先使用 firewall-cmd --state 查看防火墙状态，如果是 running，表示防火墙处于开启状态，然后使用 systemctl stop firewalld.service 命令停止防火墙，再使用 systemctl disable firewalld.service 设置开机禁用防火墙，最后使用 setenforce 0 临时关闭 SELinux，如果需要永久关闭，需要使用 vi 编辑/etc/selinux/config，将 SELinux=enforcing 改为 SELinux= disabled。

STEP 03 新建共享目录

首先采用 mkdir /home/dep 为研发部建立共享文件夹 dep，再使用 ll 命令查看该目录的权限，操作方法如图 5-14 所示。

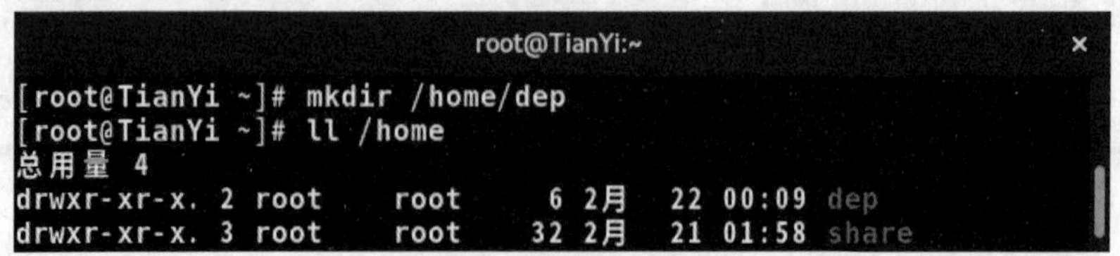

```
root@TianYi:~
[root@TianYi ~]# mkdir /home/dep
[root@TianYi ~]# ll /home
总用量 4
drwxr-xr-x. 2 root    root     6 2月   22 00:09 dep
drwxr-xr-x. 3 root    root    32 2月   21 01:58 share
```

图 5-14 建立共享文件夹

STEP 04 新建用户和组

使用 groupadd 添加 dep 用户组，再用 useradd 建立访问共享资源的用户 depadmin 和 depuser1，并将其加入 dep 组，最后使用 passwd 命令设置用户登录密码，操作方法如图 5-15 所示。

```
root@TianYi:~
[root@TianYi ~]# groupadd dep
[root@TianYi ~]# useradd -g dep depadmin
[root@TianYi ~]# useradd -g dep depuser1
[root@TianYi ~]# passwd depadmin
更改用户 depadmin 的密码 。
新的 密码:
无效的密码: 密码少于 1 的位数
重新输入新的 密码:
passwd: 所有的身份验证令牌已经成功更新。
[root@TianYi ~]# passwd depuser1
更改用户 depuser1 的密码 。
新的 密码:
无效的密码: 密码包含少于 1 的大写字母
重新输入新的 密码:
passwd: 所有的身份验证令牌已经成功更新。
[root@TianYi ~]#
```

新建dep组
新建depadmin用户并添加到dep
新建depuser1用户并添加到dep
为depadmin用户设置密码
为depuser1设置密码

图 5-15　新建用户和组

STEP 05　设置目录的归属和权限

共享文件夹建立完成后，需要使用 chown 和 chmod 修改目录的归属和访问权限，操作方法如图 5-16 所示。

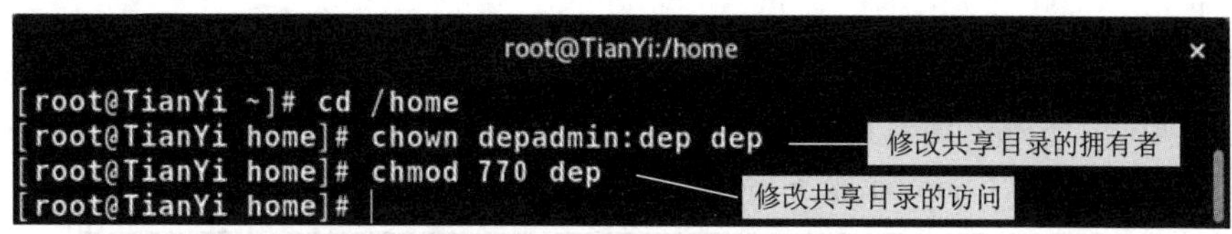

图 5-16　设置目录的归属和权限

STEP 06　建立 Samba 账号

Linux 系统账户建立后，不能直接访问 Samba 服务的共享资源，必须使用 smbpasswd -a（如果在 smb.conf 中 passdb backend = tdbsam，此处就得使用 pdbedit –a 添加，否则无法访问）将其添加到 Samba 账户文件 smbpasswd 中，操作方法如图 5-17 所示。

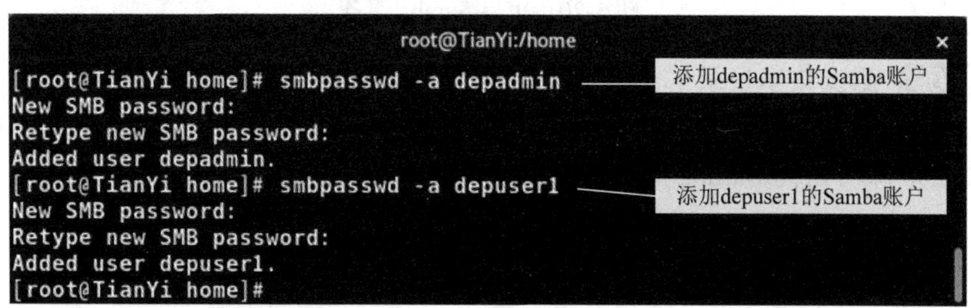

图 5-17　添加 Samba 账号

STEP 07　修改主配置文件

利用 vi 编辑器打开/etc/samba 目录下的 smb.conf 文件（为保证 smb.conf 的完整性，最好将 smb.conf.example 复制过来），修改[global]节中相应的字段，设置 passdb backend = smbpasswd、smb passwd file = /etc/samba/smbpasswd，如图 5-18 所示。再在文件的末尾添加[dep]节，添加的内容如图 5-19 所示。

```
root@TianYi:/etc/samba
113 # compatibility.
114 passd#
115
116         security = user
117         passdb backend = smbpasswd
118         smb passwd file = /etc/samba/smbpasswd
119
120
                                        116,16-23     35%
```

图 5-18　修改后台密码存放方式

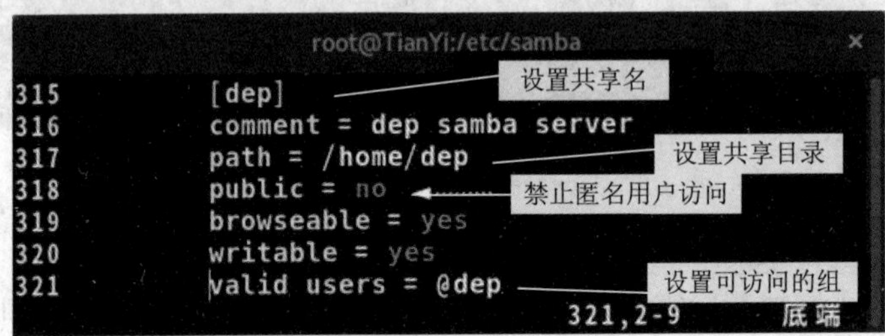

root@TianYi:/etc/samba
315 [dep]
316 comment = dep samba server
317 path = /home/dep
318 public = no
319 browseable = yes
320 writable = yes
321 valid users = @dep
321,2-9 底端
设置共享名
设置共享目录
禁止匿名用户访问
设置可访问的组

图 5-19　添加共享节[dep]

STEP 08 重启 Samba 服务

为了让新配置生效，需要执行 systemctl restart smb 命令重新加载 Samba 服务，操作方法如图 5-20 所示。重启 Samba 服务后，即可在客户端进行测试。

```
root@TianYi:/etc/samba
[root@TianYi samba]# systemctl restart smb
[root@TianYi samba]# service smb status
Redirecting to /bin/systemctl status smb.service
● smb.service - Samba SMB Daemon
   Loaded: loaded (/usr/lib/systemd/system/smb.service; enabled; vendor preset:>
   Active: active (running) since Sat 2020-02-22 01:16:59 EST; 9min ago
     Docs: man:smbd(8)
           man:samba(7)
           man:smb.conf(5)
 Main PID: 10273 (smbd)
```

图 5-20　重启 Samba 服务

STEP 09 测试共享目录

在局域网中的 Windows 10 中打开“运行”对话框，在“运行”对话框的文本框中输入\\192.168.2.200 即可访问 Samba 服务器上的共享文件夹，操作结果如图 5-21 所示。

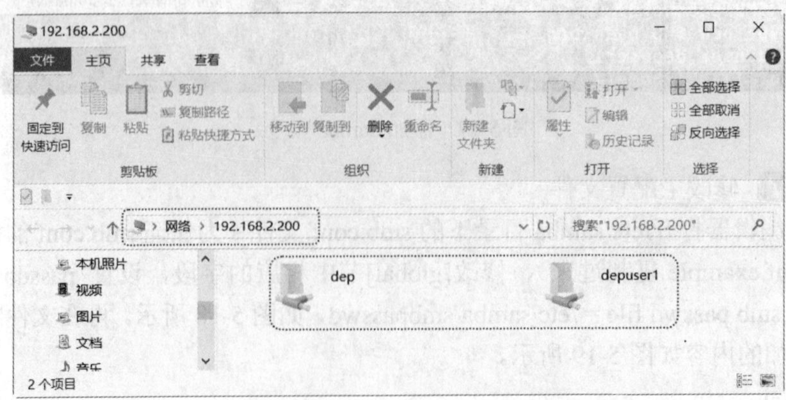

图 5-21　在 Windows 10 中访问共享文件夹

5.4.5　查看 Samba 服务日志文件

Samba 服务的日志默认存放在/var/log/samba 目录中，Samba 服务为所有连接到 Samba 服务器的计算机建立个别的日志文件，同时也将 NMB 服务和 SMB 服务的运行日志分别写入 nmbd.log 和 smbd.log 日志文件中。网管员可以通过分析日志，快速解决客户端访问和服务器维护的问题。

任务案例 5-5

打开 smb.conf 文件，查看 log file 的存储路径，列出日志目录中所有文件，了解 nmbd.log 和 smbd.log 等文件。

完成任务的步骤如下。

STEP 01 查看 log file 设置

进入/etc/samba/打开 smb.conf 文件，查看 log file 设置，log file 为 Samba 日志的字段，如图 5-22 所示。

```
root@TianYi:/etc/samba
文件(F) 编辑(E) 查看(V) 搜索(S) 终端(T) 帮助(H)
#
# log file = specify where log files are written to and how they are split.
#
# max log size = specify the maximum size log files are allowed to reach. Log
# files are rotated when they reach the size specified with "max log size".
#

        # log files split per-machine:
        log file = /var/log/samba/log.%m
        # maximum size of 50KB per log file, then rotate:
```

图 5-22　查看 log file 设置

从图 5-22 中可以看出，Samba 服务的日志文件默认存放位置是/var/log/samba/，其中 Samba 会为每个连接到 Samba 服务器的计算机分别建立日志文件。

STEP 02 查看日志目录中文件

使用 ll -a 命令查看日志目录中所有文件，操作方法如图 5-23 所示。

```
root@TianYi:/var/log/samba
文件(F) 编辑(E) 查看(V) 搜索(S) 终端(T) 帮助(H)
[root@TianYi samba]# cd /var/log/samba
[root@TianYi samba]# ll -a
总用量 8
drwx------.  4 root root   94 2月  21 01:48 .
drwxr-xr-x. 18 root root 4096 2月  20 22:47 ..
drwx------.  3 root root   18 2月  21 00:20 cores
-rw-r--r--.  1 root root    0 2月  21 00:22 log.192.168.2.105
-rw-r--r--.  1 root root    0 2月  21 01:09 log.desktop-xie
-rw-r--r--.  1 root root  504 2月  21 01:34 log.smbd
drwx------.  2 root root    6 1月   7 2019 old
[root@TianYi samba]#
```

图 5-23　查看日志目录中文件`

STEP 03 查看日志文件内容

用户可采用 tail、cat 或 more 命令查看日志文件的内容，管理员可以根据这些文件的内容查看用户的访问情况及服务器的运行情况。另外，当 Samba 服务器工作异常时，也可以通过/var/log/samba 下的日志进行分析，根据提示解决问题，图 5-24 是查看 log.smbd 日志文件的操作方法。

```
root@TianYi:/var/log/samba
文件(F)  编辑(E)  查看(V)  搜索(S)  终端(T)  帮助(H)
[root@TianYi samba]# cat /var/log/samba/log.smbd
[2020/02/21 00:20:26.197181,  0] ../lib/util/become_daemon.c:138(daemon_ready)
  daemon_ready: STATUS=daemon 'smbd' finished starting up and ready to serve connections
[2020/02/21 01:08:27.842448,  0] ../lib/util/become_daemon.c:138(daemon_ready)
  daemon_ready: STATUS=daemon 'smbd' finished starting up and ready to serve connections
[2020/02/21 01:34:37.561415,  0] ../lib/util/become_daemon.c:138(daemon_ready)
  daemon_ready: STATUS=daemon 'smbd' finished starting up and ready to serve connections
[2020/02/21 02:09:40.184712,  0] ../lib/util/become_daemon.c:138(daemon_ready)
  daemon_ready: STATUS=daemon 'smbd' finished starting up and ready to serve connections
[root@TianYi samba]#
```

图 5-24　查看日志文件

5.4.6　建立 Samba 服务密码文件

Samba 服务器发布共享资源后，客户端访问 Samba 服务器时需要提交用户名和密码进行身份验证（除匿名访问外），验证合格后才可以登录。Samba 服务与 Linux 操作系统使用不同的密码文件，因此无法使用 Linux 系统中的账号登录 Samba 服务器。所以，用户需要使用 smbpasswd 建立 Samba 账号。

Samba 中添加账号的命令如下：

```
smbpasswd -a 用户名
```

注意

用户在建立 Samba 账号之前必须先建立与之对应的 Linux 账号，Samba 账号和 Linux 账号的密码可以不同，Samba 服务的密码文件保存在/etc/ smbpasswd 中。

任务案例 5-6

首先建立一个名为 student 的 Linux 账号，再将该账号添加到 smbpasswd 中。

完成任务的步骤如下。

STEP 01 建立 Linux 系统账号

使用 useradd 命令建立 Linux 账号 student，然后执行 passwd 命令为 student 设置登录密码，操作方法如图 5-25 所示。

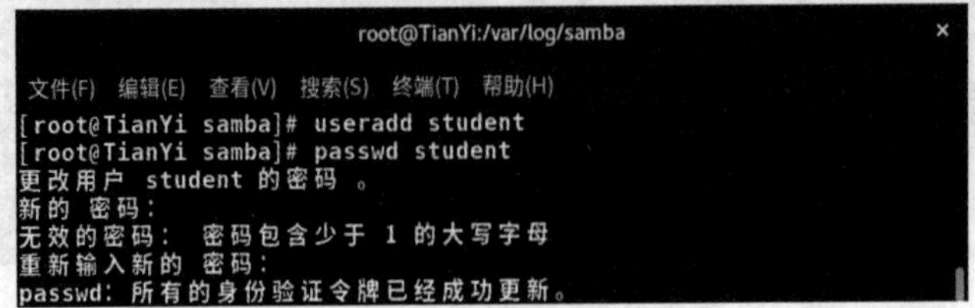

```
root@TianYi:/var/log/samba
文件(F)  编辑(E)  查看(V)  搜索(S)  终端(T)  帮助(H)
[root@TianYi samba]# useradd student
[root@TianYi samba]# passwd student
更改用户 student 的密码 。
新的 密码：
无效的密码： 密码包含少于 1 的大写字母
重新输入新的 密码：
passwd: 所有的身份验证令牌已经成功更新。
```

图 5-25　建立账号

STEP 02 添加 test 用户的 Samba 账号

执行 smbpasswd -a student 命令，为 Samba 服务添加 student 账号至 Samba 的配置文件，

操作方法如图 5-26 所示。

```
root@TianYi:/var/log/samba
文件(F) 编辑(E) 查看(V) 搜索(S) 终端(T) 帮助(H)
[root@TianYi samba]# smbpasswd -a student
New SMB password:
Retype new SMB password:
Added user student.
```

图 5-26 建立 Samba 账户

Samba 账号添加完毕，经过以上设置，就可以使用 student 账号访问 Samba 服务器上的共享资源了。如果需要删除 Samba 账户，可以使用 smbpasswd -x 命令实现。

STEP 03 查看 smbpasswd 文件内容

smbpasswd 文件用于保存 Samba 服务的用户名及其对应的密码，其中密码是经过加密的，用户是看不懂的，但使用 cat 命令可以查看加密后的内容，如图 5-27 所示。

```
root@TianYi:/etc/samba
文件(F) 编辑(E) 查看(V) 搜索(S) 终端(T) 帮助(H)
[root@TianYi samba]# cat smbpasswd
student:1001:XXXXXXXXXXXXXXXXXXXXXXXXXXXXXXXX:0F779D328B4F5B30112BB09
52C1BA600:[U          ]:LCT-5E4FE6F9:
[root@TianYi samba]# 
```

图 5-27 查看 smbpasswd 文件

5.4.7 建立 Samba 用户映射

如果在[global]段中设置 security = user，且共享目录中的 public = no 或者没有 public 这个选项，这时访问 Samba 服务器的共享资源就需要输入用户名和密码，这个用户名必须是 Linux 中存在的账户，如果不存在，是不可能访问的。前面介绍了 Samba 服务的账号和密码都保存在/etc/samba/smbpasswd 中，而且访问 Samba 服务器的账号必须对应一个同名的系统账号，如果把登录到 Samba 服务器的账号告诉用户，就等于把 Linux 的系统账号告诉了用户，如果密码被破解，Samba 服务器就有被攻击的风险，这样做就给系统带来了巨大的安全隐患。此时，可以应用用户账号映射来解决此问题。

用户账号映射还可以在 Windows 和 Linux 主机之间进行。两个系统拥有不同的用户账号，用户账号映射的目的就是将不同的用户账号映射成为一个用户。做了映射后的 Windows 账号，在使用 Samba 服务器上的共享资源时，可以直接使用 Windows 账号进行访问。

思政小贴士

Samba 服务虽然实现了多平台的互联互通，但也存在被攻击的安全风险。作为网络管理员，要具有网络安全意识，为保证 samba 服务器资源安全，必须熟悉 Samba 用户映射，并能够完成具体的配置。

任务案例 5-7

为保证系统安全，在 Linux 系统的 Samba 服务中为访问共享资源的用户（如 zhangsan、lisi、wangwu 等）建立账号映射，使之映射到 Linux 中的 student 账户。

完成任务的步骤如下。

STEP 01 开启账号映射功能

使用 vi 打开/etc/samba 目录下的 smb.conf 文件，在文件的[global]段中添加一行用来开启账号映射的命令，设置方法如下：

```
[global]
username map = /etc/samba/smbusers
```

STEP 02 建立映射关系

再次使用 vi 打开/etc/samba 目录下的 smbusers 文件，在该文件中建立账号映射关系，其设置格式如下：

```
smb 账号=虚拟账号（映射账号）
```

设置方法如下：

```
[root@yfzx~]# vi /etc/samba/smbusers
# UNIX_name = SMB_name1 SMB_name2 …
depadmin = administrator admin
nobody = guest pcguest smbguest
student = zhangsan lisi wangwu
```

STEP 03 重启并测试

重启 Samba 服务，此时在客户端即可使用 zhangsan、lisi 或者 wangwu 登录 Samba 服务器，登录界面如图 5-28 所示。登录账户是 lisi，密码还是 depadmin 账户的密码，其实它们都是用 depadmin 账号来登录的，只不过客户端的用户不知道而已，这样就可以达到隐藏系统账号的目的。

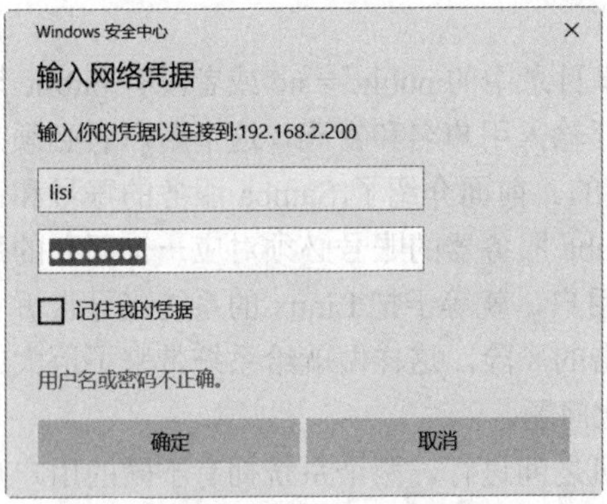

图 5-28　使用映射账户 lisi 登录 Samba 服务器

如果前面使用 depadmin 用户登录过 Samba 服务器，此时在 Windows 客户端需要使用 net use * /del /y 清除缓存中原有访问共享目录的用户名和密码，再进行访问。

5.4.8 设置 Samba 的打印共享

为了节省资源，研发中心需要将打印任务通过网络发送给打印服务器，由打印服务器进行打印输出。Samba 服务本身提供强大的打印共享功能，再加上 Linux 出色的性能，完全可以为企业提供良好的打印服务。此时，谢立夫的任务就是配置 Samba 的打印共享。

任务案例 5-8

利用 Samba 服务就能提供强大的打印共享功能，将一台或者多台计算机设置成打印服务器。

完成任务的步骤如下。

STEP 01 开启打印共享功能

在默认情况下，Samba 的打印服务是开放的，当管理员在服务器上安装好打印机后，客户端的用户就可以使用打印机了。

利用 vi 编辑 smb.conf 文件，在[global]段中开启打印共享功能，设置方法如下：

```
#================= Global Settings ======================
   load printers = yes
   printcap name = /etc/printcap
   printing = cups
```

STEP 02 设置 printers 配置项

与共享打印有关的配置选项主要在[printers]段中，打开 smb.conf 后找到[printers]段进行相关设置即可，设置方法如下：

```
[printers]
   comment = All Printers
   path = /usr/spool/samba
   browseable = no
   guest ok = no
   writable = no
   printable = yes
```

注意

printable 一定要设置成 yes，path 字段定义打印机队列，可根据需要自行制定。另外，共享打印与共享目录不同，安装完打印机之后，必须重新启动 Samba 服务，否则客户端可能无法看到该打印机。

5.4.9 启动与停止 Samba 服务

任务案例 5-9

进入系统启动 Samba 服务，然后停止 Samba 服务，最后重启 Samba 服务，并将 Samba 服务的启动设为自动加载。

完成任务的步骤如下。

STEP 01 启动 Samba 服务

在 Samba 服务安装完成以后，启动它比较简单。Samba 服务的名字为 smb，其中包含 smbd、nmbd 两个服务，使用 systemctl start smb 命令启动 Samba 服务，再使用 ps -ef | grep smb 命令检查 Samba 是否已启动，操作方法如图 5-29 所示。

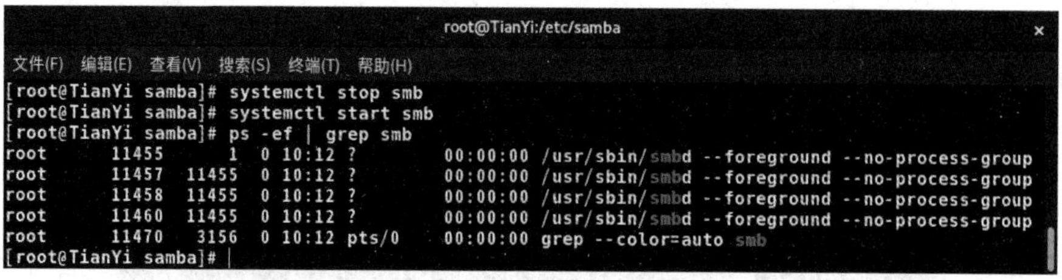

```
root@TianYi:/etc/samba
文件(F) 编辑(E) 查看(V) 搜索(S) 终端(T) 帮助(H)
[root@TianYi samba]# systemctl stop smb
[root@TianYi samba]# systemctl start smb
[root@TianYi samba]# ps -ef | grep smb
root     11455      1  0 10:12 ?        00:00:00 /usr/sbin/smbd --foreground --no-process-group
root     11457  11455  0 10:12 ?        00:00:00 /usr/sbin/smbd --foreground --no-process-group
root     11458  11455  0 10:12 ?        00:00:00 /usr/sbin/smbd --foreground --no-process-group
root     11460  11455  0 10:12 ?        00:00:00 /usr/sbin/smbd --foreground --no-process-group
root     11470   3156  0 10:12 pts/0    00:00:00 grep --color=auto smb
[root@TianYi samba]# |
```

图 5-29 启动 Samba 服务

STEP 02 停止 Samba 服务

与启动 Samba 服务类似，使用 systemctl stop smb 命令停止 Samba 服务，操作方法如图 5-30 所示。

```
root@TianYi:/etc/samba
文件(F) 编辑(E) 查看(V) 搜索(S) 终端(T) 帮助(H)
[root@TianYi samba]# systemctl stop smb
[root@TianYi samba]# |
```

图 5-30　停止 Samba 服务

STEP 03 重启 Samba 服务

对 Samba 服务器进行相应配置后，如果需要让其生效，则需要对 Samba 服务器进行重启，使用 service smb restart 命令重启 Samba 服务，操作方法如图 5-31 所示。

```
root@TianYi:/etc/samba
文件(F) 编辑(E) 查看(V) 搜索(S) 终端(T) 帮助(H)
[root@TianYi samba]# service smb restart
Redirecting to /bin/systemctl restart smb.service
[root@TianYi samba]# |
```

图 5-31　重启 Samba 服务

提示

Linux 中的服务，在更改配置文件后，一定要重启服务，让服务重新加载配置文件，这样新的配置才可以生效。

STEP 04 自动加载 Samba 服务

如果需要让 Samba 服务随系统启动而自动加载，可以使用 chkconfig 命令或 systemctl enable 命令。

1）使用 chkconfig 命令。使用 chkconfig --level 3 smb on 命令自动加载 Samba 服务，操作方法如图 5-32 所示。

```
root@TianYi:/etc/samba
文件(F) 编辑(E) 查看(V) 搜索(S) 终端(T) 帮助(H)
[root@TianYi samba]# chkconfig --level 3 smb on
注意：正在将请求转发到“systemctl enable smb.service”。

[root@TianYi samba]#
```

图 5-32　自动加载 Samba 服务

2）在终端模式下，执行 systemctl enable smb 和 systemctl enable nmb 两条命令也可让 Samba 服务随系统启动而自动加载，执行完成后，再使用 systemctl list-unit-files |grep smb 查看开机自启动是否添加成功，操作方法如图 5-33 所示。

```
root@TianYi:/etc/samba
文件(F) 编辑(E) 查看(V) 搜索(S) 终端(T) 帮助(H)
[root@TianYi samba]# systemctl enable smb
[root@TianYi samba]# systemctl enable nmb
[root@TianYi samba]# systemctl list-unit-files |grep smb
smb.service                                    enabled
[root@TianYi samba]# |
```

图 5-33　自动加载 Samba 服务

5.4.10 在客户端访问共享资源

1. 在 Linux 客户端访问共享资源

（1）利用主机名访问共享资源

如果用户需要利用主机名访问共享资源，可以通过设置 lmhosts 文件来实现。它的功能与 Windows 服务器类似，就是提供主机名与 IP 地址的对应数据。

该文件的存放位置为/etc/samba/lmhosts。

每条记录的格式如下：

```
IP 地址  主机名（NetBIOS 名称）
```

【操作示例 5-5】 利用 vi 打开/etc/samba/lmhosts 文件，添加一条主机名为 TianYi，IP 地址为 192.168.2.200 的记录，操作方法如下：

```
192.168.2.200 TianYi
```

（2）在 Linux 客户端使用 smbclient 命令

在 Linux 系统上，客户端使用 smbclient 程序连接到 Samba 服务器，所以当使用 Linux 客户端访问 Samba 服务器的时候，先要确保客户端已经安装了 smbclient。默认情况下，RHEL 安装程序会将 smbclient 安装到系统中。

smbclient 客户端访问 Samba 服务器时，包括列出目标主机共享资源和使用共享资源两种命令，具体实现方法如下。

列出目标主机共享资源列表的命令格式如下：

```
smbclient  -L  //主机名或 IP 地址 -U 登录用户名%密码
```

使用共享资源的命令格式如下：

```
smbclient  //主机名或 IP 地址/共享目录名 -U 登录用户名%密码
```

【操作示例 5-6】 利用 smbclient 命令查看 IP 地址为 192.168.2.200 的 Samba 服务器的共享资源情况，操作方法如图 5-34 所示。

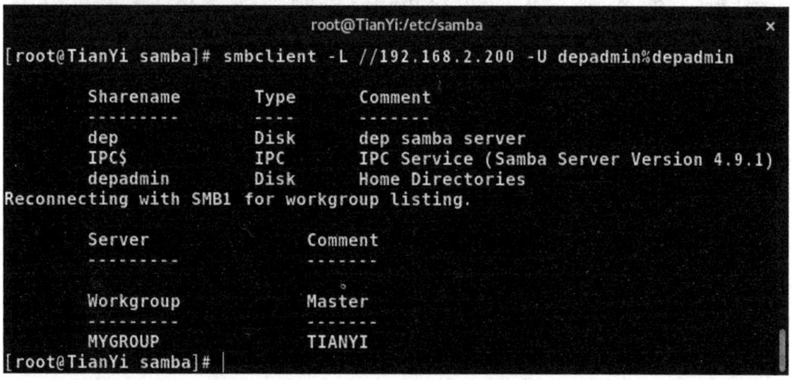

```
root@TianYi:/etc/samba
[root@TianYi samba]# smbclient -L //192.168.2.200 -U depadmin%depadmin

        Sharename       Type      Comment
        ---------       ----      -------
        dep             Disk      dep samba server
        IPC$            IPC       IPC Service (Samba Server Version 4.9.1)
        depadmin        Disk      Home Directories
Reconnecting with SMB1 for workgroup listing.

        Server               Comment
        ---------            -------

        Workgroup            Master
        ---------            -------
        MYGROUP              TIANYI
[root@TianYi samba]#
```

图 5-34 查看共享资源情况

图 5-34 中上面列出的是所属的组、操作系统类型和版本，然后是所连接主机目前的共享资源，下面是有关主机的描述和群组名称等信息。

smbclient 还支持命令行的共享访问模式，不需要进行其他操作就可以浏览共享的资料。

【操作示例 5-7】 利用 smbclient 命令连接 IP 地址为 192.168.2.200 的 Samba 服务器，并

使用/dep 目录下的共享资源，操作方法如图 5-35 所示。

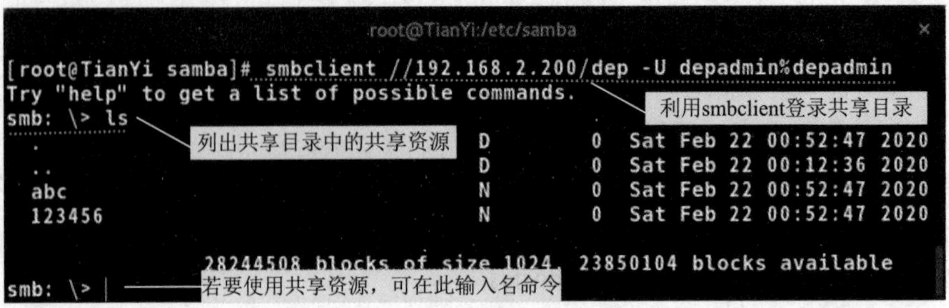

```
root@TianYi:/etc/samba
[root@TianYi samba]# smbclient //192.168.2.200/dep -U depadmin%depadmin
Try "help" to get a list of possible commands.
smb: \> ls
  .                                   D        0  Sat Feb 22 00:52:47 2020
  ..                                  D        0  Sat Feb 22 00:12:36 2020
  abc                                 N        0  Sat Feb 22 00:52:47 2020
  123456                              N        0  Sat Feb 22 00:52:47 2020

                28244508 blocks of size 1024. 23850104 blocks available
smb: \>
```

利用smbclient登录共享目录
列出共享目录中的共享资源
若要使用共享资源，可在此输入名命令

图 5-35 浏览并使用共享资源

smbclient 的使用方式和 FTP 客户端相似，也可以使用 put、get、mput、mget 等命令上传和下载文件，如果用户不熟悉有哪些命令可以使用的话，可以使用 help 命令获取帮助。

（3）在 Linux 客户端使用 mount 命令挂载共享目录

用户访问 Samba 服务器上的共享资源时，使用 smbclient 命令较为烦琐，因此可以使用 mount 命令将共享目录挂载到本地，像使用本地文件系统一样去使用 Samba 服务器的共享资源。使用 mount 进行挂载之前，先要使用 yum install cifs-utils -y 安装 CIFS，CIFS 是一种通用网络文件系统，主要用于网络设备之间的文件共享，安装方法如下：

```
yum install cifs-utils -y
```

接下来就可以使用 mount 命令对 Samba 服务器上的共享资源进行挂载了，mount 命令格式如下：

```
mount -t cifs //主机名或目标 IP/共享目录名 挂载点 -o username=用户名
```

【操作示例 5-8】使用 mount -t cifs 挂载 IP 地址为 192.168.2.200 的匿名用户访问的 Samba 服务器的 share 目录，再使用 df -hT 查看挂载情况，最后进入挂载点/media 即可看到 Samba 服务器共享文件夹中的内容，如图 5-36 所示。

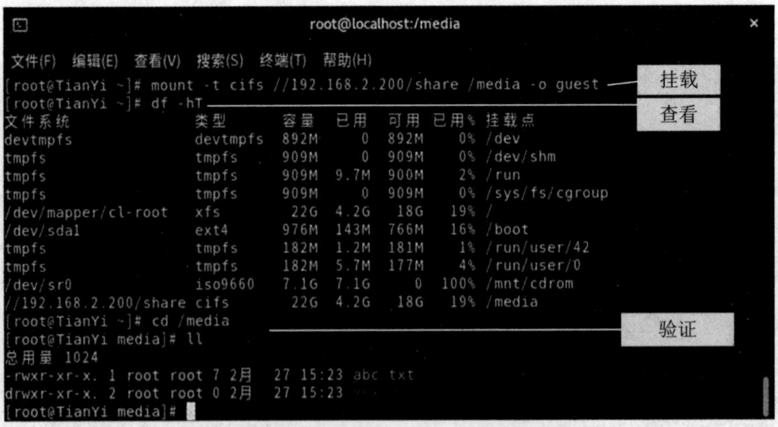

```
root@localhost:/media
文件(F) 编辑(E) 查看(V) 搜索(S) 终端(T) 帮助(H)
[root@TianYi ~]# mount -t cifs //192.168.2.200/share /media -o guest
[root@TianYi ~]# df -hT
文件系统                 类型      容量  已用  可用 已用% 挂载点
devtmpfs                devtmpfs  892M     0  892M    0% /dev
tmpfs                   tmpfs     909M     0  909M    0% /dev/shm
tmpfs                   tmpfs     909M  9.7M  900M    2% /run
tmpfs                   tmpfs     909M     0  909M    0% /sys/fs/cgroup
/dev/mapper/cl-root     xfs        22G  4.2G   18G   19% /
/dev/sda1               ext4      976M  143M  766M   16% /boot
tmpfs                   tmpfs     182M  1.2M  181M    1% /run/user/42
tmpfs                   tmpfs     182M  5.7M  177M    4% /run/user/0
/dev/sr0                iso9660   7.1G  7.1G     0  100% /mnt/cdrom
//192.168.2.200/share   cifs       22G  4.2G   18G   19% /media
[root@TianYi ~]# cd /media
[root@TianYi media]# ll
总用量 1024
-rwxr-xr-x. 1 root root 7 2月  27 15:23 abc.txt
drwxr-xr-x. 2 root root 0 2月  27 15:23
[root@TianYi media]#
```

挂载
查看
验证

图 5-36 使用 mount 命令挂载共享目录

2. 在 Windows 客户端访问共享资源

Windows 的客户端不需要更改任何设置，选择“开始”→“运行”，在“运行”对话框的“打开”文本框中输入“\\samba 服务器名”或“\\samba 服务器的 IP 地址”，然后单击“确定”按钮进行访问。

【操作示例 5-9】在 Windows 客户端访问 Samba 服务器的共享资源。

1）在 Windows 的桌面上选择“开始”→“运行”，在“运行”对话框的“打开”文本框中输入\\192.168.2.200，如图 5-37 所示。

2）单击“确定”按钮后即可看到 IP 地址为 192.168.2.200 的 Samba 服务器上的共享资源，如图 5-38 所示，用户如果需要访问某共享文件夹中的资源，只要双击该文件夹即可。

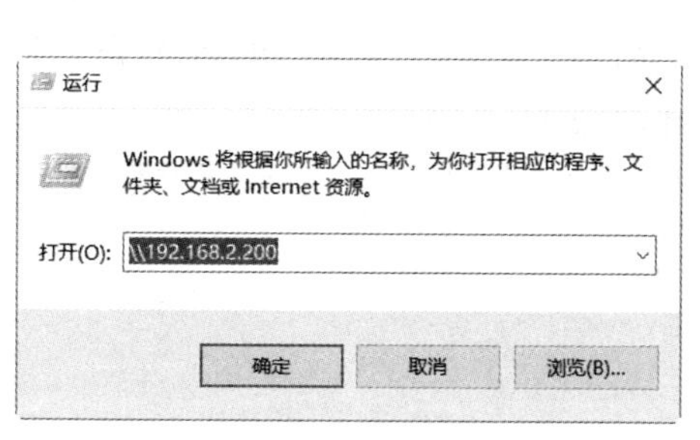

图 5-37　Windows 客户端访问

图 5-38　查看共享资源

5.5　技能训练

5.5.1　课堂训练

企业内部经常需要实现资源共享，而且要求也比较多，考虑到资源的安全性，大多数情况下采用在 Linux 系统下安装 Samba 服务来完成。

课堂任务 5-1

天一电子产品研发中心的研发部（dep）、技术部（tech）、财务部（finance）和网络中心（network）4 个部门的员工需要在 Windows 机器中共享 Samba 服务器上的资源。具体要求如下：

1）每个用户均有自己的主目录，而且只有本人对这个目录有完全权限。

2）有一个公共目录，存放所有用户都能读写的资源。

3）每个部门都有部门目录、部门领导目录，这些目录除本部门用户及技术部的主管和研发部的主管以及财务部的主管可以访问外，其他用户不可见，只有网络中心的技术员可以修改。

4）财务部的目录，财务部和办公室的员工都能访问，但只有财务部的主管可以修改。

5）研发部的目录，研发部全体员工和技术部的主管可以访问，但只有研发部员工可以修改。

6）技术部的目录，技术部全体员工和研发部的主管可以访问和修改。

训练步骤如下。

STEP 01 建立 4 个系统组账号

根据要求为天一电子产品研发中心建立 4 个系统组账号，分别是 dep、tech、finance 和 network，操作方法如下：

```
[root@yfzx~]#groupadd dep
[root@yfzx~]#groupadd tech
[root@yfzx~]#groupadd finance
[root@yfzx~]#groupadd network
```

STEP 02 建立相关目录

接下来需要建立公共目录/home/public 和每个部门的目录，各部门的目录分别是/home/dep、/home/tech、/home/finance、/home/network，操作方法如下：

```
[root@yfzx~]#mkdir /home/network
[root@yfzx~]#mkdir /home/finance
[root@yfzx~]#mkdir /home/dep
[root@yfzx~]#mkdir /home/tech
[root@yfzx~]#mkdir /home/public
```

STEP 03 设置目录的权限

共享文件夹建立完成后，需要使用 chown 和 chmod 修改目录的归属和访问权限，操作方法如下：

```
[root@yfzx~]#cd /home
[root@yfzx~]#chown dep01.dep01 dep
[root@yfzx~]#chown tech01. tech01 tech
[root@yfzx~]#chown finance01.finance01 finance
[root@yfzx~]#chown network01.network01 network
[root@yfzx~]#chmod 770 dep
[root@yfzx~]#chmod 770 tech
[root@yfzx~]#chmod 770 finance
[root@yfzx~]#chmod 770 network
[root@yfzx~]#chmod -R 1777 /home/public
```

STEP 04 添加用户账号

用户账号,各自用户的主目录是/home 下与用户名相同的目录,dep01 属于 dep 组,tech01 属于 tech 组，finance01 属于 finance，network01 属于 network 组，操作方法如下：

```
[root@yfzx~]#useradd -g dep dep01
[root@yfzx~]#useradd -g tech tech01
[root@yfzx~]#useradd -g finance finance01
[root@yfzx~]#useradd -g network network01
[root@yfzx~]#passwd dep01          #注意，此命令执行后需要输入用户密码
[root@yfzx~]#passwd tech01         #注意，此命令执行后需要输入用户密码
[root@yfzx~]#passwd finance01      #注意，此命令执行后需要输入用户密码
[root@yfzx~]#passwd network01      #注意，此命令执行后需要输入用户密码
```

STEP 05 添加到 Samba 账号

Linux 系统账户建立后，不能直接访问 Samba 服务的共享资源，必须将其添加到 Samba 账户文件 smbpasswd 中，操作方法如下：

```
[root@yfzx~]#smbpasswd -a dep01        #此命令执行后需要输入账号密码
```

```
[root@yfzx~]#smbpasswd -a tech01     #此命令执行后需要输入账号密码
[root@yfzx~]#smbpasswd -a finance01  #此命令执行后需要输入账号密码
[root@yfzx~]#smbpasswd -a network01  #此命令执行后需要输入账号密码
```

STEP 06 修改smb. conf文件

采用vi编辑Samba的主配置文件smb.conf，编辑的主要步骤和内容如下。

1）修改[global]节的相关设置，考虑到系统对安全级别没有特殊要求，所以定义为user级，具体配置方法如下：

```
[global]
        workgroup = company
        netbios name = yfzx
        security = user
        server string = yfzx samba server
        passdb backend = smbpasswd
        smb passwd file = /etc/samba/smbpasswd
```

2）天一电子产品研发中心各部门的具体需求需要在各个文件夹的配置中实现，接下来定义用户主目录[homes]节，具体配置方法如下：

```
[homes]
        comment = User Home Directories
        writable = yes
        browseable = no
        read only = no
        valid users = %S                 #允许访问的用户
        create mode = 0644               #用户在主目录中建立文件的默认权限
        directory mode = 0775            #用户在主目录中建立目录的默认权限
```

3）在smb.conf文件的末尾添加每个部门的共享目录，并实现需求中定义的不同权限，具体配置方法如下：

```
[network]
        comment = network
        path = /home/lingdao
        browseable = no
        public = no
        valid users = @network,dep01,tech01,finance01  #用@来定义某一组用户
        wirte list = network01                         #对目录有写权限的用户
[finance]
        comment = finance
        path = /home/finance
        browseable = no
        public = no
        valid users = @network, @finance
        wirte list = finance01
[dep]
        comment = development
        path = /home/dep
        public = no
        valid users = @dep, tech01
        wirte list = @dep
```

```
[tech]
        comment = tech
        path = /home/tech
        public = no
        valid users = @tech, dep01
        wirte list = @tech, dep01
[public]
        comment = public
        path = /home/public
        public = yes
        read only = no
       writable = yes
```

STEP 07 检测 smb.conf 语法

以上参数配置好后，存盘退出，使用 testparm 命令对 smb.conf 文件的语法进行检测，如果报错，说明配置有问题，用户可根据提示进行修改，测试方法如下：

```
[root@yfzx~]#testparm /etc/samba/smb.conf
```

STEP 08 重启 Samba 服务

为了让新配置生效，需要执行 service 命令重新加载 Samba 服务，操作方法如下：

```
[root@yfzx ~]#systemctl start smb
```

STEP 09 测试共享情况

用户可以在 Windows 客户端进行测试，也可以在 Linux 客户端用 smbclient 工具进行测试。

1）在 Linux 客户端测试。在 Linux 客户端采用 smbclient 命令进行测试，测试方法如下：

```
[root@yfzx~]#smbclient -L 服务器 IP -U 用户名%用户密码
```

2）在 Windows 客户端测试。在 Windows 客户端，选择“开始”→“运行”，在“运行”对话框的“打开”文本框中输入“\\samba 服务器名”或“\\samba 服务器的 IP 地址”，然后单击“确定”按钮即可访问 Samba 服务器的共享资源。

课堂任务 5-2

Samba 服务器的配置过程中，难免会遇到各种各样的问题，下面从系统设置、错误信息和日志文件等几个方面，采用合适的方法快速解决问题。

训练步骤如下。

STEP 01 使用 testparm 命令检测

使用 testparm 命令检测 smb.conf 文件的方法很简单，只要在提示符后输入 testparm /etc/samba/smb.conf 即可，操作方法如下：

```
[root@yfzx~]# testparm  /etc/samba/smb.conf
```

如果报错，说明 smb.conf 文件设置错误。根据提示信息，重新配置相关内容，再进行调试。

STEP 02 检查相关参数

因为 smb.conf 中的许多参数是非常重要的，如果设置不正确的话，很容易引起故障，造成 Windows 与 Linux 之间无法通信。这些参数包括 hosts allow、hosts deny、vcalid users、invalid users 等，还有就是与权限相关的参数。

STEP 03 使用 ping 命令测试

Samba 服务器主配置文件排除错误后，再次重启 Samba 服务，如果客户端仍然无法连接 Samba 服务器，可以在客户端使用 ping 命令测试与 Samba 服务器之间的连通性，根据出现的不同情况，进行分析。

1）如果没有收到任何提示，说明客户端 TCP/IP 协议安装有问题，需要重新安装该协议，然后重试。

2）如果出现 host not found（无法找到主机）的提示，则可能是客户端的 DNS 或者 /etc/hosts 文件没有设置正确。

3）如果无法 ping 通 Samba 服务器，可能是防火墙设置的问题。需要关闭防火墙或重新设置防火墙的规则，开启 Samba 与外界联系的端口。

4）还有一种可能，执行 ping 命令时，Samba 服务器的主机名或 IP 地址输入有误，此时更正重试即可。

STEP 04 使用 smbclient 命令进行测试

若客户端与 Samba 服务器可以 ping 通，说明客户端与服务器的连接没有问题。如果用户还是不能访问 Samba 服务器的共享资源，此时可以执行 smbclient 命令进一步测试服务器端配置情况。

如果 Samba 服务器正常，并且 Samba 账号和密码也正确，那么执行 smbclient 命令可以获取共享列表，可参考【操作示例 5-6】完成任务。如果出现错误提示，则可根据提示采用相应的办法解决，具体提示如下。

1）如果接收到一个错误信息提示 tree connect failed，如下所示：

```
[root@client~]# smbclient //192.168.2.200/dep  -U  depadmin%depadmin
tree connect failed: Call returned zero bytes (EOF)
```

说明可能在 smb.conf 文件中设置了 host deny 字段，拒绝了客户端的 IP 地址或域名，可以修改 smb.conf，允许该客户端访问即可。

2）如果返回信息 connection refused（连接拒绝），如下所示：

```
[root@client~]# smbclient  -L  192.168.2.200
Error connecting to 192.168.2.200 (Connection refused)
Connection to 192.168.2.200 failed
```

说明 Samba 服务器 smbd 进程可能没有开启。确保 smbd 和 nmbd 进程开启，并使用 netstat-a 命令检查 netbios 使用的 139 端口是否处在监听状态。

3）如果提示 session setup failed（连接建立失败），表明服务器拒绝了连接请求。

```
    [root@client~]#smbclient -L smbclient -L 192.168.2.200 -U  depadmin%
depadmin
    session setup failed: NT_STATUS_LOGON_FAILURE
```

这是因为用户输入的账号或密码错误造成的，可更正后重试。

5.5.2 课后训练

按下列要求配置 Samba 服务器，实现资源共享，具体要求如下。

1）设置工作组名为 workshare，用户安全等级为 user 模式。

2）创建用户组 group1 和 group2，创建属于用户组 group1 的用户 user1 和 user2，用户的工作目录分别位于/group1 目录下的 user1 和 user2 目录，创建属于用户组 group2 的用户 stu1 和 stu2，用户的工作目录分别位于/group2 目录下的 stu1 和 stu2 目录。用户 user1 和 user2 登录 Samba 服务器的密码分别为 bird 和 rabbit，用户 stu1 和 stu2 登录 Samba 服务器的密码分别为 cat 和 panda。

3）设置目录“/group1/score”为共享资源，共享名为 score，只允许用户组 group1 在 192.168.0.2 上读/写该共享资源，且新建文件的权限为 0747，新建目录的权限为 0757；只允许用户组 group2 在 192.168.0.3 上只读该共享资源。

4）设置目录“/group1/t_share”为共享资源，共享名为 T_share，且该共享资源在客户端不可见；只允许用户 user1 和 stu1 在 192.168.0.2 上读/写该共享资源，且新建文件和目录的权限都为 0777；只允许用户 user2 和 stu2 在 192.168.0.3 上只读该共享资源。

5.6 总结提高

本项目首先介绍了 Samba 服务的工作原理、工作流程和 Samba 软件包的安装方法，Samba 服务的核心配置文件 smb.conf，然后着重训练了不同级别下 Samba 服务器的配置技能，最后训练了在客户端进行测试和解决故障的能力等。

Samba 是目前应用最为广泛的网络服务之一，它的功能非常强大，随着读者学习的深入和对 Samba 应用的熟练，更能体会到这一点。

通过本项目的学习，你的收获怎样？请认真填写学习情况考核登记表（表 5-1），并及时予以反馈。

表 5-1　学习情况考核登记表

序号	知识与技能	重要性	自我评价					小组评价					老师评价				
			A	B	C	D	E	A	B	C	D	E	A	B	C	D	E
1	会安装 Samba 软件包	★★★															
2	会启动、停止 Samba 软件包	★★★☆															
3	能分析 smb.conf 文件中的主要字段	★★★★☆															
4	会编辑[global]节中的主要字段	★★★★															
5	会编辑[home]节中的主要字段	★★★★★															
6	会添加共享文件夹	★★★★☆															
7	会测试 Samba 共享资源	★★★★															
8	能完成课堂训练	★★★☆															

说明：评价等级分为 A、B、C、D 和 E 共 5 等。其中，对知识与技能掌握很好，能够熟练地完成 Samba 服务的配置为 A 等；掌握了 75%以上的内容，能较为顺利地完成任务为 B 等；掌握 60%以上的内容为 C 等；基本掌握为 D 等；大部分内容不够清楚为 E 等。

项目 6

配置与管理 NFS 服务器

学习指导

教学目标

知识目标

了解 NFS 的工作原理
掌握 NFS 服务器的基本概念
掌握 NFS 服务器的配置方法
掌握 NFS 系统中关于用户 ID 映射的知识
掌握 NFS 服务器的故障判断与处理

技能目标

会检查并安装 NFS 相关软件包
会启动和停止 NFS 服务
能配置与管理 NFS 服务器
能配置与管理 NFS 系统中用户 ID 映射
能配置其他系统访问 NFS 服务器中的共享资源
能解决邮件服务器配置中出现的问题

素质目标

培养认真细致的工作态度和工作作风
养成刻苦、勤奋、好问、独立思考和细心检查的学习习惯
具有一定的自学能力，分析问题、解决问题的能力和协调组织能力
培养奉献精神，体验分享的快乐

建议课时

教学课时：理论学习 1 课时+教学示范 2 课时
技能训练课时：课堂模拟 2 课时+课堂训练 1 课时

NFS（network file system，网络文件系统）是分布式计算机系统的一个组成部分，可实现在异构网络上共享和装配远程文件系统，它是由 Sun 公司开发，并在 SunOS 中最早实现的。使用 NFS，就能够将远程系统中的文件系统安装到本机的文件系统中，透明地访问网络上远程主机上的文件系统，因此得到了大部分 Linux 系统的支持。

本项目详细介绍了 NFS 服务的基本概念、工作原理，以及 NFS 服务器的运行、架设、配置与管理的具体方法。通过任务案例引导学生检查并安装 NFS 软件包；分析 exports 核心配置文件；具体训练学生对 NFS 服务器的配置与管理、简单故障判断与处理的能力。

6.1 任务描述

用 NFS 为企业搭建 Linux 平台的网上邻居

新奇网络公司承接的天一电子产品研发中心的网络改造工程有一系列的网络服务要求，这些服务大多数在原来的 Windows 网络操作系统中运行，在 Windows 网络操作系统构建的服务器中曾使用共享文件夹实现资源共享。现在，系统已升级为 RHEL 8/CentOS 8，在系统中的 Linux 用户同样具有资源共享的需求，因为这样既可以提高研发中心的工作效率，又在一定程度上保证了资源的安全性。为此，天一电子产品研发中心希望谢立夫尽快解决上述问题。

谢立夫经过认真的分析，认为需要配置 NFS 服务器，在 NFS 服务器中建立共享目录，设置目录的权限。安装 NFS 服务所需软件包，再配置主配置文件 exports，在主配置文件中设置共享目录的访问权限。

6.2 任务分析

1. 了解 NFS 及其优点

NFS 是分布式计算系统的组成部分，可实现在异种网络上共享和装配远程文件系统。

NFS 由 Sun 公司开发，目前已经成为文件服务的一种标准（RFC1904、RFC1813 和 RFC3010）。其最大的功能就是可以通过网络，让具有不同操作系统的计算机共享数据，所以也可以将它看成是一个文件服务器。NFS 网络文件系统具有以下优点。

1）被所有用户访问的数据可以存放在一台中央主机（NFS 服务器）上并共享出去，而其他不同主机上的用户可以通过 NFS 服务访问中央主机上的共享资源。这样既可以提高资源的利用率，节省客户端本地硬盘的空间，也便于对资源进行集中管理。

2）客户访问远程主机上的文件和访问本地主机上的资源一样，是透明的。

3）远程主机上的文件的物理位置发生变化不会影响客户访问方式的变化。

4）可以为不同客户设置不同的访问权限。

2. 知道 NFS 包含的软件包

在 Linux 中构建 NFS 服务器，所包含的组件及其用途如下。

1）nfs-utils-2.3.3-14.el8.x86_64.rpm：NFS 服务的主程序包，它提供 rpc.nfsd 及 rpc.mountd 这两个 daemons 以及相关的说明文件。

2）rpcbind-1.2.5-3.el8.x86_64.rpm：为 NFS 服务器提供 RPC 服务支持，记录服务的端口映射信息。

3）autofs-5.1.4-29.el8.x86_64.rpm：实现自动挂载器的功能。

3. 搭建 NFS 服务器的步骤

用户在架设 NFS 服务器之前，一是要理解 NFS 服务器的工作原理，二是要熟悉 NFS 服务器的构建流程，以及整个流程每一步配置环节。搭建 NFS 服务器的步骤如下。

1）保证服务器有静态 IP 地址，并保证网络处于正常工作状态。

2）关闭防火墙或在防火墙中信任 NFS 服务，关闭 SELinux。

3）规划服务器分区，从安全等方面定义哪些分区作为要共享的文件系统。

4）安装 nfs-utils 和 rpcbind 软件包，建立配置文件 exports。

5）发布共享目录，并设置共享权限。

6）重新加载配置文件或重启 NFS 服务，使配置生效。

7）在客户端进行验证，保证客户端能成功访问 NFS 服务器的共享目录。

4. 了解本项目的具体任务

本项目的具体任务包括安装 NFS、构建 NFS 服务器、配置与管理 NFS 服务等几个方面，具体任务如下。

1）安装 NFS：包括 NFS 原理分析，安装 nfs-utils 和 rpcbind。

2）构建 NFS 服务器：包括构建主要配置文件 exports，发布共享目录并设置共享权限，重启服务，在客户端对配置情况进行测试。

3）配置与管理 NFS 服务：包括启动与停止 NFS 服务，配置 NFS 服务，测试 NFS 服务器的共享目录。

6.3 知识储备

NFS 概述

6.3.1 NFS 概述

NFS 是由 Sun 公司 1984 年开发出来的，其目的就是让不同的计算机之间和不同的操作系统之间可以彼此共享文件。由于 NFS 使用起来非常方便，因此很快得到了大多数 Linux 系统的支持，而且还被 IETE（国际互联网过程组）制定为 RFC1904、RFC1813 和 RFC3010 标准。

NFS 文件服务器是 Linux 最常见的网络服务之一，尽管它的规则简单，却有着丰富的内涵。NFS 采用了客户端/服务器工作模式，NFS 客户端用户的 PC 将网络远程的 NFS 主机分享的目录挂载到本地端的机器中，可以运行相应的程序，共享相应的文件，但不占用当前系统资源，所以，在本地端的机器看起来，远程主机的目录就好像是自己的一个磁盘，可以使用 cp、cd、mv、rm、df 等与磁盘相关的命令。

6.3.2 NFS 的工作原理

NFS 本身是没有提供信息传输的协议和功能的，但 NFS 却能通过网络进行资料的分享，这是因为 NFS 使用了一些其他的传输协议。它必须借助于远程过程调用（remote procedure call，RPC）协议来实现数据的传输。RPC 定义了一种进程间通过网络进行交互通信的机制，它允许客户端进程通过网络向远程服务器上的服务进程请求服务，而不需要了解底层通信协议的细节。因此，可以将 NFS 服务器看成是一个 RPC 服务器，将 NFS 客户端看成是一个 RPC 客户端，这样 NFS 服务器和 NFS 客户端之间就可以通过 RPC 协议进行数据传输。

当客户主机上的应用程序访问远程文件时，客户主机内核向远程服务器发送一个请求，客户进程被阻塞，等待服务器应答，而服务器一直处于等待状态，如果接收到客户请求，就处理请求并将结果返回客户机。NFS 服务器上的目录如果可被远程用户访问，就称为“导出”（export）；客户主机访问服务器导出目录的过程称为“安装”（mount），有时也称为“挂接”或“导入”。图 6-1 所示为 NFS 客户端和 NFS 服务器的典型结构。

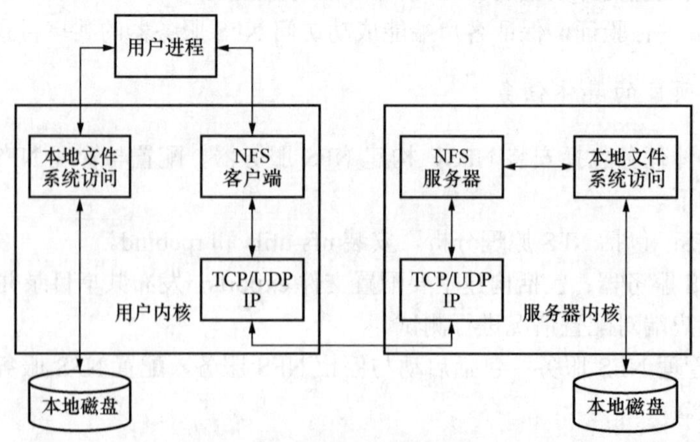

图 6-1 NFS 客户端和 NFS 服务器的典型结构

1）访问本地文件还是 NFS 文件对于客户端来说是透明的，当文件被打开时，由内核决定这一点。文件被打开之后，内核将本地文件的所有引用传递给本地文件系统，而将NFS文件的所有引用传递给NFS客户端。

2）NFS客户端通过其TCP/IP模块向NFS服务器发送RPC请求，NFS主要使用UDP，最新的实现也可以使用TCP。

3）NFS服务器在端口2049接收作为UDP数据包的客户端请求，尽管NFS可以被实现为使用端口映射器，允许服务器使用一个临时端口，但是大多数实现都是直接指定UDP端口2049。

4）当NFS服务器收到客户端请求时，它将这个请求传递给本地文件访问例程，然后访问服务器主机上的本地磁盘文件。

5）NFS服务器需要花一定的时间来处理客户端的请求，访问本地文件系统一般也需要一定时间。在这段时间内，服务器不应该阻止其他客户端请求。为了实现这一功能，大多数的NFS服务器都是多线程的——服务器的内核中实际上有多个NFS服务器在NFS本身的加锁管理程序中运行，具体实现依赖于不同的操作系统。

6）在客户端主机上，NFS客户端需要花一定的时间来处理用户进程的请求。NFS客户端向服务器主机发出一个RPC调用，然后等待服务器应答。为了给使用NFS的客户端主机上的用户进程提供更多的并发性，在客户端内核中一般运行着多个NFS客户端，同样具体实现也依赖于操作系统。

思政小贴士

网络文件系统能够通过网络让不同的机器、不同的操作系统实现文件的共享。网络资源共享可以给个人、企业、组织、国家带来很多好处。党和政府坚持以人民为中心的发展思想，强调人人参与、人人尽力、人人享有，让人民群众共享发展成果。我们要深入认识和理解共享发展理念，学会共享与分享。

6.3.3 NFS系统守护进程

使用NFS服务，至少需要启动以下三个系统守护进程。

1）rpc.nfsd：NFS基本守护进程，主要功能是管理客户端是否能够登入服务器。

2）rpc.mountd：RPC安装守护进程，主要功能是管理NFS的文件系统。当客户端顺利通过rpc.nfsd登录NFS服务器后，在使用NFS服务器所提供的文件前，还必须通过文件使用权限的验证，rpc.mountd会读取NFS的配置文件/etc/exports来对比客户端的权限。

3）rpcbind：rpcbind的主要功能是进行端口映射工作。当客户端尝试连接并使用RPC服务器提供的服务（如NFS服务）时，rpcbind会将所管理的与服务对应的端口号提供给客户端，从而使客户端可以通过该端口向服务器请求服务。

6.4 任务实施

6.4.1 安装NFS

目前，几乎所有的Linux发行版都默认安装了NFS服务，RHEL也不例外。只要按照默认配置安装完 RHEL，NFS 服务就会被安装在系统上。由于启动 NFS 服务时需要 nfs-utils 和 rpcbind 两个软件包，因此在配置使用 NFS 之前，可使用 rpm 命令检查系统中是否已经安装了这两个软件包。

在 Linux 系统中检查是否安装了 NFS 服务所需软件包，若没有安装，则利用 Linux 安装盘进行安装，然后检查并了解系统中 NFS 服务相关软件包的版本。

完成任务的步骤如下。

STEP 01 检查软件包

使用 rpm -qa 命令检测系统是否安装了 NFS 服务所需的 nfs-utils 和 rpcbind 软件包，或查看已经安装的软件包的版本，操作方法如图 6-2 所示。

```
root@TianYi:~
文件(F) 编辑(E) 查看(V) 搜索(S) 终端(T) 帮助(H)
[root@TianYi ~]# rpm -qa|grep nfs-utils
nfs-utils-2.3.3-14.el8.x86_64
[root@TianYi ~]# rpm -qa|grep rpcbind
rpcbind-1.2.5-3.el8.x86_64
[root@TianYi ~]#
```

图 6-2 检查 NFS 软件包

这表明系统已经安装了 NFS 服务所需的 nfs-utils 和 rpcbind 软件包。如果系统没有安装 NFS 服务，也可以在系统安装过后单独安装，安装方法见 STEP 02。

STEP 02 安装 NFS 服务的相关软件包

将 RHEL 8/CentOS 8 安装盘放入光驱，首先使用 mount 命令挂载光驱，再建立本地 yum 源（参考【任务案例 3-5】），然后使用 yum -y install nfs-utils rpcbind 命令安装 NFS 服务所需的 nfs-utils 和 rpcbind 两个软件包，操作方法如图 6-3 所示。

```
root@TianYi:/etc
文件(F) 编辑(E) 查看(V) 搜索(S) 终端(T) 帮助(H)
[root@TianYi etc]# yum -y install nfs-utils rpcbind
Updating Subscription Management repositories.
Unable to read consumer identity
This system is not registered to Red Hat Subscription Management. You can u
se subscription-manager to register.
上次元数据过期检查：0:30:04 前，执行于 2020年02月22日 星期六 09时10分59秒。
Package nfs-utils-1:2.3.3-14.el8.x86_64 is already installed.
Package rpcbind-1.2.5-3.el8.x86_64 is already installed.
依赖关系解决。
无需任何处理。
完毕！
[root@TianYi etc]#
```

图 6-3 安装 NFS 软件包

STEP 03 检查确认

所有软件包安装完毕后，参考 STEP 01 同样使用 rpm –qa 命令进行查询。

6.4.2 熟悉相关文件

NFS 服务所需软件包安装好之后，有下面几个值得关注的设置文件。

1）/etc/exports：NFS 服务的主配置文件，用户可以把需要共享的文件系统直接编辑到/etc/exports 文件中，这样当 NFS 服务器重新启动时，系统就会自动读取/etc/exports 文件，从而告诉内核要输出的文件系统和相关的存取权限。

2）/usr/sbin/exportfs：这是维护 NFS 共享资源的命令，可以用其重新分享/etc/exports变更的目录资源，并将 NFS Server 分享的目录卸载或重新分享等。

3）/usr/sbin/showmount：showmount 命令主要用在客户端，可以用来查看 NFS 共享的目录资源。

4）/var/lib/nfs/*tab：在 NFS 服务器的登录文件都放置到/var/lib/nfs/目录中。在该目录下有两个比较重要的登录文件：一个是 etab，主要记录 NFS 所分享的目录的完整权限设定值；另一个是 rmtab，记录曾经连接到此 NFS 主机的相关客户端数据，如果想查看哪些客户端曾经连接过 NFS 服务器，可以查看此文件。

6.4.3 分析配置文件 exports

在 exports 文件中，可以定义 NFS 系统的输出目录（即共享目录）、访问权限和允许访问的主机等参数。该文件默认为空，没有配置输出任何共享目录，这是基于安全性的考虑，这样即使系统启动 NFS 服务，也不会输出任何共享资源。

任务案例 6-2

利用 vi 编辑器打开/etc 目录中的 exports，先查看此文件的内容，会发现该文件为空。那么文件内应该写些什么内容呢？请进行分析。

完成任务的步骤如下。

STEP 01 分析 exports 的格式

exprots 文件中每一行提供了一个共享目录的设置，其命令格式如下：

```
<输出目录> [客户端 1（选项 1,选项 2,…）] [客户端 2（选项 1,选项 2,…）]
```

其中，除输出目录是必选参数外，其他参数都是可选的。

注意

格式中的输出目录和客户端之间、客户端与客户端之间都使用空格分隔，但是客户端和选项之间不能有空格。

（1）输出目录

输出目录是指 NFS 系统中需要共享给客户端使用的目录，在设置输出目录时要使用绝对路径，输出目录必须先使用 mkdir 建立。

（2）客户端

客户端是指网络中可以访问这个 NFS 输出目录的计算机。客户端的指定非常灵活，可以是单个主机的 IP 地址或域名，也可以是某个子网或域中的主机等。客户端常用的指定方式如表 6-1 所示。

表 6-1 常见客户端的指定方式

客户端	说明
192.168.1.18	使用 IP 地址指定单一主机
192.168.2.0/24（或 192.168.2.*）	使用 IP 地址指定子网中的所有主机

续表

客户端	说明
www.tianyi.com	使用域名指定单一主机，域名必须真实存在
*.tianyi.com	指定域中的所有主机
*	使用通配符“*”指定所有主机

（3）选项

选项用来设置输出目录的访问权限、用户映射等。exports 文件中的选项比较多，一般可分为以下三类。

1）访问权限选项。这是用于控制输出目录访问权限的选项，这类选项只有 ro 和 rw 两项，如表 6-2 所示。

表 6-2　访问权限选项

访问权限选项	说明
ro	Read Only，设置共享目录为只读
rw	Read and Write，设置共享目录为可读写

2）用户映射选项。在默认情况下，当客户端访问 NFS 服务器时，若远程访问的用户是 root 用户，则 NFS 服务器会将它映射成一个本地的匿名用户（该用户账户为 nfsnobody），并将它所属的用户组也映射成匿名用户组（该用户组账户也为 nfsnobody），这样有助于提高系统的安全性。用户映射选项可对此进行调整，如表 6-3 所示。

表 6-3　用户映射选项

客户端	说明
all_squash	这个选项对于公共访问的 NFS 卷来说非常有用，它会限制所有的 UID 和 GID，只使用匿名用户。默认设置是 no_all_squash
no_all_squash	将 root 用户及所属用户组都映射为匿名用户和用户组（默认设置）
root_squash	这个选项不允许 root 用户访问挂载上来的 NFS 卷
no_root_squash	这个选项允许 root 用户访问挂载上来的 NFS 卷
Anonuid=xxx	将远程访问的所有用户都映射为本地用户账户的 UID＝XXX 的匿名用户
Anongid=xxx	将远程访问的所有用户组都映射为本地组的 GID＝XXX 的匿名用户组

3）其他选项。其他选项比较多，可用于对输出目录进行更全面的控制，如表 6-4 所示。

表 6-4　其他选项

客户端	说明
secure	限制客户端只能从小于 1024 的端口访问
insecure	允许客户端可以从大于 1024 的端口访问
sync	设置 NFS 服务器同步写磁盘，这样不会轻易丢失数据，建议使用该选项
async	将数据先保存在内存缓冲区中，必要时才写入磁盘
wdelay	检查是否有相关的写操作，如果有则将这些写操作一起执行（默认为此设置）
no_wdelay	检查是否有相关的写操作，如果有则立即执行，应与 sync 配合使用
subtree_check	如果输出目录是子目录，则 NFS 服务器将检查其父目录的权限（默认为此设置）
no_subtree_check	如果输出目录是子目录，NFS 服务器将不检查其父目录的权限

STEP 02 编写共享目录

exprots 文件中每一行提供了一个共享目录的设置，同一输出目录对于不同的主机可以有不同的设置选项，各主机设置间用空格分隔。下面给出的是几个操作示例。

【操作示例 6-1】 建立/home/nfsshare 目录为共享目录，设置只允许 192.168.2.0/24 网段的客户端进行读/写，而网络中的其他主机只能读取该目录的内容，此时需在 exports 文件中添加如下内容：

```
[root@TianYi~]# mkdir /home/nfsshare
[root@TianYi~]# vi /etc/exports            #在 exports 中添加下面内容
/home/nfsshare 192.168.2.0/24(sync,rw) *(ro)
```

【操作示例 6-2】 新建/nfs/public 目录为共享目录，设置*.tianyi.com 域的所有客户都具有读/写权限，允许客户端从大于 1024 的端口访问，并将所有用户及所属用户组都映射为匿名账户 nfsnobody，数据同步写入磁盘，如果有写入操作立即执行。此时需在 exprots 文件中添加如下内容：

```
[root@TianYi~]# mkdir -p /nfs/public       #使用-p 参数建多级目录
[root@TianYi~]# vi /etc/exports            #在 exports 中再添加下面内容
/nfs/public *.tianyi.com(rw,insecure,all_squash,sync,no_wdelay)
```

【操作示例 6-3】 假设在 RHEL 8/CentOS 8 中有/home/xesuxn 和/nfs/test 两个目录需要共享，其中，/home/xesuxn 目录允许所有的客户端访问，但只能进行读取；/nfs/test 目录则允许 192.168.1.0/24 和 192.168.2.0/24 的客户端访问，同时具有读/写权限。根据以上要求，需在 exprots 文件中再添加如下内容：

```
/home/xesuxn *(ro)
/nfs/test 192.168.1.0/24(rw) 192.168.2.0/24 (rw)
```

STEP 03 启动 NFS 相关服务

在安装完 nfs-utils 后，rpcbind 默认是启动了的，此时可以采用 systemctl status rpcbind.service 命令查看服务状态[如果看到 active (running)，表示已经运行]。如果没有运行则采用 systemctl start rpcbind 和 systemctl start nfs-server 命令启动，操作方法如下：

```
[root@TianYi~]# systemctl status rpcbind.service    #查看服务状态
[root@TianYi~]# which rpcbind                   #查看 rpcbind 命令在哪
[root@TianYi~]# systemctl start rpcbind         #临时启动 rpcbind
[root@TianYi~]# systemctl start nfs-server      #临时启动 nfs-server
[root@TianYi~]# systemctl enable rpcbind        #设置开机启动 rpcbind
[root@TianYi~]# systemctl enable nfs-server     #设置开机启动 nfs-server
```

注意

如果配置文件中的目录输入有误的话，启动 nfs-server 会出现 Job for nfs-server.service canceled.的出错提示。

STEP 04 测试共享目录

启动完 rpcbind 和 NFS 服务后，接下来可以通过 showmount -e 命令查看 NFS 服务器上的输出目录，测试方法如图 6-4 所示。

```
root@localhost:/nfs
文件(F) 编辑(E) 查看(V) 搜索(S) 终端(T) 帮助(H)
[root@localhost nfs]# showmount -e 192.168.2.200
Export list for 192.168.2.200:
/home/xesuxn     *
/nfs/public      *.tianyi.com
/nfs/test        192.168.2.0/24,192.168.1.0/24
/home/nfsshare (everyone)
[root@localhost nfs]#
```

图 6-4　测试 NFS 服务器上的输出目录

6.4.4　企业应用案例

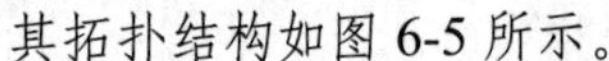

天一电子产品研发中心要求将 IP 地址为 192.168.8.8 的服务器配置成 NFS 服务器，在 NFS 服务器中有一系列的共享目录需要进行设置。

其拓扑结构如图 6-5 所示。

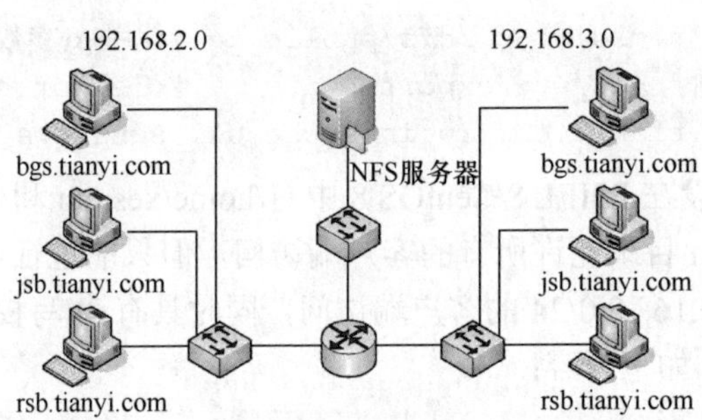

图 6-5　NFS 应用实例的拓扑结构

其共享要求如下：

1）办公室要求共享/office 目录，允许所有客户端访问该目录并只有只读权限。

2）技术部要求共享/nfs/jsb 目录，允许 192.168.2.0/24 和 192.168.3.0/24 网段的客户端访问，并且对此目录只有只读权限。

3）要求共享/nfs/pub1、/nfs/pub2 和/nfs/pub3 三个目录，并且/nfs/pub1 只有 bgs.tianyi.com 域成员可以访问，并有读/写权限。同理，/nfs/pub2 和/nfs/pub3 目录也只允许 jsb.tianyi.com 和 rsb.tianyi.com 域成员访问并有读/写权限。

4）共享/nfs/works 目录，192.168.2.0/24 网段的客户端具有只读权限，并且将 root 用户映射成匿名用户。

5）共享/nfs/test 目录，所有人都具有读/写权限，但当用户使用该共享目录时，都将账号映射成匿名用户，并且指定匿名用户的 UID 和 GID 都为 65534。

6）共享/nfs/security 目录，仅允许 192.168.2.88 客户端访问并具有读/写权限。

完成任务的步骤如下。

STEP 01　安装 NFS 服务组件

参考 6.4.1 节中【任务案例 6-1】，检查 NFS 服务组件情况，保证 nfs-utils 和 rpcbind 两个软件包已经安装。

STEP 02　建立共享目录

根据企业需要建立 8 个共享目录，并设置相应的目录权限，具体方法如下：

```
[root@localhost~]# mkdir /office
[root@localhost~]# mkdir /nfs/jsb
[root@localhost~]# mkdir -m 777 /nfs/pub1
[root@localhost~]# mkdir -m 777 /nfs/pub2
[root@localhost~]# mkdir -m 777 /nfs/pub3
[root@localhost~]# mkdir /nfs/works
[root@localhost~]# mkdir -m 777 /nfs/test
[root@localhost~]# mkdir -m 777 /nfs/security
```

STEP 03 编辑 exports 配置文件

使用 vi 编辑/etc 目录中的 exports 文件，按照企业需求设置好各共享目录的访问权限，具体配置方法如下：

```
[root@localhost~]# vi /etc/exports
/office *(ro)
/nfs/jsb 192.168.2.0/24(ro) 192.168.3.0/24(ro)
/nfs/pub1 *.bgs.tianyi.com(rw)
/nfs/pub2 *.jsb.tianyi.com(rw)
/nfs/pub3 *.rsb.tianyi.com(rw)
/nfs/works 192.168.2.0/24(ro,root_squash)
/nfs/test *(rw,all_sequash,anonuid=65534,anongid=65534)
/nfs/security 192.168.2.88(rw)
```

STEP 04 配置 NFS 固定端口

使用 vi 编辑/etc/sysconfig 目录中的 NFS 文件，在文件中自定义以下端口，注意不能和其他端口冲突，具体配置方法如下：

```
[root@localhost~]#  vi /etc/sysconfig/nfs
RQUOTAD_PORT=5001
LOCKD_TCPPORT=5002
LOCKD_UDPPORT=5002
MOUNTD_PORT=5003
STATD_PORT=5004
```

STEP 05 重启服务并测试

利用 service 命令重新启动 rpcbind 和 nfs-server 服务，具体操作方法如下：

```
[root@localhost~]# systemctl restart rpcbind
[root@localhost~]# systemctl restart nfs-server
```

全部配置完成后，在客户端使用 showmount 命令即可查看共享目录发布及使用情况，具体操作方法如下：

```
[root@localhost~]#showmount -e 192.168.8.8
```

此时，如果看到 NFS 服务器中的共享目录，说明配置正确，如果需要检测目录的读/写权限，就需要在客户端使用 mount 命令进行挂载，再对相关共享目录进行读/写测试。

6.4.5 启动与停止 NFS 服务

任务案例 6-4

进入 Linux 系统，练习 NFS 的启动、停止和重启，最后将 NFS 服务设为自动加载。

完成任务的步骤如下。

STEP 01 启动 NFS 服务

为了使 NFS 服务器能正常工作，需要启动 rpcbind 和 nfs-server 这两个服务，在安装完 nfs-utils 后，rpcbind 默认是启动的，如果没有启动则采用 systemctl start rpcbind 和 systemctl start nfs-server 命令启动，操作方法如下：

```
[root@TianYi~]# systemctl start rpcbind          #临时启动 rpcbind
[root@TianYi~]# systemctl start nfs-server       #临时启动 nfs-server
```

> **注意**
>
> 如果 exports 配置文件中的目录输入有误的话，启动 nfs-server 会出现 Job for nfs-server.service canceled.的出错提示。

STEP 02 停止 NFS 服务

与启动 NFS 服务类似，采用 systemctl stop rpcbind 和 systemctl stop nfs-server 命令可停止 NFS 服务。

```
[root@TianYi~]# systemctl stop rpcbind           #停止 rpcbind
[root@TianYi~]# systemctl stop nfs-server        #停止 nfs-server
```

STEP 03 重启 NFS 服务

对 NFS 服务器进行了相应配置后，如果需要让其生效，必须对 NFS 服务器进行重启，重启 NFS 服务的方法如下。

```
[root@TianYi~]# systemctl restart rpcbind        #重启 rpcbind
[root@TianYi~]# systemctl restart nfs-server     #重启 nfs-server
```

STEP 04 自动加载 NFS 服务

如果需要让 NFS 服务随系统启动自动加载，可以执行以下命令。

```
[root@TianYi~]# systemctl enable rpcbind         #设置开机启动 rpcbind
[root@TianYi~]# systemctl enable nfs-server      #设置开机启动 nfs-server
[root@TianYi~]# systemctl list-unit-files|grep nfs  #查看启动状态
```

STEP 05 检查 NFS 服务运行状态

执行启动命令后，用户可以通过命令查看 NFS 服务的运行状态，以确定 NFS 服务状态是否正常，此时可以采用 systemctl status rpcbind.service 命令查看服务状态[如果看到 active (running)，表示已经运行]，如图 6-6 所示。

```
root@localhost:~
文件(F) 编辑(E) 查看(V) 搜索(S) 终端(T) 帮助(H)
[root@localhost ~]# systemctl status rpcbind.service
● rpcbind.service - RPC Bind
   Loaded: loaded (/usr/lib/systemd/system/rpcbind.service; enabled; vendo>
   Active: active (running) since Thu 2020-02-27 20:05:07 CST; 35min ago
     Docs: man:rpcbind(8)
 Main PID: 4072 (rpcbind)
    Tasks: 1 (limit: 11408)
   Memory: 1.0M
   CGroup: /system.slice/rpcbind.service
           └─4072 /usr/bin/rpcbind -w -f
```

图 6-6 查看 NFS 服务状态

STEP 06 使用 exportfs 命令导出目录

每当修改了/etc/exports 文件的内容后，实际上不需要重新启动 NFS 服务，而直接使用 exportfs 命令就可以使设置立即生效。

exportfs 命令就是用来维护 NFS 服务的输出目录列表的，命令的基本格式如下：

```
exportfs [选项]
```

其参数选项有以下几个。

- -a：输出在/etc/exports 文件中所设置的所有目录。
- -r：重新读取/etc/exports 文件中的设置，并使设置立即生效，而不必重新启动 NFS 服务。
- -u：停止输出某一目录。
- -v：在输出目录时将目录显示到屏幕上。

1）重新输出共享目录。每当修改了/etc/exports 文件的内容后，可使用 exportfs –arv 命令重新输出共享目录，该命令的使用如图 6-7 所示。

2）停止输出所有共享目录。要停止输出当前主机中 NFS 服务器的所有共享目录，可使用 exportfs -auv 命令，该命令的使用如图 6-8 所示。

```
root@localhost:~
文件(F) 编辑(E) 查看(V) 搜索(S) 终端(T) 帮助(H)
[root@localhost ~]# exportfs -arv
exporting 192.168.1.0/24:/nfs/test
exporting 192.168.2.0/24:/nfs/test
exporting 192.168.2.0/24:/home/nfsshare
exporting *.tianyi.com:/nfs/public
exporting *:/home/xesuxn
exporting *:/home/nfsshare
[root@localhost ~]#
```

图 6-7 重新输出共享目录

```
root@localhost:~
文件(F) 编辑(E) 查看(V) 搜索(S) 终端(T) 帮助(H)
[root@localhost ~]# exportfs -auv
[root@localhost ~]#
```

图 6-8 停止输出所有共享目录

6.4.6 测试 NFS 服务

在 NFS 服务配置完成并正确启动之后，通常还要对其进行测试，以检查配置是否正确，以及能否正常工作。

1. 检查输出目录所使用的选项

在配置文件/etc/exports 中，即使在命令行中只设置了一两个选项，但在真正输出目录时，实际上还带有很多默认的选项。

【操作示例 6-4】 使用 cat 命令查看/var/lib/nfs/etab 文件，就可以了解到真正输出目录时到底使用了哪些选项，查看结果如图 6-9 所示。

```
[root@localhost ~]# cat /var/lib/nfs/etab
/nfs/test       192.168.1.0/24(rw,sync,wdelay,hide,nocrossmnt,secure,root_squash,no_all_squash,no_
subtree_check,secure_locks,acl,no_pnfs,anonuid=65534,anongid=65534,sec=sys,rw,secure,root_squash,n
o_all_squash)
/nfs/test       192.168.2.0/24(rw,sync,wdelay,hide,nocrossmnt,secure,root_squash,no_all_squash,no_
subtree_check,secure_locks,acl,no_pnfs,anonuid=65534,anongid=65534,sec=sys,rw,secure,root_squash,n
o_all_squash)
/home/nfsshare  192.168.2.0/24(rw,sync,wdelay,hide,nocrossmnt,secure,root_squash,no_all_squash,no_
subtree_check,secure_locks,acl,no_pnfs,anonuid=65534,anongid=65534,sec=sys,rw,secure,root_squash,n
o_all_squash)
/nfs/public     *.tianyi.com(rw,sync,no_wdelay,hide,nocrossmnt,insecure,root_squash,all_squash,no_
subtree_check,secure_locks,acl,no_pnfs,anonuid=65534,anongid=65534,sec=sys,rw,insecure,root_squash
,all_squash)
/home/xesuxn    *(ro,sync,wdelay,hide,nocrossmnt,secure,root_squash,no_all_squash,no_subtree_check
,secure_locks,acl,no_pnfs,anonuid=65534,anongid=65534,sec=sys,ro,secure,root_squash,no_all_squash)
/home/nfsshare  *(ro,sync,wdelay,hide,nocrossmnt,secure,root_squash,no_all_squash,no_subtree_check
,secure_locks,acl,no_pnfs,anonuid=65534,anongid=65534,sec=sys,ro,secure,root_squash,no_all_squash)
[root@localhost ~]#
```

图 6-9 检查输出目录所使用的选项

2. 使用 showmount 命令测试 NFS 服务器的输出目录状态

showmount 命令的基本格式如下：

```
showmount [选项] NFS 服务器名称或 IP 地址
```

其常用的参数选项如下。

- -a：显示指定的 NFS 服务器的所有客户端主机及其所连接的目录。
- -d：显示指定的 NFS 服务器中已被客户端连接的所有输出目录。
- -e：显示指定的 NFS 服务器上所有输出的共享目录。

【操作示例 6-5】查看当前主机中 NFS 服务器上所有输出的共享目录。使用不带 NFS 服务器名称或地址参数的 showmount -e 命令，可以查看当前主机中 NFS 服务器上所有输出的共享目录，如图 6-10 所示。

【操作示例 6-6】显示当前主机中 NFS 服务器上被挂载的所有输出目录。使用不带 NFS 服务器名称或地址参数的 showmount -d 命令，可以查看当前主机中 NFS 服务器上所有被挂载的输出目录，如图 6-11 所示。

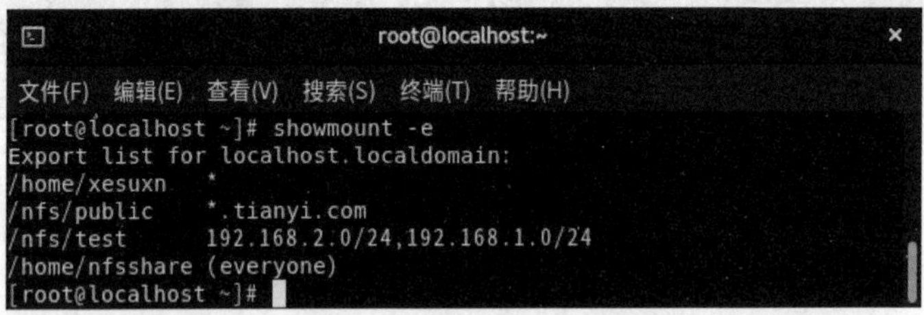

图 6-10 查看 NFS 服务器所输出的共享目录

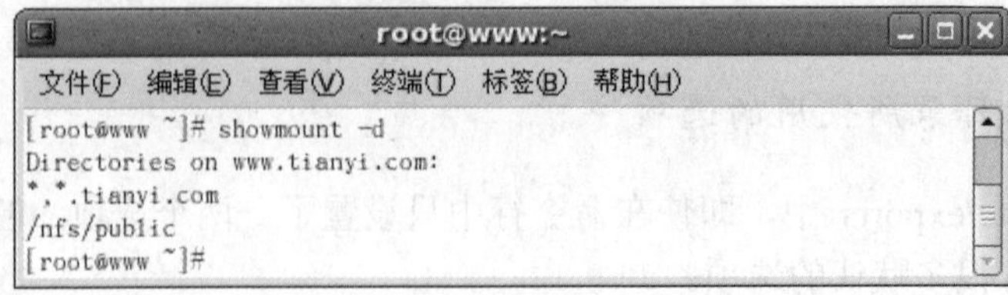

图 6-11 查看当前 NFS 服务器上被挂载的输出目录

对比图 6-10 和图 6-11 可知，虽然当前主机中的 NFS 服务器上有多个输出目录，但当前只有/nfs/public 目录被挂载。

6.4.7 配置 NFS 客户端

配置 NFS 客户端

Linux 下的 NFS 客户端配置非常容易，当 NFS 服务器配置完成之后，在 NFS 客户端可以使用 showmount 命令查看 NFS 服务器上的输出目录，并利用 mount 命令进行挂载，在不需要时可以使用 umount 命令进行卸载。在 NFS 客户端也可以对 NFS 服务器上输出目录实现开机自动挂载。

1. 在 Linux 的客户端也要采用 yum 方式安装 rpcbind 和 nfs-utils，并启动相应的服务

```
[root@localhost~]# yum install rpcbind nfs-utils -y    #安装NFS
[root@localhost~]# systemctl start rpcbind             #启动rpcbind
[root@localhost~]# systemctl start nfs-server          #启动nfs-server
```

2. 关闭防火墙、关闭 SELinux

```
[root@localhost~]#systemctl stop firewalld
[root@localhost~]#setenforce 0        //临时关闭selinux
```

3. 查看 NFS 服务器中的输出目录

➢ 利用 showmount 命令可以查看 NFS 服务器上有哪些输出目录。

【操作示例 6-7】显示 IP 地址为 192.168.2.200 的 NFS 服务器上的输出目录，其操作方法如下：

```
[root@localhost~]# showmount -e 192.168.2.200
Export list for 192.168.2.200:
/home/xesuxn   *
/nfs/public    *.tianyi.com
/nfs/test     192.168.2.0/24,192.168.1.0/24
/home/nfsshare (everyone)
[root@localhost~]#
```

4. 挂载 NFS 服务器中的输出目录

在确认 NFS 服务器设置正确后，在客户端主机可以使用 mount 命令挂载 NFS 服务器中的输出目录到本地目录。命令格式如下：

```
mount - t  NFS服务器的IP 地址:输出目录  本地挂载目录
```

【操作示例 6-8】将 IP 地址为 192.168.2.200 的 NFS 服务器上的/nfs/test 输出目录，挂载到本地的/mnt/public 目录下。

```
[root@localhost~]# mkdir /mnt/public
[root@localhost~]# mount -t nfs 192.168.2.200:/nfs/test /mnt/public
[root@localhost~]# cd /mmnt/public
[root@localhost~]# ll
```

NFS 服务器上的输出目录被挂载到客户端之后，客户端可以在本机使用 mount 命令查看该目录的挂载状态。

```
[root@localhost~]# mount|grep nfs
sunrpc on /var/lib/nfs/rpc_pipefs type rpc_pipefs (rw,relatime)
```

```
    nfsd on /proc/fs/nfsd type nfsd (rw,relatime)
    192.168.2.200:/nfs/test on /mnt/public type nfs4 (rw,relatime,vers=4.2,
rsize=262144,wsize=262144,namlen=255,hard,proto=tcp,timeo=600,retrans=2,sec=
sys,clientaddr=192.168.2.200,local_lock=none,addr=192.168.2.200)
```

5. 卸载 NFS 服务器

在不需要使用 NFS 服务器上的输出目录时，可以使用 umount 命令将挂载目录卸载。命令格式如下：

```
umount  挂载点
```

【操作示例 6-9】卸载挂载目录/mnt/public。

```
[root@localhost ~]#umount /mnt/public
```

6. 启动自动连接 NFS

要想让 NFS 客户端每次开机时自动连接 NFS 服务器上的指定输出目录，应该在/etc/fstab 文件中进行配置。在/etc/fstab 文件中添加语句，格式如下：

```
NFS 服务器主机名/IP 地址：输出目录  本地挂载目录  nfs  defaults  0  0
```

【操作示例 6-10】设置 NFS 客户端每次开机自动连接 IP 地址为 192.168.2.200 的 NFS 服务器上的/nfs/public 输出目录，挂载目录为/mnt/public。要想实现该功能，可在 NFS 客户端的/etc/fstab 文件中加入下面的语句：

```
192.168.2.200:/nfs/public  /mnt/public  nfs  defaults  0  0
```

保存后重新启动操作系统，即可完成自动挂载。

6.5 技能训练

6.5.1 课堂训练

课堂任务

为天一电子产品研发中心架设一台 NFS 服务器（192.168.85.128），使之开放相关目录，并设置相应的访问权限，具体要求如下。

1）开放/nfs/shared 目录，供所有用户查阅资料。

2）开放/nfs/upload 目录作为 192.168.85.0/24 网段的数据上传目录，并将所有用户及所属的用户组都映射为 nfs-upload，其 UID 与 GID 均为 210。

3）将/home/tom 目录仅共享给 192.168.85.129 这台主机，并且只有用户 tom 可以完全访问该目录。

训练步骤如下。

STEP 01 建立共享目录

首先使用 mkdir 命令建立共享目录，再使用 chmod 命令修改目录权限，操作方法如下：

```
# mkdir -p /nfs/shared
```

```
# mkdir -p /nfs/upload
# chmod 007 /nfs/upload
```

STEP 02 建立用户

使用useradd命令建立用户，操作方法如下：

```
# useradd tom                  #不设置密码
# useradd -u 210 nfs-upload
```

STEP 03 配置exports

采用vi编辑/etc目录中的exports文件，在其中添加共享目录，设置相应的访问权限。操作方法如下：

```
/nfs/shared  *(ro)
/nfs/upload  192.168.85.0/24(rw,all_squash,anonuid=210,anongid=210)
/home/tom  192.168.85.129(rw)
```

> **注意**
>
> 这里要注意tom两边的UID必须要一致，否则不能实现第三个要求。

STEP 04 重启服务

重新启动NFS服务，用户能够成功登录NFS服务器，操作方法如下：

```
[root@localhost~]# systemctl start rpcbind           #启动rpcbind
[root@localhost~]# systemctl start nfs-server        #启动nfs-server
```

STEP 05 客户端NFS使用

客户端要使用NFS服务器上共享目录，首先检查NFS服务器中的共享目录，再在客户端建立挂载目录，然后进行挂载，操作方法如下：

```
#showmount -e 192.168.85.128        #列出服务器共享目录
#mkdir /shared                      #客户端在/shared无写权限
#mkdir /upload              #客户端/upload上新建的文件的UID和服务器UID一致
#mkdir /tom       #只能用tom用户登录，并且tom用户的UID要与服务器的UID一致
#mount 192.168.85.128:/nfs/shared /shared    #将NFS服务器上的共享目录挂载
#mount 192.168.85.128:/nfs/upload /upload    #将NFS服务器上的共享目录挂载
#mount 192.168.85.128:/home/tom /tom          #将NFS服务器上的共享目录挂载
```

以上操作完成后，进入相应的目录即可进行文件的读写验证。

6.5.2 课后训练

|课后训练6-1| 架设一台NFS服务器，并按照以下要求配置输出目录：

1）将/nfs/files目录导出给192.168.0 网络中的所有主机。

2）将/nfs/test导出给192.168.0.120。

3）将/nfs/leader 目录指定给主机 192.168.0.125，并将对文件的读/写权限授权给 user id=210且group id=100的用户。

4）设置/nfs/share目录，对它只有只读权限并只能允许以匿名账号的身份访问。

5）在客户端进行连接，并测试NFS服务器上的共享资源。

参考配置如下：

```
/opt/files   192.168.0.*
/nfs/test    192.168.0.120
```

```
/nfs/leader  192.168.0.125(rw,all_squash,anonuid=210,anongid=100)
/nfs/share   *(ro, insecure, all_squash)
```

|课后训练 6-2| 架设一台 NFS 服务器，并按照以下要求配置输出目录：

1）设置共享目录为/nfs/public，可以供子网 192.168.1.0/24 中的所有客户端主机进行读/写操作，而其他网络中的客户端主机则只能读取该目录中的内容。

2）设置共享目录/nfs/hnrpc 只供 IP 地址为 192.168.1.21 的客户端主机进行读/写操作。

3）对于共享目录/nfs/root，hnrpc.com 域中的所有客户端主机都具有只读权限，并且不将 root 用户映射到匿名用户。

4）对于共享目录/nfs/users 来说，hnrpc.com 域中的所有客户端主机都具有可读/写权限，并且将所有用户及所属的用户组都映射为 nfsnobody，数据同步写入磁盘，如果有写操作则立即执行。

5）对于共享目录/mnt/cdrom 来说，子网 192.168.1.0/24 中的所有客户端主机都具有只读权限。

6）在客户端进行连接，并测试 NFS 服务器上的共享资源。

6.6 总结提高

本项目首先介绍了 NFS 服务的工作原理、工作流程和 NFS 相关软件包的安装方法，接着分析了 NFS 服务的主配置文件 exports，然后着重训练了 NFS 服务器的配置技能，最后训练了大家在客户端使用 NFS 访问的方法和解决 NFS 服务配置故障的能力。

NFS 是可以使不同的计算机之间通过网络进行文件共享的一种网络协议，一般用于 Linux 网络系统中。一台 NFS 服务器就如同一台文件服务器，只要将文件系统共享出来，NFS 客户端就可以将它挂载到本地系统中，从而可以像使用本地文件系统中的文件一样使用远程文件系统中的文件。

相信你通过本项目的学习应该有一定的收获，请认真填写学习情况考核登记表（表 6-5），并及时予以反馈。

表 6-5 学习情况考核登记表

序号	知识与技能	重要性	自我评价					小组评价					老师评价				
			A	B	C	D	E	A	B	C	D	E	A	B	C	D	E
1	会安装 NFS 服务	★★★															
2	会启动、停止 NFS 服务	★★★☆															
3	能分析 exports 文件中的主要参数	★★★★☆															
4	能测试 NFS 访问	★★★★															
5	能配置 NFS 服务器	★★★★★															
6	会处理 NFS 服务中的部分故障	★★★★															
7	会配置 NFS 客户端	★★★☆															
8	能完成课堂训练	★★★☆															

说明：评价等级分为 A、B、C、D 和 E 共 5 等。其中，对知识与技能掌握很好，能够熟练地完成 NFS 服务器的配置与管理为 A 等；掌握了 75%以上的内容，能较为顺利地完成任务为 B 等；掌握 60%以上的内容为 C 等；基本掌握为 D 等；大部分内容不够清楚为 E 等。

项目 7

配置与管理 DHCP 服务器

学习指导

教学目标 ☞

知识目标

了解 DHCP 的基本概念
了解 DHCP 的工作原理
掌握 DHCP 服务器的配置方法
掌握 DHCP 客户端的配置方法

技能目标

会检查并安装 DHCP 软件包
会启动和停止 DHCP 服务进程
能配置 DHCP 服务器
能配置 DHCP 客户端
能解决 DHCP 配置中出现的问题
能测试 DHCP 服务器的配置情况

素质目标 ☞

培养认真细致的工作态度和工作作风
养成刻苦、勤奋、好问、独立思考和细心检查的学习习惯
培养节约观念和创新意识，能够合理规划地址池
具有一定的自学能力，分析问题、解决问题能力和创新能力
树立责任意识、服务意识和团队合作意识

建议课时 ☞

教学课时：理论学习 2 课时+教学示范 3 课时
技能训练课时：课堂模拟 3 课时+课堂训练 3 课时

对于网络管理员来说，如何让每台计算机都顺利地接入本地网络，是一个比较烦琐的事情，因为对于 TCP/IP 网络来说，要接入本地网络，每台计算机必须有一个唯一的 IP 地址。如果每台计算机的 IP 地址都需要网络管理员来分配、设置，在一个规模较大的网络中，将是一个非常艰巨的任务。因此，在 TCP/IP 协议簇中提供了 DHCP 这种应用层协议，通过 DHCP，可对每台计算机的 IP 地址进行动态分配，从而减少网络管理的复杂性。

本项目介绍在 Linux 系统中 DHCP 的配置与管理的具体方法。通过任务案例介绍如何检查并安装 DHCP 软件包；对 DHCP 的主配置文件 dhcpd.conf 的配置选项进行全面分析；对 DHCP 服务器和客户端的配置方法进行详细阐述；最后介绍如何在 Linux 和 Windows 7 中通过 DHCP 动态获取 IP 地址。

7.1 任务描述

配置 DHCP 服务为局域网客户机分配 IP 地址

天一电子产品研发中心在进行网络改造前，局域网中的服务器采用 Windows 操作系统，考虑到系统的安全性和稳定性，公司决定改造后服务器使用 Linux 操作系统。改造前中心机器不多，内部网络管理负责人给每台机器指定了一个 IP 地址，但在使用时有如下突出问题：

一是有个别同事经常修改相关参数，导致 IP 地址冲突，无法正常上网。

二是公司业务发展，计算机越来越多，对相关参数的维护工作也越来越繁重。

三是公司领导和部分同事配备了笔记本计算机，需要在不同的环境下使用，要不断修改 IP 地址，很不方便。

为此，天一电子产品研发中心希望谢立夫在 Linux 服务器中解决上述问题。

谢立夫经过分析认为需要配置 DHCP 服务来解决此问题，首先根据网络拓扑和规模规划 IP 地址，再根据用户需求配置好 DHCP 服务器的各项参数。

7.2 任务分析

1. 了解DHCP及使用DHCP的原因

DHCP是Dynamic Host Configuration Protocol动态主机配置协议的缩写，是一个简化主机IP地址分配管理的TCP/IP 标准协议。

在TCP/IP网络中，每台工作站在存取网络上的资源之前，都必须进行基本的网络配置，一些主要参数如IP地址、子网掩码、默认网关和DNS等是必不可少的，还可能需要一些附加的信息如IP管理策略之类。之所以要使用DHCP服务来为客户端自动分配IP地址，其主要作用有以下两个方面。

1）简化网络配置。采用DHCP自动分配IP地址后，管理员就无须为每个客户手动配置IP地址了，从而减轻了网络管理员的负担。这在规模稍大的网络中感受会特别明显。

2）提高IP地址的利用率。DHCP客户端在断开网络连接后，可以释放原来使用的IP地址，继续分配给其他用户使用。这对于IP地址资源紧缺的网络环境特别有用。

2. 知道DHCP服务应用的网络环境

DHCP 可以实现网络中一些主要参数的动态配置，在很多中小型企业的网络环境中都经常使用DHCP服务，它主要适用于如下网络环境。

1）网络规模较大，需要对整个网络进行集中管理，简化网络管理。

2）网络中主机数目大于该网络支持的IP地址数量，无法为每个主机分配一个固定的IP地址，大量用户必须通过DHCP服务动态获得IP地址。

3）网络中存在移动设备，需要实现对移动设备的方便接入及自动配置管理。

4）网络中只有少数主机需要固定的IP地址，大多数主机没有固定IP地址的需求。

5）网络中的接入设备进行简单的配置后即可以实现基于DHCP的安全管理。

3. 知道DHCP需要的软件包

在安装与配置DHCP服务之前，必须熟悉DHCP所需要的软件包及它们的用途。

1）dhcp-server-4.3.6-30.el8.x86_64.rpm：该包为DHCP服务的主程序包。服务器端必须安装该软件包，后面的数字为版本号。

2）dhcp-client-4.3.6-30.el8.x86_64.rpm：该包为DHCP的客户端工具，是连接服务器和连接网上邻居的客户端工具，并包含其测试工具。

3）dhcp-common-4.3.6-30.el8.noarch.rpm：该包存放的是通用的工具和库文件，无论是服务器端还是客户端都需要安装该软件包。

4. 熟悉DHCP服务器的搭建流程

搭建DHCP服务器的流程与搭建其他服务器的流程较为类似，具体过程如下。

1）构建网络环境，服务器和客户机最好设置在同一局域网内。

2）设置服务器的静态IP地址，重启网络服务，查看网络地址配置信息是否生效。

3）关闭防火墙或在防火墙中信任 DHCP 服务，同时关闭 SELinux。

4）使用 rpm -qa 命令检查系统是否安装 DHCP 相关软件包，如果未安装，则使用 yum install 或 rpm -ivh 命令进行安装。

5）建立 dhcpd.conf 配置文件，可先复制主配置文件的范本文件到/etc 目录下，并重命名为 dhcpd.conf，再用 vi 对其进行编辑，根据需要设置相关参数，主要设置 IP 作用域、租约和保留特定 IP 等。

6）重新加载配置文件或重启 DHCP 服务，使配置生效。

7）在客户端进行验证，保证客户端能成功获取指定的 IP 地址。

5. 知道 DHCP 服务能够提供的配置信息

DHCP 服务器能够为客户端提供 TCP/IP 协议中所需要的 IP 地址、子网掩码、网关和 DNS 等。

1）网络接口的 IP 地址和子网掩码。

2）网络接口 IP 地址对应的网络地址和广播地址。

3）默认网关地址。

4）DNS 服务器地址。

6. 了解本项目的具体任务

本项目的具体任务包括安装 DHCP 服务所需软件包、熟悉 DHCP 服务、配置与管理 DHCP 服务器、配置 DHCP 客户端等几个方面，具体任务如下。

1）安装 DHCP 服务所需软件包：包括了解 DHCP 工作原理、DHCP 软件包的组成、检查并安装 DHCP 软件包。

2）熟悉 DHCP 服务：包括设置 DHCP 服务初始环境、分析主要配置文件 dhcpd.conf、熟悉配置文件中的参数、选项与声明。

3）配置与管理 DHCP 服务器：包括启动 DHCP 服务、配置 DHCP 服务器、排除配置过程中出现的问题。

4）配置 DHCP 客户端：包括 DHCP 客户端的设置、完成 DHCP 服务的测试。

7.3 知识储备

7.3.1 DHCP 概述

DHCP 是一个简化主机 IP 地址分配管理的 TCP/IP 标准协议。

DHCP 的前身是 BOOTP，它工作在 OSI 的应用层，是一种帮助计算机从指定的 DHCP 服务器获取配置信息的自举协议。DHCP 使用客户端/服务器模式，请求配置信息的计算机称为“DHCP 客户端”，而提供信息的计算机称为“DHCP 服务器”。DHCP 为客户端分配地址的方法有三种，即手工配置、自动配置和动态配置。DHCP 最重要的功能是动态分配，除了 IP 地址，DHCP 还为客户端提供其他的配置信息，如子网掩码，从而使客户端无须用户动手即可自动配置并连接网络。

7.3.2 DHCP 地址分配机制

DHCP 地址分配机制

DHCP 提供自动分配、手动分配和动态分配共三种地址分配机制。

自动分配：DHCP 服务器为客户端分配一个永久地址。在该地址被分配后，DHCP 服务器便不能对其进行再分配了。

手动分配：管理员手动设置 IP 地址到 MAC 地址的映射，DHCP 服务器仅负责将信息传送给客户端。

动态分配：DHCP 服务器向客户端分配可重用的地址。

从各个方面来看，动态分配机制都是这三种机制中最理想的一种。首先，动态分配机制非常适合服务器只有少量可用地址，而主机又需要与网络保持短时间连接的场合。很多 Internet 服务提供商（ISP）就是采用这种分配机制对其客户端动态分配 IP 地址的。这样，当客户端断开连接或离线时，Internet 服务提供商可以将其地址重新分配给另一台主机。使用动态地址分配机制的另一个原因是，在 DHCP 地址池中地址数量有限的情况下，当网络中淘汰旧的主机、加入新的主机时，新主机可以获取旧主机的地址或其他地址。这样，地址池中便可以保持同样的主机地址使用率。

采用手动分配机制可以避免在手工配置主机过程中可能出现的错误。因为采用手动分配机制时，DHCP 管理员可以在服务器上静态地对主机进行配置，然后客户端再从该服务器上下载其配置信息。

提示

DHCP 服务在很多设备中都已经内置。例如，现在家庭上网用的宽带 Modem、宽带路由器等都内置了 DHCP 服务程序，通过这些设备也可为内网中的计算机进行动态 IP 地址的分配。

7.3.3 DHCP 的工作原理

DHCP 是一个基于广播的协议，它的操作归结为 IP 租用请求、IP 租用提供、IP 租用选择、IP 租用确认共 4 个阶段，每一个阶段的具体工作流程如图 7-1 所示。

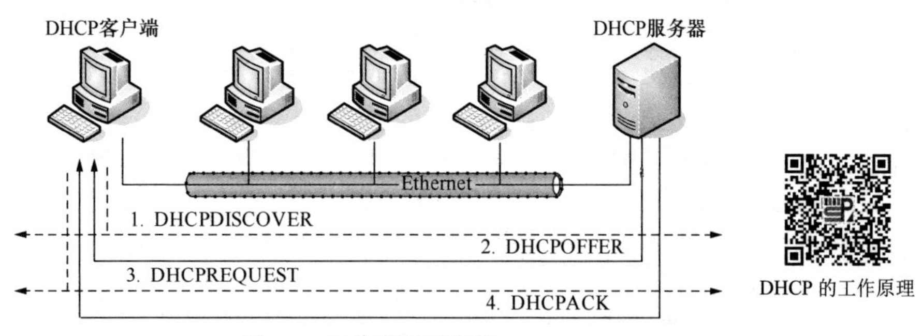

图 7-1　工作流程示意图

DHCP 的工作原理

1. IP 租用请求

当 DHCP 客户端第一次登录网络的时候，也就是客户发现本机上没有任何 IP 数据设定时，它会向网络发出一个 DHCPDISCOVER 封包。因为客户端还不知道自己属于哪一个网络，所以封包的来源地址为 0.0.0.0，而目的地址则为 255.255.255.255，然后再附上 DHCPDISCOVER 的信息，消息包含客户计算机的媒体访问控制（MAC）地址（网卡上内建的硬件地址）以及它的 NetBIOS 名字，向网络进行广播。

2. 提供 IP 租用

当 DHCP 服务器接收到来自客户的 DHCPDISCOVER 广播后，会根据自己的作用域地址池为该客户保留一个 IP 地址并且在网络上广播来实现，该消息包含客户的 MAC 地址、服务器所能提供的 IP 地址、子网掩码、租用期限，以及提供该租用的 DHCP 服务器本身的 IP 地址，回应给客户端一个 DHCPOFFER 封包。

3. 接受 IP 租约

如果子网还存在其他 DHCP 服务器，那么客户端在接受了某个 DHCP 服务器的 DHCPOFFER 消息后，它会广播一条包含提供租用的服务器的 IP 地址的 DHCPREQUEST 消息，在该子网中通告所有其他 DHCP 服务器它已经接受了一个地址的提供，其他 DHCP 服务器在接收到这条消息后，就会撤销为该客户提供的租用，然后把为该客户分配的租用地址返回到地址池中，该地址将可以重新作为一个有效地址提供给其他计算机使用。

4. IP 租约确认

DHCP 服务器接收到来自客户的 DHCPREQUEST 消息后，就开始配置过程的最后一个阶段。这个确认阶段由 DHCP 服务器发送一个 DHCPACK 包给客户，该包包括一个租用期限和客户所请求的所有其他配置信息，至此完成 TCP/IP 配置。

7.3.4 DHCP 常用术语

DHCP 的术语较多，下面介绍一些常用的术语。掌握这些术语对配置与管理 DHCP 服务器具有很大的帮助，常用术语如表 7-1 所示。

表 7-1 DHCP 常用术语

术语	描述
作用域	作用域是一个网络中的所有可分配的 IP 地址的连续范围。作用域主要用来定义网络中单一的物理子网的 IP 地址范围
超级作用域	超级作用域是一组作用域的集合，它用来实现同一个物理子网中包含多个逻辑 IP 子网。可以理解为作用域是一个用户，而超级作用域就是这个用户的组
地址池	在用户定义了 DHCP 范围及排除范围后，剩余的地址构成了一个地址池，地址池中的地址可以动态地分配给网络中的客户端使用
租约	租约是 DHCP 服务器指定的时间长度，在这个时间范围内客户端可以使用获得的 IP 地址。当客户端获得 IP 地址时租约被激活。在租约到期前客户端需要更新 IP 地址的租约，当租约过期或从服务器上删除时，租约停止
保留地址	用户可以利用保留地址，创建一个永久的地址租约。保留地址保证子网中的指定硬件设备始终使用同一个 IP 地址

7.4　任务实施

7.4.1　安装 DHCP 软件包

DHCP 是 Linux 系统集成的一个工具。在安装 Linux 的过程中如果用户选择了 DHCP，那么它就会在安装 Linux 的同时安装 DHCP；如果没有选择的话，需要在机器启动后将 RHEL 8/CentOS 8 安装光盘放进光驱进行安装。

任务案例 

在 Linux 系统中检查是否安装了 DHCP 软件包，若没有安装，则利用 Linux 安装盘进行安装，然后检查并了解系统中 DHCP 组件的版本号。

完成任务的步骤如下。

STEP 01 检查 DHCP 软件包

使用 rpm -qa|grep dhcp 命令检测系统是否安装了 DHCP 软件包，或查看已经安装的软件包的版本，操作方法如图 7-2 所示。

如果没有看到 DHCP 主程序包，此时就得使用 yum install dhcp 命令（或 rpm -ivh rpm 方式需要手工安装依赖包）进行软件包的安装。

```
root@TianYi:~
[root@TianYi ~]# rpm -qa|grep dhcp
dhcp-client-4.3.6-30.el8.x86_64
dhcp-libs-4.3.6-30.el8.x86_64
dhcp-common-4.3.6-30.el8.noarch
```

图 7-2　检查 DHCP 软件包

STEP 02 安装 DHCP 软件包

将 RHEL 8/CentOS 8 的安装光盘放入光驱，首先使用 mount 命令挂载光驱，然后配置本地 yum 源（参考任务案例 3-5），最后使用 yum install 命令安装 DHCP 软件包，操作方法如下：

```
[root@TianYi~]#mount /dev/sr0 /mnt/cdrom
[root@TianYi~]#yum -y install dhcp
[root@TianYi~]#yum -y install dhcp-server.x86_64
```

STEP 03 检查确认

所有 DHCP 软件包安装完毕后，再次使用 rpm -qa 命令进行查询，操作方法参考 STEP 01。也可以使用 rpm -ql dhcp-server 查看 DHCP 服务安装的包和文件，操作方法如下：

```
[root@TianYi dhcp]# rpm -ql dhcp-server
/etc/NetworkManager
/etc/NetworkManager/dispatcher.d
/etc/NetworkManager/dispatcher.d/12-dhcpd
/etc/dhcp
/etc/dhcp/dhcpd.conf
```

```
......
/usr/share/doc/dhcp-server
/usr/share/doc/dhcp-server/dhcp-lease-list.pl
/usr/share/doc/dhcp-server/dhcpd.conf.example
......
```

7.4.2 熟悉相关配置文件

DHCP 软件包安装完成后，会在系统中产生与 DHCP 相关的配置文件供配置 DHCP 服务器使用，主要配置文件如下。

1）/etc/dhcp/dhcpd.conf：核心配置文件，此文件中无任何内容，要手工创建或复制范本文件产生。

2）/usr/share/doc/dhcp-server/dhcpd.conf.sample：范本文件。

3）/var/lib/dhcpd/dhcpd.leases：客户租约的数据库文件。

4）/etc/sysconfig/dhcpd：DHCP 的启动参数配置文件。

5）/etc/sysconfig/dhcrelay：中继代理配置文件。

7.4.3 熟悉主配置文件 dhcpd.conf

dhcpd.conf 是 DHCP 服务最核心的配置文件，它包含 DHCP 服务的配置信息，DHCP 服务（即 dhcpd 守护进程）是依据该文件的配置来完成相关服务的。在默认情况下，该文件是不存在的，因此需要用户自己建立，不过考虑用户建立文件有一定的难度，所以系统提供了一个范本文件，存放在/usr/share/doc/目录下，文件名为 dhcpd.config.sample。

1. 查看主配置文件

任务案例 7-2

将/usr/share/doc/dhcp-4.1.1/目录下的 dhcpd.config.sample 文件复制到/etc/dhcp/目录，并将其改名为 dhcpd.conf。利用 vi 编辑器查看此文件的内容。

完成任务的步骤如下。

STEP 01 将范本文件复制到/etc/dhcp/目录

在默认情况下，dhcpd.conf 是不存在的，因此需要用户将系统提供的范本/usr/share/doc/dhcp-server/目录中的 dhcpd.config.sample 复制到/etc/dhcp/目录，并将其改名为 dhcpd.conf，具体操作如图 7-3 所示。

```
root@TianYi:/usr/share/doc/dhcp-server
[root@TianYi dhcp-server]# cd /usr/share/doc/dhcp-server
[root@TianYi dhcp-server]# ll
总用量 16
-rw-r--r--. 1 root root 3367 12月 17 2018 dhcpd6.conf.example
-rw-r--r--. 1 root root 3266 7月  25 2017 dhcpd.conf.example
[root@TianYi dhcp-server]# cp dhcpd.conf.example /etc/dhcp/dhcpd.conf
cp: 是否覆盖'/etc/dhcp/dhcpd.conf'? y
[root@TianYi dhcp-server]#
```

图 7-3　复制范本文件

STEP 02 查看 dhcpd.conf 文件内容

首先进入 dhcpd.conf 所在目录，然后使用 vi /etc/dhcp/dhcpd.conf 将配置文件打开，

dhcpd.conf 文件的内容如图 7-4 所示。

```
root@TianYi:/usr/share/doc/dhcp-server

subnet 10.152.187.0 netmask 255.255.255.0 {
}

# This is a very basic subnet declaration.

subnet 10.254.239.0 netmask 255.255.255.224 {
  range 10.254.239.10 10.254.239.20;
  option routers rtr-239-0-1.example.org, rtr-239-0-2.example.o
rg;
}

# This declaration allows BOOTP clients to get dynamic addresse
s,
# which we don't really recommend.

subnet 10.254.239.32 netmask 255.255.255.224 {
  range dynamic-bootp 10.254.239.40 10.254.239.60;
  option broadcast-address 10.254.239.31;
```

图 7-4 查看 dhcpd.conf 文件内容

dhcpd.conf 配置文件包含全局和局部两个部分，共 104 行。但是，很难分辨其中的内容哪些属于参数，哪些属于声明和选项，需要通过下一步的分析来了解。

2. 分析主配置文件 dhcpd.conf

dhcpd.conf 主配置文件的具体内容包括参数、选项和声明三部分，下面对 dhcpd.conf 的组成与结构进行分析。

（1）dhcpd.conf 主配置文件整体框架

dhcpd.conf 包括全局配置和局部配置两部分：全局配置可以包含参数或选项，该部分对整个 DHCP 服务器生效；局部配置通常用声明来表示，该部分仅对局部生效。当全局配置与局部配置发生冲突时，局部配置优先级更高。

dhcpd.conf 配置文件的语法格式如下：

```
#全局配置
                参数/选项;                    #这些参数/选项全局生效
#局部配置
    声明 {
                参数/选项;                    #这些参数/选项局部生效
    }
```

（2）常用参数分析

参数是必选的（从第 10 行开始），它是控制 DHCP 服务器行为的值，用来描述服务器如何操作以及对配置机器相应的响应，参数由设置项和设置值两部分组成，以“;”结束，例如：

```
default-lease-time  600;                  #第 10 行
max-lease-time 7200;                      #第 11 行
;ddns-update-style none;                  #第 14 行
```

常用的参数、参数的功能及使用范围如表 7-2 所示。

表 7-2 常用参数说明

参数	功能	使用范围
ddns-update-style 类型	定义所支持的 DNS 动态更新类型（必选）。其中类型值有三种，分别如下： 1）none：不支持动态更新。 2）interim：互动更新模式。 3）ad-hoc：特殊 DNS 更新模式。 配置示例：ddns-update-style none;	必选参数，且必须放在第一行，而且只能在全局配置中使用
ignore/allow client-updates	允许/忽略客户端更新 DNS 记录 配置示例：ignore client-updates;	全局配置，只能在服务器端使用
default-lease-time 数字	定义默认 IP 地址的租约时间（秒） 配置示例：default-lease-time 21600;	以秒为单位 全局、局部配置
max-lease-time 数字	定义客户端 IP 租约时间的最大值（秒） 配置示例：max-lease-time 43200;	以秒为单位 全局、局部配置
Hardware 硬件类型 MAC 地址	指定客户端网卡接口类型和 MAC 地址 配置示例：hardware ethernet 00:30:18:A3:CF:50;	局部配置
server-name	告知客户端分配地址的服务器的名字 配置示例：server-name "dhcp.sale.mylinux.com";	局部配置
fixed-address	分配给客户端一个固定的 IP 地址（注意：这个地址不能包含在地址池中） 配置示例：fixed-address 192.166.1.33;	局部配置

（3）常用声明分析

声明用于指定 IP 作用域、提供给客户端的 IP 地址等，常用的声明如表 7-3 所示。

表 7-3 常用声明说明

声明	功能
subnet 网络号 netmask 子网掩码 {……}	定义作用域（或 IP 子网）（注意：网络号必须与 DHCP 服务器的网络号相同） 配置示例：subnet 192.166.1.0 netmask 255.255.255.0 {……}
range 起始 IP 地址 终止 IP 地址	定义作用域（或 IP 子网）范围（注意：可以在 subnet 声明中指定多个 range，但多个 range 所定义 IP 范围不能重复） 配置示例：range dynamic-bootp 192.166.1.128 192.166.1.254;
host 主机名{……}	定义保留地址 配置示例：host hnrpc{……}
group {……}	定义一组参数

一个简单的网段声明如下：

```
subnet 192.166.10.0 netmask 255.255.255.0        #第 47 行
{
    range 192.166.10.1 192.166.10.254;
    option subnet-mask 255.255.255.0;
    option routers 192.166.10.1;
}
```

（4）常用选项分析

选项通常用来配置 DHCP 客户端的可选参数，选项内容都是以 option 关键字开头，后面跟具体的选项和选项值，选项也必须以“;”结束，例如：

```
option routers 192.166.0.254;                    #第 51 行
option subnet-mask 255.255.255.0;
```

常用选项及其功能如表 7-4 所示。

表 7-4　常用声明说明

选项	功能
option routers IP 地址	为客户端指定默认网关 例如，option routers 192.166.0.254;
option subnet-mask 子网掩码	设置客户端的子网掩码 例如，option subnet-mask 255.255.255.0;
option domain-name-servers IP 地址	为客户端指定 DNS 服务器地址 例如，option domain-name-servers 61.187.96.3;
option time-offset 数字	为客户端指定格林尼治时间领衔时间，单位为秒

7.4.4　设置 IP 作用域

DHCP 服务的主要目的就是为客户端提供 IP 地址，所以在建立 DHCP 服务器时，必须确定一个 IP 子网中所有可分配的连续的 IP 地址范围，这个连续的 IP 地址范围就是 IP 作用域。

当 DHCP 客户端向 DHCP 服务器请求 IP 地址时，DHCP 服务器就可以从该作用域中选择一个尚未分配的 IP 地址，将其分配给该 DHCP 客户端。

在 dhcpd.conf 文件中，用 subnet 语句声明一个 IP 作用域，其语法格式如下：

```
subnet 子网 ID  netmask 子网掩码 {
   rang 起始 IP 地址  结束 IP 地址； #此处用来指定可分配给客户端的 IP 地址范围
   IP 参数;                          #定义客户端 IP 参数，如子网掩码、默认网关等
}
```

【操作示例 7-1】在子网 192.168.2.0 中，允许客户端分配的 IP 地址范围是 192.168.2.50～192.168.2.100 及 192.168.2.150～192.168.2.199，子网掩码采用默认值 255.255.255.0，此时可在 dhcpd.conf 文件的第 47 行开始做如下修改：

```
subnet 192.168.2.0 netmask 255.255.255.0
{
    range 192.168.2.50 192.168.2.100;
    range 192.168.2.150 192.168.2.199;
    ……
}
```

这里用 subnet 语句声明了一个 IP 作用域，其 IP 子网标识为 192.168.2.0，子网掩码为 255.255.255.0，range 语句设置了该 IP 子网中可分配给客户端的 IP 地址的范围。

7.4.5　设置客户端的 IP 地址

利用 DHCP 服务除了给 DHCP 客户端指定 IP 地址外，还可以为客户端设置子网掩码、DNS 服务器的地址和默认网关等参数。当 DHCP 客户端向 DHCP 服务器索取 IP 地址或更新租约时，DHCP 服务器就会自动为 DHCP 客户端设置相应的 IP 选项。

在配置文件 dhcpd.conf 中，设置 DHCP 客户端 IP 选项的语句的基本格式如下：

```
option 选项代码 设置内容;
```

通常需要设置的客户端 IP 选项及举例如下。

1）设置路由器（默认网关）的 IP 地址，如 option routers 192.168.2.1;。

2）设置子网掩码，如 option subnet-mask 255.255.255.0;。

3）设置 DNS 域名，如 option domain-name "TianYi. com";。

4）设置 DNS 服务器的 IP 地址，如 option domain-name-server 192. 166. 2. 254, 61. 187. 96. 3;。

5）设置广播地址，如 option broadcast-address 192. 166. 2. 255;。

【操作示例 7-2】假如需要将以上 5 个 IP 选项分配给客户端，可在 dhcpd.conf 文件的第 51 行开始做如下修改：

```
option routers 192.168.2.1;
option subnet-mask 255.255.255.0;
option domain-name “TianYi.com”;
option domain-name-server 192.166.2.254,61.187.96.3;
option broadcast-address 192.166.2.255;
```

7.4.6 设置租约期限

客户端在自动获取 IP 地址后，一般会有一定的使用期限，这个使用期限就是租约期限。在租约期限内，DHCP 客户端可以临时使用从 DHCP 服务器租借到的 IP 地址，期限过后需要重新申请 IP 地址。然而频繁的 IP 地址变动会给管理工作带来麻烦，用户可以通过设置合理的 IP 地址租约期限，使客户端拥有 IP 地址的“永久”使用权。

在 dhcpd.conf 文件中，有两个与租约期限有关的设置。

1）默认的租约期限，例如：

```
default-lease-time 86400;        #第 10 行，修改租约期限为 1 天
```

2）最大的租约期限，例如：

```
max-lease-time 172800;           #第 11 行，修改最大的租约期限为 2 天
```

租约信息记录在文件/var/lib/dhcp/dhcpd.lease 中，从该文件中可以查看到 IP 地址的租用情况。

【操作示例 7-3】假如需要将默认的租约期限设置为 7 天、最大的租约期限设置为 15 天，此时可在 dhcpd.conf 文件中做如下设置：

```
default-lease-time 604800;
max-lease-time 1296000;
```

7.4.7 保留特定 IP

在 DHCP 服务器的 IP 作用域中的地址，可以保留特定的 IP 地址给指定的 DHCP 客户端使用，这样客户端每次都可以获取相同的 IP 地址。

要保留特定的 IP 地址给指定的 DHCP 客户端使用，必须先查看该客户端网卡的 MAC 地址，然后在/etc/dhcpd.conf 文件中将保留的特定 IP 地址与之绑定即可。在 dhcpd.conf 文件中，保留的特定 IP 地址需采用 host 语句，格式如下：

```
host 主机名 {                              #第 62 行
    hardware ethernet 网卡的 MAC 地址;     # 设置 DHCP 客户端网卡的 MAC 地址
    fixed-address IP 地址;                 # 为 DHCP 客户端分配 IP 地址
    IP 参数;                               # 指定默认网关等其他 IP 参数
}
```

【操作示例 7-4】 在子网中，部门两位主管的计算机想申请固定的 IP 地址，以便与部门内其他员工进行交流，具体操作方法如下。

1）查看两位主管的计算机的 MAC 地址。如果主管的计算机安装的是 Windows 操作系统，可以选择“开始”→“运行”，在“运行”对话框的“打开”文本框中输入 cmd，单击“确定”按钮进入命令方式，再输入 arp -a 或 ipconfig /all 命令查看，操作方法如图 7-5 所示。

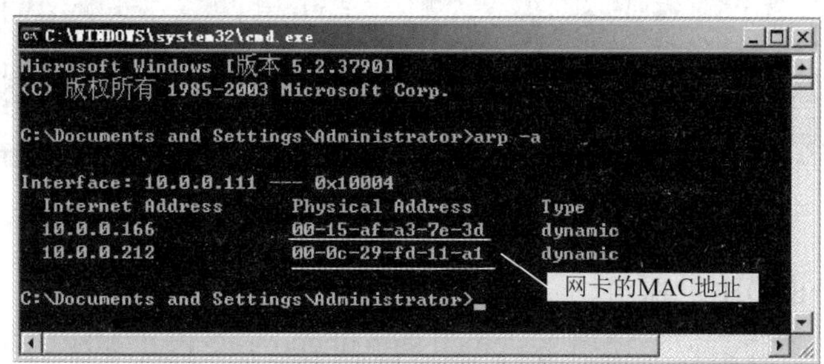

图 7-5　Windows 中查看 MAC 地址

如果主管的计算机安装的是 Linux 操作系统，可在终端模式下输入 arp 或 ifconfig 命令查看，操作方法如图 7-6 所示。

```
root@TianYi:~
[root@TianYi ~]# arp
Address              HWtype  HWaddress           Flags Mask            Iface
192.168.2.102        ether   d0:d7:83:7f:0a:9c   C                     ens33
_gateway             ether   9c:21:6a:39:ae:58   C                     ens33
[root@TianYi ~]#
```

图 7-6　Linux 中查看 MAC 地址

2）接着在 DHCP 服务器的配置文件 dhcpd.conf 中编辑 boss1 的绑定，添加 boss2 的绑定，加入语句如下：

```
host boss1 {                                                   #第 62 行
    hardware Ethernet 00:15:af:a3:7e:3d;
     fixed-address 192.166.2.98;
}
host boss2 {
    hardware Ethernet d0:d7:83:7f:0a:9c;
     fixed-address 192.166.2.198;
}
```

7.4.8　启动与停止 DHCP 服务

任务案例 7-3

进入 Linux 系统，完成 DHCP 服务的启动、停止和重启等任务，最后将 DHCP 服务的启动设为自动加载。

完成任务的步骤如下。

STEP 01 启动 DHCP 服务

在 DHCP 服务安装完成并配置好 dhcpd.conf 文件后，需要启动才能使用 DHCP 服务。使用 systemctl start dhcpd 启动 DHCP 服务，然后再使用 systemctl status dhcpd 查看 DHCP

服务的启动状态（也可以使用 netstat -anpu|grep ":67"查看），操作方法如图 7-7 所示。

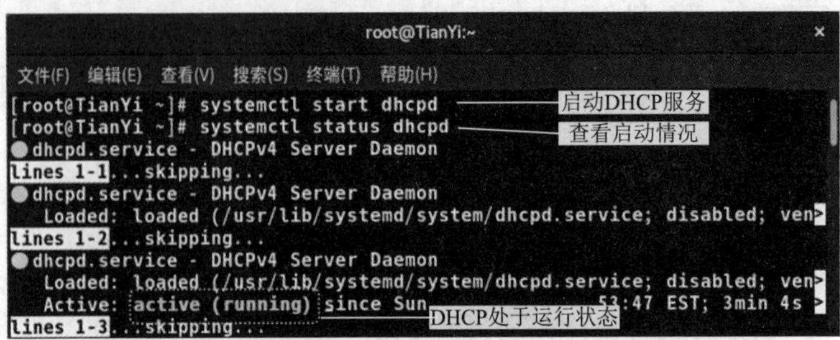

图 7-7　启动 DHCP 服务

STEP 02 停止 DHCP 服务

与启动 DHCP 服务类似，使用 systemctl stop dhcpd 命令停止 DHCP 服务，操作方法如图 7-8 所示。

图 7-8　停止 DHCP 服务

STEP 03 重启 DHCP 服务

对 DHCP 服务器进行了相应配置后，如果需要让其生效，则需要对 DHCP 服务器进行重启，此时使用 systemctl restart dhcpd 命令重启 DHCP 服务，操作方法如图 7-9 所示。

图 7-9　重启 DHCP 服务

STEP 04 自动加载 DHCP 服务

如果需要让 DHCP 服务随系统启动而自动加载，可以使用 systemctl enable dhcpd 命令让系统开机时自动加载，操作方法如图 7-10 所示。

图 7-10　自动加载 DHCP 服务

7.4.9 配置案例分析

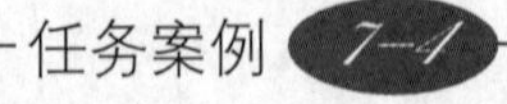

泰德公司通过新奇网络公司的 100Mb/s 专线上网，现新奇网络公司分配给泰德公司 120 个 IP 地址，泰德公司只能用网络公司指定的 IP 上网，但是

公司有160余台计算机要上网，而且总经理和副总理要求能随时上网，仔细分析案例，为泰德公司解决此问题。

案例分析：

网络公司分配给泰德公司120个IP地址，分别为210.99.100.41～210.99.100.100，210.99.100.141～210.99.100.200，子网掩码为255.255.255.0，网关为210.99.100.1，DNS服务器的IP地址为210.99.100.254，公司有160余台计算机要上网，虽然IP地址少于主机，但是公司内部有部分员工是倒班的，因而确定用DHCP动态分配IP地址。

此案例属于较常用的应用案例，按照以下配置流程即可满足客户要求：

首先应指定DHCP服务器的IP地址为210.99.100.100，安装DHCP服务软件包；接下来配置DHCP服务主配置文件dhcpd.conf，在配置文件中需要把210.99.100.0/24的网段声明出来，再设置客户端的IP地址范围、DHCP的租用时间，由于IP地址少而主机多，应该尽量把IP地址的租用时间设短，把总经理和副总经理的计算机IP地址固定；然后重启dhcpd服务进程；最后配置客户端并进行测试。

完成任务的步骤如下。

STEP 01 配置IP地址和DNS

1）利用vi编辑网卡配置文件：

```
[root@TianYi~]# vi /etc/sysconfig/network-scripts/ifcfg-ens33
```

在文件中按以下方式修改网卡的IP地址、子网掩码和网关等有关信息，修改内容如下：

```
DEVICE=ens33
ONBOOT=yes
IPADDR=210.99.100.100
PREFIX=24
GATEWAY=210.99.100.1
DNS1=210.99.100.254
IPV6_PRIVACY=no
```

2）利用vi编辑域名解析配置文件resolv.conf：

```
[root@TianYi~]# vi /etc/resolv.conf
```

在文件中修改DNS域名解析配置内容：

```
nameserver 210.99.100.254
```

3）重启网络适配器：

```
[root@TianYi~]# ifdown ens33
[root@TianYi~]# ifup ens33
```

STEP 02 检查DHCP软件包

采用rpm –qa|grep dhcp命令检查DHCP软件包的安装情况，此步可参考【任务案例7-1】。

STEP 03 修改配置文件

1）将范本文件dhcpd.conf.sample复制到/etc目录，并改名为dhcpd.conf：

```
[root@TianYi~]# cd /usr/share/doc/dhcp-server/
[root@TianYi dhcp-server]# cp dhcpd.conf.example /etc/dhcp/dhcpd.conf
cp：是否覆盖'/etc/dhcp/dhcpd.conf'？ y
```

2）利用vi编辑配置文件dhcpd.conf：

```
[root@TianYi ~]#vi /etc/dhcp.conf
```

3）对配置文件进行相应的设置，具体设置如下：

```
ddns-update-style interim;
ignore client-updates;
default-lease-time 600;                        #定义默认 IP 租约时间
max-lease-time 7200;                           #定义客户端 IP 租约时间的最大值
option time-offset -18000;                     #与格林威治的偏移时间
subnet 210.99.100.0 netmask 255.255.255.0 {    #指定服务器要分发的 IP 网段
option routers 210.99.100.1;                   #为客户端指定网关
option domain-name-servers 210.99.100.254;     #为客户端指定 DNS 服务器地址
range 210.99.100.41  210.99.100.100;           #指定给客户端分配的 IP 地址池 1
host boss1 {
      hardware Ethernet 00:15:af:a3:7e:3d;     #总经理计算机的 MAC
      fixed-address 210.99.100.88;             #为总经理的计算机指定 IP
     }
range 210.99.100.141  210.99.100.200;          #指定给客户端分配的 IP 地址池 2
host boss2 {
      hardware Ethernet 00:0c:29:fd:11:a1;     #副总经理计算机的 MAC
      fixed-address 210.99.100.188;            #为副总经理的计算机指定 IP
     }
}
```

STEP 04 重启 DHCP 服务

配置文件更改后，如果想让配置后的功能起作用，必须要重新启动 dhcpd 服务，具体操作如下：

```
[root@TianYi dhcp]# systemctl restart dhcpd
[root@TianYi dhcp]# systemctl status dhcpd
dhcpd.service-DHCPv4 Server Daemon
   Loaded: loaded(/usr/lib/systemd/system/dhcpd.service;disabled; vendor
preset: disabled)
   Active: active (running) since Fri 2020-02-28 22:22:27 EST; 4s ago
     Docs: man:dhcpd(8)
           man:dhcpd.conf(5)
 Main PID: 8791 (dhcpd)
```

STEP 05 在客户端进行测试

测试方法需要修改/etc/sysconfig/network-scripts/的配置文件 ifcfg-ens33，要修改其中的 DEVICE=eth0、ONBOOT=yes、BOOTPROTO=dhcp 等内容，然后采用 if down/up 命令重启网络服务，最后运行 ifconfig 命令验证获取 IP 地址情况。

具体测试方法参考【任务案例 7-6】，可以看到客户端能从 DHCP 服务器上获取 IP 地址。

7.4.10 配置 DHCP 客户端

1. 配置 Linux 的 DHCP 客户端

安装好 DHCP 服务器程序，并通过前面介绍的方法设置好相关参数之后，就可以使用 DHCP 服务为局域网（如果是两台虚拟机，可以设置它们在同一 LAN 区段）中的客户端分配 IP 地址了，但是客户端要从 DHCP 服务器那里得到 IP 地址，还必须进行相应的配置。

在 Linux 系统中，每个网络设备（网卡）都在/etc/sysconfig/network-scripts/目录中有一

个对应的配置文件，一般情况都是ifcfg-ens33。

任务案例 

在Linux操作系统的客户端，修改网卡的配置文件，使其从网络中自动获取IP地址，并测试客户端获取IP地址的情况。

完成任务的步骤如下。

STEP 01 编辑网卡配置文件

使用vi命令修改第一块网卡对应的配置文件，将BOOTPROTO=none修改为BOOTPROTO="dhcp"，并启用客户端的DHCP功能，具体操作方法如下：

```
[root@localhost~]#vi /etc/sysconfig/network-scripts/ifcfg-ens33
```

修改后ifcfg-eth0的内容如下：

```
TYPE="Ethernet"
PROXY_METHOD="none"
BROWSER_ONLY="no"
BOOTPROTO="dhcp"                    #设置客户端使用DHCP方式获取IP地址
DEFROUTE="yes"
IPV4_FAILURE_FATAL="no"
NAME="ens33"
UUID="028ec484-33d0-41db-865a-97f1642e1e9e"
DEVICE="ens33"
ONBOOT="yes"
```

STEP 02 重启动网卡或重发广播

在Linux中修改了网卡的配置文件后，需要重新启动网卡或使用dhclient命令重新发送广播申请IP地址，操作方法如下：

1）重新启动网卡：

```
[root@localhost~]#ifdown ens33
[root@localhost~]#ifup ens33
```

2）重新发送广播：

```
[root@localhost~]#dhclient ens33
```

STEP 03 测试IP地址获取情况

执行ifconfig命令，测试DHCP客户端是否能正常获取IP地址，测试方法和测试结果如下：

```
[root@localhost~]# ifconfig
ens33: flags=4163<UP,BROADCAST,RUNNING,MULTICAST>  mtu 1500
        inet 210.99.100.41  netmask 255.255.255.0  broadcast 210.99.100.255
        inet6 fe80::2e77:178f:699b:142f  prefixlen 64  scopeid 0x20<link>
        ether 00:0c:29:b3:1b:63  txqueuelen 1000  (Ethernet)
        RX packets 797  bytes 72149 (70.4 KiB)
        RX errors 0  dropped 0  overruns 0  frame 0
        TX packets 286  bytes 33585 (32.7 KiB)
        TX errors 0  dropped 0 overruns 0  carrier 0  collisions 0
```

2. 配置 Windows 7 的 DHCP 客户端

在 Windows 7/10 或 Windows Server 2008 中配置 DHCP 客户端的方法基本相同，本节主要以配置 Windows 7 的 DHCP 客户端为例介绍在 Windows 系列操作系统下配置 DHCP 客户端的具体步骤。

任务案例 

在 Windows 7 操作系统的客户端，设置本地连接属性，让其“自动获得 IP 地址”“自动获得 DNS 服务器地址”，设置完成后测试客户端获取 IP 地址的情况。

完成任务的步骤如下。

STEP 01 打开“网络和共享中心”窗口

在 Windows 7 桌面上右击状态栏托盘区域中的“网络连接”图标，选择快捷键菜单中的“打开网络和共享中心”命令，打开“网络和共享中心”窗口，如图 7-11 所示，在这个窗口中显示了网络的连接状态。

STEP 02 打开“本地连接 状态”对话框

在“查看活动网络”区域单击“本地连接”链接，打开“本地连接 状态”对话框，如图 7-12 所示。

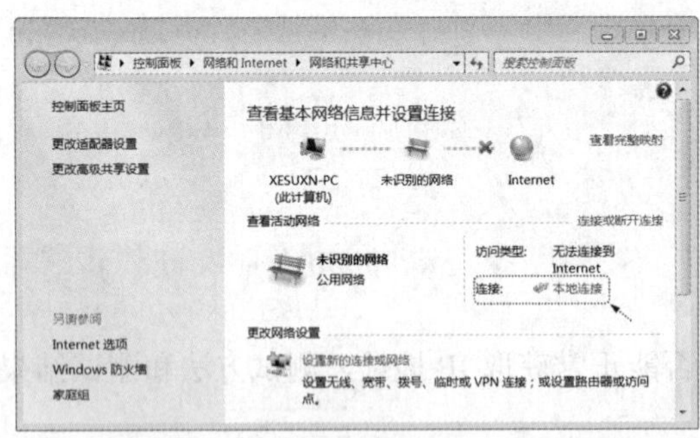

图 7-11 “网络和共享中心”窗口

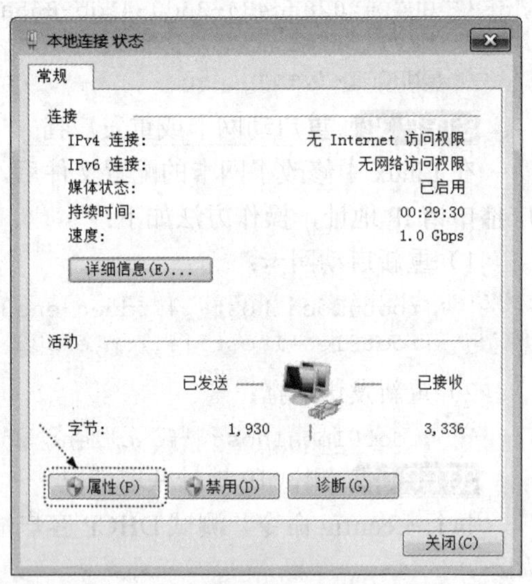

图 7-12 “本地连接 状态”对话框

STEP 03 打开“本地连接 属性”对话框

单击“属性”按钮，打开的“本地连接 属性”对话框，如图 7-13 所示，在该对话框中，可以配置 TCP/IPv4、TCP/IPv6 等协议。

STEP 04 设置自动获取参数

由于目前计算机绝大多数使用 TCP/IPv4，因此，选择“Internet 协议版本 4（TCP/IPv4）”选项，单击“属性”按钮，打开“Internet 协议版本 4（TCP/IPv4）属性”对话框，如图 7-14 所示。在此对话框中分别选中“自动获得 IP 地址”和“自动获得 DNS 服务器地址”单选按钮，然后单击“确定”按钮，即可完成 DHCP 客户端的配置。

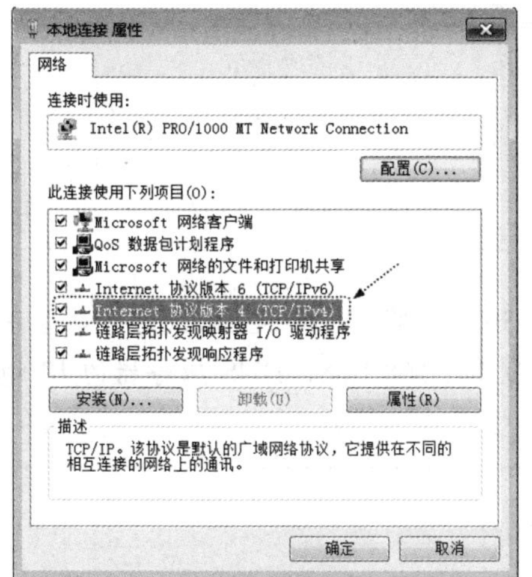

图 7-13　“本地连接 属性”对话框

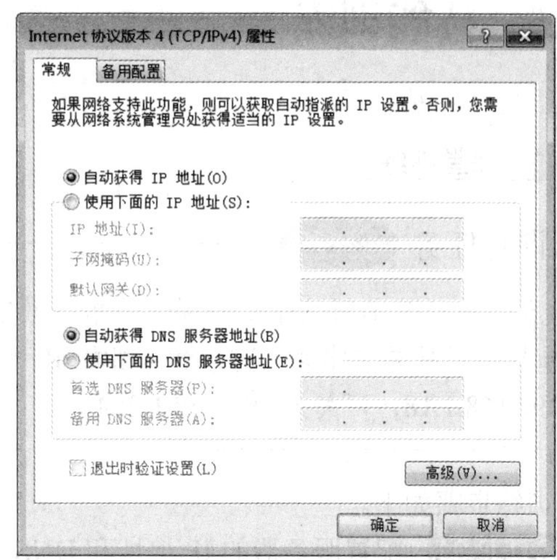

图 7-14　“Internet 协议版本 4（TCP/IPv4）属性”对话框

STEP 05　释放 IP 地址

选择“开始”→“运行”，在“运行”对话框的“打开”文本框中输入 cmd 进入命令窗口模式，在此窗口中输入 ipconfig /release 命令即可释放 IP 地址，如图 7-15 所示。

STEP 06　重获 IP 地址

在图 7-15 中输入 ipconfig/renew 命令即可重获 IP 地址，如图 7-16 所示。由此可知，客户端获取的 IP 地址是 210.99.100.42，网关地址是 210.99.100.1，与在 DHCP 服务器中的设置相同。

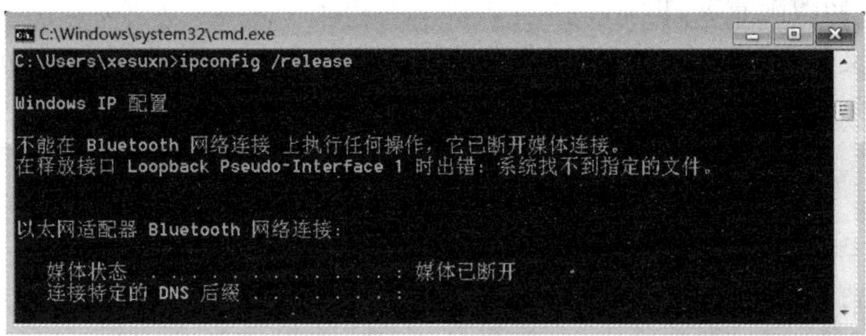

图 7-15　释放 IP 地址

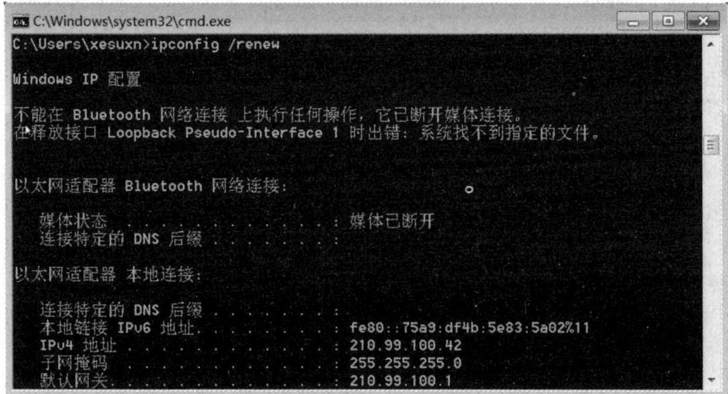

图 7-16　重新获取 IP 地址

7.5 技能训练

7.5.1 课堂训练

课堂任务 

天一电子产品研发中心培训部的培训教室有 50 台计算机需要从 Linux 服务器上获取 IP 地址，而且要求能够上网，教师机的 IP 地址为 192.168.1.88，DNS 服务器的 IP 地址为 192.168.1.18，网关为 192.168.1.254。

训练步骤如下。

STEP 01 配置服务器的 IP 地址和 DNS

此步可参考【任务案例 7-5】的 STEP 01 进行配置。

STEP 02 检查 DHCP 软件包

采用 rpm -qa|grep dhcp 命令检查 DHCP 软件包的安装情况，具体操作如下。

```
[root@TianYi~]# rpm -qa|grep dhcp
dhcp-client-4.3.6-30.el8.x86_64
dhcp-server-4.3.6-30.el8.x86_64
dhcp-libs-4.3.6-30.el8.x86_64
dhcp-common-4.3.6-30.el8.noarch
[root@TianYi~]#
```

STEP 03 修改配置文件

1）将范本文件 dhcpd.conf.sample 复制到/etc/dhcp/目录，并改名为 dhcpd.conf：

```
[root@TianYi~]# cd /usr/share/doc/dhcp-server/
[root@TianYi dhcp-server]# cp dhcpd.conf.example /etc/dhcp/dhcpd.conf
cp：是否覆盖'/etc/dhcp/dhcpd.conf'？ y
```

2）利用 vi 编辑配置文件 dhcpd.conf：

```
[root@TianYi~]# vi /etc/dhcp/dhcpd.conf
```

3）对配置文件进行相应的设置，具体设置如下：

```
ddns-update-style none;                                    #不要更新 DDNS 的设置
ignore client-updates;                                     #忽略客户端更新
default-lease-time 604800;                                 #设置默认地址租约时间
max-lease-time 864000;                                     #设置最大地址租约时间

subnet 192.168.1.0 netmask 255.255.255.0 {
option routers 192.168.1.254;                              #设置默认网关
option domain-name-servers 192.168.1.18;                   #设置 DNS 地址
range 192.168.1.10  192.168.1.90;                          #设置 IP 地址范围
host teacher {
       hardware Ethernet 00:15:af:a3:7e:3d;                #教师机 MAC 地址
       fixed-address 192.168.1.88;                         #给予教师机固定 IP 地址
      }
}
```

STEP 04 重启 DHCP 服务

配置文件更改后，如果想让配置后的功能起作用，必须重新启动 dhcpd 服务，具体操作如下：

```
[root@TianYi~]#  systemctl restart dhcpd
[root@TianYi~]#  systemctl status dhcpd
```

STEP 05 在客户端进行测试

测试方法需要修改/etc/sysconfig/network-scripts/的配置文件 ifcfg-ens33，将修改其中的 DEVICE=eth0、ONBOOT=yes、BOOTPROTO=dhcp 等内容，然后用 ifdown/ifup ens33 命令重启网络服务，最后运行 ifconfig 命令验证获取 IP 地址情况。

具体测试方法参考【任务案例 7-6】。

课堂任务 7-2

在 DHCP 服务器的配置过程中，难免会遇到各种的问题，下面从系统设置、错误信息和日志文件等几个方面练习排除 DHCP 故障的方法。

训练步骤如下。

STEP 01 无法启动 dhcpd 服务

如果遇到无法启动 dhcpd 服务的情况，用户可以用 dhcpd 命令进行检测，如果配置错误，错误信息会出现在提示信息中，只需要根据提示信息的内容进行修改即可。操作方法如图 7-17 所示。

```
root@TianYi:/etc/dhcp
文件(F) 编辑(E) 查看(V) 搜索(S) 终端(T) 帮助(H)
[root@TianYi dhcp]# dhcpd
Internet Systems Consortium DHCP Server 4.3.6
Copyright 2004-2017 Internet Systems Consortium.
All rights reserved.
For info, please visit https://www.isc.org/software/dhcp/
bad range, address 210.99.10.41 not in subnet 210.99.100.0 netmask 255.255.255.0

This version of ISC DHCP is based on the release available
on ftp.isc.org. Features have been added and other changes
have been made to the base software release in order to make
it work better with this distribution.

Please report issues with this software via:
https://bugzilla.redhat.com/
```

图 7-17　用 dhcpd 进行检测一

从图 7-17 可以看出 dhcpd 服务启动出错，其提示是 bad range, address 210.99.10.41 not in subnet 210.99.100.0 netmask 255.255.255.0，即没有为 ens33（210.99.100.100）设置子网声明。此错误是由于 ens33 的 IP 地址与 DHCP 服务器配置中的子网声明中的 IP 地址不一致造成的，只需修改一致即可排除此故障。

也有可能出现图 7-18 所示的另一种错误，如白底部分的提示。

从图 7-18 中可以看出 dhcpd 服务启动出错，出错内容是/etc 目录中的配置文件 dhcpd.conf 的第 4 行，原因是末尾没有分号“;”，添加后重新测试即可显示 There’s already a DHCP server running，表示 DHCP 服务成功启动。

```
root@TianYi:/etc/dhcp
文件(F) 编辑(E) 查看(V) 搜索(S) 终端(T) 帮助(H)
[root@TianYi dhcp]# dhcpd
Internet Systems Consortium DHCP Server 4.3.6
Copyright 2004-2017 Internet Systems Consortium.
All rights reserved.
For info, please visit https://www.isc.org/software/dhcp/
/etc/dhcp/dhcpd.conf line 4: semicolon expected.
max-lease-time
 ^
/etc/dhcp/dhcpd.conf line 4: expecting a parameter or declaration
max-lease-time 7200;
                              ^
WARNING: Host declarations are global.  They are not limited to the scope you de
clared them in.
Configuration file errors encountered -- exiting
```

图 7-18　用 dhcpd 进行检测二

STEP 02 查看日志文件

Linux 系统会把系统运行时的有关信息记录在日志文件/var/log/messages 中，因此可以查看文件中有关 DHCP 的内容来排除故障。同时，DHCP 服务器会把已经出租的 IP 地址存放在/var/lib/dhcp/dhcpd_leases 中，它也可以进行故障的排除。如图 7-19 所示是采用 cat 命令显示的 messages 文件的内容，从中同样可以发现上述出错提示。

```
root@TianYi:/etc/dhcp
文件(F) 编辑(E) 查看(V) 搜索(S) 终端(T) 帮助(H)
Feb 29 00:43:03 TianYi dhcpd[10489]: /etc/dhcp/dhcpd.conf line 4: semicolon expe
cted.
Feb 29 00:43:03 TianYi dhcpd[10489]: max-lease-time
Feb 29 00:43:03 TianYi dhcpd[10489]: ^
Feb 29 00:43:03 TianYi dhcpd[10489]: /etc/dhcp/dhcpd.conf line 4: expecting a pa
rameter or declaration
Feb 29 00:43:03 TianYi dhcpd[10489]: max-lease-time 7200;
Feb 29 00:43:03 TianYi dhcpd[10489]: ^
Feb 29 00:43:03 TianYi dhcpd[10489]: WARNING: Host declarations are global.  The
y are not limited to the scope you declared them in.
Feb 29 00:43:03 TianYi dhcpd[10489]: Configuration file errors encountered -- ex
iting
Feb 29 00:43:03 TianYi dhcpd[10489]:
Feb 29 00:43:03 TianYi dhcpd[10489]: This version of ISC DHCP is based on the re
lease available
```

图 7-19　查看日志文件

STEP 03 客户端无法获取 IP 地址

如果 DHCP 服务器工作正常，但客户端无法获取 IP 地址，这时可采用 ping 命令先判断网络是否存在故障，如果网络存在故障，解决即可；如果网络没有故障，则查看网卡是否开启多点传送（MULTICAST）功能，如果没有开启，使用以下方法开启：

```
[root@TianYi~]# route add host 255.255.255.255 dev ens33
```

如果想让多点传送功能长期生效，就要编辑/etc/rc.d/目录中的 rc.local 文件，在其中添加语句 route add host 255.255.255.255 dev ens33。

7.5.2 课后训练

|课后训练 7-1| 按要求在 Linux 的局域网中配置 DHCP 服务器，为子网 A 内的客户端提供 DHCP 服务，具体参数如下。

1）IP 地址段：192.168.7.100～192.168.7.199。

2）子网掩码：255.255.255.0。

3）网关地址：192.168.7.254。

4）域名服务器：192.168.12.10。

5）子网所属域的名称：tianyi.com。

6）默认租约有效期：1 天。

7）最大租约有效期：7 天。

|课后训练 7-2| 配置 DHCP 服务器和中继代理，使子网 A 内的 DHCP 服务器能够同时为子网 A 和子网 B 提供 DHCP 服务。为子网 A 内的客户端分配的网络参数同上，为子网 B 内的主机分配的网络参数如下。

1）IP 地址段：192.168.11.10～192.168.11.240。

2）子网掩码：255.255.255.0。

3）网关地址：192.168.11.254。

4）域名服务器：192.168.12.10。

5）子网所属域的名称：networklab.com。

6）默认租约有效期：1 天。

7）最大租约有效期：3 天。

7.6 总结提高

本项目首先介绍了 DHCP 服务的工作原理、工作流程和 DHCP 软件包的安装方法，分析了 DHCP 服务的核心配置文件 dhcpd.conf，然后通过典型案例着重训练了 DHCP 服务器的配置技能，最后训练了在客户端进行测试和解决故障的能力。

DHCP 是 TCP/IP 协议簇中的一种，主要用来给网络客户端分配动态的 IP 地址。

通过本项目的学习，你的收获怎样，请认真填写学习情况考核登记表（表 7-5），并及时反馈。

表 7-5　学习情况考核登记表

序号	知识与技能	重要性	自我评价					小组评价					老师评价				
			A	B	C	D	E	A	B	C	D	E	A	B	C	D	E
1	会安装 DHCP 软件包	★★★															
2	会启动、停止 DHCP 软件包	★★★☆															
3	能分析 dhcpd.conf 文件中的主要字段	★★★★☆															
4	会设置 IP 作用域	★★★★															
5	会设置客户端的 IP 地址	★★★★★															
6	会进行多网段 IP 地址的分配	★★★★☆															
7	会测试 DHCP 服务	★★★★															
8	能完成课堂训练	★★★☆															

说明：评价等级分为 A、B、C、D 和 E 共 5 等。其中，对知识与技能掌握很好，能够熟练地完成 DHCP 服务器的配置为 A 等；掌握了 75%以上的内容，能较为顺利地完成任务为 B 等；掌握 60%以上的内容为 C 等；基本掌握为 D 等；大部分内容不够清楚为 E 等。

项目 8

配置与管理 DNS 服务器

学习指导

教学目标 ☞

知识目标

了解 DNS 的基本概念及工作原理

掌握缓存 DNS 服务器的配置方法

掌握主 DNS 服务器的配置方法

掌握辅助 DNS 服务器的配置方法

掌握 DNS 客户端的配置方法

技能目标

会检查并安装 DNS 软件包

会启动和停止 DNS 服务进程

能配置缓存 DNS 服务器、主 DNS 服务器和辅助 DNS 服务器

能配置 DNS 客户端

能解决 DNS 配置中出现的问题

能测试 DNS 服务器的配置情况

素质目标 ☞

培养认真细致的工作态度和工作作风

能与组员精诚合作，能正确面对他人的成功与失败

具有一定的自学能力，分析问题、解决问题的能力和创新能力

培养网络主权意识和网络安全意识，激发学生的爱国热情和责任担当

建议课时 ☞

教学课时：理论学习 2 课时+教学示范 3 课时

技能训练课时：课堂模拟 3 课时+课堂训练 3 课时

DNS（domain name system，域名系统）是 Internet 上用得最频繁的服务之一，它不仅担负着 Internet、Intranet、Extranet 等网络的域名解析任务；在域方式组建的局域网中，它还承担着用户账户名、计算机名、组名及各种对象的名称解析任务。

本项目详细介绍 DNS 服务的基本概念、工作原理，BIND 的运行、架设以及配置与管理的具体方法；通过任务案例引导学生检查并安装 DNS 软件包，全面分析全局配置文件 named. conf 和主配置文件，具体训练学生对 DNS 服务器和客户端的配置，以及对 DNS 服务器简单故障进行判断和处理的能力。

8.1 任务描述

使用 Bind 帮助用户实现域名与 IP 地址之间的解析

一天，谢立夫到天一电子产品研发中心了解系统使用情况，他获悉研发中心技术部开发了自己的 Web 网站，但是只能用 IP 地址进行访问，这样极为不便；另外目前的网络环境是所有用户都可以在内网和外网之间进行资源的访问，而且使用的 DNS 是通过 DHCP 服务器获取得到的，DHCP 服务器上填写的 DNS 地址为公网上一台注册的 DNS 服务器地址。因为上网的频率越来越高，域名解析的问题经常造成网络的拥塞，员工抱怨浏览网页总是超时。

为此，研发中心领导希望谢立夫尽快解决上述问题。

谢立夫经过分析，认为需要配置 DNS 服务器和高速缓存（caching-only）服务器来解决此类问题。首先根据网络拓扑和网络规模规划网络 DNS 服务器的 IP 地址，并选择 BIND 程序来实现，因为 BIND 是最知名的域名服务器软件，它完整地实现了 DNS 协议规定的各种功能，可以在各种主流的操作系统平台上运行，并且被作为许多供应商的 UNIX 标准配置封装在产品中，目前 Internet 上绝大多数的 DNS 服务器都是用 BIND 架设的。

8.2 任务分析

1. 了解 DNS 及使用 DNS 的原因

DNS 用于实现域名和 IP 地址间的相互转换。在 Internet 上域名与 IP 地址之间是一对一（或者多对一）的关系，域名虽然便于人们记忆，但机器之间只能互相认识 IP 地址，它们之间的转换工作称为域名解析，域名解析需要由专门的域名解析服务器来完成，DNS 服务器就是进行域名解析的服务器。

由于网络中机器之间只能用 IP 地址进行通信，而用户如果需要记住大量的 IP 地址，那是相当困难的事情，但记住一组资源的名字却比较容易，所以必须使用 DNS 提供域名到 IP 地址的解析服务。

2. 了解实现主机名和 IP 地址之间转换的技术

网络中为了区别各个主机，必须为每台主机分配一个唯一的地址，这个地址称为“IP 地址”。但这些数字难以记忆，所以就采用“域名”的方式来取代这些数字（不过最终还是必须要将域名转换为对应的 IP 地址才能访问主机），因此需要一种将主机名转换为 IP 地址的机制。在常见的计算机系统中，可以使用三种技术实现主机名和 IP 地址之间的转换：Host 表、NIS 系统（network information service，网络信息服务）和 DNS。

3. 了解 DNS 需要的软件包

Linux 下架设 DNS 服务器通常使用 BIND（Berkeley Internet name domain service，伯克利因特网名称域系统）程序来实现，其守护进程是 named。在安装与配置 DNS 服务之前，必须了解 BIND 所需要的软件包及它们的用途。

1）bind-9.11.4-16.P2.el8.x86_64.rpm：DNS 服务的主程序包，服务器端必须安装该软件包，后面的数字为版本号。

2）bind-utils-9.11.4-16.P2.el8.x86_64.rpm：该包为客户端工具，提供了 DNS 服务器的测试工具（包括 dig、host 与 nslookup 等），系统默认安装。

3）bind-chroot-32:9.11.4-16.P2.el8.x86_64.rpm：chroot 代表的是 change to root（根目录）的意思，该包为使 BIND 运行在指定的目录中的安全增强工具，它可以改变程序运行时所参考的“/”根目录位置，即将某个特定的子目录作为程序的虚拟“/”根目录。RHEL 8/ CentOS 8 默认将 BIND 锁定在/var/named/chroot 目录中。

4）bind-libs-9.11.4-16.P2.el8.x86_64.rpm：进行域名解析必备的库文件（系统默认安装）。注意，bind-chroot 软件包最好在最后安装，否则会报错。

4. 知道 DNS 服务器搭建流程和工作流程

构建 DNS 服务器的流程与构建其他服务器的流程较为类似，具体过程如下。

1）构建网络环境，规划 DNS 域名称空间。

2）设置服务器的静态 IP 地址，重启网络服务，查看网络地址配置信息是否生效。

3）关闭防火墙或在防火墙中信任 DNS 服务。

4）使用 rpm -qa 命令检查系统是否安装 BIND 相关软件包，如果未安装，则使用 yum install 或 rpm -ivh 命令进行安装。

5）修改全局配置文件 named.conf，在其中定义选项、定义主配置文件等。

6）修改主配置文件，建立该文件的主要目的是设置该 DNS 服务器能够管理哪些区域，以及这些区域所对应的区域文件名和存放路径。

7）建立区域文件，依照 named.conf 文件中指定的路径建立区域文件，该文件主要记录该区域内的资源记录，如 www.redhat.com.cn 对应的 IP 地址为 66.187.239.15。

8）重新加载配置文件或重启 named 服务，使配置生效。

9）在客户端进行验证，保证客户端能够成功实现域名解析。

BIND 的使用，首先通过全局配置文件获得 DNS 相关选项并决定需要启用的主配置文件，主配置文件中定义了可查询的区域以及每个区域对应的区域配置文件，区域配置文件中定义了相关资源记录，其中包括 www.tianyi.com 主机所对应的 IP 地址，具体工作流程如图 8-1 所示。

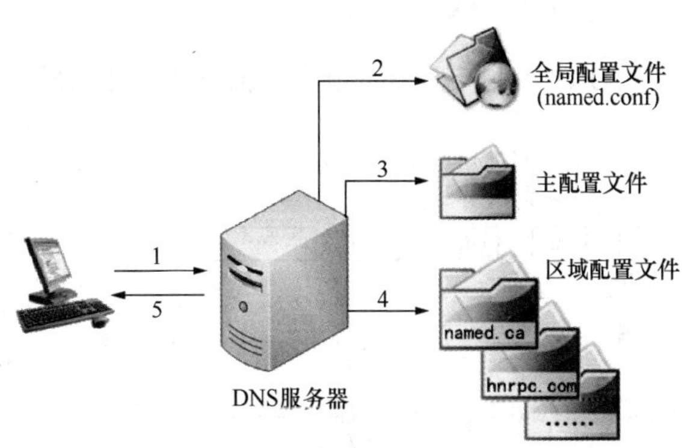

图 8-1　DNS 服务器工作流程

5. 了解本项目的具体任务

本项目的具体任务包括安装 DNS 服务、构建 DNS 服务器、配置与管理 DNS 服务器等几个方面，具体任务如下。

1）安装 DNS 服务：包括 DNS 原理分析，安装 DNS 服务。

2）构建 DNS 服务器：包括建立主要配置文件 named.conf，建立区域文件，重启 named 服务，在客户端对配置情况进行测试。

3）配置与管理 DNS 服务器：包括启动 DNS 服务，配置 DNS 的服务器，配置 DNS 客户端，测试 DNS 服务。

8.3 知识储备

8.3.1 DNS 概述

DNS 是 Internet、Intranet、Extranet 中最基础也是非常重要的一项服务，它提供了网络访问中域名和 IP 地址的相互转换。

DNS 是一种新的主机名称和 IP 地址转换机制，它使用一种分层的分布式数据库来处理 Internet 上众多的主机和 IP 地址转换。也就是说，网络中没有存放全部 Internet 主机信息的中心数据库，这些信息分布在一个层次结构中的若干台域名服务器上。DNS 是基于客户端/服务器模型设计的。

8.3.2 DNS 组成

DNS 组成

每当一个应用需要将域名翻译成为 IP 地址时，这个应用便成为域名系统的一个客户。这个客户将待翻译的域名放在 DNS 请求信息中，并将这个请求发送给域名空间中的 DNS 服务器。服务器从请求中取出域名，将它翻译为对应的 IP 地址，然后在回答信息中将结果返回给应用。如果接到请求的 DNS 服务器不能将域名翻译为 IP 地址，则向其他 DNS 服务器查询。整个 DNS 域名系统由以下三部分组成。

1. DNS 域名空间

DNS 的域名空间是由树状结构组织的分层域名组成的集合，如图 8-2 所示。

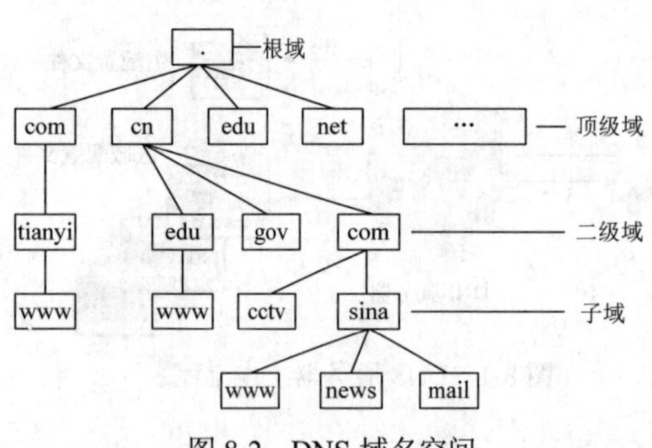

图 8-2 DNS 域名空间

DNS 域名空间树的最上面是一个无名的根（root）域，用点“.”表示。这个域只是用来定位的，并不包含任何信息。

在根域之下就是几个顶级域。目前，顶级域有 com、edu、gov、org、mil、net、arpa 等，顶级域名一般分成组织上的和地理上的两大类。每个顶级域又可以进一步划分为不同的二级域，二级域再划分出子域，子域下面可以是主机，也可以是再划分的子域，直到最后的主机。所有的顶级域名都由 InterNIC（Internet Network Information Center，国际互联网络信息中心）负责管理的，域名的服务则由 DNS 实现。

美国的顶级域名是由代表机构性质的英文单词的三个缩写字母组成，常用的最高层次域名如表 8-1 所示。

表 8-1 组织上的顶级域名

域名	表示	域名	表示
com	通信组织	mil	军队
edu	教育机构	net	网间连接组织
gov	政府	org	非营利性组织
int	国际组织		

除美国以外的国家或地区都采用代表国家或地区的顶级域名，它们一般是相应国家或地区的英文名的两个缩写字母，部分国家或地区的顶级域名如表 8-2 所示。

表 8-2 地理上的顶级域名

域名	表示	域名	表示
ca	加拿大	cn	中国
de	德国	tw	中国台湾
fr	法国	hk	中国香港
it	意大利	in	印度
jp	日本	kr	韩国

在DNS域名空间树中，每一个节点都用一个简单的字符串（不带点）标识。这样，在DNS域名空间的任何一台计算机都可以通过中间用点“.”相连接的字符串来标识：

```
叶节点名.三级域名.二级域名.顶级域名
```

域名使用的字符包括字母、数字和连字符，而且必须以字母或数字开头和结尾。级别最低的域名写在最左边，而级别最高的顶级域名写在最右边，高一级域包含低一级域，整个域名总长度不得超过255个字符。在实际使用中，每个域名的长度一般小于8个字符，域名的级数通常不多于5个。

2. DNS服务器

DNS服务器是保持和维护域名空间中数据的程序。由于域名服务是分布式的，每一个DNS服务器含有一个域名空间自己的完整信息，其控制范围称为区（zone）。对于本区内的请求由负责本区的DNS服务器解释，对于其他区的请求将由本区的DNS服务器与负责该区的相应服务器联系。

为了完成DNS客户端提出的查询请求工作，DNS服务器必须具有以下基本功能。

1）保存了“主机”（网络上的计算机）对应的IP地址的数据库，即管理一个或多个区域的数据。

2）可以接受DNS客户端提出的“主机名称”对应IP地址的查询请求。

3）查询所请求的数据，若不在本服务器中，能够自动向其他DNS服务器查询。

4）向DNS客户端提供其“主机名称”对应的IP地址的查询结果。

3. 解析器

解析器是简单的程序或子程序，它从服务器中提取信息以响应对域名空间中主机的查询，用于DNS客户端。

8.3.3　正向解析与反向解析

1. 正向解析

正向解析就是根据域名，解析出对应的IP地址。其查询方法为：当DNS客户端（也可以是DNS服务器）向首选DNS服务器发出查询请求后，如果首选DNS服务器数据库中没有与查询请求对应的数据，则会将查询请求转发给另一台DNS服务器，以此类推，直到找到与查询请求对应的数据为止，如果最后一台DNS服务器中也没有所需的数据，则通知DNS客户端查询失败。

2. 反向解析

反向解析与正向解析正好相反，它是利用IP地址解析出对应的域名。

8.3.4　查询的工作原理

DNS客户端需要查询所使用的名称时，它会通过查询DNS服务器来解析该名称。客户端发送的查询消息包括三条信息：①指定的DNS域名，必须为完全合格的域名（FQDN）；②指定的查询类型，可根据类型指定资源记录，或者指定为查询操作的专门类型；③DNS

域名的指定类别。

当客户端程序要通过一个主机名称来访问网络中的一台主机时，它首先要得到这个主机名称所对应的 IP 地址，因为 IP 数据报中允许放置的是目的主机的 IP 地址，而不是主机名称。可以从本机的 hosts 文件中得到主机名称所对应的 IP 地址，但如果 hosts 文件不能解析该主机名称时，只能通过客户端所设定的 DNS 服务器进行查询了。查询时可以通过本地解析、直接解析、递归查询或迭代查询的方式对 DNS 查询进行解析。

1．本地解析

本地解析的过程如图 8-3 所示。客户端平时得到的 DNS 查询记录都保留在 DNS 缓存中，客户端操作系统上都运行着一个 DNS 客户端程序。当其他程序提出 DNS 查询请求时，这个查询请求要传送至 DNS 客户端程序。DNS 客户端程序首先使用本地缓存信息进行解析，如果可以解析所要查询的名称，则 DNS 客户端程序就直接应答该查询，而不需要向 DNS 服务器查询，该 DNS 查询处理过程也就结束了。

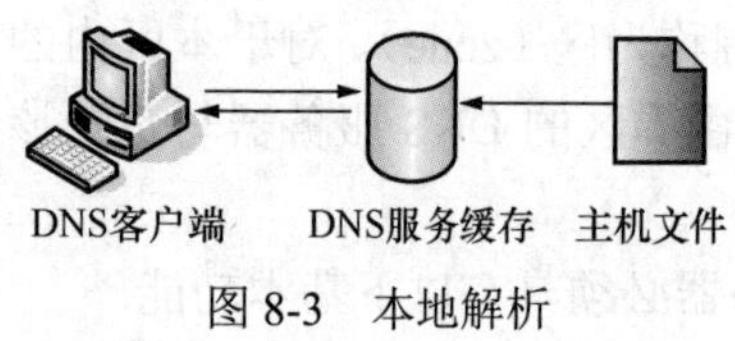

图 8-3　本地解析

2．直接解析

如果 DNS 客户端程序不能从本地 DNS 缓存回答客户端的 DNS 查询，它就向客户端所设定的局部 DNS 服务器发送一个查询请求，要求本地 DNS 服务器进行解析。如图 8-4 所示，本地 DNS 服务器得到这个查询请求，首先查看一下所要求查询的域名是不是自己能回答的，如果能回答，则直接给予回答，如是不能回答，再查看自己的 DNS 缓存，如果可以从缓存中解析，则也是直接给予回答。

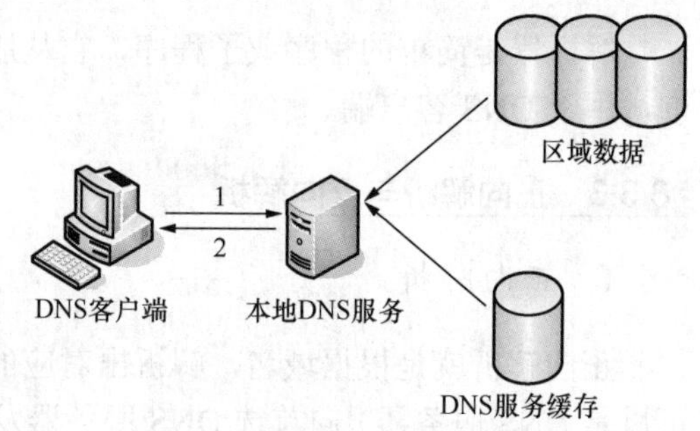

图 8-4　本地 DNS 服务器解析

3．递归查询

当本地 DNS 服务器不能回答客户端的 DNS 查询时，就需要向其他 DNS 服务器进行查询，可采用如图 8-5 所示的递归方式。如要递归查询 certer.tianyi.com 的地址，首先 DNS 服务器通过分析完全合格的域名，向顶层域 com 查询，而 com 的 DNS 服务器与 tianyi.com 服务器联系以获得更进一步的地址。这样循环查询直到获得所需要的结果，并一级级向上返回查询结果，最终完成查询工作。

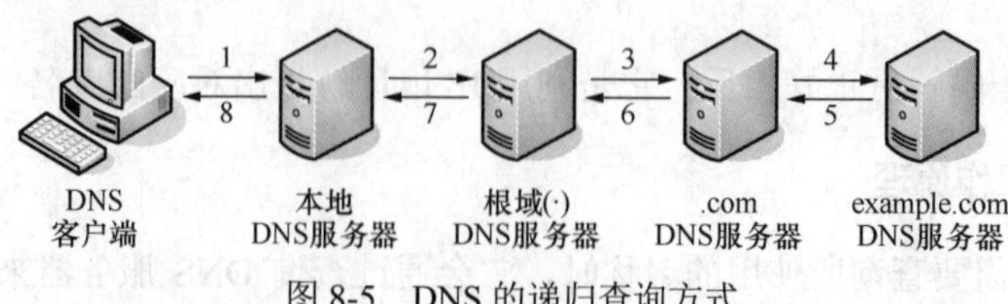

图 8-5　DNS 的递归查询方式

4. 迭代查询

当局部 DNS 服务器不能回答客户端的 DNS 查询时，也可以通过迭代查询的方式进行解析，如图 8-6 所示。如要迭代查询 user. certer.tianyi.com 的地址，首先 DNS 服务器在本地查询不到客户端请求的信息时，就会以 DNS 客户端的身份向其他配置的 DNS 服务器继续进行查询，以便解析该名称。在大多数情况下，可能会将搜索一直扩展到 Internet 上的根域服务器，但根域服务器并不会对该请求进行完整的应答，它只会返回 tianyi.com 服务器的 IP 地址，这时 DNS 服务就根据该信息向 tianyi.com 服务器进行查询，由 tianyi.com 服务器完成对 user.certer.tianyi.com 域名的解析后，再将结果返回 DNS 服务器。

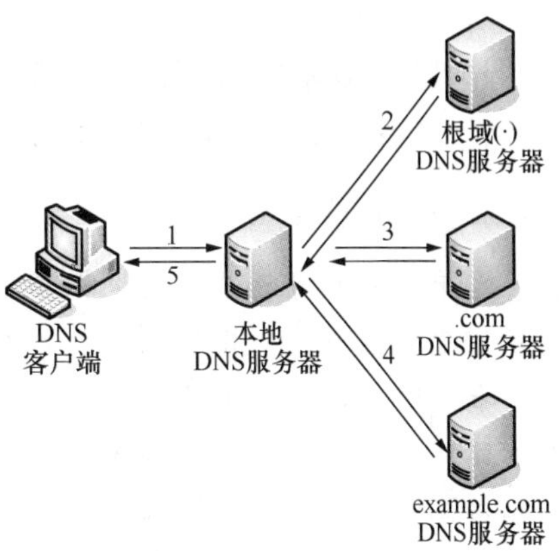

图 8-6　DNS 的迭代查询方式

8.3.5 域名服务器分类

当今世界的信息化程度越来越高，大数据、云计算、物联网、人工智能等新技术不断涌现，全球网民的数量迅速增长。这些因素导致互联网中的域名数量进一步激增，被访问的频率也进一步加大。假设全球网民每人每天只访问一个网站域名，而且只访问一次，也会产生几十亿次的查询请求，如此庞大的请求数量肯定无法由某一台服务器全部处理。DNS 技术作为互联网基础设施中重要的一环，为了给网民提供不间断、稳定且快速的域名查询服务，保证互联网的正常运转，提供了下面三种类型的服务器。

1. 主域名服务器（primary name server）

主域名服务器对一个或多个区的域名解析具有权威性。它从系统管理员构建的本地磁盘文件中直接加载信息，同时主域名服务器还将定期地把数据传送给同一个区中的辅助域名服务器。主域名服务器是一种权威性的服务器，它以绝对的权威来回答域中所有的查询。

当主域名服务器回答客户请求时，要为数据附带一个时间期限（由 TTL 指定），指定数据的有效期限。选择主域名服务器时，应该选择内存和磁盘空间都比较大的计算机。一台计算机可以作为某一个区的主域名服务器，也可以充当另外几个区的辅助域名服务器。

2. 辅助域名服务器（secondary name server）

辅助域名服务器可以从主域名服务器中获取一整套的域信息。所有的信息都是从主域名服务器中得到的，并将这些数据备份在本地的磁盘文件中。辅助域名服务器将在主域名服务器不能正常工作的情况下起到备份的作用，从而提高了整套系统的可靠性。它将定期地对服务器上的数据进行更新（即进行区文件的转移），从而保持与主域名服务器的一致性。

3. 高速缓存服务器（caching-only server）

一个高速缓存服务器可以运行域名服务器的守护程序，但不具有本地的域名服务器的数据库文件。它从远程域名服务器取得每次查询的结果，并将这些结果保存到本地的缓存文件中，以后当需要查询相同信息的时候，就可以从缓存中直接获得结果。查询结果保存在缓存中的时间将由数据附带的“time-to-live”来指定，当期满后，系统会自动删除这条结果。

高速缓存服务器可以使用转发服务器。转发服务器是连接了外部网络的服务器，它将这些服务器的数据结合起来构成一个大型的 DNS 数据库。在这种模式下，高速缓存服务器首先向一个转发服务器提出查询请求，必要的话，后者会去查询别的服务器，以便获得数据。

思政小贴士

根域名服务器在网络世界具有非常重要的作用。在与现有 IPv4 根服务器体系架构充分兼容的基础上，由中国下一代互联网国家工程中心牵头发起的“雪人计划”，于 2016 年在美国、日本、印度、俄罗斯、德国、法国等全球 16 个国家完成 25 台 IPv6 根服务器架设，中国部署了其中的 4 台，由 1 台主根服务器和 3 台辅根服务器组成，打破了中国过去没有根服务器的困境；形成了 13 台原有根域名服务器加 25 台 IPv6 根域名服务器的新格局，为建立多边、民主、透明的国际互联网治理体系打下了的坚实基础。

8.4 任务实施

8.4.1 安装 DNS 服务

在 Linux 中，DNS 服务是由 BIND 程序实现的。BIND 软件包是全球范围内使用最广泛、最安全可靠且高效的 DNS 服务器安装包，它可以运行在大多数 UNIX 服务器中，也包括 Linux 系统。

任务案例 8-1

在 Linux 的 DNS 服务器（IP：192.168.10.199）中检查是否安装了 BIND 软件包，若没有安装，则利用安装光盘进行安装，然后检查并了解系统中 BIND 的相关组件。

完成任务的步骤如下。

STEP 01 检查 BIND 软件包

使用 rpm -qa|grep bind 命令检测系统是否安装了 BIND 软件包，或查看已经安装的软件包的版本，操作方法如图 8-7 所示。

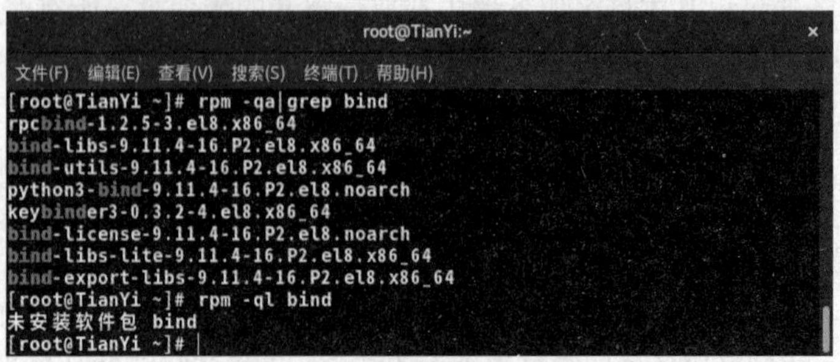

图 8-7 检查 DNS 软件包

如果未看到 bind-32:9.11.4-16.p2.el8.x86_64，说明系统还未安装 BIND 软件包，此时可使用 yum install 或 rpm -ivh 命令安装软件包。

STEP 02 安装 BIND 软件包

将 RHEL 8/CentOS 8 的安装光盘放入光驱，首先使用 mount 命令挂载光驱，然后使用 yum install bind bind-chroot bind-utils -y 命令安装 BIND 软件包（yum 源的配置参考【任务案例 3-5】），操作方法如图 8-8 所示。

图 8-8 安装 BIND 软件包

STEP 03 检查确认

BIND 软件包安装完毕后，再使用 rpm -ql bind 命令进行查询，发现 BIND 软件包安装完成，而且生成了一系列的文件和目录，操作方法如图 8-9 所示。

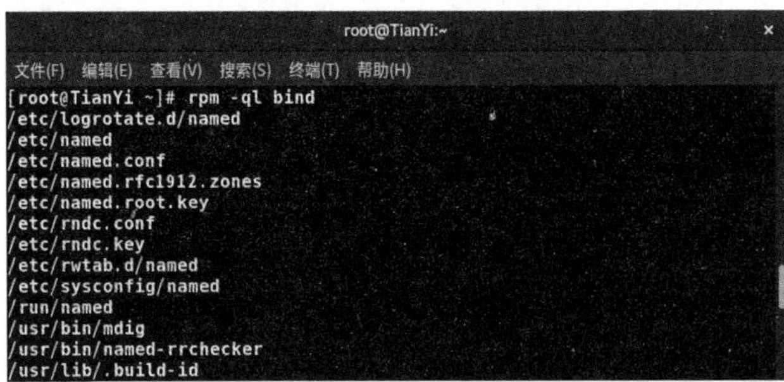

图 8-9 检查 BIND 安装情况

STEP 04 检查 BIND 能否启动

最后执行 systemctl start named 命令查看 BIND 能否启动，如果启动成功，想让 DNS 服务器开机自动启动，还得执行 systemctl enable named 命令，操作方法如图 8-10 所示。

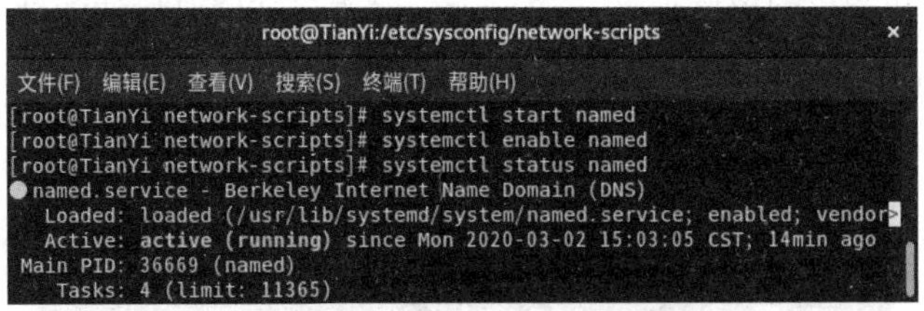

图 8-10 启动 DNS 服务

8.4.2 熟悉 BIND 的配置文件

BIND 软件包安装完成后，会在系统中产生很多的文件和目录，要想配置好 DNS 服务器，通常需要了解以下 BIND 配置文件，如表 8-3 所示。

表 8-3 BIND 配置文件

配置文件	说明
/etc/named.conf	BIND 的全局配置文件，需要用户复制并做简单配置
/etc/ named.rfc1912.zones	BIND 的主配置文件
/etc/rc.d/init.d/named	BIND 脚本文件
/usr/sbin/named-checkconf	检测/etc/named.conf 文件语法
/var/named/named.ca	根域名服务器的配置文件，可上网下载
/var/named/named.localhost	用于 localhost 到本地回环地址的解析
/named/named.loopback	用于本地回环地址到 localhost 的解析
/var/named/tianyi.com.zone	需要用户自己创建的 DNS 服务的正向区域文件
/var/named/0.168.192.zone	需要用户自己创建的 DNS 服务的反向区域文件

从表 8-3 中可知 BIND 所涉及的配置文件很多，但要完成基本的 DNS 服务，用户只需编辑全局配置文件、主配置文件、正向区域文件和反向区域文件 4 个配置文件即可。

任务案例 8-2

在 Linux 系统中熟悉全局配置文件、主配置文件、根域文件、正向区域文件和反向区域文件，掌握主要参数的作用，按照操作示例完成各项参数的配置，并检查配置结果。

完成任务的具体步骤如下。

STEP 01 熟悉并编辑全局配置

1）进入/etc 目录，查看 BIND 的全局配置文件 named.conf 和主配置文件 named.rfc1912.zones，并对全局配置文件和主配置文件进行备份，如图 8-11 所示。

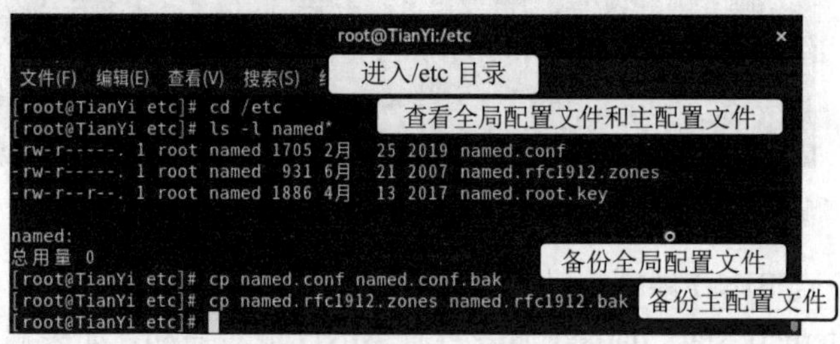

图 8-11 查看全局配置文件和主配置文件

2）利用 vi 打开全局配置文件 named.conf，修改该文件已标注的 3 个地方，其他内容保持默认，全局配置文件修改之后的内容如图 8-12 所示。

图 8-12 全局配置文件

下面对全局配置文件 named.conf 进行分析。

（1）选项配置部分

- listen-on port 53 { 127.0.0.1;}：在原文件的第 11 行，这是 DNS 侦听本机的 IPv4 的端口及 IP 地址。“将{ 127.0.0.1; }改为{ any; }”表示侦听所有网络。
- listen-on-v6 port 53 { ::1; }：在原文件的第 12 行，这是 DNS 侦听本机的 IPv6 的端口及 IP 地址。“屏蔽此行”表示不侦听 IPv6 网络。
- directory "/var/named"：在原文件的第 13 行，指定主配置文件路径，这个路径也是相对路径，它的绝对路径是/var/named/chroot/var/named。
- dump-file "/var/named/data/cache_dump.db"：在原文件的第 14 行，指定域名缓存文件的保存位置和文件名。
- statistics-file "/var/named/data/named_stats.txt"：在原文件的第 15 行，当使用 rndc stats 命令的时候，服务器会将统计信息追加到的文件路径名。如果没有指定，默认 named.stats 在服务器程序的当前目录中。
- memstatistics-file "/var/named/data/named_mem_stats.txt"：在原文件的第 16 行，服务器输出的内存使用统计文件的路径名。如果没有指定，默认值为 named.memstats。
- allow-query {localhost;}：在原文件的第 19 行，允许提交查询的客户端。“将{localhost; }改为{any; }”表示允许所有查询。
- recursion yes：在原文件的第 31 行，设置查询方式为递归或迭代查询。

（2）定义主配置文件

此部分可有多个，只要求 localhost_resolver 这个名字不重复。

- include "/etc/named.rfc1912.zones"：在原文件的第 57 行，指定的主配置文件。除了根域外，其他所有区域的配置建议在 named.rfc1912.zones 文件中配置，主要是为了方便管理，最好不轻易破坏主配置文件 named.conf 的结构。
- zone "." IN：在原文件的第 52～55 行，指定了根域解析文件为 named.ca。由 Internet NIC 创建和维护，无须修改。

STEP 02 熟悉并编辑主配置文件

在全局配置文件的第 57 行指定主配置文件为 named.rfc1912.zones，它用来保存域名和 IP 地址对应关系的所在位置。在这个文件中，定义了域名与 IP 地址解析规则保存的文件位置以及服务类型等内容，而没有包含具体的域名、IP 地址对应关系等信息，对应关系需要在正向区域文件和反向区域文件中进行定义。

1）如果需要 DNS 服务器管理某个区域，完成该区域内的域名解析工作，就需要在主配置文件中进行相关的配置。使用 vi 打开 named.rfc1912.zones，在主配置文件末尾添加正向区域说明和反向区域说明，如图 8-13 所示。

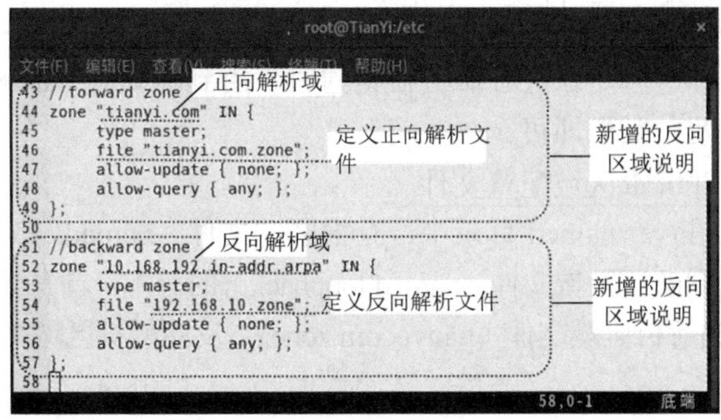

图 8-13 主配置文件的内容

2）熟悉配置内容，前面添加了正向区域说明和反向区域说明，其配置内容如表 8-4 所示。

表 8-4 主配置文件配置示例

设置区域	主配置文件的配置结果	配置说明

设置正向解析区域	zone "tianyi.com" IN{
	type master;
	file "tianyi.com.zone";
	allow-transfer {
	192.168.1.168;
	192.168.10.198;
	};
		设置主区域的名称为 tianyi.com
		设置区域的类型为 master
		设置区域文件为 tianyi.com.zone
		设置辅助域名服务器的地址为:
		192.168.1.168
		192.168.10.198

设置反向解析区域	zone "2.168.192.in-addr.arpa" IN{
	type master;
	file "192.168.2.zone";
	allow-transfer {
	192.168.1.168;
	192.168.10.198;
	};
	};
		设置反向解析区域的名称
		设置区域的类型为 master
		设置反向解析区域文件为 192.168.2.zone
		设置辅助域名服务器的地址为:
		192.168.1.168
		192.168.10.198

配置说明如下。

- zone：指定区域名称，如 zone "tianyi. com"。
- type：指定 DNS 区域类型，如 type hint;或 type master;等。具体区域类型如表 8-5 所示。

表 8-5 DNS 的区域类型

类型	说明
master	主 DNS 服务器区域：拥有区域数据文件，并对此区域提供管理数据
slave	辅助区域：拥有主 DNS 服务器区域数据文件的副本，辅助 DNS 服务器从主 DNS 服务器同步所有区域数据
stub	stub 区域和 slave 类似，但它只复制主 DNS 服务器上的 NS 记录，而不像辅助 DNS 服务器会复制所有区域数据
forward	一个 forward zone 是每个域的配置转发的主要部分。一个 zone 语句中的 type forward 可以包括一个 forward 和（或）forwarders 子句，它会在区域名称给定的域中查询
hint	根域名服务器的初始化组指定使用的线索区域 hint zone，当服务器启动时，它使用根线索查找根域名服务器，并找到最近的根域名服务器列表
delegation-only	用于强制区域的 delegation only 状态

区域类型虽有 6 种，但是在进行服务器搭建时，用到的只有 master 和 hint 两种，所以目前大家只需熟悉这两种类型即可。

STEP 03 熟悉并编辑区域配置文件

【操作示例 8-1】在/var/named 目录中，有根区域文件（named.ca）、正向解析区域文件（named.localhost）、反向解析区域文件（named.loopback）的范本，首先必须将正向、反向区域文件的范本复制成正向解析区域文件（tianyi.com.zone）、反向解析区域文件（192.168.2.zone），操作方法如图 8-14 所示。

```
root@TianYi:/var/named
文件(F) 编辑(E) 查看(V) 搜索(S) 终端(T) 帮助(H)
[root@TianYi named]# cd /var/named
[root@TianYi named]# ls -l named*
-rw-r-----. 1 root named 2253 4月    5 2018 named.ca
-rw-r-----. 1 root named  152 12月  15 2009 named.empty
-rw-r-----. 1 root named  152 6月   21 2007 named.localhost
-rw-r-----. 1 root named  168 12月  15 2009 named.loopback
[root@TianYi named]# cp -a named.localhost tianyi.com.zone   生成正向区域文件
[root@TianYi named]# cp -a named.loopback 192.168.2.zone     生成反向区域文件
[root@TianYi named]# |
```

图 8-14 复制正向、反向区域文件范本

提示

正向、反向区域文件的名称一定要与主配置文件中 zone 区域声明中指定的文件名一致，而且正向、反向区域文件的所有记录行都必须顶头写，前面不要留有空格，否则可能导致 DNS 服务不能正常工作。

（1）熟悉根区域文件

全球共有 13 台根域名服务器，1 台为主根服务器，12 台均为辅根服务器。这 13 台根域名服务器中名字分别为 A～M，其中 10 台设置在美国，另外各有一台设置于英国、瑞典和日本。所有根服务器均由美国政府授权的互联网域名与号码分配机构 ICANN 统一管理，负责全球互联网域名根服务器、域名体系和 IP 地址等的管理。

/var/named/named.ca 是一个非常重要的文件，该文件包含了 Internet 的根服务器名字和地址，BIND 收到客户端主机的查询请求时，如果在 Cache 中找不到相应的数据，就会通过根服务器进行逐级查询。

【操作示例 8-2】进入/var/named/目录，利用 vi 查看根区域文件 named.ca 的具体内容（这里的内容不要修改），该文件记录了全球 13 台根域名服务器的地址，如图 8-15 所示。

```
root@TianYi:/var/named
文件(F) 编辑(E) 查看(V) 搜索(S) 终端(T) 帮助(H)

;; ADDITIONAL SECTION:
a.root-servers.net.     518400  IN      A       198.41.0.4
b.root-servers.net.     518400  IN      A       199.9.14.201
c.root-servers.net.     518400  IN      A       192.33.4.12
d.root-servers.net.     518400  IN      A       199.7.91.13
e.root-servers.net.     518400  IN      A       192.203.230.10
f.root-servers.net.     518400  IN      A       192.5.5.241
g.root-servers.net.     518400  IN      A       192.112.36.4
h.root-servers.net.     518400  IN      A       198.97.190.53
i.root-servers.net.     518400  IN      A       192.36.148.17
j.root-servers.net.     518400  IN      A       192.58.128.30
k.root-servers.net.     518400  IN      A       193.0.14.129
                                                33,1          56%
```

图 8-15 根区域文件

（2）编辑正向区域文件 tianyi.com.zone

DNS 服务器中存放了区域内的所有数据（包括主机名、对应 IP 地址、刷新间隔和过期时间等），而用来存放这些数据的文件就称为区域数据文件（区域数据文件使用“;”符号注释）。区域数据文件一般存放在/var/named/目录下。一台 DNS 服务器内可以存放多个区域文件，同一个区域文件也可以存放在多台 DNS 服务器中。

【操作示例 8-3】在 RHEL 8/CentOS 8 的/var/named/目录中创建一个正向区域文件

tianyi.com.zone，实现 www.tianyi.com、ftp.tianyi.com、mail1.tianyi.com 和 mail1.tianyi.com 的正向解析，同时设置别名 CNAME 资源记录、邮件交换器 MX 资源记录，操作方法如图 8-16 所示。

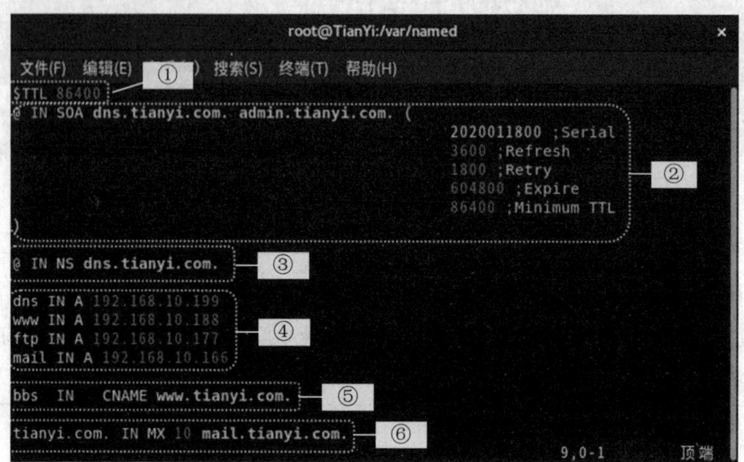

图 8-16　配置正向区域文件

程序说明如下。

① 设置允许客户端缓存来自查询的数据的默认时间，单位为秒，通常应将它放在文件的第 1 行。

② 设置起始授权机构（start of authority，SOA）资源记录。SOA 是主域名服务器区域文件中必须要设定的资源记录，它表示创建它的 DNS 服务器是主域名服务器。SOA 资源记录定义了域名数据的基本信息和其他属性（更新或过期间隔）。

- 设置所管辖的域名。定义当前 SOA 所管辖的域名，这里使用符号“@”代替，也可以使用“tianyi.com.”（注意域名后的点号“.”）。
- 设置 Internet 类。区域文件中的 IN 代表类型属于 Internet 类，这个格式是固定的，不可改变。
- 设置授权主机名。区域文件中的“dns.tianyi.com.”定义了负责该区域的名称解析的授权主机名，这样 DNS 服务器才会知道谁控制这个区域。授权主机名称必须在区域文件中有一个 A 资源记录。

注意

在示例中的 dns 主机号（末尾没有句点号）资源记录使用了相对名称，BIND 会自动在其后面添加“.tianyi.com.”。此规则对区域文件中所有语句都适用。在完整的主机地址末尾加上一个句点号，表示这是一个完整的主机名。

- 设置负责该区域的管理员的 E-mail 地址。区域文件的“admin.tianyi.com.”定义了负责该区域的管理员的 E-mail 地址。由于在 DNS 中使用符号“@”代表本区域的名称，所以在 E-mail 地址中应使用点号“.”代替“@”。
- 设置 SOA 资源记录的各种选项。小括号里的数字是 SOA 资源记录各种选项的值，主要作为和辅助域名服务器同步 DNS 数据而设置的。注意，左括号一定要和 SOA 写在同一行。

- ✧ 设置序列号。2020011800 定义了序列号的值，通常由“年月日+修改次数”组成，而且不能超过 10 位数字。
- ✧ 设置更新间隔。3600（秒）定义了更新间隔为 1 小时。更新间隔用于定义辅助域名服务器隔多长时间与主域名服务器进行一次区域复制操作。
- ✧ 设置重试间隔。1800（秒）定义了重试间隔值为 30 分钟。
- ✧ 设置过期时间。604800（秒）定义了过期时间为 1 周。过期时间用于定义辅助域名服务器在该时间内不能与主域名服务器取得联系时，则放弃重试并丢弃这个区域的数据。
- ✧ 设置最小默认 TTL。默认以秒为单位，此处 86400 定义了 TTL 的值为 1 天。最小默认 TTL 定义允许辅助域名服务器缓存查询数据的默认时间。

③ 设置名称服务器（name server，NS）资源记录。NS 资源记录定义了该域名由哪个 DNS 服务器负责解析，NS 资源记录定义的服务器称为区域权威名称服务器。为 DNS 客户端提供数据查询，并且能肯定应答区域内所含名称的查询。

④ 设置主机地址 A 资源记录。主机地址 A（address）资源记录是最常用的记录，它定义了 DNS 域名对应 IP 地址的信息。

⑤ 设置别名 CNAME 资源记录。别名 CNAME（canonical name）资源记录也被称为规范名字资源记录。CNAME 资源记录允许将多个名称映射到同一台计算机上，使得某些任务更容易执行。

⑥ 设置邮件交换器 MX 资源记录。邮件交换器 MX（mail exchanger）资源记录指向一个邮件服务器，用于电子邮件系统发邮件时根据收信人邮件地址后缀来定位邮件服务器。可以设置多个 MX 资源记录，指明多个邮件服务器，优先级别由 MX 后的数字决定。

（3）编辑反向解析区域文件 192.168.10.zone

反向解析区域文件的结构和格式与区域文件类似，只不过它的主要内容是建立 IP 地址映射到 DNS 域名的指针 PTR 资源记录。下面通过实例讲解如何定义反向解析区域。

【操作示例 8-4】在 RHEL 8/CentOS 8 的/var/named/目录中，用 vi 打开反向区域文件 192.168.10.zone，并按图 8-17 设置相关内容。

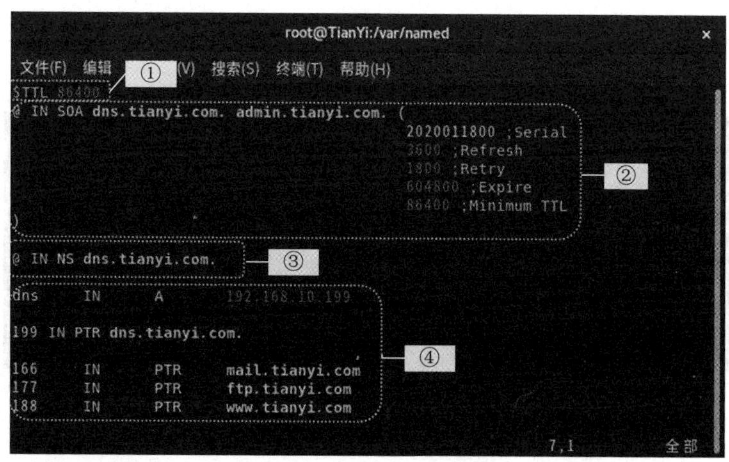

图 8-17 反向解析区域文件

① 设置域的默认生存时间 TTL（time to live），单位为秒。86400 秒即为 1 天，等价于

$TTL 1D。

② SOA 是在主域名服务器区域文件中一定要设置的，用于开始权威的域名信息记录，宣布该服务器具有权威性的名字空间。

SOA 之后应填写该域的名称，并且要在名称的最后附加点号“.”；域名之后，应填写域名服务器管理员的 E-mail 地址，E-mail 地址中的“@”符号在此处用点号代替，在 E-mail 地址的最后，也要附加一个点号。

③ 设置 NS 资源记录，NS 资源记录定义了该域名由哪个 DNS 服务器负责解析，NS 资源记录定义的服务器称为区域权威名称服务器。

④ 设置指针 PTR 资源记录：指针 PTR 资源记录只能在反向解析区域文件中出现。PTR 资源记录和 A 资源记录正好相反，它是将 IP 地址解析成 DNS 域名的资源记录。与区域文件的其他资源记录类似，它也可以使用相对名称和完全规范域名 FQDN，如对于资源记录“188 IN PTR www.tianyi.com.”，BIND 会自动在其后面加“.10.168.192.in-addr.arpa.”，所以相当于完全规范域名的 188.10.168.192.in-addr.arpa。

指针 PTR 资源记录，注意最后一条资源记录只有主机号（末尾没有句点号），BIND 会自动在其后面加“.10.168.192.in-addr.arpa.”。

STEP 04 验证配置结果

1）在/var/named 目录中，建立了正向、反向区域文件，先使用 named-checkzone tianyi.com /var/named/tianyi.com.zone 检查正向区域文件，再使用 amed-checkzone 192.168.10.199 /var/named/192.168.10.zone 检查反向区域文件，检查过程如图 8-18 所示。

```
root@TianYi:/var/named
文件(F) 编辑(E) 查看(V) 搜索(S) 终端(T) 帮助(H)
[root@TianYi named]# named-checkconf
[root@TianYi named]# named-checkzone tianyi.com /var/named/tianyi.com.zone
zone tianyi.com/IN: loaded serial 2020011800
OK
[root@TianYi named]# named-checkzone 192.168.10.199 /var/named/192.168.10.zone
zone 192.168.10.199/IN: loaded serial 2020011800
OK
[root@TianYi named]#
```

图 8-18 检查正向、反向区域文件

2）利用 host 和 nslookup 验证域名解析，注意需要关闭防火墙和 SELinux，配置好 resolv.conf 等，简单测试如图 8-19 所示。

```
文件(F) 编辑(E) 查看(V) 搜索(S) 终端(T) 帮助(H)
[root@TianYi etc]# host www.tianyi.com
www.tianyi.com has address 192.168.10.6
[root@TianYi etc]# nslookup mail.tianyi.com
Server:         192.168.10.8
Address:        192.168.10.8#53

Name:   mail.tianyi.com
Address: 192.168.10.3

[root@TianYi etc]#
```

图 8-19 测试域名解析

8.4.3 配置 DNS 服务器

DNS 服务器的 BIND 软件包安装好之后，必须先编写 DNS 的全局配置文件和主配置文件。在全局配置文件中做好选项配置，并定义主配置文件。在主配置文件中设置根区域、主区域和反向解析区域。下面通过具体任务案例训练大家的配置技能。

任务案例 8-3

为天一电子产品研发中心架设一台 DNS 服务器，负责 tianyi. com 域的域名解析工作。DNS 服务器的 FQDN 为 dns. tianyi. com，IP 地址为 192. 168. 10. 8，其他要求如下。

要求为以下域名实现正向、反向域名解析服务：

- dns.tianyi.com　　　　192.168.10.8
- mail.tianyi.com　MX 记录　192.168.10.3
- www.tianyi.com　　　　192.168.10.6
- ftp.tianyi.com　　　　192.168.10.7

另外，还要求设置 RHEL 8、bbs 和 samba 别名 CNAME 资源记录；使用三台内容相同的 FTP 服务器实现网络负载均衡功能，它们的 IP 地址分别对应 192.168.10.7、192.168.10.17 和 192.168.10.117；能够实现直接域名解析和泛域名解析。

完成任务的步骤如下。

STEP 01 修改全局配置文件

先修改网卡 ens33 的 IP 地址为 192.168.10.8，再安装 BIND 所需软件包。接下来参考【任务案例 8-2】修改全局配置文件 named. conf，具体修改如下 4 个地方的内容：

```
options {
    listen-on port 53 { any; };          #1. 原内容：{ 127.0.0.1; };
// listen-on-v6 port 53 { ::1; };        #2. 屏蔽 IPv6 的端口监听
……
    allow-query    { any; };             #3. 设置为 any，允许任何主机查询
……
include "/etc/tianyi.com";               #4.指定主配置文件为/etc/tianyi.com
};
```

STEP 02 编辑主配置文件

先参考【任务案例 8-2】建立主配置文件 tianyi.com，再运用 vi 打开 tianyi.com 文件进行编辑，在主配置文件末尾添加正向区域说明、反向解析区域说明，具体配置的内容如下：

```
//指定正向解析区域为 tianyi.com.zone
zone "tianyi.com" IN {            #指明正向区域是：tianyi.com
    type master;                  #指明区域类型为：master
    file "tianyi.com.zone";       #指定正向区域文件 tianyi.com.zone，需手工建立
    allow-update { none; };
    allow-query { any; };         #允许任何主机查询
};
//指定反向解析区域为 192.168.10.zone
zone "10.168.192.in-addr.arpa" IN {   #指明反向区域
    type master;
    file "192.168.10.zone";       #指定正向区域文件 192.168.10.zone，需手工建立
    allow-update { none; };
    allow-query { any; };
};
```

STEP 03 编辑根及正向、反向区域文件

1）先参考【任务案例 8-2】查看 named.ca 文件是否完整，需要最新的可上网下载。

2）再参考【任务案例 8-3】建立正向、反向区域文件 tianyi.com.zone 和 192.168.10.zone。进入/var/named 目录，运用 cp -a 将正向区域文件和反向区域文件的范本复制过来，然后用 vi 打开 tianyi.com.zone 正向区域文件，并对它进行编辑，具体设置内容方法如图 8-20 所示。

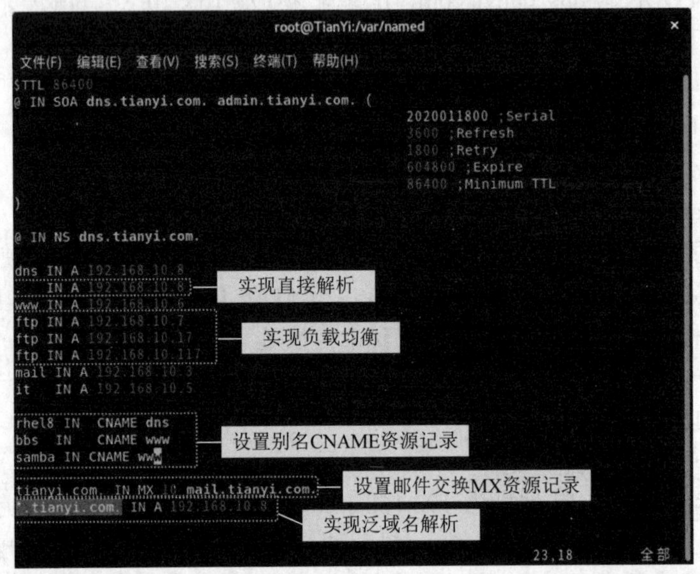

图 8-20　编辑正向区域文件

① 实现直接域名解析。在默认情况下，DNS 服务器不能直接将域名解析成 IP 地址，它只能解析完全规范域名 FQDN。为了方便用户访问，可以在 DNS 服务器的区域文件中加入特殊的 A 资源记录，以便支持实现直接域名解析功能。

```
tianyi.com.     IN     A      192.168.10.8
```

或

```
.               IN     A      192.168.10.8
```

② 实现负载均衡功能。负载均衡就是在 DNS 服务器中为同一个域名配置多个 IP 地址（即为一个主机名设置多条 A 资源记录），如域中 FTP 服务器的网络负荷很大，需要多台服务器进行负载均衡，可在 DNS 服务器上的正向区域文件加入相关记录。

③ 实现泛域名的解析。一个域名下的所有主机和子域名都被解析到同一个 IP 地址上，这种情况被称为泛域名。

为了实现泛域名解析，可以在 DNS 服务器的区域文件末尾加入下面一条特殊的 A 资源记录（符号“*”是代表任何字符的通配符），以便支持实现泛域名解析功能。

```
*.tianyi.com.   IN     A      192.168.10.8
```

或

```
*               IN     A      192.168.10.8
```

3）再使用 vi 打开反向区域文件 192.168.10.zone，并进行编辑，具体设置方法如图 8-21 所示。

```
文件(F) 编辑(E) 查看(V) 搜索(S) 终端(T) 帮助(H)
$TTL 86400
@ IN SOA dns.tianyi.com. admin.tianyi.com. (
                                        2020011800 ;Serial
                                        3600 ;Refresh
                                        1800 ;Retry
                                        604800 ;Expire
                                        86400 ;Minimum TTL
)
@       IN      NS      dns.tianyi.com.

dns     IN      A       192.168.10.199

8       IN      PTR     dns.tianyi.com.

3       IN      PTR     mail.tianyi.com
5       IN      PTR     it.tianyi.com
6       IN      PTR     www.tianyi.com
7       IN      PTR     ftp.tianyi.com
17      IN      PTR     ftp.tianyi.com
117     IN      PTR     ftp.tianyi.com
                                                4,1         全部
```

图 8-21 编辑反向区域文件

STEP 04 主域名服务器的测试

完成主域名服务器的配置后，应该对其进行测试，以便及时掌握DNS服务器的配置情况，及时解决问题。下面的测试操作都在主域名服务器上完成的。

1. 测试前的准备

（1）重启DNS服务

要测试主域名服务器，执行以下命令重启DNS服务：

```
systemctl restart named
```

执行以下命令，确保named进程已经启动：

```
pstree|grep "named"
```

如果出现“|-named”，则表示named进程已经成功启动。

（2）配置/etc/resolv.conf文件

在/etc/resolv.conf文件中可以配置本机使用哪台DNS服务器来完成域名解析工作。利用vi打开c/resolv.conf文件，在其中添加两行代码，文件内容如下：

```
domain tianyi.com
nameserver 192.168.10.8
```

设置说明：

1）domain 选项定义了本机的默认域名，任何只有主机名而没有域名的查询，系统都会自动将默认域名加到主机名的后面。如对于查询主机名为linden的请求，系统会自动将其转换为对linden.tianyi.com的请求。

2）nameserver 选项定义了本机使用哪台DNS服务器完成域名解析工作，应该设置为主域名服务器的IP地址。

2. 使用nslookup程序测试

nslookup程序是DNS服务的主要诊断工具，它提供了执行DNS服务器查询测试并获取详细信息的功能。使用nslookup程序可以诊断和解决名称解析问题、检查资源记录是否在区域中正确添加或更新，以及排除其他服务器相关问题。nslookup 有两种运行模式：非交互式和交互式。

非交互式通常用于返回单块数据的情况，其命令格式如下：

```
nslookup [-选项] 需查询的域名 [DNS 服务器地址]
```

如果没有指明 nslookup 要使用 DNS 服务器地址，则 nslookup 使用/etc/resolv.conf 文件定义的 DNS 服务进行查询。非交互式 nslookup 程序运行完后，就会返回 Shell 提示符下，如果要查询另外一条记录，则需要重新执行该程序，如图 8-22 所示。

图 8-22 nslookup 程序的非交互式

交互式通常用于返回多块数据的情况，其命令格式如下：

```
nslookup [- DNS 服务器地址]
```

如果没有指明 nslookup 要使用的 DNS 服务器地址，则 nslookup 使用/etc/resolv.conf 文件定义的 DNS 服务进行查询。运行交互式 nslookup 程序，就会进入 nslookup 程序提示符“>”，接下来就可以在“>”后输入 nslookup 的各种命令、需查询的域名或反向解析的 IP 地址。查询完一条记录后，可接着在“>”后输入新的查询，使用 exit 命令可退出 nslookup 程序，如图 8-23 所示。

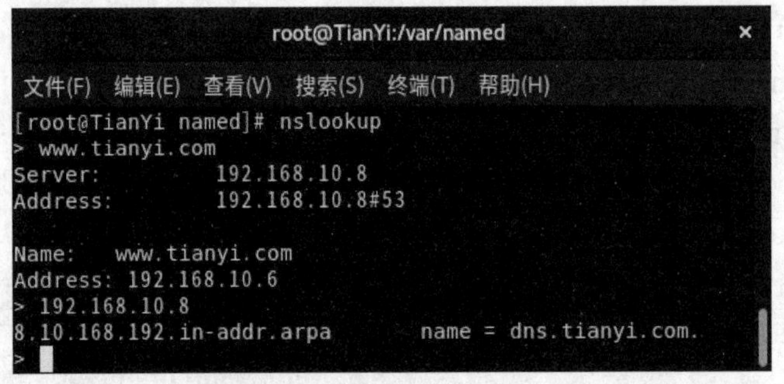

图 8-23 nslookup 程序的交互式

由于对 DNS 服务器进行测试往往需要连续查询多条记录，因此实际更多地使用 nslookup 程序的交互式，下面的测试以交互式为例进行说明。

（1）测试主机地址 A 资源记录

进入 nslookup 程序后，默认的查询类型是主机地址，在 nslookup 程序提示符“>”后直接输入要测试的完全规范域名 FQDN，nslookup 会显示当前 DNS 服务器的名称和 IP 地址，然后返回完全规范域名 FQDN 对应的 IP 地址，如图 8-24 所示。

（2）测试反向解析指针 PTR 资源记录

在 nslookup 程序提示符“>”后直接输入要测试的 IP 地址，nslookup 会返回 IP 地址所对应的完全规范域名 FQDN，如图 8-25 所示。

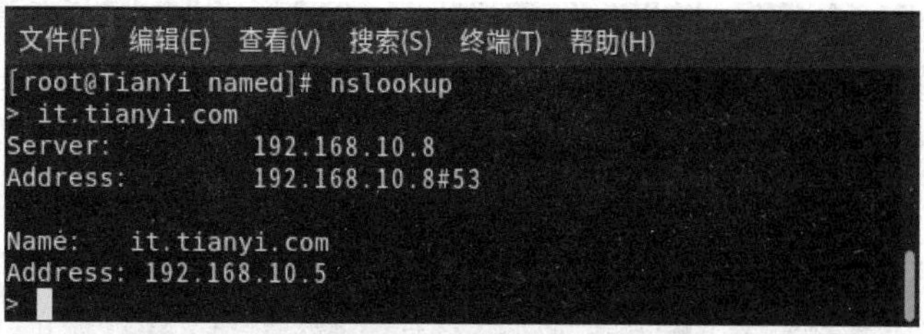

```
文件(F) 编辑(E) 查看(V) 搜索(S) 终端(T) 帮助(H)
[root@TianYi named]# nslookup
> it.tianyi.com
Server:         192.168.10.8
Address:        192.168.10.8#53

Name:   it.tianyi.com
Address: 192.168.10.5
>
```

图 8-24 测试主机地址 A 资源记录

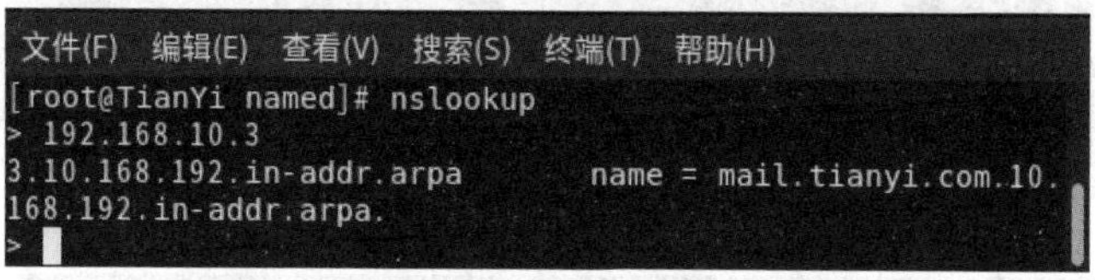

```
文件(F) 编辑(E) 查看(V) 搜索(S) 终端(T) 帮助(H)
[root@TianYi named]# nslookup
> 192.168.10.3
3.10.168.192.in-addr.arpa       name = mail.tianyi.com.10.
168.192.in-addr.arpa.
>
```

图 8-25 测试反向解析指针 PTR 资源记录

（3）测试别名 CNAME 资源记录

在 nslookup 程序提示符“>”下先使用 set type=cname 命令设置查询的类型为别名，然后输入要测试的别名，nslookup 会返回对应的真实计算机域名，如图 8-26 所示。

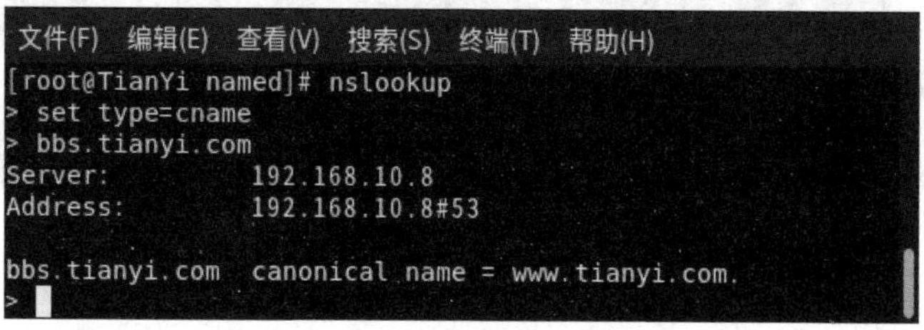

```
文件(F) 编辑(E) 查看(V) 搜索(S) 终端(T) 帮助(H)
[root@TianYi named]# nslookup
> set type=cname
> bbs.tianyi.com
Server:         192.168.10.8
Address:        192.168.10.8#53

bbs.tianyi.com  canonical name = www.tianyi.com.
>
```

图 8-26 测试别名 CNAME 资源记录

（4）测试邮件交换器 MX 资源记录

在 nslookup 程序提示符“>”后先使用 set type=mx 命令设置查询的类型为邮件交换器，然后输入要测试的域名，nslookup 会返回对应的邮件交换器地址，如图 8-27 所示。

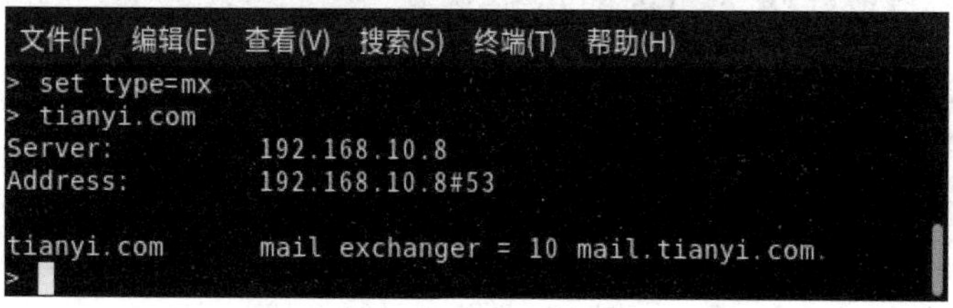

```
文件(F) 编辑(E) 查看(V) 搜索(S) 终端(T) 帮助(H)
> set type=mx
> tianyi.com
Server:         192.168.10.8
Address:        192.168.10.8#53

tianyi.com      mail exchanger = 10 mail.tianyi.com.
>
```

图 8-27 测试邮件交换器 MX 资源记录

（5）测试起始授权机构 SOA 资源记录

在 nslookup 程序提示符“>”后先使用 set type=soa 命令设置查询的类型为起始授权机构，然后输入要测试的域名，nslookup 会返回对应的 SOA 资源记录内容，如图 8-28 所示。

（6）测试负载均衡

测试负载均衡需要使用的查询类型为主机地址。如果当前查询类型不是主机地址，就应在 nslookup 程序提示符“>”后先使用 set type=a 命令设置查询的类型为主机地址，然后输入要测试的负载均衡完全规范域名 FQDN，nslookup 会返回对应的所有 IP 地址，如图 8-29 所示。

```
文件(F) 编辑(E) 查看(V) 搜索(S) 终端(T) 帮助(H)
> set type=soa
> tianyi.com
Server:         192.168.10.8
Address:        192.168.10.8#53

tianyi.com
        origin = dns.tianyi.com
        mail addr = admin.tianyi.com
        serial = 2020011800
        refresh = 3600
        retry = 1800
        expire = 604800
        minimum = 86400
>
```

图 8-28 测试起始授权机构 SOA 资源记录

```
文件(F) 编辑(E) 查看(V) 搜索(S) 终端(T) 帮助(H)
> set type=a
> ftp.tianyi.com
Server:         192.168.10.8
Address:        192.168.10.8#53

Name:   ftp.tianyi.com
Address: 192.168.10.117
Name:   ftp.tianyi.com
Address: 192.168.10.17
Name:   ftp.tianyi.com
Address: 192.168.10.7
>
```

图 8-29 测试负载均衡

（7）测试泛域名

测试泛域名需要使用查询的类型为主机地址。如果当前查询类型不是主机地址，应在 nslookup 程序提示符“>”后先使用 set type=a 命令设置查询的类型为主机地址，然后输入任意主机名的域名，如图 8-30 所示。

```
文件(F) 编辑(E) 查看(V) 搜索(S) 终端(T) 帮助(H)
> set type=a
> mycomputer.tianyi.com
Server:         192.168.10.8
Address:        192.168.10.8#53

Name:   mycomputer.tianyi.com
Address: 192.168.10.8
>
```

图 8-30 测试泛域名

3. 使用域信息搜索器 dig 进行测试

域信息搜索器 dig（domain information groper）是一个在类 UNIX 命令行模式下查询 DNS（包括 NS 记录、A 记录、MX 记录等）相关信息的工具，它执行 DNS 搜索，显示从接受请求的域名服务器返回的答复，如图 8-31 所示。

在 UNIX 和 Linux 下，建议大家使用 dig 来代替 nslookup，dig 的功能比 nslookup 强大很多。

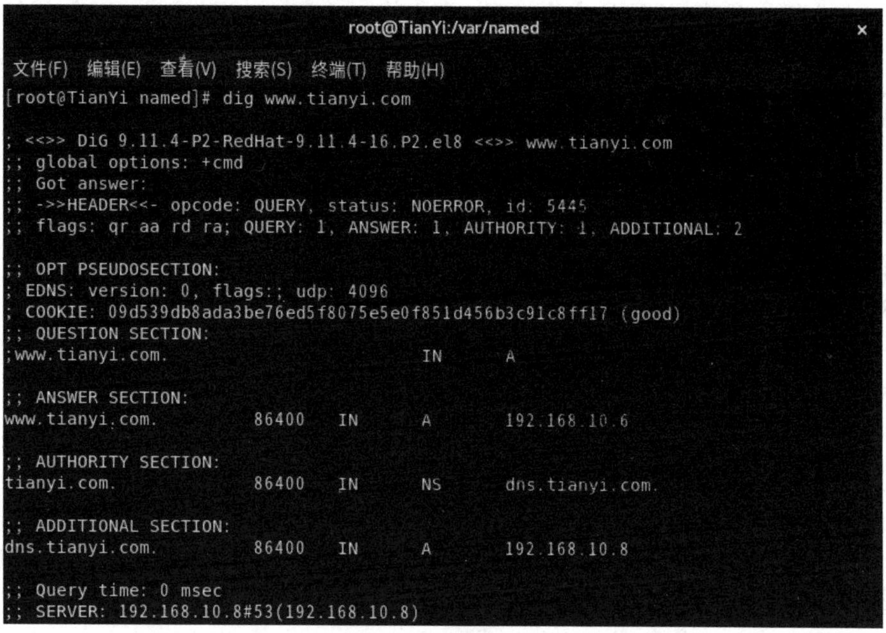

```
root@TianYi:/var/named
文件(F)  编辑(E)  查看(V)  搜索(S)  终端(T)  帮助(H)
[root@TianYi named]# dig www.tianyi.com

; <<>> DiG 9.11.4-P2-RedHat-9.11.4-16.P2.el8 <<>> www.tianyi.com
;; global options: +cmd
;; Got answer:
;; ->>HEADER<<- opcode: QUERY, status: NOERROR, id: 5445
;; flags: qr aa rd ra; QUERY: 1, ANSWER: 1, AUTHORITY: 1, ADDITIONAL: 2

;; OPT PSEUDOSECTION:
; EDNS: version: 0, flags:; udp: 4096
; COOKIE: 09d539db8ada3be76ed5f8075e5e0f851d456b3c91c8ff17 (good)
;; QUESTION SECTION:
;www.tianyi.com.                    IN      A

;; ANSWER SECTION:
www.tianyi.com.         86400   IN      A       192.168.10.6

;; AUTHORITY SECTION:
tianyi.com.             86400   IN      NS      dns.tianyi.com.

;; ADDITIONAL SECTION:
dns.tianyi.com.         86400   IN      A       192.168.10.8

;; Query time: 0 msec
;; SERVER: 192.168.10.8#53(192.168.10.8)
```

图 8-31　使用域信息搜索器 dig 进行测试

8.4.4　配置辅助域名服务器

配置辅助域名服务器相对简单，只需在要配置辅助域名服务器的计算机上对/etc/named.conf主配置文件进行修改，无须配置区数据库文件，区数据库文件将从主域名服务器上自动获得。

需要注意的是，不能在同一台计算机上同时配置同一个域的主域名服务器和辅助域名服务器。

任务案例 8-4

为【任务案例 8-3】的 DNS 服务器配置 tianyi.com 域及其反向区域的辅助域名服务器。辅助域名服务器的 FQDN 为 slave.tianyi.com，IP 地址为 192.168.10.4。

完成任务的步骤如下。

STEP 01 编辑辅助域名服务器主配置文件

在另一台 Linux 服务器上，先配置 IP 为 192.168.10.4，关闭防火墙和 SELinux，安装 BIND 软件包，最后编辑 DNS 服务器的全局配置文件 named.conf，在文件末尾添加正向区域说明和反向区域说明，具体内容如下：

```
[root@RHEL8~]#vi /etc/named.conf
zone "tianyi.com" IN {
        type slave;                          #注意此处类型是slave
        file "tianyi.com.zone";
        masters { 192.168.10.8; };
};
zone "10.168.192.in-addr.arpa" IN {
        type slave;                          #注意此处类型是slave
        file "192.168.10.zone";
```

```
        masters { 192.168.10.8; };
    };
```

STEP 02 编辑主域名服务器上主配置文件

在 192.168.10.8 的主域名服务器上编辑全局配置文件，在 options 中添加如下语句：

```
[root@RHEL8~]#vi /etc/named.conf
   allow-transfer {  192.168.10.4;  };
```

STEP 03 重新启动 DNS 服务

重新启动 DNS 服务语句如下：

```
[root@RHEL8~]# systemctl restart named
```

8.4.5 配置缓存 Cache-only 服务器

Cache-only 服务器类似于代理服务器，它没有自己的域名数据库，而是将所有查询转发到其他 DNS 服务器处理。当 Cache-only 服务器收到查询结果后，除了返回给客户端外，还会将结果保存在缓存中。当下一个 DNS 客户端再查询相同的域名数据时，就可以从高速缓存中查出答案，加快 DNS 客户端的查询速度。

任务案例 

配置一台缓存 Cache-only 域名解析服务器，以实现将客户端的所有查询转发到 222.246.129.80 这台 DNS 服务器。

完成任务的步骤如下。

STEP 01 编辑 DNS 主配置文件

架设 Cache-only 服务器非常简单，只需使用 vi 打开/etc 目录下的 DNS 全局配置文件 named.conf，在配置文件中添加以下内容：

```
options {
directory "/var/named";
forward only;                        # 设置转发方式
forwarders {                         # 设置转发到哪些 DNS 服务器
   222.187.98.6;
   114.114.114.114;
   };
};
include "/etc/rndc.key";
```

STEP 02 重新启动 DNS 服务

重新启动 DNS 服务，语句如下：

```
[root@RHEL8~]# systemctl restart named
```

8.4.6 启动与停止 DNS 服务

任务案例 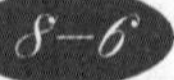

进入系统，练习 DNS 服务的启动、停止和重启，然后将 DNS 服务的启动设为自动加载。

完成任务的步骤如下。

STEP 01 启动 DNS 服务

在 DNS 服务安装完成并配置好 named.conf 文件后，需要启动才能使用 DNS 服务，使用 systemctl start named 或 systemctl start named.service 命令启动 DNS 服务，操作方法如图 8-32 所示。

```
文件(F) 编辑(E) 查看(V) 搜索(S) 终端(T) 帮助(H)
[root@TianYi ~]# systemctl start named
[root@TianYi ~]#
```

图 8-32　启动 DNS 服务

STEP 02 停止 DNS 服务

与启动 DNS 服务类似，使用 systemctl stop named 或 systemctl stop named.service 命令停止 DNS 服务，操作方法如图 8-33 所示。

```
文件(F) 编辑(E) 查看(V) 搜索(S) 终端(T) 帮助(H)
[root@TianYi ~]# systemctl stop named
[root@TianYi ~]#
```

图 8-33　停止 DNS 服务

STEP 03 重启 DNS 服务

对 DNS 服务器进行了相应配置后，如果需要让其生效，则需要对 DNS 服务器进行重启，使用 service named restart 或 systemctl reload named.service 命令重启 DNS 服务，操作方法如图 8-34 所示。

图 8-34　重启 DNS 服务

STEP 04 自动加载 DNS 服务

如果需要让 DNS 服务随系统启动自动加载，可使用 systemctl enable named 命令设置开机自动加载 DNS 服务，开机自启动设置是否生效，可以使用 systemctl is-enabled named.service 命令查看。操作方法如图 8-35 所示。

图 8-35　自动加载 DNS 服务

8.4.7　配置 DNS 客户端

1. 配置 Linux 的 DNS 客户端

安装好 DNS 服务器程序，并设置好相关参数之后，就可以使用 DNS 服务为网络中的客户端提供域名解析服务，但是客户端要从 DNS 服务器那里得到解析还必须进行相应的配置。

在 Linux 客户端指定 DNS 服务器，一般有图形界面和字符模式两种方式，它们的操作都很简单。

任务案例 8-7

在 Linux 客户端指定 DNS 服务器，再对 DNS 域名解析服务进行验证。

完成任务的步骤如下。

STEP 01 字符方式指定 DNS 服务器

在 Linux 的终端模式下，直接编辑文件/etc/resolv.conf，通过 nameserver 选项指定 DNS 服务器的 IP 地址，如图 8-36 所示。

图 8-36 字符模式配置 Linux 下的 DNS 服务器

STEP 02 验证 DNS 解析

在 Linux 的终端模式下，使用 ping 命令 ping 域名，检查指定的 DNS 服务器能否解析出与域名相对应的 IP，操作方法如图 8-37 所示。

图 8-37 验证域名解析

2. 配置 Windows 的 DNS 客户端

在 Windows XP、Windows 7/10 和 Windows Server 2008 中配置 DNS 客户端的方法基本相同。本节主要以配置 Windows 7 的 DNS 客户端为例介绍在 Windows 系列操作系统下配置 DNS 客户端的具体方法。

任务案例 8-8

在局域网中，为 Windows 7 客户端指定 DNS 服务器（192.168.10.8），然后验证 DNS 域名解析。

完成任务的步骤如下。

STEP 01 打开“网络和共享中心”窗口

在 Windows 7 的客户机中，右击桌面状态栏托盘区域中的网络连接图标，选择快捷键菜单中的“打开网络和共享中心”命令，打开“网络和共享中心”窗口，单击“本地连接”

链接，打开“本地连接 状态”对话框，如图 8-38 所示。

STEP 02 打开“本地连接 属性”对话框

在“本地连接 状态”对话框，单击“属性”按钮，打开的“本地连接 属性”对话框，选择“Internet 协议版本 4（TCP/IPv4）”选项，单击“属性”按钮，打开“Internet 协议版本 4（TCP/IPv4）属性”对话框，如图 8-39 所示。

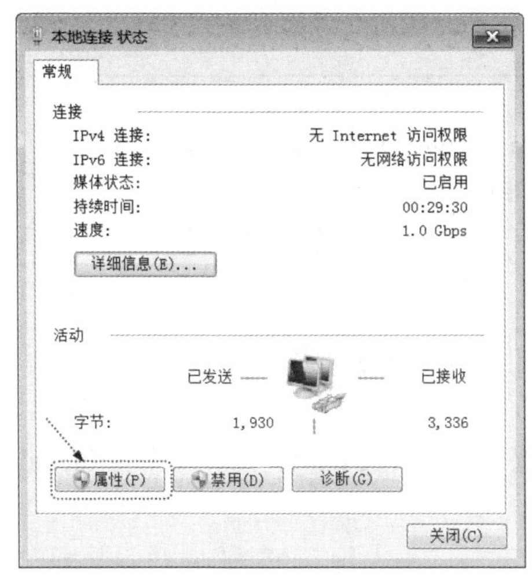

图 8-38　“本地连接 状态”对话框

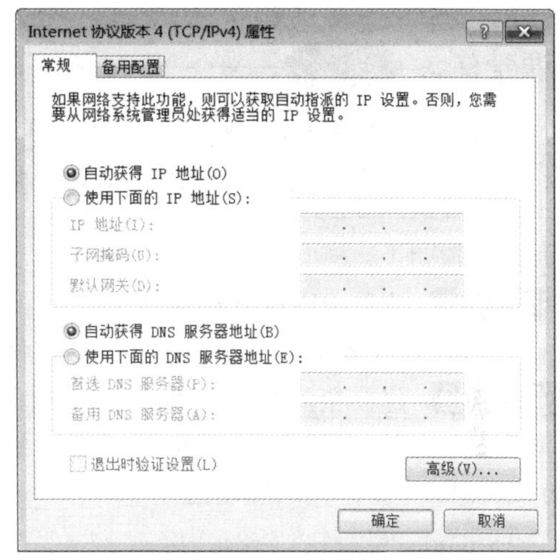

图 8-39　“Internet 协议版本 4（TCP/IPv4）属性”对话框

STEP 03 设置 DNS 服务器的 IP 地址

在图 8-39 中选中“使用下面的 DNS 服务器地址”单选按钮，在“首选 DNS 服务器”框中输入 DNS 服务器的 IP 地址（192.168.10.8），在“备用 DNS 服务器”框中输入备用 DNS 服务器的 IP 地址（114.114.114.114），如图 8-40 所示，输入完成后单击“确定”按钮，关闭完成 Windows 7 下的 DNS 客户端的配置。

STEP 04 验证 DNS 服务器解析效果

在 Windows 7 下的 DNS 客户端进入命令提示窗口，输入 ping 或 nslookup 命令检查域名解析情况（注意在 DNS 服务器上关闭防火墙和 SELinux），操作方法如图 8-41 所示。

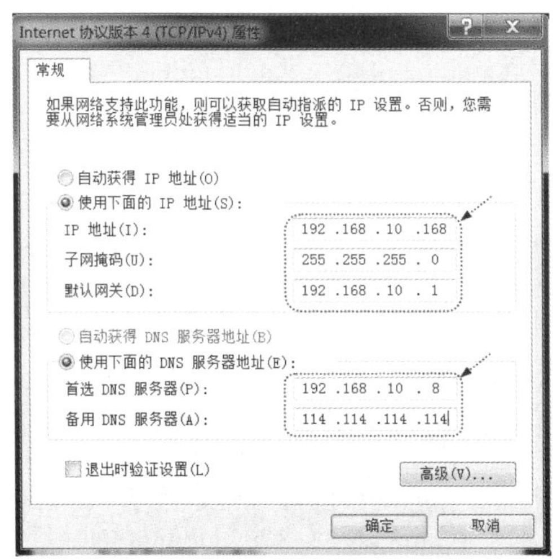

图 8-40　配置 IP 和 DNS

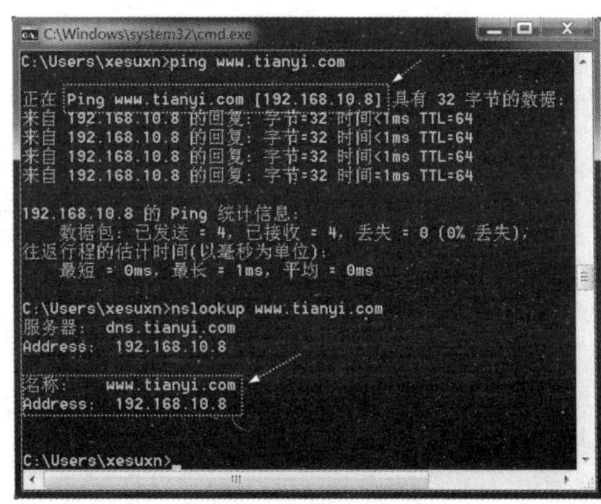

图 8-41　检查 DNS 服务器的解析效果

8.5 技能训练

8.5.1 课堂训练

课堂任务 

天一电子产品研发中心培训部的域名是 tyrdc.cn，www 主机的地址是 172.16.1.10，DNS 服务器的地址是 172.16.1.100，完成 DNS 服务器的配置。

训练步骤如下。

STEP 01 安装 BIND 软件包

采用 yum 或 rpm -ivh 命令安装 BIND 软件包，此步可参考【任务案例 8-1】。

STEP 02 建立全局配置文件

参考【任务案例 8-2】修改/etc/目录中的全局配置文件 named.conf，在文件中将 include "/etc/named.rfc1912.zones";修改为

```
include "/etc/tyrdc.cn";
```

STEP 03 编辑主配置

在/etc/目录下有一个主配置的范例文件 named. rfc1912. zones，将其复制一份并改名为 tyrdc.cn，然后用 vi 编辑文件 tyrdc.cn，在文件末尾添加正向、反向区域说明，具体内容如下：

```
zone "tyrdc.cn" IN {
    type master;
    file "tyrdc.cn.zone";
    allow-update { none; };
    };
zone "1.168.192.in-addr.arpa" IN {
    type master;
    file "172.16.1.rev";
    allow-update { none; };
    };
```

STEP 04 编辑正向区域文件

编辑正向区域文件，语句如下：

```
#cd /var/named/
#cp -a named.localhost  tyrdc.cn.zone
#vi tyrdc.cn.zone   //编辑正向区域文件
```

对正向区域文件需设置如下内容，编辑完成后保存退出。

```
$TTL 86400
@ IN SOA dns.tyrdc.cn. admin.tyrdc.cn. (
                                        2020011800 ;Serial
                                        3600 ;Refresh
                                        1800 ;Retry
                                        604800 ;Expire
```

```
                                        86400 ;Minimum TTL
)
@ IN NS dns.tyrdc.cn.
dns IN A 172.16.1.100
www IN A 172.16.1.10
```

STEP 05 编辑反向区域文件

编辑反向区域文件，语句如下：

```
#cp -a named.loopback 172.16.1.rev
#vi 172.16.1.rev   //编辑反向区域文件
```

对反向区域文件需设置如下内容，编辑完成后保存退出。

```
$TTL 86400
@ IN SOA dns.tyrdc.cn. admin.tyrdc.cn. (
                                    2020011800 ;Serial
                                    3600 ;Refresh
                                    1800 ;Retry
                                    604800 ;Expire
                                    86400 ;Minimum TTL
)
@ IN dns.tyrdc.cn.
dns     IN      A       172.16.1.100
100 IN PTR    dns.tianyi.com.
10  IN  PTR    www.tianyi.com
```

STEP 06 启动服务器并测试

启动服务器并测试，语句如下：

```
# systemctl start named
# nslookup
```

课堂任务 

利用 BIND 软件配置 DNS 服务器的过程中，可能会碰到各种问题，针对下面给出的典型问题和解决办法排除故障。

训练步骤如下。

STEP 01 rndc reload 命令重新加载配置文件

使用 rndc reload 命令重新加载配置文件，如果加载失败，说明配置文件出现错误，这些错误是因为用户在编辑文件时疏忽而造成的，如缺少符号“;”或者“}”。当然如果出现 server reload successfull 这样的提示，并不代表配置文件没有错误，因为它自带的检测机制只能检测语法有无错误，对于域或 IP 地址书写错误或规划时的逻辑错误无法检测，所以配置文件一定要仔细检查。

```
#rndc reload
```

STEP 02 查看启动信息

如果使用 systemctl start named 命令无法正常启动 named 服务，出现出错提示，此时可使用 systemctl status named 命令查看出错状况（仔细查看系统给出的提示信息，错误的原因往往会出现在提示中），如图 8-42 所示。

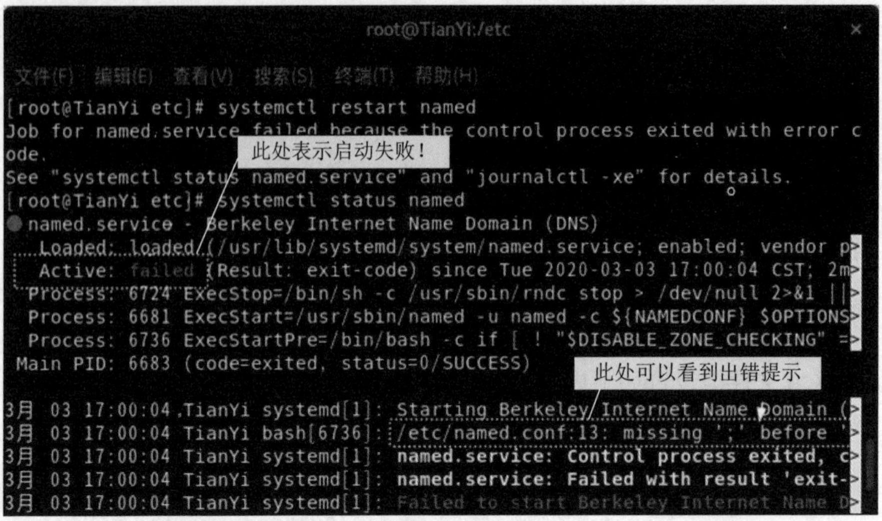

```
root@TianYi:/etc
文件(F) 编辑(E) 查看(V) 搜索(S) 终端(T) 帮助(H)
[root@TianYi etc]# systemctl restart named
Job for named.service failed because the control process exited with error c
ode.
See "systemctl status named.service" and "journalctl -xe" for details.
[root@TianYi etc]# systemctl status named
● named.service - Berkeley Internet Name Domain (DNS)
   Loaded: loaded (/usr/lib/systemd/system/named.service; enabled; vendor p>
   Active: failed (Result: exit-code) since Tue 2020-03-03 17:00:04 CST; 2m>
  Process: 6724 ExecStop=/bin/sh -c /usr/sbin/rndc stop > /dev/null 2>&1 ||>
  Process: 6681 ExecStart=/usr/sbin/named -u named -c ${NAMEDCONF} $OPTIONS>
  Process: 6736 ExecStartPre=/bin/bash -c if [ ! "$DISABLE_ZONE_CHECKING" =>
 Main PID: 6683 (code=exited, status=0/SUCCESS)

3月 03 17:00:04 TianYi systemd[1]: Starting Berkeley Internet Name Domain (>
3月 03 17:00:04 TianYi bash[6736]: /etc/named.conf:13: missing ';' before '>
3月 03 17:00:04 TianYi systemd[1]: named.service: Control process exited, c>
3月 03 17:00:04 TianYi systemd[1]: named.service: Failed with result 'exit->
3月 03 17:00:04 TianYi systemd[1]: Failed to start Berkeley Internet Name D>
```

此处表示启动失败！

此处可以看到出错提示

图 8-42　查看提示信息

当然还可以使用 named-checkzone 检查正向区域文件和反向区域文件（具体操作参考【任务案例 8-1】的 STEP 04），如果发现问题，认真检查，逐一解决即可。

STEP 03 查看端口

如果服务正常工作，则会开启 TCP 和 UDP 的 53 端口，可以使用 netstat -an 命令检测 53 端口是否正常工作，查看方法如下：

```
netstat -an | grep 53
```

STEP 04 查看目录权限

为了提高安全性，经常使用 chroot 改变 BIND 的根目录，但这时需要注意权限问题，当根目录发生改变时，该目录的权限可能为 700，属主是 root 而不是 named，这时启动 named 会遇到权限拒绝的提示。所以，在使用 chroot 的时候需要注意权限不足所带来的问题。

8.5.2　课后训练

技术部所在域为 tech.org，该部门有三台主机，主机名分别是 client1.tech.org、client2.tech.org 和 client3.tech.org。现要求 DNS 服务器 dns.tech.org 可以解析三台主机名和 IP 地址的对应关系。

分析：此案例是 DNS 搭建的最基本配置。在搭建之前整理好设定流程，首先在服务器上建立主配置文件，设置可以解析 tech.org 区域；然后建立 tech.org 的区域文件，并在区域文件中设置 SOA、NS 以及 A 资源记录；最后配置客户端。

1）建立全局配置文件 named.conf，在其中指定主配置文件的路径和文件名。

2）利用 vi 编辑主配置文件，并添加 tech.org 区域，指定区域文件的存储路径和区域文件名。

3）建立 tech.org 的区域文件，并对 tech.org 区域文件添加资源记录。

在区域文件中需添加资源记录如下。

① 定义@变量的值，通常定义为本区域。

② 定义资源记录在缓存的存放时间。

③ 设置 SOA 记录，注意 root 表示管理员的邮件地址，本例应该表示为 root@tech.org.

但是这时不能使用“@”符号，因为“@”在这里表示区域，所以需要用“.”来代替它，表示成“root.tech.org.”，可以简写成“root”。

④ 设置NS记录。

⑤ 设置A记录。

4）测试配置情况。

8.6 总结提高

DNS是Internet上必不可少的一种网络服务，它提供把域名解析为IP地址的服务，是每一台上网的计算机都必须要使用的服务之一。本项目首先介绍了DNS的工作原理、DNS协议，然后介绍了用BIND软件架设DNS服务器的方法，包括BIND的安装、运行和配置，以及负载均衡、泛域名、辅助域名服务器、缓存服务器等特殊功能的配置方法，然后通过典型案例着重训练了DNS服务器的配置技能，最后训练了在客户端进行测试和解决故障的能力等。

通过本项目的学习，你的收获怎样，请认真填写学习情况考核登记表（表8-6），并及时反馈。

表8-6 学习情况考核登记表

序号	知识与技能	重要性	自我评价					小组评价					老师评价				
			A	B	C	D	E	A	B	C	D	E	A	B	C	D	E
1	会安装BIND软件包	★★★															
2	会启动、停止DNS服务	★★★☆															
3	能分析named.conf文件中的主要字段	★★★★															
4	会配置主配置文件、区域文件	★★★★★															
5	会配置DNS服务器	★★★★★															
6	会配置辅助DNS服务器	★★★★☆															
7	会配置缓存Cache-only服务器	★★★☆															
8	会测试DNS服务器	★★★★															
9	会设置DNS客户端	★★★☆															
10	能完成课堂训练	★★★☆															

说明：评价等级分为A、B、C、D和E共5等。其中，对知识与技能掌握很好，能够熟练地完成DNS服务器的配置为A等；掌握了75%以上的内容，能较为顺利地完成任务为B等；掌握60%以上的内容为C等；基本掌握为D等；大部分内容不够清楚为E等。

项目 9

配置与管理 Web 服务器

学习指导

教学目标 ☞

知识目标

了解 Web 的基本概念及工作原理
掌握 Apache 服务器的配置和管理方法
掌握用户个人主页服务器的配置方法
掌握基于 IP 地址和基于域名的虚拟主机的配置方法
掌握 Apache 服务的停止与启动

技能目标

会检查并安装 Apache 软件包
会启动和停止 Apache 服务进程
能配置与管理用户个人主页
能配置与管理认证及授权 Web 服务器
能配置与管理基于 IP 的虚拟主机和基于域名的虚拟主机
能配置与管理 LAMP 实现动态站点服务
能解决 Web 服务器配置中出现的问题

素质目标 ☞

培养认真细致的工作态度和工作作风
养成刻苦、勤奋、好问、独立思考和细心检查的学习习惯
具有一定的自学能力，分析问题、解决问题的能力和创新能力
培养大局意识、安全意识，自觉遵守互联网相关政策法规

建议课时 ☞

教学课时：理论学习 1 课时+教学示范 3 课时
技能训练课时：课堂模拟 3 课时+课堂训练 2 课时

大多数人都是通过访问网站开始接触互联网的，而大家平时访问的网站服务就是Web网络服务。Web网络服务一般是指允许用户通过浏览器访问互联网中各种资源的服务。由于Web服务是实现信息发布、资料查询、数据处理等诸多应用的基本平台，目前绝大多数的网络交互程序，如论坛、社区等都是基于Web建立的，所以，架设Web服务器是Linux中必不可少的一项工作。

本项目详细介绍Web服务的基本概念、工作原理、httpd的安装，以及配置与管理Web服务器的具体方法。通过任务案例引导学生检查并安装Apache服务；全面分析核心配置文件httpd.conf；具体训练学生对Web服务器配置与管理，以及在虚拟主机、保密方面的功能实现，对客户端的配置，以及对Web服务器简单故障进行判断和处理的能力。

9.1 任务描述

用Web实现信息的传递

在天一电子产品研发中心的网络改造项目中，谢立夫负责技术开发和服务器的配置与管理，已经初步完成了网络操作系统的安装、Samba服务器的配置和DNS服务器的配置等，接下来的工作是解决项目方案中的以下几个问题。

天一电子产品研发中心曾提出为实现企业信息化、数字化和现代化，需要将现行的许多管理实现无纸化、网络化，其中包括对外建立一个门户网站，进行产品的宣传和有关服务，内部管理和办公也需要采用网络平台进行交流，还有就是各部门也要有自己的主页，个别员工也想建立个人网站，而中心现在只有一个公网IP。此时，谢立夫应该在服务器中进行哪些配置才能为天一电子产品研发中心解决上述问题呢？

谢立夫凭借所学的知识，马上想到了要满足以上要求需要采用Apache配置Web服务器。要配置Web服务，首先应根据网络拓扑和网络规模合理规划服务器，并采取合适的服务器配置与管理流程；然后根据研发中心内部各部门都需要建立自己的宣传网站的要求，还要为研发中心配置虚拟主机。

9.2 任务分析

1. 了解 Web 服务及使用 Apache 的原因

Web 是全球信息广播的意思，又称为 WWW（world wide web），中文名字为“万维网”或“环球信息网”，是在 Internet 上以超文本为基础形成的信息网，它解决了远程信息服务中的文字显示、数据链接及图像传递等问题，使信息的获取变得非常迅速和便捷。用户通过浏览器可以访问 Web 服务器上的信息资源。目前，在 Linux 操作系统上最常用的 Web 服务器软件是 Apache。

Apache 是一种开源的 HTTP 服务器软件，可以在包括 UNIX、Linux 及 Windows 在内的大多数主流计算机操作系统中运行，且具有良好的安全性，还具有无限扩展的功能，因而 Apache 成为世界使用排名第一的 Web 服务器软件。

2. 了解 Web 服务的特点

Web 服务的功能很强大，可以将文字、图像、声音等多种类型的信息传递给用户。Web 服务器成为 Internet 上最大的计算机群，Web 文档之多、链接的网络之广，令人难以想象。Web 服务主要有以下几个特点。

1）以超文本的方式组织网络多媒体信息。

2）可以在世界范围内任意查找、检索、浏览和添加信息。

3）提供直观、统一、使用方便的图形用户界面。

4）站点之间可以互相连接，可以提供信息查找和漫游的透明访问。

5）可以访问图像、声音、视频与文本信息。

3. 熟悉 Web 服务需要的软件包和配置文件

在安装与配置 Web 服务之前，应熟悉 Apache 所需要的软件包及 Apache 服务安装完成后在系统中产生的相关文档，以便更好地配置与管理 Web 服务器。

（1）Apache 服务软件包

1）httpd-2.4.37-10.module+el8+2764+7127e69e.x86_64.rpm：该包为 Apache 服务主程序包，服务器端必须安装该软件包才能进行 Web 服务的配置。

2）httpd-tools-2.4.37-10.module+el8+2764+7127e69e.x86_64.rpm：该软件包为 apache 的工具包。

3）httpd-filesystem-2.4.37-10.module+el8+2764+7127e69e.noarch_6.rpm：包含 Apache HTTP 服务器的基本目录布局，包括目录的正确权限。

（2）主要文件的路径名称及功能

1）/etc/httpd/conf：Apache 服务器配置文档的目录。

2）/etc/httpd/conf/httpd.conf：Apache 服务器的主配置文件。

3）/etc/rc.d/init.d/httpd：Apache 服务器守护进程的启动脚本。

4）/etc/httpd/conf.d：存储以.conf 结尾的配置文件，包括 Apache vhos 文件、用户个人

主页配置文件等。

5）/usr/bin/htpasswd：设置 Web 用户口令的实用程序。

6）/usr/sbin/apachectl：Apache 控制程序，可以启动和关闭 Apache。

7）/usr/sbin/httpd：Apache 守护进程所对应的可执行程序。

8）/var/log/httpd：Apache 服务器日志文件的存放目录。

9）/var/www：Apache 服务器文档主目录。

10）/var/www/html：Apache 服务器 Web 站点的文件。

4. 知道 Web 服务器的搭建流程

构建 Web 服务器的流程与构建其他服务器的流程类似，具体过程如下。

1）构建 Web 网络环境，初始配置时服务器和客户端最好处于同一局域网，便于调试。

2）设置 Web 服务器的静态 IP 地址，重启网络服务，检查网络地址配置信息是否生效。

3）关闭防火墙和 SELinux，如果在生成环境，应在防火墙中信任 WWW 服务。

4）使用 rpm -qa 命令检查系统是否安装 Apache 相关软件包，如果未安装，则使用 yum install 或 rpm -ivh 命令进行安装。

5）编辑主配置文件 httpd.conf。设置 Web 服务的主目录路径、默认文档、监听端口和服务器主机名称，配置符号链接和虚拟目录、虚拟主机等。

6）在 Linux 系统中创建 Web 服务的工作目录，并设置目录访问权限。

7）重新加载配置文件或重启 Apache 服务，使配置生效。

8）在客户端进行测试，保证客户端能成功浏览网页。

5. 了解本项目的具体任务

本项目的具体任务包括构建 Web 服务器的网络工作环境、安装 Apache 服务软件包、配置与管理 Web 服务器等几个方面，具体任务如下。

1）构建 Web 服务器的网络工作环境：包括配置 Web 服务器的静态 IP、关闭防火墙和 SELinux、检查网络状况，准备 yum 源等。

2）Apache 服务软件包：Apache 服务软件包，熟悉 Apache 服务的主要文件、文件路径及功能。

3）构建 Web 服务器：包括编辑主要配置文件 httpd.conf，启动 Apache 服务，在客户端对配置情况进行测试。

4）配置与管理 Web 服务器：包括启动、停止和重启 Web 服务，配置 Web 的服务器，配置 Web 客户端，解决配置中出现的问题，测试 Web 服务。

9.3 知识储备

9.3.1 Web 概述

Web 是一个基于 Internet 的、全球连接的、分布的、动态的、多平台的交互式图形，综合了信息发布技术和超文本技术的信息系统。Web 为用户提供了一个基于浏览器/服务器模型和多媒体技术的友好的图形化信息查询界面。

Web 采用客户端/服务器模式进行工作，客户端运行 Web 客户程序——浏览器，它提供良好、统一的用户界面。浏览器的作用是解释和显示 Web 页面，响应用户的输入请求，并通过 HTTP 协议将用户请求传递给 Web 服务器。Web 服务器运行服务器程序，它最基本的功能是侦听和响应客户端的 HTTP 请求，向客户端发出请求处理结果信息。常用的 Web 服务器有 Apache Web 服务器、网景公司的企业服务器和微软公司的 Internet 信息服务器（IIS）等三个。

9.3.2 Web 服务中的常用概念

1. 超链接和 HTML

Web 中的信息资源主要由一篇篇的 Web 文档，或称 Web 页的基本元素构成。这些 Web 页采用超级文本（hyper text）的格式，即可以含有指向其他 Web 页或其本身内部特定位置的超链接。可以将超链接理解为指向其他 Web 页的“指针”。超链接使得 Web 页交织为网状，这样，如果 Internet 上的 Web 页和超链接非常多的话，就构成了一张巨大的信息网。

HTML（hype text markup language，超文本标记语言）对 Web 页的内容、格式及 Web 页中的超链接进行描述，而 Web 浏览器的作用就在于读取 Web 网点上的 HTML 文档，再根据此类文档中的描述组织并显示相应的 Web 页面。

HTML 文档本身是文本格式的，用任何一种文本编辑器都可以对它进行编辑。HTML 语言有一套相当复杂的语法，专门提供给专业人员用来创建 Web 文档。在 UNIX 和 Linux 系统中，HTML 文档的后缀为.html，而在 DOS 和 Windows 系统中则为.htm。

2. 网页和主页

在 Internet 上有无数的 Web 站点，每个站点包含着各种文档，这些文档称为 Web 页，也称为网页。每个网页对应唯一的网页地址，网页中包含各种信息，并设置了许多超链接，用户单击这些超链接就可以浏览到相应的网页。

主页也称为首页，是 Web 站点中最重要的网页，是用户访问这个站点时最先看到的网页。通过主页，用户可以大致了解到该站点的主要内容，并可以通过主页上的超链接访问到站点的其他网页。

3. URL 与资源定位

上面提到每个网页都对应唯一的地址，那么这个地址就是该网页的 URL（universal resource locator，统一资源定位器），也称为 Web 地址，俗称“网址”。URL 的完整格式由以下基本部分组成：

```
传输协议+"://"+服务器主机地址+":"端口号+目录路径+文件名
```

服务器主机地址可以是 IP 地址也可以是域名；传输协议大多为 HTTP 协议和 FTP 协议；服务器提供的端口号表示客户访问的不同资源类型；目录路径指明服务器上存放的被请求信息的路径；文件名是客户访问页面的名称。例如 index.htm，页面名称与设计时网页的源代码名称并不要求相同，由服务器完成两者之间的映射。

4. Web浏览器

Web浏览器（browser）是WWW的客户端程序，用户使用它来浏览Internet上的各种Web页。Web浏览器采用HTTP协议与Internet上的Web服务器相连，而Web页则按照HTML格式进行制作，只要遵循HTML标准和HTTP协议，任何一个Web浏览器都可以浏览Internet上任何一个Web服务器上存放的Web页。

目前比较流行的Web浏览器软件是火狐（Firefox）浏览器、谷歌浏览器（Google Chrome）、360安全浏览器和Microsoft公司的Internet Explorer（简称为IE）等。

5. 虚拟主机

所谓虚拟主机，就是把一台运行在互联网上的服务器划分成多个“虚拟”的服务器，每一个虚拟主机都具有独立的域名和完整的Internet服务器（支持WWW、FTP、E-mail等）功能。一台服务器上的不同虚拟主机是各自独立的，并由用户自行管理，在外界看来，每台虚拟主机和独立的主机完全一样。但一台服务器主机只能够支持一定数量的虚拟主机，当超过这个数量时，用户将会感到性能急剧下降。

采用虚拟主机建立网站，可以为企业节省大量的设备、人员、技术、资金、时间等各项投入，为即将建立Internet网站的企业提供了一种“物美价廉”的解决方案。目前，全球有80%的企业网站在使用虚拟主机。

9.3.3 Web服务的工作原理

WWW的目的就是使信息更易于获取，而不管它们的地理位置在哪里。当使用超文本作为WWW文档的标准格式后，人们开发了可以快速获取这些超文本文档的协议——HTTP协议，即超文本传输协议。

HTTP是应用级的协议，主要用于分布式、协作的信息系统。HTTP协议是通用的、无状态的，其系统的建设和传输与数据无关。HTTP也是面向对象的协议，可以用于各种任务，包括名字服务、分布式对象管理、请求方法的扩展、命令等。它的具体通信过程如图9-1所示。

客户端使用http命令
请求一个文档
双方建立连接
服务器查找到文档后
将文档回传客户端
客户端通过浏览器
显示文档
客户端关闭与
服务器的连接

图9-1 Web服务的通信过程

1）客户在Web浏览器中使用http命令将一个Web页面请求发送给HTTP服务器。

2）若该服务器在特定端口（通常是TCP 80端口）处侦听到Web页面请求后，就发送一个应答，并在客户端和服务器之间建立连接。

3）Web服务器查找客户端所需文档，若Web服务器查找到所请求的文档，就会将所请求的文档传送给Web浏览器；若该文档不存在，则服务器会发送一个相应的错误提示文档给客户端。

4）Web浏览器收到服务器传来的文档后，就将它显示出来。

5）当客户端浏览完成后，就断开与服务器的连接。

Web服务的工作原理

9.4 任务实施

9.4.1 安装 Apache 服务

由于 Apache 是开源软件，所以得到了开源社区的支持，不断开发出新的功能特性，并修补了原来的缺陷。经过多年来不断的完善，如今的 Apache 已是最流行的 Web 服务器端软件之一。

目前，几乎所有的 Linux 发行版都捆绑了 Apache 软件，RHEL 也不例外，默认情况下已将 Apache 安装在系统中，由于 Apache 被重命名为 httpd，所以在检查与安装软件包时，可使用 httpd。

任务案例 

在 Linux 系统中检查是否安装了 httpd 软件包，若没有安装，则利用 Linux 安装盘进行安装，然后检查并了解系统中 httpd 的版本号。

完成任务的步骤如下。

STEP 01 检查 httpd 软件包

使用 rpm -ql httpd 或 rpm -qa|grep httpd 命令检测系统是否安装了 httpd 软件包，并查看已经安装的软件包的版本，操作方法如图 9-2 所示。

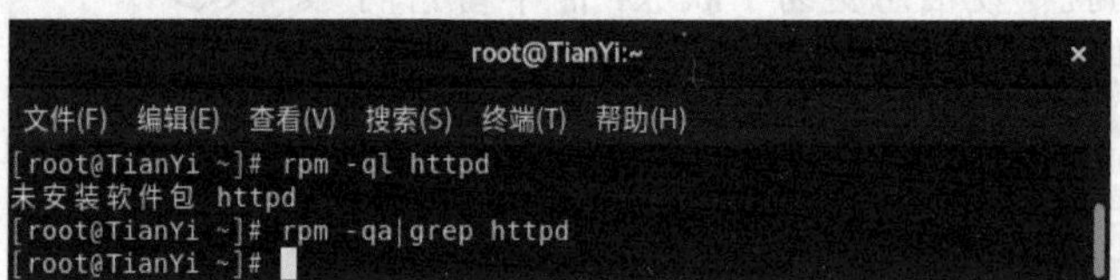

图 9-2 检查 httpd 软件包

STEP 02 安装 httpd 软件包

将 RHEL 8/CentOS 8 的安装盘放入光驱，首先使用 mount 命令挂载光驱，然后使用 yum install httpd（yum 源的配置见【任务案例 3-5】）或 rpm -ivh 命令安装 httpd 软件包，操作方法如图 9-3 所示。

图 9-3 安装 httpd 软件包

STEP 03 检查确认

httpd 软件包安装完毕后，再次使用 rpm -qa|grep httpd 或 rpm -ql httpd 命令进行查询，操作方法如图 9-4 所示。

root@TianYi:~
文件(F) 编辑(E) 查看(V) 搜索(S) 终端(T) 帮助(H)
[root@TianYi ~]# rpm -qa|grep httpd
httpd-tools-2.4.37-10.module+el8+2764+7127e69e.x86_64
httpd-filesystem-2.4.37-10.module+el8+2764+7127e69e.noarch
httpd-2.4.37-10.module+el8+2764+7127e69e.x86_64
redhat-logos-httpd-80.7-1.el8.noarch
[root@TianYi ~]#

图 9-4　查看 httpd 软件包

9.4.2　分析主配置文件 httpd.conf

httpd.conf 是 Apache 服务的核心配置文件，它位于/etc/httpd/conf/目录中，Apache 服务的绝大多数的配置都在该文件中进行。为了让 Apache 服务器能更好地按需求提供服务，需要对/etc/httpd/conf/httpd.conf 文件进行合理有效的配置。以下以默认的 httpd.conf 为例，解释 Apache 服务器的各个设置选项。如果需要调整 Apache 服务器的性能，以及增加对某种特性的支持，就必须了解这些设置参数的含义。

任务案例 9-2

利用 vi 编辑器打开/etc/httpd/conf/目录的下 httpd.conf 文件，分析 httpd.conf 文件的结构，了解并熟记主配置文件主要参数的配置方法与参数的作用。

完成任务的步骤如下。

STEP 01 打开 httpd.conf 文件

使用 vi 编辑器打开 httpd.conf 文件，会发现 httpd.conf 文件中内容很多，但这些参数都很明确，可以不加改动就运行 Apache 服务。而且大部分内容被注释掉了，除了注释和空行外，服务器把其他的行认为是完整的或部分的指令。指令又分为类似于 Shell 的命令和伪 HTML 标记。指令语法为“配置参数名称　参数值”，伪 HTML 标记的语法格式如下：

```
<Directory "/var/www">                           #配置文件的 127 行
    AllowOverride None
    # Allow open access:
    Require all granted
</Directory>
```

httpd.conf 文件包括全局环境配置、主服务器配置和虚拟主机配置三部分。

STEP 02 全局环境配置分析

全局环境配置部分的配置参数将影响整个 Apache 服务器的行为，全局环境配置部分包含的配置项包括以下几点。

1）ServerRoot "/etc/httpd"：设置存放服务器的配置、出错和记录文件的位置。

2）Listen 12.34.56.78:80：设置 Apache 服务的监听 IP 和端口，默认情况下监听 80 端口。如果不指定 IP 地址，则 Apache 服务将监听系统上所有网络接口的 IP 地址。

3）Include conf.modules.d/*.conf：将由 ServerRoot 参数指定的目录中的子目录 conf. d 中的*. conf 文件包含进来，即将/etc/httpd/conf. d 目录中的*. conf 文件包含进来。

STEP 03 主服务配置分析

主服务配置部分配置的参数被主服务所使用，主服务配置部分包含的配置项包括用户和组的设置、网页文档的存放路径设置、默认首页的网页文件的设置等 20 多项，这里介绍一些主要的设置项及其作用。

1）User apache 和 Group apache：设置 Apache 进程的执行者和执行者所属的用户组，如果要用 UID 或者 GID，必须在 ID 前加上#号。

2）ServerAdmin Root@localhost：设置 Web 管理员的邮箱地址，这个地址会出现在系统连接出错的时候，以便访问者能够及时通知 Web 管理员。

3）ServerName www.example.com:80：设置服务器的主机名和端口以标识网站。该选项默认是被注释掉的，服务器将自动通过名称解析过程来获得自己的名字，但建议用户明确定义该选项。由 ServerName 指定的名称应该是 FQDN，也可以使用 IP 地址。如果同时设置了虚拟主机，则在虚拟主机中的设置会替换这里的设置。

4）DocumentRoot "/var/www/html"：Web 服务器上的文档存放的位置，在未配置任何虚拟主机或虚拟目录的情况下，用户通过 HTTP 访问 Web 服务器，所有的输出资料文件均存放在这里。

5）Directory 目录容器：Apache 服务器可以利用 Directory 容器设置对指定目录的访问控制。

6）DirectoryIndex index.html：用于设置站点主页文件的搜索顺序，各文件间用空格分隔。在客户端访问网站根目录时，无须在 URL 中包含要访问的网页文件名称，Web 服务器会根据该项设置将默认的网页文件传送给客户端。如果服务器在目录中找不到 DirectoryIndex 指定的文件，并且允许列目录，则客户端浏览器上会看到该目录的文件列表，否则客户端会得到一个错误消息。

7）ErrorLog logs/error_log：指定错误日志的存放位置，此目录为相对目录，是相对于 ServerRoot 目录而言的。

8）ScriptAlias /cgi-bin/ "/var/www/cgi-bin/"：映射 CGI 程序路径。网站中的可执行文件一般都放在"/var/www/cgi-bin/"目录中，通过上面的设置可以把/var/www/cgi-bin 映射到 DocumentRoot 目录下。

9）AddDefaultCharset UTF-8：设置默认字符集。

STEP 04 虚拟主机配置分析

虚拟主机服务就是指将一台物理服务器虚拟成多台虚拟的 Web 服务器。对于一些小规模的网站，通过使用 Web 虚拟主机技术，可以跟其他网站共享同一台物理机器，有效减少系统的运行成本，并且可以减少管理的难度。另外，对于个人用户，也可以使用这种虚拟主机方式来建立有自己独立域名的 Web 服务器。

虚拟主机包括基于 IP 地址的虚拟主机、基于主机名的虚拟主机和基于端口号的虚拟主机等三种形式。

1）基于 IP 地址的虚拟主机需要计算机上配有多个 IP 地址，并为每个 Web 站点分配唯一的 IP 地址。

2）基于主机名的虚拟主机，要求拥有多个主机名，并且为每个 Web 站点分配一个主机名。

3）基于端口号的虚拟主机，要求不同的 Web 站点通过不同的端口号进行监听，这些端口号只要是系统不用的就行。

9.4.3　Web 服务器的试用

要检测 Apache 服务是否正在运行，可以通过检查 Apache 进程状态或者直接通过浏览器访问 Apache 发布的网站页面来确定。

1. 启动 Web 服务，检查 Apache 进程

在 Web 服务器上使用 systemctl start httpd 启动 Web 服务，再使用 ps -ef | grep httpd 命令查看 Apache 服务的守护进程是否启动，Apache 运行后会在操作系统中创建多个 httpd 进程，能在操作系统中查找到 httpd 进程，表示 Apache 正在运行。

如果需要设置开机启动，可以使用 chkconfig httpd on 命令，然后使用 systemctl list-unit-files | grep httpd 命令进行查看，整个操作过程及运行结果如图 9-5 所示。

图 9-5　启动并查看 Web 服务

2. 测试 Apache 服务

【操作示例 9-1】当安装完 Apache 服务并启动 httpd 服务后，即可在网页浏览器的地址栏输入 Web 服务器的 IP 地址（192.168.10.8）或域名（需先配置 DNS）访问 Web 服务器上的主页。如果能看见如图 9-6 所示的测试页面，就证明安装没有问题，如果看不见，就要重新安装，或者调试网络了。

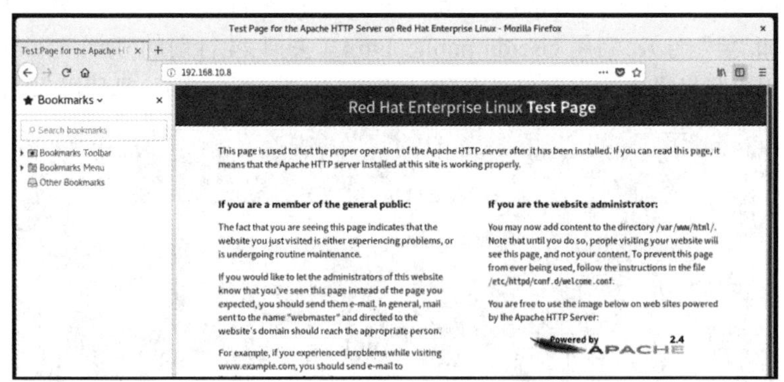

图 9-6　Web 服务器的测试页

如果进入/var/www/html 目录的话，会发现在该目录下什么也没有，怎么会出现如图 9-6

所示的网页呢？原因在于/etc/httpd/conf.d/目录中的 welcome.conf 文件，如图 9-7 所示，由于/var/www/html/底下没有对应的 index.html 文件，因此对系统而言，这是错误的情况，系统就会调出 Error Document 所对应的文件/usr/share/httpd/noindex/index.html，因此就出现了如图 9-6 所示的页面。如果在 welcome.conf 文件中注释掉 Apache 默认欢迎页面，如图 9-8 所示。

```
root@TianYi:/etc/httpd/conf.d
文件(F) 编辑(E) 查看(V) 搜索(S) 终端(T) 帮助(H)
[root@TianYi conf.d]# cd /etc/httpd/conf.d
[root@TianYi conf.d]# ll
总用量 16
-rw-r--r--. 1 root root 2926 2月   6 2019 autoindex.conf
-rw-r--r--. 1 root root  400 2月   6 2019 README
-rw-r--r--. 1 root root 1252 2月   6 2019 userdir.conf
-rw-r--r--. 1 root root  516 2月   6 2019 welcome.conf
[root@TianYi conf.d]#
```

图 9-7 网页显示目录

图 9-8 注释掉默认欢迎页面

【操作示例 9-2】重新启动 Apache，并在/var/www/html/之下放置一些目录和文件，重新登录 Web 服务器，就看不到图 9-6 所示的页面了，只能在浏览器中看到目录中的文件了。

9.4.4 建立用户个人主页

每一部主机都有一个首页，但是如果每个个人用户都想拥有自己完全控管的首页，该如何设计呢？Apache 可以实现用户的个人主页。用户的主页配置文件存放在 Apache 服务器中的/etc/httpd/conf.d/目录下，文件名是 userdir.conf，要想允许 Linux 系统用户拥有个人主页，就得编辑 userdir.conf。

任务案例 

在 IP 地址为 192.168.10.8 的 Web 服务器中，为技术部的用户 xesuxn 设置个人主页空间。该用户的家目录为/home/xesuxn，个人主页空间所在的目录为 public_html。

完成任务的步骤如下。

STEP 01 设置用户个人主页的目录

用户个人主页的目录由 userdir.conf 文件中的<IfModule mod_userdir.c>容器实现，默认情况下，UserDir 的取值为 disable，表示不为 Linux 系统用户设置个人主页。如果需要为用户设置个人主页，就得使用 vi 编辑/etc/httpd/conf.d/目录下的 userdir.conf 文件，注释掉 Userdir disable（在 17 行前添加“#”号），启用 Userdir public_html（去掉 24 行前的“#”号，UserDir 参数表示网站数据在用户家目录中的保存目录名称，即 public_html 目录），具体操作如图 9-9 所示。

```
root@TianYi:/etc/httpd/conf.d
文件(F) 编辑(E) 查看(V) 搜索(S) 终端(T) 帮助(H)
17 #    UserDir disabled        注释掉此行（即在此行前添加“#”号）
18
19      #
20      # To enable requests to /~user/ to serve the user's public_html
21      # directory, remove the "UserDir disabled" line above, and uncomme
nt
22      # the following line instead:
23      #
24 UserDir public_html          启用此行（即删除原有“#”号）
25 </IfModule>
                                                    21,1          59%
```

图 9-9 设置用户个人主页的目录

STEP 02 配置用户个人主页及所在目录

如果系统中没有 xesuxn 用户，则先建立用户，再为用户添加登录口令，接下来采用 chmod 命令修改用户的家目录权限设置为 755，然后采用 mkdir 创建存放用户个人主页空间的目录 public_html；最后采用 echo 建立个人主页空间的默认首页文件，具体操作方法如图 9-10 所示。

```
root@TianYi:/home/xesuxn/public_html
文件(F) 编辑(E) 查看(V) 搜索(S) 终端(T) 帮助(H)
[root@TianYi conf.d]# useradd xesuxn
[root@TianYi conf.d]# passwd xesuxn
更改用户 xesuxn 的密码 。
新的 密码：
无效的密码： 密码少于 8 个字符
重新输入新的 密码：
passwd：所有的身份验证令牌已经成功更新。
[root@TianYi conf.d]# chmod 755 /home/xesuxn
[root@TianYi conf.d]# mkdir /home/xesuxn/public_html
[root@TianYi public_html]# echo "Hello,This is xesuxn's website!">>index.html
[root@TianYi public_html]#
```

图 9-10　配置用户个人主页及所在目录

STEP 03 重启服务并测试

利用 systemctl restart httpd 命令重新启动 httpd 服务，再在客户端的浏览器中输入“http://192.168.10.8/~ xesuxn”，可看到个人空间的访问效果，当出现 index.html 文件中的内容时，表示 Web 服务器配置成功。具体操作如图 9-11 所示。

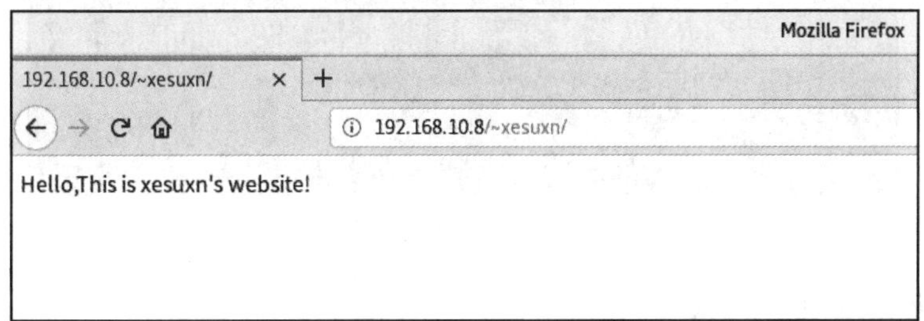

图 9-11　测试登录个人主页情况

> **提示**
>
> 客户端在浏览器中浏览个人主页的 URL 地址格式为：http://域名或 IP/~username。其中，“~username”在利用 Linux 系统中的 Apache 服务器来实现时，是 Linux 系统的合法用户名（该用户必须在 Linux 系统中存在）。

9.4.5　配置符号链接和虚拟目录

在 9.4.2 节中分析配置文件 httpd.conf 时介绍了 DocumentRoot 参数，该参数用于指定 Web 服务器发布文档的主目录。在默认情况下，用户通过 http 访问 Web 服务器时所浏览到的所有资料都是存放于该目录之下。该参数只能设置一个目录作为参数值，那么是不是在 Apache 中就只能有一个目录存放文档文件呢？如果文档根目录空间不足，要把文件存放到其他的文件系统中去应该如何实现呢？对上述问题，Apache 提供了符号链接和虚拟目录两种解决办法。

1. 配置符号链接

创建文件的链接，就可以从多处不同位置访问同一个文件，不必在文件系统中到处复制文件和目录。Linux 支持软链接（通常称为符号链接）和硬链接。

尝试打开指向文件的符号链接或进入指向目录的符号链接时，运行的命令会直接作用于该链接所指的目标文件或目录。目标本身有一组权限和所有权，从符号链接看不出来。符号链接与目标不一定位于同一个磁盘分区。实际上，即使目标不存在，符号链接也能独立存在。

任务案例 9-4

IP 地址为 192.168.10.8 的 Web 服务器中的文档根目录为/var/www/html/，将/home/xesuxn/public_html 目录映射成/xsx/的访问路径，并在客户端测试。

完成任务的步骤如下。

STEP 01 创建符号链接

创建符号链接很简单，使用 ln -s 命令把/home/xesuxn/public_html 链接到/var/www/html/xsx/下即可，创建方法如图 9-12 所示。

图 9-12 创建符号链接

STEP 02 检验配置结果

建立符号链接后，直接使用浏览器访问 http://192.168.0.8/xsx/进行测试，如果配置正确，则会出现如图 9-13 所示页面。

虽然图 9-13 中访问的是网站根路径下的 xsx 目录，但其实 xsx 目录只是一个符号链接，它实际上是被链接到了/home/xesuxn/public_html 目录下，所以用户通过浏览器访问时看到的都是/home/xesuxn/public_html 目录下的内容。

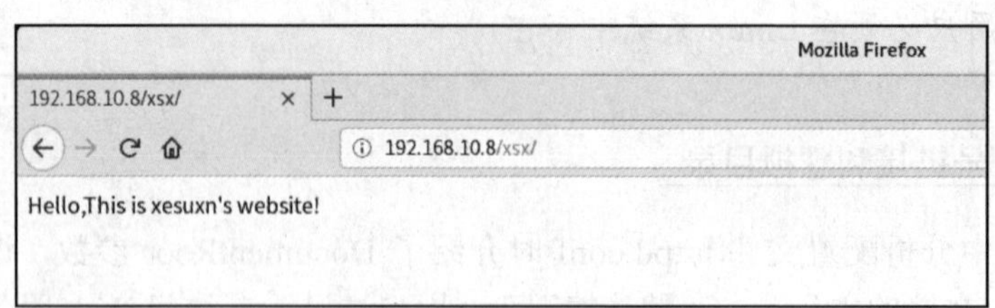

图 9-13 检验配置结果

2. 配置虚拟目录

使用虚拟目录是另一种将根目录以外的内容加入到站点中去的办法。虚拟目录是一个位于 Apache 服务器主目录之外的目录，它不包含在 Apache 服务器的主目录中，但在访问

Web 站点的用户看来，它与位于主目录中的子目录是一样的。每一个虚拟目录都有一个别名，客户端可以通过此别名来访问虚拟目录。

由于每个虚拟目录都可以分别设置不同的访问权限，因此，非常适合于不同用户对不同目录拥有不同权限的情况。另外，只有知道虚拟目录名的用户才可以访问此虚拟目录，除此之外的其他用户将无法访问此虚拟目录。在 Apache 服务器上配置虚拟目录的方法有两种，一是将虚拟目录的设置参数写入主配置文件 httpd.conf 中；二是在/etc/httpd/conf.d 目录中新建一个用于定义虚拟目录的文件，如 vdir.conf，然后将虚拟目录的参数设置写入文件。

任务案例 9-5

在 IP 地址为 192.168.10.8 的 Web 服务器中，创建名为/test 的虚拟目录，它对应的物理路径是/home/tianyi/，并在客户端测试。

完成任务的步骤如下。

STEP 01 设置虚拟目录和实际目录的对应关系

首先在/etc/httpd/conf.d 目录中使用 vi 新建一个用来定义虚拟目录的文件，如 vdir.conf, 操作方法如下：

```
[root@TianYi conf.d]# vim vdir.conf
```

接下来在文件每位添加用来设置虚拟目录和实际目录的对应关系以及目录的访问权限的相关内容，具体方法如图 9-14 所示。

图 9-14　设置虚拟目录和实际目录的对应关系及目录的访问权限

STEP 02 创建目录和主页文件，重启 Apache 服务

需要在系统中创建/var/test/目录，然后在该目录下创建一个用于测试的主页，当然也可以用其他的方式设计一个主页，再重启 Apache 服务，操作方法如图 9-15 所示。

图 9-15　创建目录和主页文件、重启 Apache 服务

STEP 03 测试虚拟目录配置情况

打开浏览器，在地址栏输入 http://192.168.0.8/test/，就会访问到/var/test 目录下的内容。如果在配置文件中写成 Alias /test "/var/test"格式（没有加/），则访问的时候就不需要/，否则

不能访问，具体操作如图 9-16 所示。

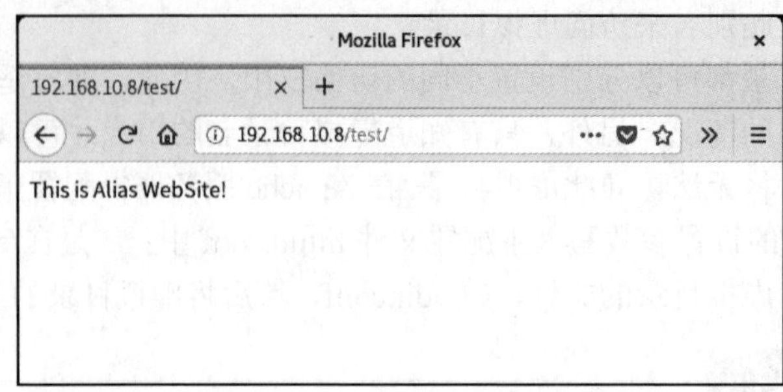

图 9-16　虚拟目录的访问效果图

9.4.6　认证与授权管理

现在很多网站对用户的访问权限进行了严格的限制，用户在访问某些资源时需要给出用户名和口令来确认自己的身份。当用户要访问某些受限制的资源时，要在某一个页面中输入用户名和口令，如果输入正确，则正常使用资源；否则，资源访问被拒绝。用户身份认证是防止非法用户使用资源的有效手段，也是管理注册用户的有效方法。

1）认证。认证有两种类型。在 RFC 2617 中对这两种认证方式进行了定义，分别是基本（basic）认证和摘要（digest）认证。

摘要认证比基本认证更加安全，但遗憾的是目前并非所有的浏览器都支持摘要认证，所以大多数情况下用户只使用基本认证。本节主要介绍基本认证。

认证的配置指令。所有的认证配置指令既可以在主配置文件的<Directory “目录”>…</Directory>容器中实现，也可以在.htaccess 文件中进行。对于口令保护的目录，必须通过 AuthName、AuthType、AuthUserFile 和 AuthGroupFile 这 4 个指令设置认证访问控制。表 9-1 列出了可用的认证配置指令。

表 9-1　Apache 的认证配置指令

指令	指令语法	说明
AuthName	AuthName 领域名称	定义受保护领域的名称
AuthType	AuthType Basic 或 Digest	定义使用的认证方式
AuthUserFile	AuthUserFile 文件名	指定认证用户口令文件的位置
AuthGroupFile	AuthGroupFile 文件名	指定认证组文件的存放位置

2）授权。当使用认证指令配置了认证之后，还需要用 Require 命令指出满足什么条件的用户才能被授权访问。Require 指令的 3 种使用格式如表 9-2 所示。

表 9-2　Apache 的授权配置指令的使用格式

指令语法格式	说明
Require user　用户名 [用户名] ……	授权给指定的一个或多个用户
Require group 组名 [组名] ……	授权给指定的一个或多个组
Require valid-user	授权给认证口令文件中的所有用户

3）访问控制。在 httpd.conf 文件中，有很多类似于<Directory “目录”>…</Directory>的容器，在每个容器中有 Options、Allowoverride 等指令，它们都是访问控制选项，如

表 9-3 所示。

表 9-3　Apache 目录访问控制选项

访问控制选项	描述
Options	设置特定目录中的服务器特性
Allowoverride	设置如何使用访问控制文件.htaccess
Order	设置 Apache 默认的访问权限及 Allow 和 Deny 语句的处理顺序
Allow	允许客户端访问 Apache 服务器，可以是主机名，也可以是 IP 地址
Deny	拒绝客户端访问 Apache 服务器，可以是主机名，也可以是 IP 地址

1. 在主配置文件中配置认证和授权

Apache 服务器支持访问控制和访问用户的验证，下面将通过任务案例介绍如何在主配置文件中配置用户认证和授权 Apache 服务器。

任务案例 

在 192.168.10.8 的 Web 服务器中，通过修改虚拟目录的配置文件 vdir.conf，为/var/test 进行保护，对账户 xesuxn 进行认证与授权。

完成任务的步骤如下。

STEP 01 修改主配置文件

采用 vi 编辑/etc/httpd/conf.d/目录中的 vdir.conf 配置文件，将原配置文件修改成如下内容：

```
Alias /test "/home/tianyi"
<Directory "/home/tianyi">
   Options indexes
   AllowOverride none
   AuthName "This is protects for test directory!!"#增加认证领域名称定义
   AuthType Basic                                    #增加使用基本认证方式
   AuthUserFile /etc/httpd/password                  #增加用户认证口令文件
   Require valid-user      #指定的文件中任何用户都可以访问，valid-user 表示所
                           #有合法用户
</Directory>
```

STEP 02 生成用户密码文件

利用 htpasswd 命令生成用户密码文件，注意命令在执行时需要输入口令两次。例如，为用户 xesuxn 生成密码文件的命令如下：

```
[root@TianYi conf]# htpasswd -c /etc/httpd/password xesuxn
New password:
Re-type new password:
Adding password for user xesuxn
[root@TianYi conf]#
```

产生的 password 文件的内容如下，其中第 1 列是用户名，第 2 列是经过加密后的密码。

```
xesuxn:FRnVJGtd.fjDA
```

htpasswd 命令中的 -c 选项表述无论密码文件是否已经存在，都重新写入文件并删除文件中的原有内容。所以，在向密码文件中添加第二个用户时，就不再需要使用 -c 选项了。

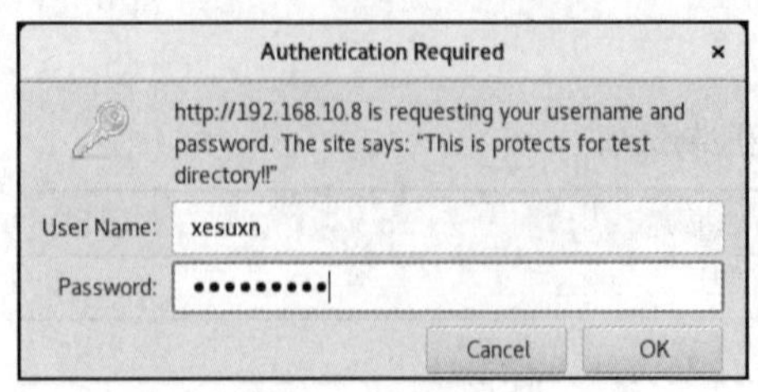

图 9-17　认证和授权测试

STEP 03 重启 Apache 服务并测试

采用 systemctl restart httpd 命令重启 Apache 服务，然后打开浏览器，在地址栏中输入 http://192.168.10.8/test/，可看到如图 9-17 所示要求输入用户名和密码进行验证的对话框。在输入合法的用户名（xesuxn）和口令（上一步添加的口令）之后，即可访问。

2. 在.htaccess 文件中配置认证和授权

任务案例 

在 IP 地址为 192.168.10.8 的 Web 服务器中，通过配置. htaccess 文件对/var/test 进行保护，对账户 tom 进行认证与授权。

完成任务的步骤如下。

STEP 01 修改主配置文件

采用 vi 编辑/etc/httpd/conf.d/目录中的 vdir.conf 配置文件，修改文件的内容如下：

```
Alias /test "/home/tianyi"
<Directory "/home/tianyi">
  Options Indexes FollowSymLinks
    AllowOverride authconfig                #允许进行用户认证。
    Order allow,deny                        #先允许，再禁止
    Allow from all                          #允许所有计算机访问该文件夹
</Directory>
```

STEP 02 生成用户密码文件

利用 htpasswd 命令生成用户密码文件，注意命令在执行时需要输入口令两次。例如，为用户 tom 生成密码文件的命令如下：

```
 [root@TIANYI~]# htpasswd -c /etc/httpd/password tom
New password:
Re-type new password:
Adding password for user tom
```

STEP 03 建立. htaccess 文件

使用 vi 在限制访问的目录下建立一个文件.htaccess，其内容如下：

```
[root@TIANYI test]# vi .htaccess
AuthName "你好！这是专用文档区,查看需输入认证信息!!"   #认证界面的提示语
AuthType basic                                  #设置使用基本认证方式
AuthUserFile /etc/httpd/password                #设置用户认证口令文件
require valid-user                            #指定的文件中任何用户都可以访问
```

STEP 04 重启 Apache 服务并测试

采用 systemctl restart httpd 重新启动 Apache 服务，然后打开浏览器，在地址栏中输入“http://192.168.10.8/test/”，将看到如图 9-21 所示要求输入用户名和密码进行验证的对话框，此时输入 tom 和 tom 的密码即可访问。

注意

一般情况下，Apache 并不建议使用.htaccess 文件，因为使用.htaccess 文件会对服务器性能造成影响。

9.4.7 配置虚拟主机

虚拟主机服务是指将一台物理服务器虚拟成多台虚拟的 Web 服务器。对于一些小规模的网站，通过使用 Web 虚拟主机技术，可以跟其他网站共享同一台物理机器，有效减少系统的运行成本，并且可以减少管理的难度。另外，对于个人用户，也可以使用这种虚拟主机方式来建立有自己独立域名的 Web 服务器。

Apache 服务器 httpd.conf 主配置文件中的第 3 部分是关于实现虚拟主机的。它可以在一台 Web 服务器上为多个独立的 IP 地址、域名或端口号提供不同的 Web 站点。

1. 配置基于 IP 地址的虚拟主机

基于 IP 地址的虚拟主机的服务器上必须同时设置有多个 IP 地址，然后配置 Apache，把多个网站绑定在不同的 IP 地址上，服务器根据用户请求的目的 IP 地址判定用户请求的是哪个虚拟主机的服务，从而做进一步的处理。

有两种方法可以为虚拟主机提供多个 IP 地址：第一，增加多块网卡；第二，一块网卡上绑定多个 IP 地址。

任务案例 9-8

为 Web 服务器创建两个基于 IP 地址的虚拟主机，新增两个 IP 地址为 172.16.1.166 和 10.11.5.33，要求不同的虚拟主机对应的主目录不同，默认文档的内容也不同。

完成任务的步骤如下。

STEP 01 给 ens33 网卡绑定多个 IP 地址

1）先进入 ens33 网卡配置文件所在目录，停止 ens33，接下来使用 vim 编辑器打开 ens33 的配置文件 ifcfg-ens33，操作方法如下：

```
[root@TianYi~]# cd /etc/sysconfig/network-scripts
[root@TianYi network-scripts]# ifdown ens33
[root@TianYi network-scripts]# vim ifcfg-ens33
```

2）在 ens33 上绑定 IP 地址 172.16.1.166 和 10.11.5.33，在 ifcfg-ens33 配置文件中新增 IPADDR1="172.16.1.166"、IPADDR2="10.11.5.33"两行，内容如下：

```
TYPE="Ethernet"
PROXY_METHOD="none"
BROWSER_ONLY="no"
BOOTPROTO="none"
DEFROUTE="yes"
IPV4_FAILURE_FATAL="no"
......
NAME="ens33"
UUID="b8baa3d3-d054-477a-8d3c-6ae68a819e35"
```

```
DEVICE="ens33"
ONBOOT="yes"
IPADDR="192.168.10.8"
IPADDR1="172.16.1.166"
IPADDR2="10.11.5.33"
PREFIX="24"
GATEWAY="192.168.10.1"
DNS1="192.168.10.8"
IPV6_PRIVACY="no"
```

3）启动网卡 ens33，再使用 ip add show 命令查看是否存在新增加的 IP 地址，最后使用 ping 命令检查 IP 是否可用。

```
[root@TianYi~]#ifup ens33
[root@TianYi~]#ip add show
……
    link/ether 00:0c:29:25:23:12 brd ff:ff:ff:ff:ff:ff
    inet 192.168.10.8/24 brd 192.168.10.255 scope global noprefixroute ens33
       valid_lft forever preferred_lft forever
    inet 172.16.1.166/16 brd 172.16.255.255 scope global noprefixroute ens33
       valid_lft forever preferred_lft forever
    inet 10.11.5.33/8 brd 10.255.255.255 scope global noprefixroute ens33
……
[root@TianYi~]#ping 172.16.1.166
PING 172.16.1.166 (172.16.1.166) 56(84) bytes of data.
64 bytes from 172.16.1.166: icmp_seq=1 ttl=64 time=0.021 ms
^Z
[3]+  已停止                ping 172.16.1.166
```

STEP 02 创建目录和首页文件

利用 mkdir 和 echo 命令（也可用 vi）分别创建/var/www/ip2 和/var/www/ip3 两个主目录和默认文件，内容要求不一样，以便进行区分。

```
[root@TianYi~]#mkdir  -p /var/www/bipvhost1
[root@TianYi~]#mkdir  -p /var/www/bipvhost2
[root@TianYi~]#echo "Welcome to base_ip vhost1!">>/var/www/bipvhost1/index.html
[root@TianYi~]#echo "Welcome to base_ip vhost2!">>/var/www/bipvhost2/index.html
```

STEP 03 新建 baseipvhost.conf 文件

基于 IP 的虚拟主机需要在/etc/httpd/conf.d 目录中新建 1 个用来配置虚拟主机的文件，这里假设是 baseipvhost.conf，操作方法如下：

```
[root@TianYi~]# cd /etc/httpd/conf.d
[root@TianYi~]# vi baseipvhost.conf
```

通过配置 baseipvhost.conf 文件中的<VirtualHost>段来配置基于 IP 的虚拟主机服务，所以接下来在 baseipvhost.conf 文件中新增以下内容：

```
<Virtualhost 172.16.1.166>
    DocumentRoot  /var/www/bipvhost1          #设置该虚拟主机的主目录
    DirectoryIndex  index.html                #设置默认文件的文件名
    ServerAdmin  xesuxn@163.com               #设置管理员的邮件地址
    ErrorLog   logs/ip2-error_log             #设置错误日志的存放位置
```

```
    CustomLog  logs/ip2-access_log common     #设置访问日志的存放位置
</Virtualhost>
<Virtualhost 10.11.5.33>
    DocumentRoot /var/www/bipvhost2           #设置该虚拟主机的主目录
    DirectoryIndex index.html                 #设置默认文件的文件名
    ServerAdmin  5688609@qq.com               #设置管理员的邮件地址
    ErrorLog    logs/ip3-error_log            #设置错误日志的存放位置
    CustomLog   logs/ip3-access_log common    #设置访问日志的存放位置
</Virtualhost>
```

STEP 04　重启 Apache 服务进行测试

配置好前面的内容后，需要使用 systemctl restart httpd 重新启动 Apache 服务，然后在客户端的浏览器中分别输入绑定的 IP 地址 172.16.1.166 和 10.11.5.33 进行测试，测试结果如图 9-18 和图 9-19 所示。

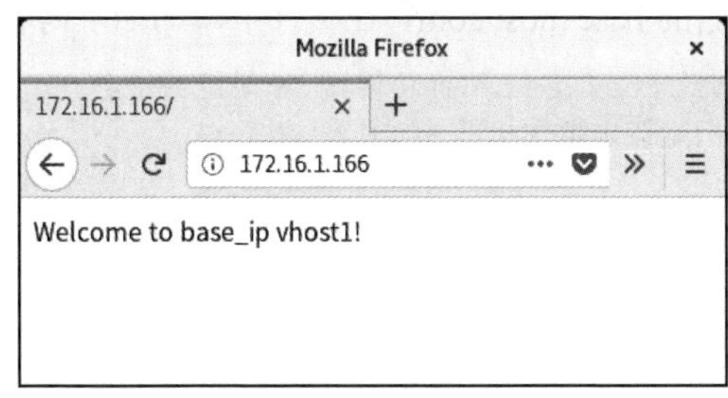

图 9-18　测试虚拟主机 172.16.1.166

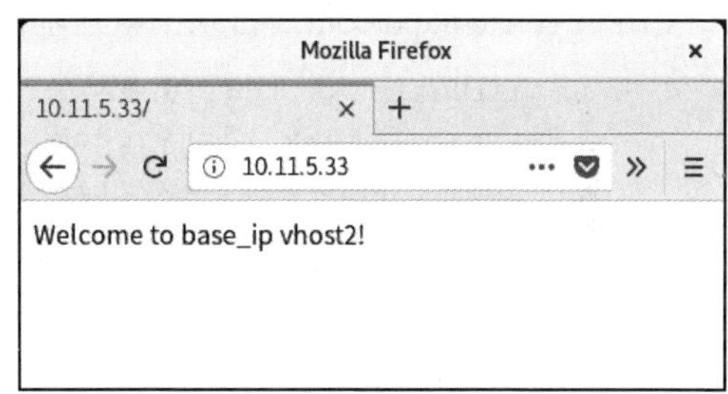

图 9-19　测试虚拟主机 10.11.5.33

2. 配置基于域名的虚拟主机

基于域名的虚拟主机的配置服务器只需一个 IP 地址即可，所有的虚拟主机共享这个 IP 地址，各虚拟主机之间通过域名进行区分。因此，需要配置 DNS 服务器，DNS 服务器中应建立多个主机资源记录，使它们解析到同一个 IP 地址。然后配置 Apache 服务器，令其辨识不同的主机名就可以了。这样一台服务器可以提供多个虚拟域名的服务，占用资源少，管理方便，也可以缓解 IP 地址不足的问题，作为服务器这种方式比较常用。

任务案例 9-9

假设研发中心 Web 服务器 IP 地址为 192. 168. 10. 8，对应的域名是 www. tianyi. com 和 it.tianyi.com。在该服务器中配置基于域名的虚拟主机，并保证不同的虚拟主机对应不同的主目录，默认文档的内容也不同。

完成任务的步骤如下。

STEP 01　配置 DNS 服务器

要建立基于域名的虚拟主机，就要更改 DNS 服务器的配置，配置完成后，要保证域名能够顺利通过测试。参照项目 8 中的【任务案例 8-3】，在 DNS 服务器的区域文件中建立多个主机地址 A 资源记录，使它们解析到同一个 IP 地址上，即

```
www.tianyi.com.    IN A 192.168.0.8
it.tianyi.com.     IN A 192.168.0.8
```

建立完 DNS 服务器后，使用 ping 或 nslookup 检查能否解析 www.tianyi.com 和

www.yfzx.com，操作结果应该如下：

```
[root@TianYi named]# ping www.tianyi.com
PING www.tianyi.com (192.168.10.8) 56(84) bytes of data.
64 bytes from www.tianyi.com.10.168.192.in-addr.arpa (192.168.10.8):
icmp_seq=1 ttl=64 time=0.013 ms
^Z
[9]+  已停止            ping www.tianyi.com
[root@TianYi named]# ping it.tianyi.com
PING it.tianyi.com (192.168.10.8) 56(84) bytes of data.
64 bytes from dns.tianyi.com (192.168.10.8): icmp_seq=1 ttl=64 time=0.023 ms
^Z
[10]+  已停止            ping it.tianyi.com
```

STEP 02 配置 basevhost. conf

使用 vi 在/etc/httpd/conf.d/目录中新建基于域名的 basevhost.conf，在文件中添加如下内容：

```
<VirtualHost 192.168.10.8>        #VirtualHost 后面可以跟 IP 地址或域名
   ServerName www.tianyi.com      #指定该虚拟主机的 FQDN
   DocumentRoot /var/www/tianyi
   DirectoryIndex index.html
</VirtualHost>
<VirtualHost 192.168.10.8>
   ServerName it.tianyi.com
   DocumentRoot /var/www/it
   DirectoryIndex index.html
</VirtualHost>
```

STEP 03 建立两个主目录和默认主页文件

利用 mkdir 和 echo 分别创建/var/www/tianyi 和/var/www/yfzx 两个主目录和默认文件，内容要求不一样，以便进行区分。

```
[root@www~]#mkdir /var/www/tianyi
[root@www~]#mkdir /var/www/it
[root@www~]#echo "Welcome to www.tainyi.com">>/var/www/tianyi/index.html
[root@www~]#echo "Welcome to it.tianyi.com">>/var/www/it/index.html
```

STEP 04 重启 Apache 服务进行测试

配置好前面的内容后，需要使用 systemctl restart httpd 重新启动 Apache 服务，然后在客户端的浏览器中分别输入 www.tianyi.com 和 www.yfzx.com 进行测试，测试结果如图 9-20 和图 9-21 所示。

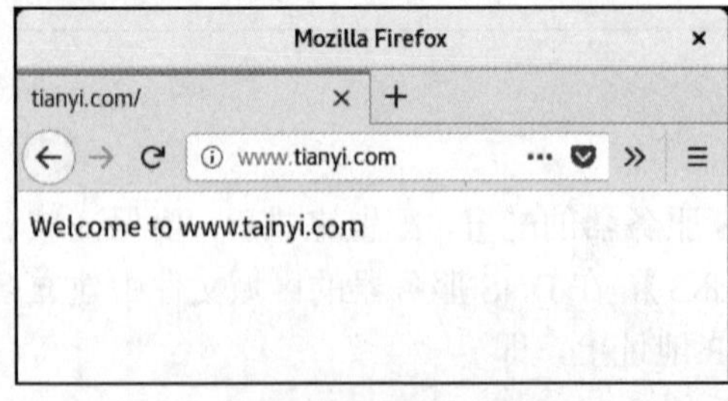

图 9-20 测试虚拟主机 www.tianyi.com

图 9-21 测试虚拟主机 www.yfzx.com

9.4.8　启动与停止 Apache 服务

任务案例 9-10

进入 Linux，练习启动、停止和重启 Apache 服务，最后将 Apache 服务的启动设为自动加载。

完成任务的步骤如下。

STEP 01　启动 Apache 服务

在 Apache 服务安装完成并配置好 httpd.conf 文件后，需要启动 Apache 服务才能使用 Web 服务。使用 systemctl start httpd 命令启动 Apache 服务，操作方法如图 9-22 所示。

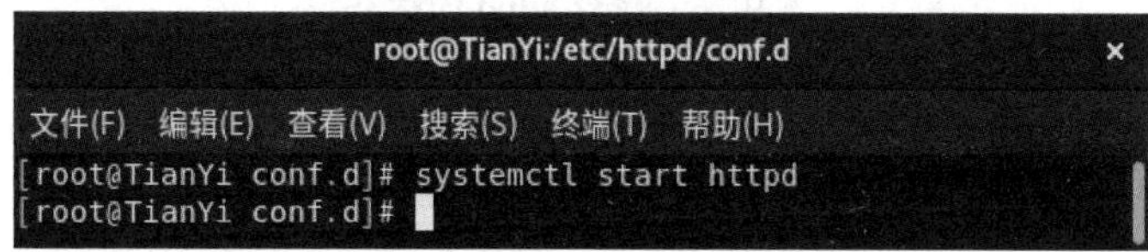

图 9-22　启动 Apache 服务

STEP 02　停止 Apache 服务

与启动 Apache 服务类似，使用 systemctl stop httpd 命令停止 Apache 服务，操作方法如图 9-23 所示。

图 9-23　停止 Apache 服务

STEP 03　重启 Apache 服务

对 Web 服务器进行了相应配置后，如果需要让其生效，则需要对 Web 服务器进行重启，此时使用 systemctl restart httpd 命令重启 Apache 服务，操作方法如图 9-24 所示。

图 9-24　重启 Apache 服务

STEP 04　自动加载 Apache 服务

如果需要让 Web 服务随系统启动而自动加载，需要使用 systemctl enable httpd 命令，操作方法如图 9-25 所示。

图 9-25　设置自动加载 Apache 服务

STEP 05 检查 Apache 服务运行状态

Apache 服务可能处于停止状态，也有能处于运行状态，这时可使用 systemctl status httpd 命令检查 httpd 的状态，操作方法如图 9-26 所示。

图 9-26 检查 httpd 的状态

9.5 技能训练

9.5.1 课堂训练

天一电子产品研发中心需要采用 LAMP（Linux+Apache+MySQL+PHP）在 Web 服务器（IP 地址为 192.168.0.8）上搭建一个综合管理系统来实现企业的信息化管理。

LAMP 指的是 Linux（操作系统）、Apache HTTP 服务器、MySQL（有时也指 MariaDB，数据库软件）和 PHP（有时也指 Perl 或 Python）的第一个字母，一般用来建立 Web 应用平台。这里所有的产品均是开源软件，是国际上成熟的架构框架，很多流行的商业应用都采取了这个架构，和 Java/J2EE 架构相比，LAMP 具有 Web 资源丰富、轻量、快速开发等特点，与微软的.NET 架构相比，LAMP 具有通用、跨平台、高性能、低价格的优势，因此 LAMP 无论是性能、质量还是价格都是企业搭建网站的首选平台。

思政小贴士

网站和电子信箱系统已经成为个人或企业不可缺少的重要组成部分。不管是企业还是个人，建立 Web 网站对外发布相关信息，一定要进行 ICP 备案，并自觉遵守互联网相关政策法规，不得从事非法的网站经营活动，不得从事不良互联网信息的传播。

课堂任务 9-1

天一电子产品研发中心要求构建的 Web 服务器实现企业信息化在线办公，要求满足 1000 人同时访问，且服务器中有一个重要目录/security，里面的内容只有 tianyi.com 域的成员可以访问，其他用户拒绝访问。管理员邮箱设置为 admin@tianyi.com，主页文件为 index.php，Apache 根目录和文档目录均由管理员进行合理设置。

任务分析：

根据任务的要求，需要搭建一个动态网站来实现以上服务。而动态网站的架设需要使用 LAMP 架构。对于其中一些特殊的要求，可以在主配置文件中通过设置相应字段实现，但整个企业的信息化办公系统，比较简单而又快捷的方法就是利用 PHPCMS V9 网站内容管理系统构建企业网站。

PHPCMS 采用模块化开发，支持多种分类方式，使用它可方便实现个性化网站的设计、开发与维护。它支持众多的程序组合，可轻松实现网站平台迁移，并可广泛满足各种规模的网站需求，可靠性高，它是一款具备文章、下载、图片、分类信息、影视、商城、采集、财务等众多功能的强大、易用、可扩展的优秀网站管理软件

训练步骤如下。

STEP 01 安装 MySQL 8.0

为了配置 PHP 连接安装 MySQL 数据库建立动态网站，首先必须安装 MySQL 数据库服务，MySQL 8.0 包在 AppStream 存储库中可用，可以通过运行以下命令来安装。

1）采用本地 yum 源的方式安装 MySQL 8.0 具体操作方法如下：

```
[root@I~]# mount /dev/sr0 /mnt/cdrom     #挂载光驱(可参考【任务案例 1-5】)
[root@I~]# yum update                    #确保系统已更新
[root@I~]# yum -y install @mysql:8.0     #安装 MySQL 8.0
......
已安装:
  mysql-server-8.0.13-1.module+el8+2558+036183ec.x86_64
  mariadb-connector-c-config-3.0.7-1.el8.noarch
  mecab-0.996-1.module+el8+2459+7cb96738.9.x86_64
  mysql-8.0.13-1.module+el8+2558+036183ec.x86_64
  mysql-common-8.0.13-1.module+el8+2558+036183ec.x86_64
  mysql-errmsg-8.0.13-1.module+el8+2558+036183ec.x86_64
  protobuf-lite-3.5.0-7.el8.x86_64
完毕!
```

2）接下来，启动 MySQL，并设置在系统启动时自动启动 MySQL，再查看服务状态，操作方法如下：

```
[root@I~]# systemctl start mysqld        #启动 MariaDB
[root@I~]# systemctl enable mysqld       #设置开机自动启动
[root@TianYi etc]# systemctl enable --now mysqld
[root@TianYi etc]# systemctl status mysqld
mysqld.service - MySQL 8.0 database server
Loaded: loaded (/usr/lib/systemd/system/mysqld.service; enabled; vendor preset: disabled)
Active: active (running) since Sun 2020-03-22 12:50:22 CST; 17s ago
Process: 52352 ExecStartPost=/usr/libexec/mysql-check-upgrade (code=ex
......
```

3）设置管理员账号密码并测试。使用 mysqladmin 命令建立管理员账号和密码，并使用 mysql -u root -p 命令进行登录，具体操作方法如下：

```
[root@I~]# netstat -nltp|grep 3306
[root@I~]# mysqladmin -u root password '123'
[root@TianYi PDO_MYSQL-1.0.2]# mysql -u root -p
Enter password:
Welcome to the MySQL monitor.  Commands end with ; or \g.
Your MySQL connection id is 18
Server version: 8.0.13 Source distribution
......
```

```
mysql>                                           #表示成功登录
mysql > quit;                                    #退出登录
```

STEP 02 安装 PHP

1）RHEL 8/CentOS 8 系统中默认情况下未安装 PHP，因此需要采用 yum 命令进行安装，操作方法如下：

```
[root@I~]# rpm -qa | grep php
[root@I~]# yum install -y php
……
已安装:
php-7.2.11-1.module+el8+2561+1aca3413.x86_64
nginx-filesystem-1:1.14.1-8.module+el8+2505+fe936cef.noarch
php-common-7.2.11-1.module+el8+2561+1aca3413.x86_64
完毕!
```

如果要运行 phpcms 还要安装 gd、msyql、json 库和扩展库，操作方法如下：

```
[root@I~]#yum install  php-gd php-msyql php-json
[root@I~]#yum -y install  php-json php-xml  php-mysqlnd php-mbstring php-common  php-gd
```

2）创建文件/var/www/tianyi/index.php，写入内容“<?php phpinfo(); ?>”，操作方法如下：

```
[root@I~]# touch   /var/www/tianyi/index.php
[root@I~]# echo  "<?php  phpinfo();  ?>" > /var/www/tianyi/index.php
```

3）重启 apache 服务。操作方法如下：

```
[root@I~]# systemctl restart  httpd
```

4）php 的状态设置：先启动 php，接下来查看 php 当前版本，设置 php 开机启动。操作方法如下：

```
[root@I~]# systemctl start php-fpm
[root@I~]# php -v
[root@I~]# systemctl enable php-fpm
```

5）打开浏览器，在地址栏中输入 http://192.168.10.8/index.php（或 http://www.tianyi.com/index.php），如果显示如图 9-27 所示内容，则说明 php 安装成功。

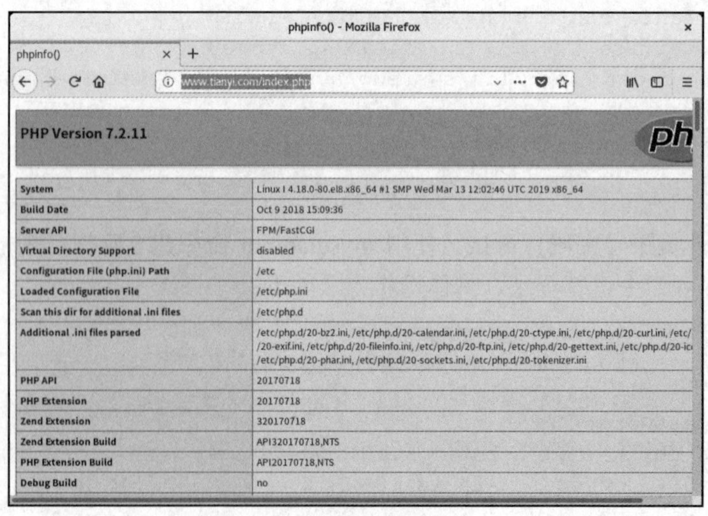

图 9-27 php 安装成功

STEP 03 配置 Apache 服务

参考【任务案例 9-9】配置好基于域名的虚拟主机，使用 vi 编辑/etc/httpd/conf.d/目录中的 basevhost.conf，在文件中添加以下内容，设置文档目录、设置允许所有人访问/var/www/tianyi/phpcms 目录、设置首页文件等，具体操作方法如下：

```
<VirtualHost 192.168.10.8>                    #VirtualHost 后面可以跟 IP 地址或域名
    ServerName www.tianyi.com                 #指定该虚拟主机的 FQDN
    DocumentRoot /var/www/tianyi/phpcms   #设置文档目录为/var/www/html/bbs
    Allow  from  all                          #允许所有人访问/var/www/html/bbs 目录
    DirectoryIndex index.php                  #设置首页文件为 index.php
</VirtualHost>
```

STEP 04 修改/security 目录设置权限

使用 vi 编辑器打开/etc/httpd/conf 目录下的 httpd.conf，设置/security 目录的访问权限，仅允许.tianyi.com 域的客户访问，操作方法如下：

```
<Directory  "/security">
    Options FollowSymLinks
    AllowOverride None
    Order  allow,deny
    Allow  from  .tianyi.com
</Directory>
```

STEP 05 重新启动 Apache 服务

重新启动 Apache 服务，操作方法如下：

```
[root@I~]# systemctl restart  httpd
```

STEP 06 创建 phpcms 目录并更改权限

采用 mkdir 命令创建/var/www/tianyi/phpcms 目录，然后到 PHPCMSV9 网站内容管理系统的官网（www.phpcms.cn）去下载 PHPCMS v9(UTF-8)，并将下载到的压缩文件（Linux 只能解压.zip，或在 Windows 中转换成.zip 再传到 Linux 系统中）保存到该目录下，再对压缩文件进行解压，操作方法如下：

```
[root@I~]#mkdir /var/www/tianyi/phpcms
[root@I~]#cd /var/www/tianyi/phpcms
[root@I~]#unzip PHPCMS.zip
[root@I~]#chmod -R 777 /var/www/tianyi/phpcms
```

STEP 07 安装 PHPCMS

1）打开浏览器，在地址栏中输入 http://192.168.10.8/phpcms/install/install.php，进入安装向导页面，如图 9-28 所示，单击“接受”按钮。

2）系统进入“运行环境检测”界面，保证所有项目检测通过，如果有没通过的，那就要先解决问题，再单击“下一步”按钮。

3）进入“选择模块”界面，在此选择企业需要的管理模块，这里可以全选，单击“下一步”按钮。

4）进入“文件权限”设置界面，如果不需要更改权限设置，单击“下一步”按钮。

5）进入“账号设置”页面，如图 9-29 所示，在此根据需要正确设置相关信息并牢记，单击“下一步”按钮。

6）连续单击“下一步”按钮，直到出现“恭喜您，安装成功！”界面，在此界面单击“后台管理”连接即可进入 PHPCMS V9 内容管理系统的后台，如图 9-30 所示。

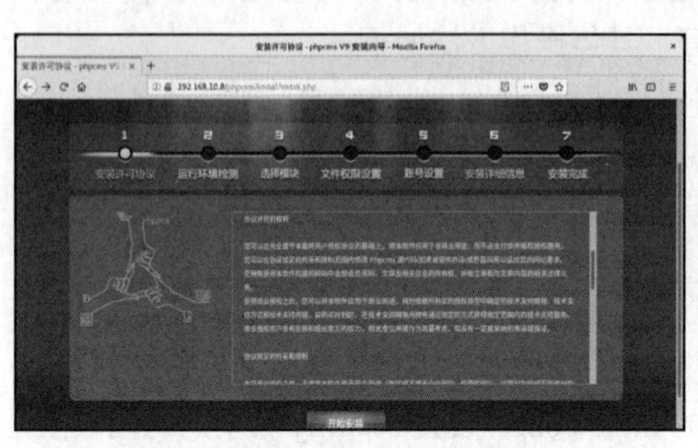

图 9-28 PHPCMS 的安装向导界面

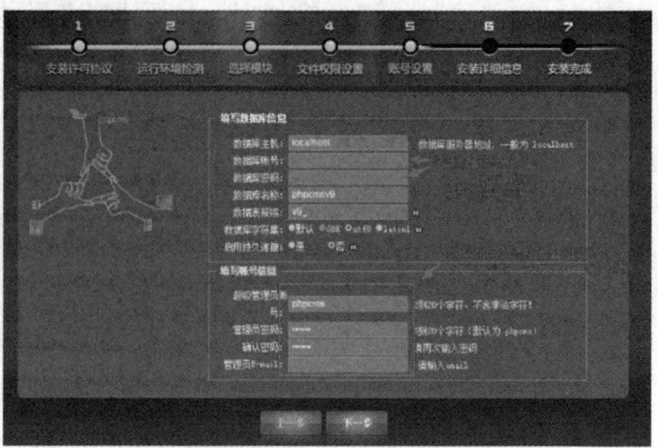

图 9-29 账号设置界面

STEP 08 登录测试

至此，所有的安装和配置工作都已完成，在局域网的客户端打开浏览器，在其地址栏中输入 http://192.168.10.8/（或 www.tainyi.com）即可打开自己搭建的企业网站，测试结果如图 9-31 所示。

图 9-30 “恭喜您，安装成功！”界面

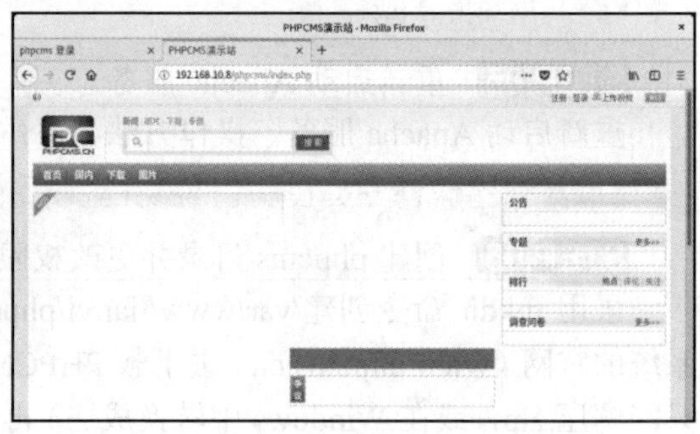

图 9-31 登录内容管理系统进行测试

课堂任务 9-2

在利用 Apache 配置 Web 服务器的过程中，可能会碰到各种问题，针对下面给出的典型问题和解决办法排除故障。

训练步骤如下。

STEP 01 Apache 无法启动

Apache 无法正常启动，主要是由以下两种情况导致的。

第一种是 httpd.conf 文件配置错误。对于这种情况，Apache 启动时会给出相关提示信息，也可以使用 httpd -t 进行检查，操作方法如下：

```
[root@TianYi conf]# httpd -t
httpd: Syntax error on line 105 of /etc/httpd/conf/httpd.conf: /etc/httpd/conf/httpd.conf:105: <Directory> was not closed.
```

用户可根据提示信息更改 httpd.conf 中的配置以修复错误。

第二种是 Apache 的监听端口被占用。Apache 的默认监听端口为 80，如果其他进程已经占用该端口，Apache 启动时将会出现错误，操作方法如下：

```
98)Address already in use: make_sock: could
not bind to address 0.0.0.0:80 no listening
sockets available, shutting down Unable to open logs
```

用户可通过 netstat -an 命令获取系统当前的端口使用情况，关闭占用端口的进程。

STEP 02 忽略某些访问日志的记录

在默认情况下，Apache 的 access_log 日志文件会记录所有的用户访问记录（用户访问的每一个文件），这会产生大量的日志信息。用户可以更改 Apache 的配置，忽略某些访问日志的记录。例如，要在 access_log 日志文件中忽略图片文件的访问记录，可打开 httpd.conf 配置文件，加入如下内容：

```
<FilesMatch "\.(bmp|gif|jpg|swf)">
SetEnv IMAG 1
</FilesMatch>
CustomLog logs/access_log combined env=!IMAG
```

最后重启 Apache 服务使配置生效，完成后 Apache 将不再记录 bmp、gif、jpeg 及 swf 后缀的文件的访问日志。

STEP 03 防止网站图片被盗链

为了防止其他网站非法盗用本网站中的图片文件，可在 Apache 中进行配置，以禁止图片被非法盗用。假设本网站的域名为 www.MyWeb.com，用户可编辑 httpd.conf 文件，加入如下配置内容：

```
SetEnvIfNoCase Referer "^http://www.MyWeb.com/" local_ref=1
<FilesMatch ".(gif|jpg|bmp)">
Order Allow,Deny
Allow from env=local_ref     #只允许 http://www.MyWeb.com 链接图片文件
</FilesMatch>
```

最后重启 Apache 服务，完成后，如果其他非法主机试图链接图片，图片将无法显示。

9.5.2 课后训练

|课后训练 9-1| 假如你是某学校的网络管理员，学校的域名为 www.king.com，学校计划为每位教师开通个人主页服务，为教师与学生之间建立沟通的平台。为每位教师开通个人主页服务后能实现如下功能。

- 网页文件上传完成后，立即自动发布，URL 为 http://www.king.com/~用户名。
- 在 Web 服务器中建立一个名为 private 的虚拟目录，对应的物理路径是/data/private，并配置 Web 服务器对该虚拟目录启用用户认证，只允许 kingma 用户访问。
- 在 Web 服务器中建立一个名为 test 的虚拟目录，其对应的物理路径是/dir1/test，并配置 Web 服务器仅允许来自网络 sample.com 域和 192.168.1.0/24 网段的客户端访问该虚拟目录。
- 使用 192.168.1.2 和 192.168.1.3 两个 IP 地址，创建基于 IP 地址的虚拟主机。其中 IP 地址为 192.168.1.2 的虚拟主机对应的主目录为/var/www/ex2，IP 地址为 192.168.1.3 的虚拟主机对应的主目录为/var/www/ex3。
- 创建基于 www.xsx.com 和 www.king.com 两个域名的虚拟主机，域名为

www.xsx.com 的虚拟主机对应的主目录为/var/www/xsx，域名为 www.king.com 的虚拟主机对应的主目录为/var/www/king。

|课后训练 9-2| 假设服务器的 IP 地址为 192.168.16.201，在 DNS 服务器中有 www.abc.com 和 www.xyz.com 主机地址 A 资源记录映射到该 IP 地址，现需要使用这两个域名分别创建两台虚拟主机，每台虚拟主机都对应不同的主目录，在主配置文件 httpd.conf 中添加相应的语句予以实现。

9.6 总结提高

本项目首先介绍了 Web 服务的工作原理、工作流程和 Apache 软件包的安装方法，Apache 服务的核心配置文件 httpd.conf，然后着重训练了基于主机访问控制和基于用户认证访问控制 Web 服务器的配置技能，最后训练了大家解决故障的能力等。

Web 服务是目前应用最为广泛的网络服务之一，它的功能非常强大，随着读者学习的深入和对 Web 应用的熟练，更能体会到这一点。

通过本项目的学习，你的收获怎样？请认真填写学习情况考核登记表（表 9-4），并及时予以反馈。

表 9-4 学习情况考核登记表

序号	知识与技能	重要性	自我评价					小组评价					老师评价				
			A	B	C	D	E	A	B	C	D	E	A	B	C	D	E
1	会安装 Apache 软件包	★★★															
2	会启动、停止 Apache 服务	★★★☆															
3	能分析 httpd.conf 文件中的主要配置内容	★★★★☆															
4	会配置个人主页和虚拟目录	★★★★															
5	会配置基于用户认证访问控制的 Web 服务器	★★★★★															
6	会配置基于 IP 的虚拟主机	★★★★★															
7	会配置基于域名的虚拟主机	★★★★															
8	能完成课堂训练	★★★☆															

说明：评价等级分为 A、B、C、D 和 E 共 5 等。其中，对知识与技能掌握很好，能够熟练地完成 Web 服务的配置为 A 等；掌握了 75%以上的内容，能较为顺利地完成任务为 B 等；掌握 60%以上的内容为 C 等；基本掌握为 D 等；大部分内容不够清楚为 E 等。

项目 10

配置与管理 FTP 服务器

学习指导

教学目标 ☞

知识目标

了解 FTP 的基本概念及工作原理

掌握 vsftpd 服务器的配置和管理

掌握匿名用户访问 FTP 服务器的配置方法

掌握实体用户和虚拟用户访问 FTP 服务器的配置方法

掌握 FTP 客户端的配置方法

技能目标

会检查并安装 vsftpd 软件包

会启动和停止 FTP 服务进程

能配置与管理匿名用户访问的 FTP 服务器

能配置与管理实体用户和虚拟用户访问的 FTP 服务器

能配置 FTP 客户端，并对 FTP 服务器进行测试

能解决 FTP 配置中出现的问题

素质目标 ☞

培养认真细致的工作态度和工作作风

养成刻苦、勤奋、好问、独立思考和细心检查的学习习惯

具有一定的自学能力，分析问题、解决问题的能力和创新能力

培养正确的服务意识，合理部署和使用网络资源

建议课时 ☞

教学课时：理论学习 1 课时+教学示范 3 课时

技能训练课时：课堂模拟 3 课时+课堂训练 2 课时

Internet 中一个十分重要的资源就是软件资源，而各种各样的软件资源大多数都放在文件传输协议（file transfer protocol，FTP）服务器中。用户使用 FTP 通过网络在计算机之间传输文件是很普遍的一种方法。几乎在所有的平台上面都有 FTP 的客户端和服务器端的软件，因此用 FTP 传送文件也是很方便的一种方法。

本项目详细介绍 FTP 服务的基本概念、工作原理、vsftpd 的安装和配置以及管理 FTP 服务器的具体方法。通过任务案例引导学生检查并安装 FTP 服务；全面分析核心配置文件 vsftpd.conf；具体训练学生对 FTP 服务器的配置与管理，对客户端的配置，以及对 FTP 服务器简单故障进行判断和处理的能力。

10.1 任务描述

使用 FTP 实现文件的跨网络传送

在天一电子产品研发中心的网络改造项目中，谢立夫负责技术开发和服务器的配置与管理，已完成了 DHCP、DNS 和 Web 服务器的配置。在整个过程中，谢立夫认真负责、刻苦钻研，解决了一个又一个难题，新奇网络公司的领导非常满意，研发中心的负责人也给予了好评。

在天一电子产品研发中心的项目方案中曾提出：研发中心需要将公司的文件和资料提供给员工使用，人力资源管理部可以发布并收集招聘信息表；研发部和销售部等部门的员工可以在家里通过网络下载有关的开发工具和统计报表，并能将自己设计好的图纸和填写的有关报表及时反馈给部门领导；中心架设了 Web 网站，网站维护人员需要远程对网站的资源和信息进行及时更新。

此时，谢立夫在服务器中应该进行哪些配置才能为天一电子产品研发中心解决上述问题？

谢立夫凭借所学的知识，经过分析认为不能采用 Samba 服务，因为 Samba 服务只能在局域网使用，也不能使用邮件服务器，因为邮件服务器的附件是有限制的，而是需要配置 FTP 服务。因此，他先根据网络拓扑和网络规模规划服务器参数和配置，并选择合适的服务端程序。

10.2 任务分析

1. 了解 FTP 及使用 vsftpd 的原因

FTP 是目前 Internet 上最流行的数据传输方法之一。利用 FTP 协议，可以在 FTP 服务器和客户端之间进行双向数据传输。既可以把数据从 FTP 服务器上下载到本地客户端，又可以从客户端上传数据到远程 FTP 服务器。FTP 最初与 WWW 服务和 E-mail 服务一起被列为 Internet 的三大应用，可见其在网络应用中的地位举足轻重。

vsftpd 是 very secure FTP daemon 的缩写。vsftpd 是一款在 Linux 发行版中最受推崇的 FTP 服务器程序，它的安全性很高，是一个完全免费的、开发源代码的 FTP 服务器软件，支持很多其他 FTP 服务器所不支持的特征，比如非常高的安全性需求、带宽限制、良好的可伸缩性、可创建虚拟用户、支持 IPv6、速率高等。

2. 了解 FTP 服务的功能和作用

互联网上除了有丰富的网页供用户浏览外，还有大量的共享软件、免费程序、学术文献、影视文件、图片、文档资料、动画等多种不同功能、不同展现形式、不同格式的共享资源供用户索取。

FTP 的主要作用就是让用户连接一个远程计算机，用户可以将远程计算机上的共享资源下载到本地机的磁盘中，也可以将本机上的资源上传到远程服务器上。FTP 服务具有以下功能。

1）文件共享。

2）远程文件访问。

3）对用户透明的文件存储技术。

4）可靠、有效的数据传送。

3. 了解常用的 FTP 客户端和服务器应用程序

FTP 客户端和服务器应用程序很多，常用的应用程序如表 10-1 所示。

表 10-1 常用的 FTP 客户端和服务器的应用程序

FTP 服务器和客户端	Linux 环境	Windows 环境
FTP 服务器	vsftpd	IIS
	proftpd	Serv-U
	wuftpd	
FTP 客户端	ftp/ncftp/lftp 命令行工具	FTP 命令行工具
	gftp	CuteFTPpro
	浏览器 firefox	浏览器 IE

4. 熟悉 vsftpd 服务包含的软件包

在安装与配置 FTP 服务之前，应熟悉 FTP 所需要的软件包，以及 vsftpd 服务安装完成后在系统中产生的相关文档，以便更好地配置与管理 FTP 服务器。

（1）vsftpd 服务软件包

1）vsftpd-3.0.3-28.el8.x86_64.rpm：vsftpd 主程序包。

2）libdb-utils-5.3.28-36.el8.x86_64.rpm：db 数据库软件包。

（2）vsftpd 服务安装完成后，在系统中产生的相关文档

1）/etc/vsftpd/vsftpd.conf：vsftpd 的核心配置文件。

2）/etc/vsftpd/ftpusers：用于指定哪些用户不能访问 FTP 服务器（黑名单）。

3）/etc/vsftpd/user_list：指定允许使用 vsftpd 的用户列表文件。

4）/etc/pam.d/vsftpd：PAM 认证文件（其中 file=/etc/vsftpd/ftpusers 字段，指明阻止访问的用户来自/etc/vsftpd/ftpusers 文件中的用户）。

5）/var/ftp/：默认情况下匿名用户的根目录。

5. 知道 FTP 服务器的搭建流程

搭建 FTP 服务器的流程与搭建其他服务器的流程较为类似，具体过程如下。

1）构建 FTP 网络环境，初始配置时服务器和客户端最好处于同一局域网。

2）设置服务器的静态 IP 地址，重启网络服务，检查网络地址配置信息是否生效。

3）关闭防火墙或在防火墙中信任 FTP 服务。

4）使用 rpm -qa 命令检查系统是否安装 FTP 相关软件包，如果未安装，则使用 rpm -ivh 命令进行安装。

5）编辑主配置文件 vsftpd.conf，设置 FTP 站点的 IP 地址、主目录、访问权限和是否允许匿名用户登录等。

6）在 Linux 系统中创建 FTP 的工作目录，并设置目录访问权限，再在系统中创建一个能访问 FTP 服务器的用户。

7）重新加载配置文件或重启 vsftpd 服务，使配置生效。

8）在客户端进行测试，保证客户端能成功下载和上传文件。

6. 了解本项目的具体任务

本项目的具体任务包括安装 FTP 服务、构建 FTP 服务器、配置与管理 FTP 服务器等几个方面，具体任务如下。

1）安装 FTP 服务，包括分析 FTP 工作原理、安装 FTP 服务。

2）构建 FTP 服务器，包括配置主要配置文件 vsftpd.conf、重启 vsftpd 服务、在客户端对配置情况进行测试。

3）配置与管理 FTP 服务器，包括启动 FTP 服务、配置 FTP 的服务器、配置 FTP 客户端、测试 FTP 服务。

10.3 知识储备

FTP 概述

10.3.1 FTP 概述

在众多网络应用中，FTP 有着非常重要的地位。Internet 中有着非常多的共享资源，而

这些共享资源大多数都放在 FTP 服务器中。与大多数 Internet 服务一样，FTP 也是一个客户端/服务器系统。用户通过一个支持 FTP 协议的客户端程序连接到主机上的 FTP 服务器程序。用户通过客户端程序向服务器程序发出命令，服务器程序执行用户发出的命令，并将执行结果返回给客户端。

提供 FTP 服务的计算机称为 FTP 服务器，用户的本地计算机称为客户端。FTP 的基本工作过程如图 10-1 所示。

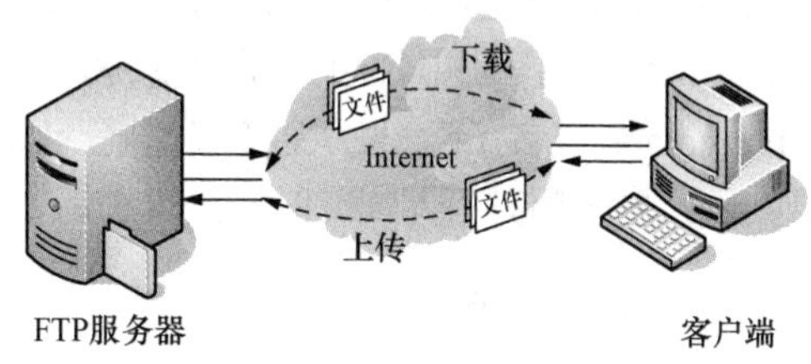

图 10-1　FTP 的基本工作过程

FTP 是一种实时的联机服务，用户在访问 FTP 服务器之前必须进行登录，登录时要求用户给出其在 FTP 服务器上的合法账号和密码。只有成功登录的用户才能访问 FTP 服务器，并对授权的文件进行查阅和传输。FTP 的这种工作方式限制了 Internet 上一些公用文件及资源的发布。为此，多数 FTP 服务器都提供一种匿名 FTP 服务。

FTP 服务不受计算机类型以及操作系统的限制，无论是 PC 机、服务器、大型机，也不管操作系统是 Linux、DOS 还是 Windows，只要建立 FTP 连接的双方都支持 FTP 协议，就可以方便地传输文件。

10.3.2　FTP 的工作原理

FTP 的工作原理

FTP 定义了一个在远程计算机系统和本地计算机系统之间传输文件的标准。FTP 运行在 OSI 模型的应用层，并利用传输控制协议 TCP 在不同的主机间提供可靠的数据传输。FTP 在文件传输中还支持断点续传功能，可以大幅度地减少 CPU 和网络带宽的开销。

FTP 使用两个 TCP 连接：一个 TCP 连接用于控制信息（端口 21），另一个 TCP 连接用于实际的数据传输。客户端调用 FTP 命令后，便与服务器建立连接，主要用于传输客户端的请求命令以及远程服务器的应答信息。一旦控制连接建立成功，双方便进入交互式会话状态，互相协调完成文件传输工作。当客户端向远程服务器提出 FTP 请求时，临时在客户端和服务器之间建立起数据连接，主要用于数据的传送。FTP 服务的具体工作过程如图 10-2 所示。

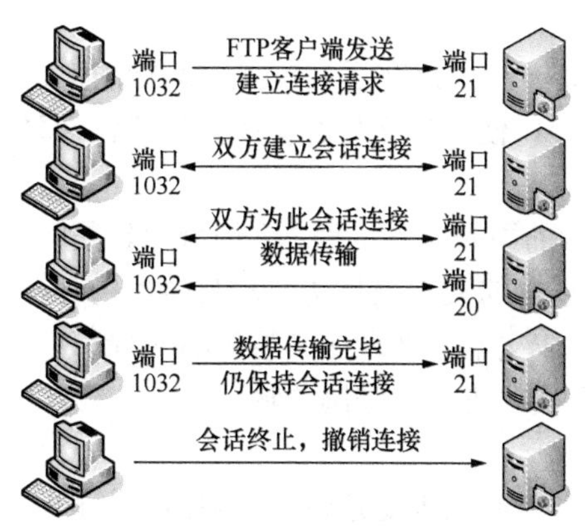

图 10-2　FTP 服务的具体工作过程

1）当 FTP 客户端发出请求时，系统将动态分配一个端口（如 1032）。

2）若 FTP 服务器在端口 21 侦听到该请求，则在 FTP 客户端的端口 1032 和 FTP 服务器的端口 21 之间建立起一个 FTP 会话连接。

3）当需要传输数据时，FTP 客户端再动态打开一个连接到 FTP 服务器的端口 20 的第 2 个端口（如 1033），这样就可在这两个端口之间进行数据的传输。当数据传输完毕后，这两个端口会自动关闭。

4）当 FTP 客户端断开与 FTP 服务器的连接时，客户端上动态分配的端口将自动释放。

10.3.3 vsftpd 中的三类用户

1. 匿名用户

匿名用户在登录 FTP 服务器时，并不需要特别的密码就能访问服务器。通常采用电子邮件的地址作为匿名用户的登录密码，但并不是必需的。一般匿名用户的用户名为 anonymous 或者 ftp。采用匿名用户登录 vsftpd 服务器后，将映射为指定的本地用户，一般为 ftp。匿名用户登录 FTP 服务器之后，所在的指定 FTP 目录为/var/ftp。

2. 本地用户

本地用户是指具有本地登录权限的用户。这类用户在登录 FTP 服务器时，所用的登录名为本地用户名，采用的密码为本地用户的口令，使用/etc/passwd 中的用户名为认证方式。登录成功之后进入的为本地用户的 home 目录。

3. 虚拟用户

虚拟用户只具有从远程登录 FTP 服务器的权限，只能访问为其提供的 FTP 服务。虚拟用户不具有本地登录权限，虚拟用户的用户名和口令保存在数据库文件或数据库服务器中。

相对于 FTP 的本地用户形式来说，虚拟用户只是 FTP 服务器的专有用户，虚拟用户只能访问 FTP 服务器所提供的资源，这大大增强了系统本身的安全性。

相对于匿名用户而言，虚拟用户需要用户名和密码才能获取 FTP 服务器中的文件，增加了对用户和下载的可管理性。对于需要提供下载服务，但又不希望所有人都可以匿名下载；既需要对下载用户进行管理，又考虑到主机安全和管理方便的 FTP 站点来说，虚拟用户是一种极好的解决方案。

10.3.4 FTP 的传输方式与工作方式

1. FTP 的传输方式

FTP 的传输方式包括 ASCII 传输方式和二进制数据传输方式两种。

（1）ASCII 传输方式

假定用户正在复制的文件包含简单的 ASCII 码文本，如果在远程机器上运行的不是 UNIX，当文件传输时 ftp 通常会自动地调整文件的内容以便于把文件解释成另外那台计算机存储文本文件的格式。

但是常常有这样的情况，用户正在传输的文件包含的不是文本文件，它们可能是程序、数据库、字处理文件或者压缩文件（尽管字处理文件包含的大部分是文本，其中也包含有指示页尺寸、字库等信息的非打印字符）。在复制任何非文本文件之前，用 binary 命令告诉 ftp 逐字复制，不要对这些文件进行处理，这也是下面要讲的二进制传输。

（2）二进制数据传输方式

在二进制传输中保存文件的位序，以便原始内容和复制内容是逐位一一对应的。即使目的地机器上包含位序列的文件是无意义的。例如，macintosh 以二进制方式传送可执行文件到 Windows 系统，在对方系统上，此文件不能执行。

如果在 ASCII 方式下传输二进制文件，即使不需要也仍会转译。这会使传输稍微变慢，也会损坏数据，使文件变得不能用。（注意：在大多数计算机上，ASCII 方式一般假设每一字符的第一有效位无意义，因为 ASCII 字符组合不使用它。如果传输二进制文件，所有的位都是重要的。）如果知道这两台机器是同样的，则二进制方式对文本文件和数据文件都是有效的。

2. FTP 的工作方式

FTP 的工作方式是针对 FTP 数据连接而言的，分为主动传输模式、被动传输模式和单端口传输模式 3 种。

（1）主动传输模式

当 FTP 的控制连接建立后，且客户提出目录列表、传输文件时，客户端发出 PORT 命令与服务器进行协商，FTP 服务器使用一个标准的端口 20 作为服务器端的数据连接端口（ftp-data）与客户建立数据连接。端口 20 只用于连接的源地址是服务器端的情况，并且在端口 20 上根本就没有监听进程监听客户请求。

（2）被动传输模式

当 FTP 的控制连接建立后，且客户提出目录列表、传输文件时，客户端发送 PASV 命令使服务器处于被动传输模式，FTP 服务器等待客户与其联系。FTP 服务器在非 20 端口的其他数据传输端口（ftp-data）上监听客户的请求。

（3）单端口传输模式

除上述两种模式之外，还有一种单端口模式。该模式的数据连接请求由 FTP 服务器发起。使用该传输模式时，客户端的控制连接端口和数据连接端口一致。因为这种模式无法在短时间连续输入数据、传输命令，因此并不常用。

10.3.5　命令方式的 FTP

FTP 命令是 FTP 客户端程序，在 Linux 或 Windows 系统的字符界面下可以利用 FTP 命令登录 FTP 服务器，进行文件的上传、下载等操作。

FTP 命令的格式如下：

```
ftp  主机名或 IP 地址
```

在 Linux 系统和 Windows 系统中，利用 FTP 命令以匿名用户身份登录 IP 地址为 10.0.0.212 的 FTP 服务器的登录界面如图 10-3 和图 10-4 所示。

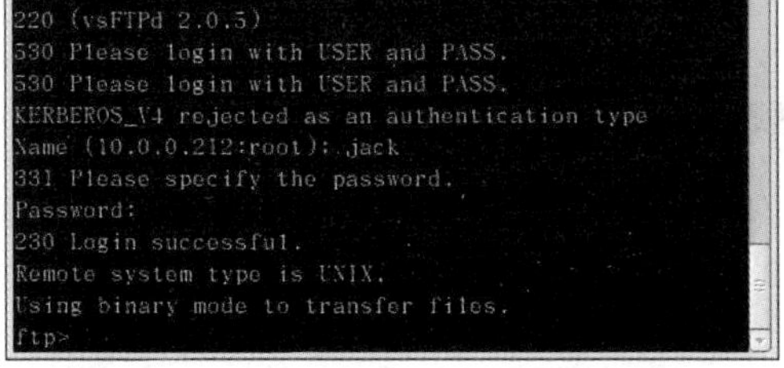

```
[root@localhost vuser]# ftp 10.0.0.212
Connected to 10.0.0.212.
220 (vsFTPd 2.0.5)
530 Please login with USER and PASS.
530 Please login with USER and PASS.
KERBEROS_V4 rejected as an authentication type
Name (10.0.0.212:root): jack
331 Please specify the password.
Password:
230 Login successful.
Remote system type is UNIX.
Using binary mode to transfer files.
ftp>
```

图 10-3　Linux 中 FTP 命令的登录界面

```
C:\Documents and Settings\Administrator.HNRPC>ftp 10.0.0.212
Connected to 10.0.0.212.
220 (vsFTPd 2.0.5)
User (10.0.0.212:(none)): xsx
331 Please specify the password.
Password:
230 Login successful.
ftp> ls
200 PORT command successful. Consider using PASV.
150 Here comes the directory listing.
pub
upload
vsftpd.conf.xsx
226 Directory send OK.
ftp: 30 bytes received in 0.00Seconds 30000.00Kbytes/sec.
ftp>
```

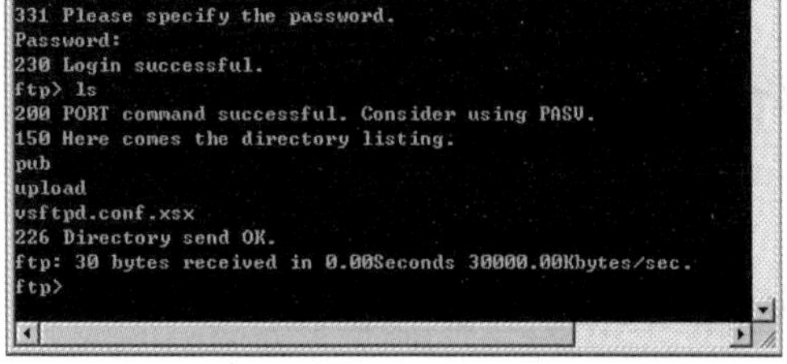

图 10-4　Windows 中 FTP 命令的登录界面

在登录成功之后，用户可以使用 FTP 命令进行文件传输，这种方式称为交互方式。当用户交互使用 FTP 时，FTP 发出一个提示，用户输入一条命令，FTP 执行该命令并发出下一个提示。FTP 允许文件沿任意方向传输，即文件可以上传与下载。在交互方式下，也提供了相应的文件上传与下载的命令，其中常用到的一些重要命令如表 10-2 所示。

表 10-2　常见的 FTP 命令及其功能

命令	功能	命令	功能
ascii	进入 ASCII 方式，传送文本文件	dir 或 ls remote-dir [1ocal-file]	显示远程目录文件和子目录的缩写列表
binary	传送二进制文件，进入二进制方式	mkdir dir-name	在远程主机上创建目录
bye 或 quit	结束本次文件传输，退出 FTP 程序	mget remote-files	获取多个远程文件，允许用通配符
cd dir	改变远程主机当前工作目录	delete remote-file	删除远程文件
lcd dir	改变本地当前目录	mdelete remote-files	删除多个远程文件
rmdir dir name	删除远程目录	get remote-file [local-file]	获取远程文件
mget local-files	将多个本地文件传到远程主机上，可使用通配符	put local file [remote-file]	将一个本地文件传递到远程主机上
pwd	查询远程主机当前目录	status	显示 FTP 程序状态
open host	与指定主机的 FTP 服务器建立连接	close	关闭与远程 FTP 程序的连接
user	指定远程计算机的用户	disconnect	从远程计算机断开，保留 ftp 提示

当执行不同命令时，会发现 FTP 服务器返回一组数字，不同的数字代表不同的信息。常见的数字及表示的信息如表 10-3 所示。

表 10-3　FTP 命令的返回值及含义

数字	含义	数字	含义
125	打开数据连接，传输开始	230	用户登录成功
200	命令被接受	331	用户名被接受，需要密码
211	系统状态，或者系统返回的帮助	421	服务不可用
212	目录状态	425	不能打开数据连接
213	文件状态	426	连接关闭，传输失败
214	帮助信息	500	语法错误，不可识别的命令
220	服务就绪	501	命令参数错误
221	控制连接关闭	502	命令不能执行
226	关闭数据连接	530	登录不成功

10.4 任务实施

10.4.1 安装 vsftpd 软件包

目前，几乎所有的 Linux 发行版本都内置了 vsftpd 服务。在安装 Linux 的过程中，如果用户选择了 FTP，那么它就会在安装 Linux 的同时安装 FTP；如果没有选择的话，需要在机器启动后将 RHEL 8/CentOS 8 安装光盘放进光驱进行安装。

任务案例 

在 Linux 系统中检查是否安装了 vsftpd 软件包，若没有安装，则利用 Linux 安装光盘进行安装，然后检查并了解系统中 vsftpd 的版本号。

完成任务的步骤如下。

STEP 01 检查 vsftpd 软件包

使用 rpm -qa|grep vsftpd 命令检测系统是否安装了 vsftpd 软件包，或查看已经安装的软件包的版本，操作方法如图 10-5 所示。

```
root@TianYi:~
文件(F) 编辑(E) 查看(V) 搜索(S) 终端(T) 帮助(H)
[root@TianYi ~]# rpm -qa|grep vsftpd
[root@TianYi ~]#
[root@TianYi ~]#
```

图 10-5 检查 vsftpd 软件包

图中没有 vsftpd 的相关内容，说明系统还未安装 FTP 软件包，此时就得使用 yum install 或 rpm -ivh 命令进行软件包的安装。

STEP 02 安装 vsftpd 软件包

将 RHEL 8/CentOS 8 的安装光盘放入光驱，首先使用 mount 命令挂载光驱，然后使用 yum install vsftpd-* pam* libdb-utils libdb* -y 命令安装 vsftpd 和 db 数据库（yum 源的配置见【任务案例 3-5】），操作方法如图 10-6 所示。

图 10-6 安装 vsftpd 软件包

STEP 03 检查确认

vsftpd 软件包安装完毕后，再次使用 rpm -qa|grep vsftpd 命令进行查询，操作方法如图 10-7 所示。

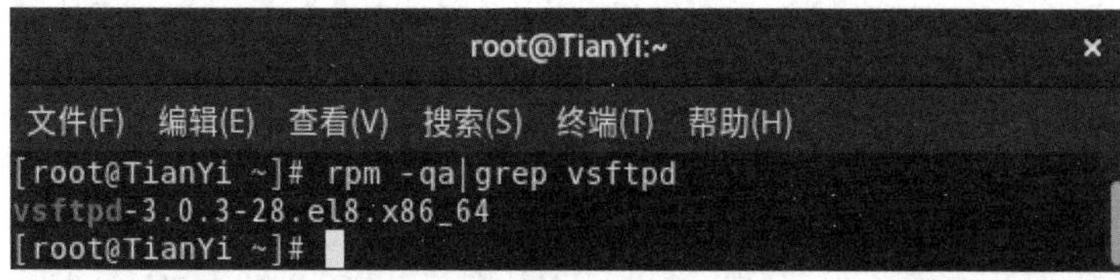

图 10-7 查看 vsftpd 软件包

10.4.2 熟悉相关配置文件

vsftpd 软件包安装完成后，会在系统中产生与 vsftpd 相关的配置文件供配置 FTP 服务器使用，主要配置文件如下。

1）/etc/vsftpd/vsftpd.conf：vsftpd 的核心配置文件，配置 FTP 服务器时需要编辑此文件中的相关配置。

2）/etc/vsftpd/ftpusers：在该文件中指定哪些用户不能访问 FTP 服务器，所有位于此文件内的用户都不能访问 vsftpd 服务，以此提高系统的安全性。

3）/etc/vsftpd/user_list：指定允许使用 vsftpd 的用户列表文件，当/etc/vsftpd/vsftpd.conf 文件中的 userlist_enable 和 userlist_deny 的值都为 YES 时，在该文件中列出的用户不能访问 FTP 服务器；当/etc/vsftpd/vsftpd.conf 文件中的 userlist_enable 的取值为 YES 而 userlist_deny 的取值为 NO 时，只有/etc/vstpd.user_list 文件中列出的用户才能访问 FTP 服务器。

4）/etc/pam.d/vsftpd：PAM 认证文件（其中 file=/etc/vsftpd/ftpusers 字段，指明阻止访问的用户来自/etc/vsftpd/ftpusers 文件中的用户）。

10.4.3 熟悉主配置文件 vsftpd.conf

vsftpd 的配置文件基本上都位于/etc/vsftpd/目录中，其中 vsftpd.conf 是 FTP 服务最核心的配置文件，它包含了 FTP 服务的绝大多数的配置信息，FTP 服务是依据该文件的配置来完成相关服务的。

为了让 FTP 服务器能更好地按需求提供服务，需要对/etc/vsftpd/vsftpd.conf 文件进行合理且有效的配置。vsftpd 提供的配置命令较多，默认配置文件只列出了最基本的配置命令，很多配置命令在配置文件中并未列出。下面来熟悉一些常用的配置命令。

1. 查看主配置文件

任务案例 10-2

首先将/etc/vsftpd/目录下的 vsftpd.conf 文件备份，留作备用，然后利用 vi 编辑器查看 vsftpd.conf 文件的内容。

完成任务的步骤如下。

STEP 01 备份 vsftpd.conf

vsftpd 软件包安装完成后，会在系统中产生与 vsftpd 相关的配置文件供配置 FTP 服务器使用，核心配置文件是/etc/vsftpd/目录下的 vsftpd.conf。为了确保原配置文件的完整性，用户在配置前最好使用 cp -a 对主配置文件进行备份，具体操作如图 10-8 所示。

```
root@TianYi:/etc/vsftpd
文件(F) 编辑(E) 查看(V) 搜索(S) 终端(T) 帮助(H)
[root@TianYi vsftpd]# cp -a vsftpd.conf vsftpd.conf.bak
[root@TianYi vsftpd]# ll
总用量 28
-rw------- 1 root root  125 8月  13 2018 ftpusers
-rw------- 1 root root  361 8月  13 2018 user_list
-rw------- 1 root root 5098 8月  13 2018 vsftpd.conf
-rw------- 1 root root 5098 8月  13 2018 vsftpd.conf.bak
-rwxr--r-- 1 root root  348 8月  13 2018 vsftpd_conf_migrate.sh
[root@TianYi vsftpd]#
```

图 10-8 备份 vsftpd.conf

STEP 02 打开 vsftpd.conf 文件

首先进入 vsftpd.conf 所在目录，其次使用 vi /etc/vsftpd/vsftpd.conf 将配置文件打开。文

件打开后，会发现 vsftpd.conf 文件中内容的格式与 Samba 配置文件的格式非常相似，整个配置文件是由很多的字段组合而成，只是等号两边没有空格而已，其格式如下：

```
字段=设定值
```

删除以#开头的注释行（:g/^#/d）之后，vsftpd.conf 文件的内容如图 10-9 所示。

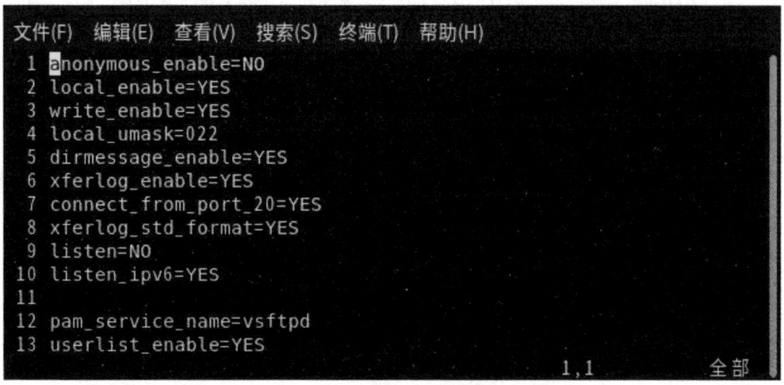

```
文件(F)  编辑(E)  查看(V)  搜索(S)  终端(T)  帮助(H)
anonymous_enable=NO
local_enable=YES
write_enable=YES
local_umask=022
dirmessage_enable=YES
xferlog_enable=YES
connect_from_port_20=YES
xferlog_std_format=YES
listen=NO
listen_ipv6=YES

pam_service_name=vsftpd
userlist_enable=YES
                                        1,1          全部
```

图 10-9　vsftpd.conf 文件的内容

整个配置文件一共有 127 行，图 10-9 是去掉所有注释行之后剩下的部分。虽然没有注释的部分只有 12 行，但想要掌握好 vsftpd 并不是一件容易的事情，下面将进行详细分析。

注意

vsftpd.conf 文件中的内容，以“#”号开头的属注释行，等号“=”两边没有空格，这是与 Samba 不同的地方。

2. 分析主配置文件 vsftpd.conf

从图 10-9 中可以看出 vsftpd.conf 主配置文件的具体内容，配置文件列出了布尔、数值和字符串类型的“字段=设定值”形式的配置参数，它们被称为指令。每一个“字段=设定值”通过等号连接起来，等号两边没有空格。

布尔类型选项的值为 YES 或 NO，数值类型选项的值为非负整数。八进制数（用来设置 umask 选项）必须以 0（零）开头。如果起始处没有 0（零）的话，就会被视为十进制数字。

下面从 11 个方面对 vsftpd.conf 整个配置文件中常用的配置参数进行分析。

（1）登录及对匿名用户的设置

1）anonymous_enable=YES：设置是否允许匿名用户登录 FTP 服务器，这里选择 YES，表示允许；反之，选择 NO。

2）local_enable=YES：设置是否允许本地用户登录 FTP 服务器。这里选择 YES，表示允许本地用户登录；反之，选择 NO。

3）write_enable=YES：全局性设置，设置是否对登录用户开启写权限。

4）local_umask=022：设置本地用户的文件生成掩码为 022，对应权限为 755（777-022=755）。

5）anon_umask=022：设置匿名用户新增文件的 umask 掩码。

6）anon_upload_enable=YES：设置是否允许匿名用户上传文件，只有在 write_enable 的值为 YES 时，该配置项才有效。

7）anon_mkdir_write_enable=YES：设置是否允许匿名用户创建目录，只有在 write_enable 的值为 YES 时，该配置项才有效。

8）anon_other_write_enable=NO：若设置为 YES，则匿名用户会被允许拥有上传文件和建立目录的权限，还有删除和更名的权限。默认值为 NO。

9）ftp_username=ftp：设置匿名用户的账户名称，默认值为 ftp。

10）no_anon_password=YES：设置匿名用户登录时是否询问口令。设置为 YES，则不询问。

（2）设置欢迎信息

用户登录 FTP 服务器成功后，服务器可以向登录用户输出预设置的欢迎信息。

1）ftpd_banner=Welcome to blah FTP service.：设置登录 FTP 服务器时在客户端显示的欢迎信息。

2）banner_file=/etc/vsftpd/banner：设置用户登录时，将要显示 banner 文件中的内容，该设置将覆盖 ftpd_banner 的设置。

3）message_file=.message：设置目录消息文件的文件名。如果 dirmessage_enable 的取值为 YES，则用户在进入目录时，会显示该文件的内容。

（3）设置用户在 FTP 客户端登录后所在的目录

1）local_root=/var/ftp：设置本地用户登录后所在的目录，默认情况下，没有此项配置。在 vsftpd.conf 文件的默认配置中，本地用户登录 FTP 服务器后，所在的目录为用户的家目录。

2）anon_root=/var/ftp：设置匿名用户登录 FTP 服务器时所在的目录。若未指定，则默认为/var/ftp 目录。

（4）设置是否将用户锁定在指定的 FTP 目录

默认情况下，匿名用户会被锁定在默认的 FTP 目录中，而本地用户可以访问到自己 FTP 目录以外的内容。出于安全性的考虑，建议将本地用户也锁定在指定的 FTP 目录中。可以使用以下几个参数进行设置。

1）chroot_list_enable =YES：设置是否启用 chroot_list_file 配置项指定的用户列表文件。

2）chroot_local_user=YES：用于指定用户列表文件中的用户是否允许切换到指定 FTP 目录以外的其他目录。

3）chroot_list_file=/etc/vsftpd.chroot_list：用于指定用户列表文件，该文件用于控制哪些用户可以切换到指定 FTP 目录以外的其他目录。

（5）设置用户访问控制

对用户的访问控制由/etc/vsftpd.user_list 和/etc/vsftpd.ftpusers 文件控制。/etc/vsftpd.ftpusers 文件专门用于设置不能访问 FTP 服务器的用户列表。而/etc/vsftpd.user_list 由下面的参数决定。

1）userlist_enable=YES：取值为 YES 时，/etc/vsftpd.user_list 文件生效；取值为 NO 时，/etc/vsftpd.user_list 文件不生效。

2）userlist_deny=YES：设置/etc/vsftpd.user_list 文件中的用户是否允许访问 FTP 服务器。若设置为 YES，则/etc/vsftpd.user_list 文件中的用户不能访问 FTP 服务器；若设置为 NO，则只有/etc/vsftpd.user_list 文件中的用户才能访问 FTP 服务器。

（6）设置主机访问控制

tcp_wrappers=YES：设置是否支持 tcp_wrappers。若取值为 YES，则由/etc/hosts.allow

和/etc/hosts.deny 文件中的内容控制主机或用户的访问；若取值为 NO，则不支持。

（7）设置 FTP 服务的启动方式及监听 IP

vsftpd 服务既可以以独立方式启动，也可以由 xinetd 进程监听以被动方式启动。

1）listen=YES：若取值为 YES，则 vsftpd 服务以独立方式启动；如果想以被动方式启动，将本行注释掉即可。

2）listen_address=IP：设置监听 FTP 服务的 IP 地址，适合 FTP 服务器有多个 IP 地址的情况。如果不设置，则在所有的 IP 地址监听 FTP 请求。只有 vsftpd 服务在独立启动方式下才有效。

（8）与客户连接相关的设置

1）anon_max_rate=0：设置匿名用户的最大传输速度，若取值为 0，则不受限制。

2）local_max_rate=0：设置本地用户的最大传输速度，若取值为 0，则不受限制。

3）max_clients=0：设置 vsftpd 在独立启动方式下允许的最大连接数。

4）max_per_ip=0：设置 vsftpd 在独立启动方式下允许每个 IP 地址同时建立的连接数目。若取值为 0，则不受限制。

5）accept_timeout=60：设置建立 FTP 连接的超时时间间隔，以秒为单位。

6）connect_timeout=120：设置 FTP 服务器在主动传输方式下建立数据连接的超时时间，单位为秒。

7）data_connect_timeout=120：设置建立 FTP 数据连接的超时时间，单位为秒。

8）idle_session_timeout=600：设置断开 FTP 连接的空闲时间间隔，单位为秒。

（9）设置上传文档的所属关系和权限

1）chown_uploads=YES：设置是否改变匿名用户上传文档的属主，默认为 NO。若设置为 YES，则匿名用户上传的文档属主将由 chown_username 参数指定。

2）chown_username=whoever：设置匿名用户上传文档的属主。建议不要使用 root。

3）file_open_mode=755：设置上传文档的权限。

（10）设置数据传输模式

可以采用二进制方式，也可以采用 ASCII 码方式传输数据。

1）ascii_download_enable=YES：设置是否启用 ASCII 码方式下载数据，默认为 NO。

2）ascii_upload_enable=YES：设置是否启用 ASCII 码方式上传数据，默认为 NO。

（11）设置日志文件

1）xferlog_enable=YES：设置是否启用上传/下载日志记录。

2）xferlog_file=/var/log/vsftpd.log：设置日志文件的文件名及存储路径。

3）xferlog_std_format=YES：设置日志文件是否启用标准的 xferlog 格式。

10.4.4　实现匿名用户访问

任务案例 

天一电子产品研发中心需要将公司的文件和资料提供给全体员工使用，并且员工可以上传文件。为此，需要编辑 vsftpd.conf 文件，实现匿名用户可上传文件，但不能删除、不能更名的功能。

案例分析：

如果需要使用匿名用户的访问功能，则必须把 anonymous_enable 字段设置为 YES，并在主配置文件中编辑和匿名用户相关的参数，同时还应在匿名用户主目录下新建一个 upload 目录用来存放匿名用户上传的文件。

完成任务的步骤如下。

STEP 01 编辑 vsftpd.conf

使用 vi 或 vim 编辑/etc/vsftpd/vsftpd.conf，在文件中修改相关参数，操作方法如下：

```
[root@TianYi vsftpd]# vim vsftpd.conf      //打开 vsftpd.conf 文件
```

在主配置文件中完成如下配置（原来没有的需自行添加）：

```
anonymous_enable=YES              //启用匿名访问，默认情况是 NO
ftp_username=ftp                  //指定匿名用户，默认为 ftp
anon_root=/var/ftp                //指定匿名用户登录后的主目录为/var/ftp 目录
write_enable=YES                  //允许登录的 FTP 用户写权限，还要视目录的权限而定
anon_upload_enable=YES            //允许匿名用户上传文件
anon_mkdir_write_enable=NO        //不允许匿名用户创建目录
anon_other_write_enable=NO        //不允许匿名用户进行删除或者改名等操作
```

STEP 02 新建 upload 目录

在匿名用户主目录（/var/ftp/）下采用 mkdir 命令新建 upload 目录，并使用 chmod 命令将该目录权限设为 777，操作方法如下：

```
[root@TianYi vsftpd]# mkdir /var/ftp/upload
[root@TianYi vsftpd]# chmod 777 /var/ftp/upload
```

STEP 03 修改主目录的属主

采用 chown 命令修改主目录的属主，使得主目录的属主为 root，具体操作方法如下：

```
[root@TianYi vsftpd]# chown root.root /var/ftp
```

这样匿名用户就对主目录具有可读非写权限，而对 upload 有可读、可上传、非删除、非更名权限。如果在上面的条件下，要使匿名用户拥有对 upload 目录下文件的删除、更名权限，则只需将 anon_other_write_enable 修改为 YES 即可。

STEP 04 重启 vsftpd 服务并测试 FTP

利用 service 命令重新启动 vsftpd 服务，再输入 ftp 192.168.10.8 命令进行登录，输入匿名用户的用户名（anonymous）和密码（没有密码），当出现“230 Login successful.”时，表示 FTP 服务器配置成功，再测试相关命令，具体操作方法如图 10-10 所示。

10.4.5 实现实体用户访问

所谓实体用户访问，就是允许 FTP 服务器上的本地用户进行访问。例如，FTP 服务器上有 student 这个账户，则可以用 student 账号访问 FTP 服务器上的共享资源。大家可能会有这样的疑问，允许匿名访问不就可以解决问题吗？为什么还要用实体用户访问呢？运用实体用户访问最大的特点就是可以灵活地控制用户的权限。例如，公司内部的 FTP 服务器允许所有员工都能进行访问与下载，但是不允许上传文件，只有管理员可以上传和修改 FTP

服务器上的内容。对于这种不同的用户需要不同的权限的应用场合，实体用户就能发挥它的作用了。

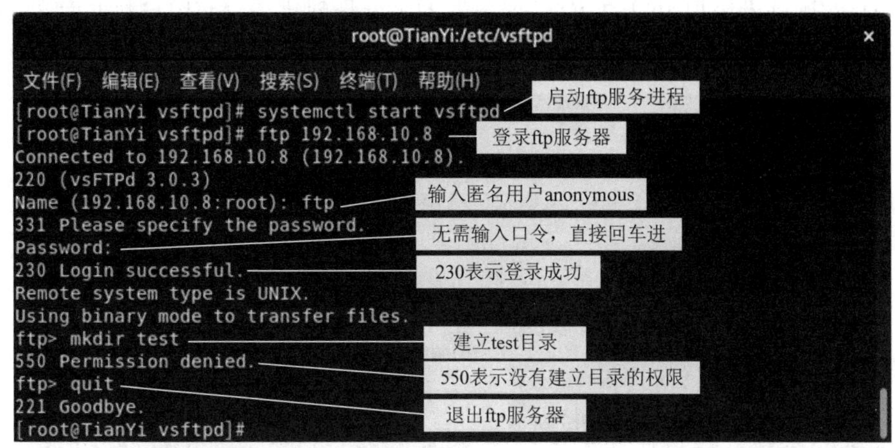

图 10-10　使用匿名账户登录 FTP 服务器进行测试

任务案例 10-4

为天一电子产品研发中心搭建一台允许本地用户登录的 FTP 服务器。

案例分析：

如果需要使用本地用户的访问功能，则必须把 local_enable 字段设置为 YES，再在主配置文件中修改和匿名用户相关的参数。

完成任务的步骤如下。

STEP 01 编辑 vsftpd.conf

编辑/etc/vsftpd/vsftpd.conf 文件，修改以下参数，操作方法如下：

```
anonymous_enable=NO          #关闭匿名访问
local_enable=YES             #允许本地用户登录
local_root=/home             #指定本地用户登录后的主目录为/home 目录
local_umask=022              #指定本地用户新建文件的 umask 数值
```

STEP 02 重启 vsftpd 服务并测试 FTP

利用 systemctl restart vsftpd 命令重新启动 vsftpd 服务，再输入 ftp 192.168.10.8 进行令登录，输入实体用户的用户名（xesuxn，此用户需要先添加）和密码，当出现 230 Login successful.时，表示 FTP 服务器配置成功，再使用命令测试一下，具体操作如图 10-11 所示。

10.4.6　使用 PAM 实现虚拟用户 FTP 服务

上面配置的 FTP 服务器有一个特点，即 FTP 服务器的用户本身也是系统用户。这显然是一个安全隐患，因为这些用户不仅能够访问 FTP，也能够访问其他的系统资源。如何解决这个问题呢？答案就是创建一个虚拟用户的 FTP 服务器。虚拟用户的特点是只能访问服务器为其提供的 FTP 服务，而不能访问系统的其他资源。

在 VSFTP 中，认证虚拟用户使用的是单独的口令库文件（pam_userdb），由可插入认证模块（Pluggable Authentication Modules，PAM）认证。PAM 是一套身份验证共享文件，用于限定特定应用程序的访问。使用 PAM 身份验证机制，可以实现 vsftpd 的虚拟用户功能。使用 PAM 实现基于虚拟用户的 FTP 服务器的关键是创建 PAM 用户数据库文件和修改 vsftpd 的 PAM 配置文件。

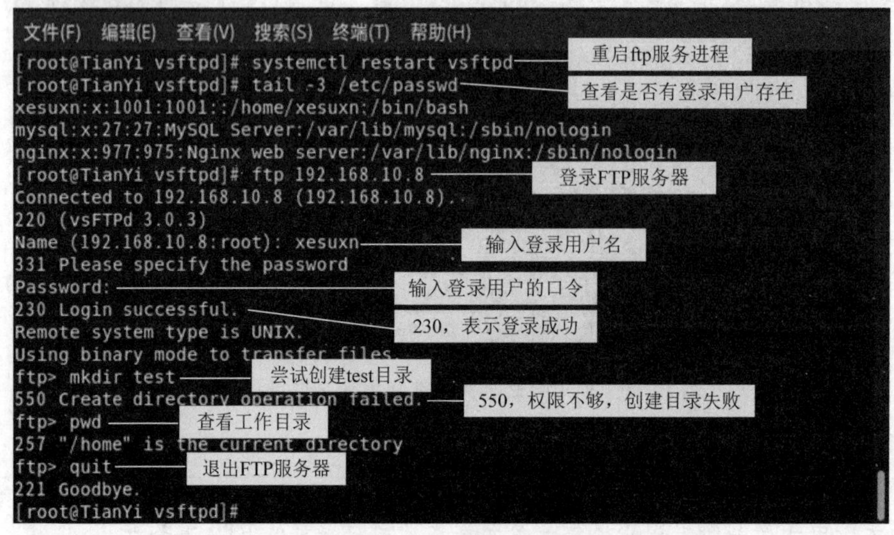

图 10-11　使用本地账户登录 FTP 服务器进行测试

任务案例 10-5

为天一电子产品研发中心搭建一台基于虚拟用户的 FTP 服务器，IP 地址为 10. 0. 0. 212。

完成任务的步骤如下。

STEP 01 建立口令库文件的文本文件

建立保存虚拟账号和密码的文本文件，其格式如下：

```
虚拟账号 1
密码 1
虚拟账号 2
密码 2
……
```

创建一个存储文件的目录，然后使用 vi 建立保存虚拟账号和密码的文本文件。在该文件中，奇数行设置虚拟用户的用户名，偶数行设置虚拟用户的口令。为了便于记忆，可以将文件命名为.txt 文件。不过 Linux 中不支持文件扩展名，只是为了标示而已，操作方法如下：

```
[root@TianYi~]# vim /etc/login.txt
test                #此行指定虚拟用户 test
123456              #此行设置 test 用户的 FTP 密码
jack                #此行指定虚拟用户 jack
654321              #此行设置 jack 用户的 FTP 密码
```

STEP 02 生成口令库文件

使用 db_load 命令生成用户口令认证文件（请先安装 db4-utils），具体操作如下：

```
[[root@TianYi~]# db_load -T -t hash -f /etc/login.txt /etc/login.db
```

其中，“-f”命令选项设置的值是虚拟用户的口令库文件，即 login.txt，命令的参数设置为需要生成的认证文件名 login.db。

注意

db_load 是软件包 db4-utils 带的命令，在 RHEL4 中是默认安装的，在 RHEL 8/CentOS 8 中没有安装，需要安装 libdb-utils 这个软件包才支持 db_load 命令。如果需要安装，先使用 mount 命令挂载，然后用 yum install 命令进行安装。

STEP 03 修改数据库文件的访问权限

由于 vsftpd 的认证文件 login.db 里保存了所有虚拟用户的用户名和密码，为了增强其安全性，防止非法用户盗取，将其设置为只有 root 才可以查看，具体操作如下：

```
[root@TianYi~]#  chmod 600 /etc/login.db
```

STEP 04 新建虚拟用户的 PAM 配置文件

生成虚拟用户所需的 PAM 配置文件/etc/pam.d/vsftpd。

```
[root@TianYi~]#vi /etc/pam.d/vsftpd
```

在文件中注释掉或者删除掉原有的所有内容，再加上以下两行内容：

```
auth required /lib64/security/pam_userdb.so db=/etc/login
account required /lib64/security/pam_userdb.so db=/etc/login
```

RHEL 8/CentOS 8 是 64 位操作系统，所以不能调用 32 位 PAM 的模块，因此此处必须调用 lib64。

STEP 05 修改 vsftpd.conf 文件

编辑/etc/vsftpd/vsftpd.conf 文件，保证具有 guest_enable、guest_username 和 pam_service_name 这三行，具体操作如下：

```
[root@TianYi~]# vi /etc/vsftpd/vsftpd.conf
guest_enable=YES                  #启用虚拟用户功能
guest_username=xesuxn             #将虚拟用户映射成系统账号 xesuxn，此用户要先建好
pam_service_name=vsftpd           #指定 PAM 配置文件是 vsftpd
```

提示

系统账号的建立可参考 10.4.7 节，PAM 配置文件 vsftpd 应为 STEP 02 中生成的 PAM 配置文件，且 STEP 02 中的“db=/etc/login”又要与 STEP 01 生成的口令库文件相匹配，不要在 login 文件名后加.db 后缀。

STEP 06 重启 vsftpd 服务并进行登录测试

利用 service 命令重新启动 vsftpd 服务，再使用 ftp 登录到 FTP 服务器进行测试，当出现“230 Login successful.”时，表示虚拟用户 FTP 服务器配置成功，操作方法如图 10-12 所示。

图 10-12　登录 FTP 服务器进行测试

10.4.7　创建 FTP 用户

FTP 配置完毕，接下来创建一个能访问 FTP 服务器的用户，其实就是在 FTP 服务器上添加一个系统用户。

任务案例 10-6

在系统中添加一个系统账号，账户名为 xesuxn，并将其设置为只能用来访问 FTP 资源，而不能登录系统的账户。

完成任务的步骤如下。

STEP 01 添加系统账户

添加系统账户，具体操作如下：

```
[root@TIANYI~]#useradd xesuxn
[root@TIANYI~]#passwd xesuxn
Changing password for user xesuxn
New UNIX password:
Retype new UNIX password:
passwd: all authentication tokens updated successfully.
```

STEP 02 建立 FTP 虚拟用户

为了安全起见，希望登录 FTP 的用户只能访问 FTP 资源，而不能登录系统，也就是建立 FTP 虚拟用户，操作如下：

```
[root@TIANYI~]#userdel -r xesuxn
[root@TIANYI~]#useradd -g ftp -s /sbin/nologin xesuxn
Changing password for user xesuxn
New UNIX password:
Retype new UNIX password:
passwd: all authentication tokens updated successfully.
```

上面先删除了原来建立的 xesuxn 用户，然后创建了一个属于 FTP 组、但是不能登录操作系统的用户，接着将这个用户导入到允许访问列表即可：

```
[root@TIANYI~]#echo "xesuxn">>/etc/vsftpd/user.list
```

10.4.8 启动与停止 FTP 服务

任务案例 

进入系统，先启动 vsftpd 服务，并检查启动结果；然后停止 vsftpd 服务；再重启 vsftpd 服务；最后将 vsftpd 服务的启动设为自动加载。

完成任务的步骤如下。

STEP 01 启动 vsftpd 服务，并检查启动结果

在 FTP 服务安装完成并配置好 vsftd.conf 文件后，需要启动 vsftpd 服务才能使用 FTP 服务。通常使用 systemctl start vsftpd 命令启动 vsftpd 服务，使用 systemctl status vsftpd 检查启动结果，操作方法如图 10-13 所示。

```
root@TianYi:/etc/vsftpd
文件(F) 编辑(E) 查看(V) 搜索(S) 终端(T) 帮助(H)
[root@TianYi vsftpd]#
[root@TianYi vsftpd]# systemctl start vsftpd
[root@TianYi vsftpd]# systemctl status vsftpd
● vsftpd.service - Vsftpd ftp daemon
   Loaded: loaded (/usr/lib/systemd/system/vsftpd.service; disabled;>
   Active: active (running) since Tue 2020-03-24 01:08:08 CST; 4s ago
  Process: 13436 ExecStart=/usr/sbin/vsftpd /etc/vsftpd/vsftpd.conf >
 Main PID: 13437 (vsftpd)
    Tasks: 1 (limit: 11365)
```

图 10-13 启动 vsftpd 服务

STEP 02 停止 vsftpd 服务

如果需要停止 ftp 服务进程，可使用 systemctl stop vsftpd 命令，操作方法如图 10-14 所示。

图 10-14 停止 vsftpd 服务

STEP 03 重启 vsftpd 服务

对 FTP 服务器进行相应配置后，如果需要让其生效，则需要对 FTP 服务器进行重启，使用 systemctl restart vsftpd 命令重启 vsftpd 服务，操作方法如图 10-15 所示。

图 10-15 重启 vsftpd 服务

STEP 04 自动加载 vsftpd 服务

如果需要让 FTP 服务随系统启动而自动加载，可以使用 systemctl enable vsftpd 命令设置系统启动时自动加载，操作方法如图 10-16 所示。

图 10-16　自动加载 vsftpd 服务

10.4.9　企业配置案例分析

任务案例 

天一电子产品研发中心由于业务需求，要求使用 RHEL 8/CentOS 8 架设一台 FTP 服务器（IP 地址为 192. 168. 1. 166），出于系统稳定和安全等多方面考虑，中心要求采用虚拟用户的方式访问 FTP 服务器。为了能够更好、更灵活地管理服务器上每个用户的访问权限，根据该公司的需求和当前网络状况制定一套可行的方案，并予以实施。

案例分析：

根据天一电子产品研发中心的需要，同时为了最大限度地保证中心内部服务器上 /home 下用户的安全性，决定采用虚拟用户的方式架设 FTP 服务器。

通过了解天一电子产品研发中心的需求和网络状况，特制定如下方案。

1）所有用户都通过用户名 ftpall、密码 123456 登录 FTP 服务器的公共目录 ftpall。

2）公共目录 ftpall 供员工下载资料使用，只允许下载，不允许删除、修改、重命名 ftpall 中的文件或目录。

3）所有用户都可以通过自己的账号和密码登录 FTP 服务器上的宿主目录，但只能看到自己的文件和文件夹，可以添加、删除、修改、重命名自己的文件或文件夹。

4）匿名访问的用户根据实际情况开启，默认不开启。

5）所有员工访问公共目录 ftpall 的下载速度最大为 100KB/s，而访问各自宿主目录的下载速度最大为 500KB/s。

6）考虑到 FTP 服务器的承受力，每次最多只允许 100 个用户连接服务器。

7）考虑到中心内部某些员工可能会用迅雷、快车等 BT 下载工具下载文件，所以将同一 IP 地址的 FTP 客户端与 FTP 服务器建立的最大连接数设置为不超过 5 个。

完成任务的步骤如下。

STEP 01 创建虚拟用户口令文件

先创建一个存储文件的目录，再使用 vi 建立保存虚拟账号和密码的文本文件，在该文件中奇数行设置虚拟用户的用户名，偶数行设置虚拟用户的口令。为了便于记忆，可以将文件命名为.txt 文件。不过 Linux 中不支持文件扩展名，只是为了标示而已，操作方法如下：

```
[root@TianYi~]# mkdir /vftp                      #建立存储文件目录
[root@TianYi~]# vi /vftp/vuser.txt               #创建 vuser.txt 文件
ftpall                  #此行指定虚拟用户 ftpall
123456                  #此行设置 test 用户的 FTP 密码
jhon                    #此行指定虚拟用户 jhon
654321                  #此行设置 jhon 用户的 FTP 密码
```

STEP 02 生成 vsftpd 的认证库文件

使用 db_load 命令生成认证文件，具体操作如下：

```
[root@TianYi~]# db_load -T -t hash -f /vftp/vuser.txt /vftp/vuser.db
```

其中，“-f”命令选项设置的值是虚拟用户的口令库文件，即 vuser.txt，命令的参数设置为需要生成的认证文件名 vuser.db 放在“/vftp/”中。

STEP 03 修改数据库文件的访问权限

由于 vsftpd 的认证文件 vuser.db 里保存了所有虚拟用户的用户名和密码，为了增强其安全性，防止非法用户盗取，应将其设置为只有 root 才可以查看，具体操作如下：

```
[root@TianYi~]# chmod 600 /vftp/vuser.db
```

STEP 04 新建虚拟用户的 PAM 配置文件

修改虚拟用户所需的 PAM 配置文件/etc/pam.d/vsftpd，将默认配置全部用“#”注释，在最上面加上两行内容：

```
[root@TianYi~]# vi /etc/pam.d/vsftpd
auth required /lib64/security/pam_userdb.so db=/vftp/vuser
account required /lib64/security/pam_userdb.so db=/vftp/vuser
```

注意

也可以另外建立一个文件，但是要在/etc/vsftpd/vsftpd.conf 中将 pam_service_name=vsftpd 后面的值改为新建文件的名称。

STEP 05 建立虚拟用户及要访问的目录，并设置相应的权限

建立 vsftpd 虚拟目录所需的系统公共用户账号，账号名为 ftpall，指定用户的宿主目录是/var/ftp/ftpall；建立 vsftpd 虚拟目录所需的系统单用户账号，账号名为 jhon，指定用户的宿主目录是/var/ftp/jhon。

注意

用户名和宿主目录名称最好一样，便于记忆。这些用户都会存放在系统的/etc/passwd 下，并且用户密码都存放在 vsftpd 认证文件中。这样虚拟用户就不能登录系统了，安全性自然也加强了。

建立的虚拟用户的宿主目录默认都是 700，由于 ftpall 是公共目录，是不允许普通用户修改、添加、删除和重命名的，所以将其改成 500（读+执行）即可。

具体操作如下：

```
[root@TianYi~]# useradd -d /var/ftp/ftpall ftpall
[root@TianYi~]# useradd -d /var/ftp/jhon jhon
[root@TianYi~]# tail -2 /etc/passwd
ftpall:X:509:509::/var/ftp/ftpall:/bin/bash
jhon:X:510:510::/var/ftp/jhon:/bin/bash
[root@TianYi~]# chmod -R 500 /var/ftp/ftpall
```

其中，参数“-d”表示建立用户之后，将自己的宿主目录指向指定的位置；参数“-R”表示修改用户宿主目录以及目录里所有子文件的属性。

STEP 06 修改 vsftpd.conf 主配置文件

在对 vsftpd.conf 配置文件进行修改之前，应先将原有的文件进行备份，以便出现配置错误时可进行恢复。然后在 vsftpd.conf 配置文件中添加虚拟用的配置项，操作方法如下：

```
[root@TianYi~]# cp /etc/vsftpd/vsftpd.conf /etc/vsftpd.conf.bak
[root@TianYi~]# vi /etc/vsftpd/vsftpd.conf
anonymous_enable=NO              #禁用匿名用户登录
local_enable=YES                 #启用本地用户登录（主要是为了让虚拟用户登录）
chroot_local_user=YES            #将所有本地用户限制在自己的目录中
pam_service_name=vsftpd          #配置 vsftpd 使用的 PAM 模块为 vsftpd
user_config_dir=/etc/vsftpd/users_config  #设置虚拟账户配置文件的主目录
max_clients=100                  #设置 FTP 服务器最大接入客户端数为 100 个
max_per_ip=5                     #设置每个 IP 地址最大连接数为 5 个
local_max_rate=300000            #FTP 服务器的本地用户最大传输速率设为 300KB/s
anon_max_rate=100000             #FTP 服务器匿名用户最大传输速率设置为 100KB/s
……
```

STEP 07 设置公共用户 ftpall 的配置文件

首先创建虚拟用户配置文件的主文件夹 users_config，并在此文件夹下建立虚拟用户的文件 ftpall 和 jhon，具体操作如下：

```
[root@TianYi~]# mkdir /etc/vsftpd/users_config
[root@TianYi~]# touch /etc/vsftpd/users_config/ftpall
[root@TianYi~]# touch /etc/vsftpd/users_config/jhon
```

在/etc/vsftpd/user_config/ftpall 配置文件中添加虚拟用的配置项：

```
[root@TianYi~]# vi /etc/vsftpd/user_config/ftpall
guest_enable=YES                 #开启虚拟账户登录
guest_username=ftpall            #设置 ftpall 对应的系统账户为 ftpall
anon_world_readable_only=NO      #允许用户浏览 FTP 目录和下载文件
anon_max_rate=100000             #限制传输速率为 100KB/s
```

STEP 08 设置单用户 jhon 的配置文件

在/etc/vsftpd/user_config/jhon 配置文件中添加虚拟用的配置项：

```
[root@TianYi~]# vi /etc/vsftpd/user_config/jhon
guest_enable=YES                 #开启虚拟账户登录
guest_username=jhon              #设置 jhon 目录对应的系统账户为 jhon
anon_world_readable_only=NO      #允许用户浏览 FTP 目录和下载文件
anon_other_write_enable=YES      #允许用户进行文件改名和删除文件的权限
anon_mkdir_write_enable=YES      #表示用户具有建立和删除目录的权利
anon_upload_enable=YES           #表示用户可以上传文件
anon_max_rate=500000             #限制传输速度为 500KB/s
```

通过对以上配置项的组合设置，vsftpd 可以为每个虚拟用户配置不同的 FTP 权限，用户配置文件中没有的配置项将按照 vsftpd.conf 配置文件中的内容设置。

STEP 09 重启 vsftpd 服务

重启 vsftpd 服务，具体操作如下：

```
[root@TianYi~]# systemctl restart  vsftpd
```

STEP 10 创建文件和文件夹以备测试使用

在测试之前，首先在/var/ftp/ftpall 和/var/ftp/jhon 中创建文件和文件夹以备测试时使用，具体操作如下：

```
[root@TianYi users_config]# cd /var/ftp/ftpall
[root@TianYi ftpall]# mkdir ftpall_1 ftpall_2
[root@TianYi ftpall]# touch ftp_1 ftp_2
[root@TianYi ftpall]# cd /var/ftp/jhon
[root@TianYi jhon]# mkdir jhon_1 jhon_2
[root@TianYi jhon]# touch jh_1 jh_2
```

STEP 11 测试公共用户 ftpall 的权限

测试前关闭 RHEL 8/CentOS 8 的防火墙和 SELinx，或允许 FTP 服务通过；同时，注意客户机的防火墙最后也要关闭，否则可能无法连接。

在 Windows 10 客户端打开 IE 浏览器（或打开此电脑）在地址栏输入 ftp://192.168.1.166。使用公共用户 ftpall 和密码 123456 登录 FTP 服务器，如图 10-17 所示，登录成功后进入如图 10-18 所示窗口。

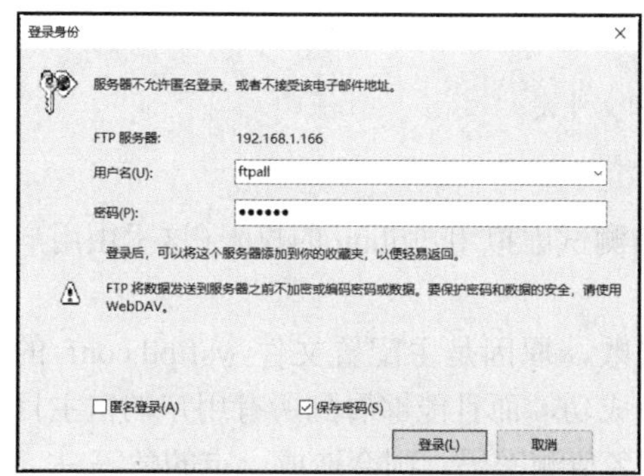

图 11-17　登录 FTP 服务器

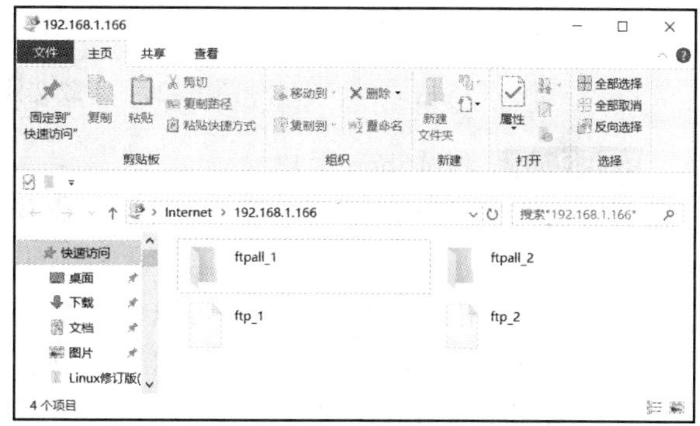

图 10-18　登录成功后的窗口

测试 ftpall 的权限，将客户端的文件复制到 FTP 服务器上，提示出错（图 10-19），表示配置成功。

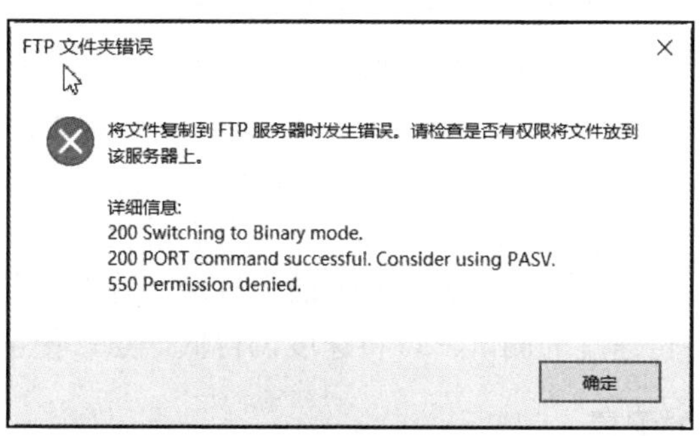

图 10-19　测试 ftpall 用户权限

再对 FTP 服务器上的文件进行重命名、删除 FTP 服务器上的文件、重命名 FTP 服务器上的文件夹等操作，都同样提示出错，表示配置成功。

将 FTP 服务器上的文件拖拽到本地文件夹中，能够下载，表示配置成功。测试结果如图 10-20 所示。

整个测试过程说明使用 ftpall 用户登录到 FTP 服务器，只能下载文件，不允许增加、删除、修改、重命名文件或文件夹，完全达到了配置要求。

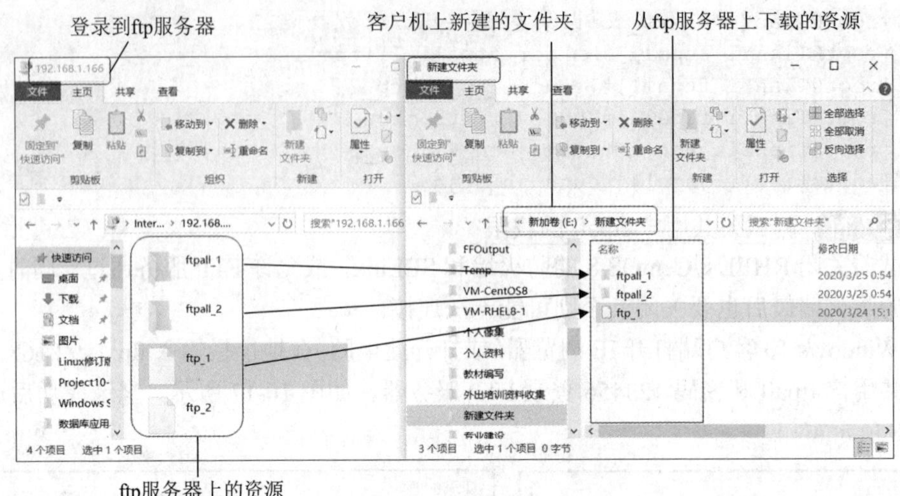

图 10-20　下载文件和文件夹

STEP 12 测试 jhon 用户

在自己的 Windows 系统中使用命令提示符窗口测试虚拟用户 jhon 的权限（这里由用户自己完成）。

1）首先使用匿名用户登录，可以看到登录失败，原因是主配置文件 vsftpd.conf 的 anonymous_enable=NO 的缘故，如果开启，则登录成功，而且能够看到所有用户的宿主目录名称，虽然不能访问，但如果恶意用户使用用户名猜测密码，则会造成一定的危害。

2）使用虚拟用户 jhon 登录 FTP 服务器。

① 使用 dir 或者 ls –l 命令可以查看到 jhon 用户宿主目录里的内容，而 ftpall 里的内容是看不到的，这也就实现了用户目录的隔离。

② 测试使用 get 命令下载文件到本地，看能否测试成功。

③ 测试使用 put 命令上传文件到 FTP 服务器上，看能否测试成功。

④ 测试使用 rename 命令重命名 FTP 服务器上的文件，看能否测试成功。

⑤ 测试使用 rename 命令重命名 FTP 服务器上的文件夹，看能否测试成功。

⑥ 测试使用 delete 命令删除 FTP 服务器上的文件，看能否测试成功。

⑦ 测试使用 rmdir 命令删除 FTP 服务器上的空目录，看能否测试成功。

⑧ 下载速度或者上传速度的测试，可将速度调得低一点，便可以看出效果。

10.4.10　FTP 客户端的配置

1．Linux 客户端的配置

Linux 客户端可以使用 ftp 命令访问 FTP 服务器，也可以使用一些客户端软件，如 IE、Mozilla、CutFTP、LeapFTP 等。

（1）使用 ftp 命令访问 FTP 服务器

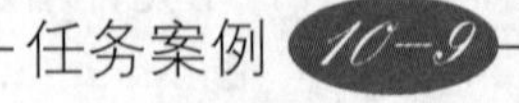

任务案例 10-9

在 Linux 客户端使用 ftp 命令访问 FTP 服务器，并完成文件的上传与下载。

完成任务的步骤如下。

STEP 01 登录 FTP 服务器

使用 ftp 命令访问命令格式如下：

```
ftp 服务器的 IP 地址或主机名
```

首先参考【任务案例 10-3】架设一台 FTP 服务器（IP 地址为 10.0.0.212），然后在客户端（客户端的 IP 需要与服务器的 IP 在同一网络）使用 ftp 命令进行登录（登录用户 xsx 必须事先建好），操作方法如图 10-21 所示。

STEP 02 文件的上传与下载

当登录成功后，客户端可参考表 10-2 输入相应的命令让 FTP 服务器为用户服务，当然也可以在提示符“ftp>”后输入 help 命令来获取帮助。这里先使用 put 命令进行文件的上传（需上传的文件必须事先在客户机上准备好！），再使用 get 命令进行文件的下载（需下载的文件必须事先在 ftp 服务器上准备好！），如图 10-22 所示。

图 10-21　使用 ftp 命令访问 FTP 服务器

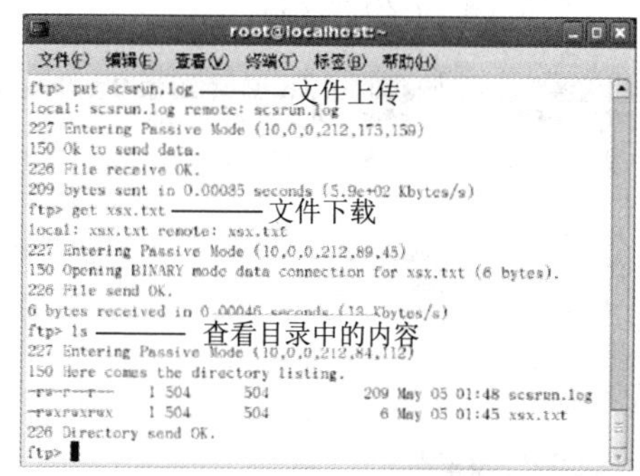

图 10-22　ftp 命令的使用

（2）使用浏览器进行文件上传与下载

任务案例 10-10

在 Linux 客户端使用图形化客户端软件 Mozilla 访问 FTP 服务器。

完成任务的步骤如下。

STEP 登录 FTP 服务器

在 Linux 环境中，选择“应用程序”→“Internet”→“Firefox Web Browser”打开 Mozilla 浏览器，在其地址栏中输入要访问的 FTP 服务器的 IP 地址或域名。使用 IP 地址访问 FTP 服务器，如图 10-23 所示。如果需要使用域名进行访问，则需先配置好 DNS 服务。使用域名访问 FTP 服务器，如图 10-24 所示。

2．Windows 客户端的配置

在 Windows 客户端配置好 IP 地址，检查网络连通性，安装好 FTP 的客户端软件，下面简单介绍几种工具的使用。

（1）使用 IE 浏览器

【操作示例 10-1】在 Windows 系统中打开 IE 浏览器，在地址栏中输入要访问的 FTP 服务器的地址后，按要求输入用户名和密码即可登录 FTP 服务器，如图 10-25 所示。

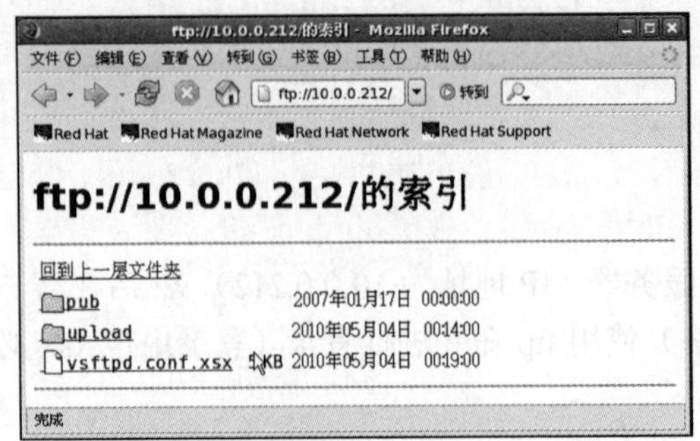

图 10-23 使用 IP 地址访问 FTP 服务器

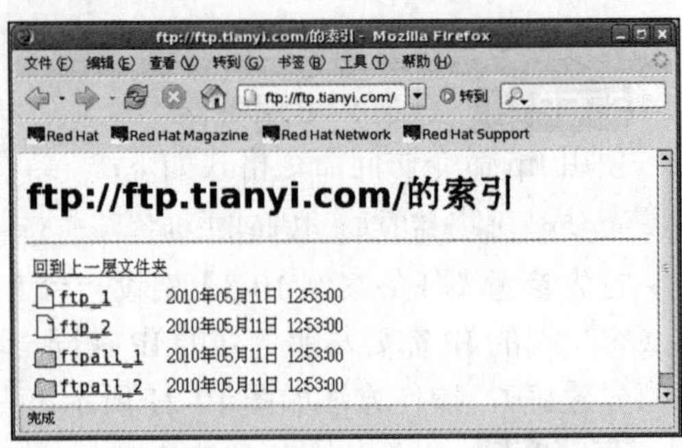

图 10-24 使用域名访问 FTP 服务器

（2）在命令提示符下使用 ftp 命令登录 FTP 服务器

【操作示例 10-2】在 Windows 系统中选择“开始”→“运行”，在“运行”对话框的“打开”文本框中输入 cmd 命令即可进入命令提示符，此时输入登录命令即可登录 FTP 服务器，操作过程如图 10-26 所示。

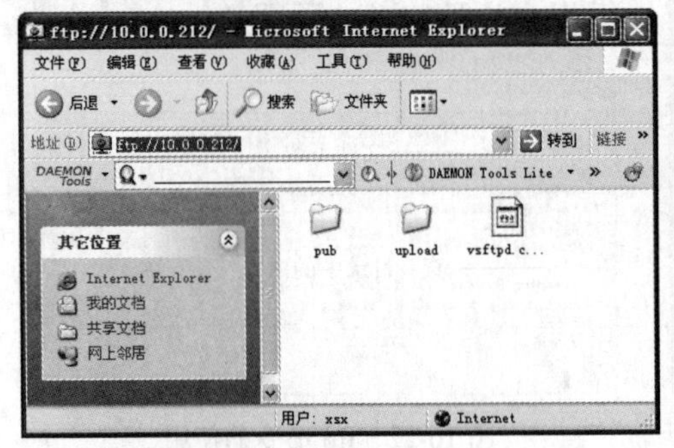

图 10-25 使用 IE 登录 FTP 服务器

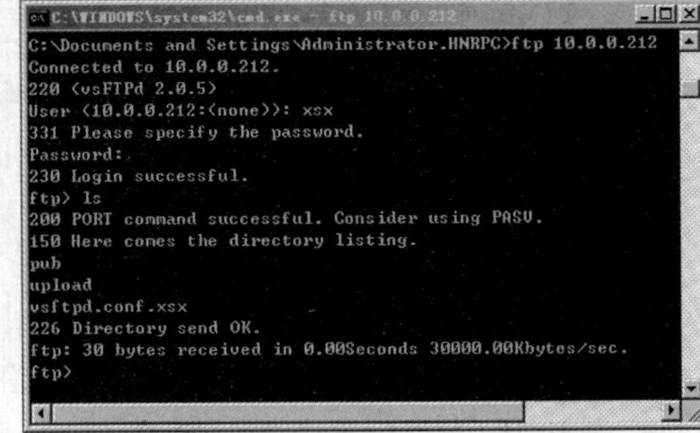

图 10-26 命令提示符下登录 FTP 服务器

（3）使用客户端软件登录 FTP 服务器

【操作示例 10-3】除了以上的方法外，用户还可以选择客户端软件访问 FTP 服务器，如 CutFTP、ChinaFTP 等。这里选用 CutFTP，打开 CutFTP 后，在主界面中输入 FTP 服务器的地址、端口号、账号和密码后，单击“连接”按钮即可登录 FTP 服务器，如图 10-27 所示。

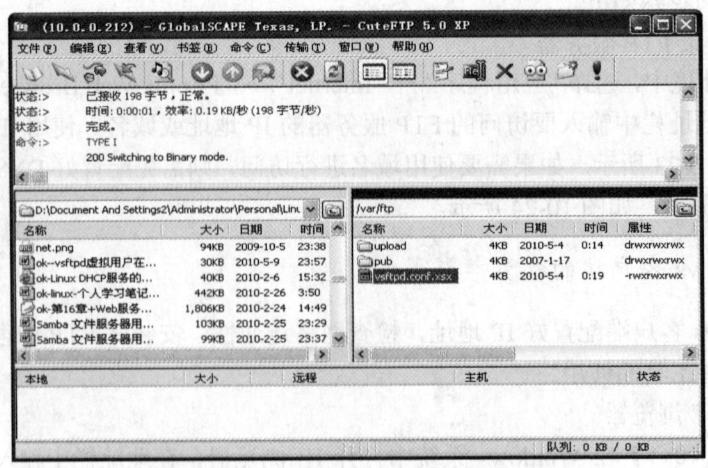

图 10-27 使用 CutFTP 登录 FTP 服务器

登录成功后，在本地目录窗口中选择本地硬盘中保存下载文件的文件夹，在远程目录窗口中选择远程硬盘上的文件或文件夹，用鼠标直接拖到本地目录窗口即可，这种方式称为下载。同样，也可以用鼠标直接拖动本地目录窗口的文件或文件夹到远程目录窗口，这种方式称为上传。还可以单击工具栏中的上传或下载图标，实现上传和下载。

10.5 技能训练

10.5.1 课堂训练

天一电子产品研发中心经常需要在网络中实现资源共享，而且要求也比较多，考虑到资源的安全性，大多数情况采用 Linux 系统下架设 FTP 服务器来完成。

课堂任务 10-1

利用 vsftpd 为天一电子产品研发中心配置 FTP 服务器，设置只有在/etc/vsftpd. user_ list 文件中指定的本地用户 user1 和 user2 可以访问 FTP 服务器，其他用户都不可以。

训练步骤如下。

STEP 01 修改 vsftpd.conf 文件

首先参照【任务案例 10-1】安装 vsftpd 软件包，接下来利用 vi 修改 vsftpd.conf 文件中的如下内容：

```
[root@TianYi ftp]# vi /etc/vsftpd/vsftpd.conf
userlist_enable=YES                              #修改该参数的取值为 YES
usrelist_deny=NO                                 #添加此行
userlist_file=/etc/vsftpd.user_list              #添加此行
```

STEP 02 打开/etc/vsftpd.user_list 文件

利用 vi 编辑器打开/etc/vsftpd.user_list 文件，在文件中添加如下两行并保存退出具体操作如下：

```
[root@TianYi~]# vi /etc/vsftpd.user_list
user1
user2
```

STEP 03 重新启动 vsftpd 服务

利用 systemctl　restart vsftpd 命令重新启动 vsftpd 服务，具体操作如下：

```
[root@TianYi~]#systemctl  restart vsftpd
[root@TianYi~]#
```

STEP 04 进行测试

此步参考【任务案例 10-8】。

课堂任务 10-2

在利用 vsftpd 配置 FTP 服务器的过程中，可能会碰到各种问题，针对下面给出的典型问题和解决办法排除故障。

训练步骤如下。

STEP 01 解决拒绝账户登录问题

当客户端使用 ftp 账号登录服务器时，提示“500 OOPS”错误，如图 10-28 所示。

得到该错误信息，其实并不是 vsftpd.conf 配置文件设置有问题，而是 cannot change directory（无法更改目录）。造成这个错误，主要有以下两个原因。

（1）目录权限设置错误

该错误一般在本地账户登录时发生，如果管理员在设置该账户主目录权限时忘记添加执行权限（X），那么就会收到该错误信息。FTP 中的本地账号需要拥有目录的执行权限，请使用 chmod 命令添加 X 权限，保证用户能够浏览目录信息，否则拒绝登录。对于 FTP 的虚拟账号，即使不具备目录的执行权限，也可以登录 FTP 服务器，但会有其他错误提示。为了保证 FTP 用户的正常访问，请开启目录的执行权限。

（2）SELinux

FTP 服务器开启了 SELinux 针对 FTP 数据传输的策略，也会造成“无法切换目录”的错误提示，如果目录权限设置正确，那么需要检查 SELinux 的配置。用户可以通过 setsebool 命令禁用 SELinux 的 FTP 传输审核功能，操作方法如下：

```
[root@TianYi~] # setsebool  -P  ftpd_disable_trans   1
```

重新启动 vsftpd 服务，用户能够成功登录 FTP 服务器。

STEP 02 解决客户端连接 FTP 服务器超时的问题

造成客户端连接服务器超时的原因，主要有以下两种情况。

（1）线路不通

首先使用 ping 命令测试网络的连通性，如果出现 Request Timed Out，说明客户端与服务器的网络连接存在问题，此时应排除线路、网卡和网络参数等方面的问题。

（2）防火墙设置

如果防火墙屏蔽了 FTP 服务器控制端口 21，以及其他的数据端口，也会造成客户端无法连接服务器，形成“超时”的错误提示。此时，需要设置防火墙开放 21 端口，并且还应该开启主动模式使用的 20 端口，以及被动模式使用的端口范围，防止数据的连接错误。

STEP 03 解决账户登录失败的问题

客户端登录 FTP 服务器时，还有可能会得到“登录失败”的错误提示，如图 10-29 所示。

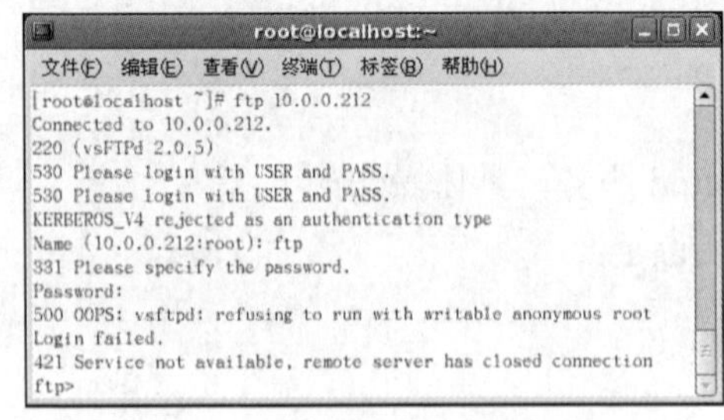

图 10-28 拒绝 ftp 账号登录

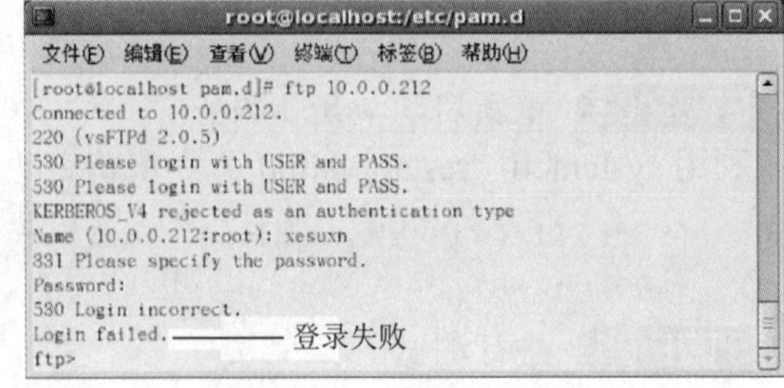

图 10-29 账户登录失败

登录失败，实际上牵扯到身份验证以及其他一些登录的设置。

（1）密码错误

登录时一定要确保登录的用户及密码的正确性，如果 FTP 服务器更新了密码设置，则使用新密码重新登录。

（2）PAM 验证模块

当输入密码无误，但仍然无法登录 FTP 服务器时，很有可能是 PAM 模块中 vsftpd 的配置文件设置错误造成的。PAM 的配置比较复杂，其中 auth 字段主要是接受用户名和密码，进而对该用户的密码进行认证；account 字段主要是检查账户是否被允许登录系统，账号是否已经过期，账号的登录是否有时间段的限制等。必须保证这两个字段的配置完全正确，否则 FTP 账号将无法登录服务器。事实上，大部分账号登录失败都是由这个原因造成的。

（3）用户目录权限

FTP 账号对于主目录没有任何权限时，也会得到“登录失败”的错误提示。根据该账号的用户身份，重新设置主目录权限，重启 vsftpd 服务，使配置生效。

10.5.2　课后训练

|课后训练 10-1|　TY 公司想在 Linux 环境中构建一台 FTP 服务器，为公司内部员工在局域网中进行各种资源的上传与下载提供方便，同时为财务部、销售部和 OA 系统提供异地数据备份。具体要求如下。

1）对 FTP 服务器设置连接限制为 300、欢迎消息为“欢迎进入 TY 内部资源中心”、客户端身份通过验证才能登录等。

2）只允许本地客户登录，且没有系统登录权限。

3）创建用户隔离的 FTP 站点。

4）为财务部、销售部和管理部门建立管理组，并为每个组添加 2 个组成员。

5）为各个组及其成员设置磁盘限额（组限额和组员限额自己定）。

6）给出具体配置步骤，每个步骤需要给出文字说明和截图。

7）最后需要提供测试结果和截图。

|课后训练 10-2|　假定服务器有两个 IP 地址，192.168.0.1 和 192.168.0.2。vsftpd 是建立在 192.168.0.1 上的，现在在 192.168.0.2 上再提供一个虚拟 FTP 服务器。如何在一台服务器上使用多个 IP 地址？可以使用以下方法。

1）创建虚拟 FTP 服务器的根目录。

```
mkdir -p /var/ftp2/pub
```

确保/var/ftp2 和/var/ftp2/pub 目录的拥有者和组均为 root，掩码为 755。

2）增加虚拟 FTP 服务器的匿名用户账号。原先的 FTP 服务器使用系统用户 ftp 作为其匿名用户账号。增加一个 ftp2 用于虚拟 FTP 服务器，具体操作如下：

```
useradd -d /var/ftp2 -M ftp2
```

3）创建虚拟 FTP 服务器的配置文件。复制原来的 vsftpd.conf 作为虚拟 FTP 服务器的配置文件，并修改相关参数：

```
cp /etc/vsftpd/vsftpd.conf /etc/vsftpd/vsftpd2.conf
```

新添或修改以下参数：

```
listen=YES
listen_address=192.168.0.2
ftp_username=ftp2
```

10.6 总结提高

本项目首先介绍了 FTP 服务的工作原理、工作流程和 vsftpd 软件包的安装方法，具体分析了 vsftpd 服务的核心配置文件 vsftpd.conf；然后着重训练不同用户访问时 FTP 服务器的配置技能；最后训练大家在客户端进行测试和解决故障的能力等。

FTP 服务是目前应用最为广泛的网络服务之一，它的功能非常强大，随着读者学习的深入和对 FTP 应用的熟练，更能体会到这一点。

通过本项目的学习，你的收获怎样？请认真填写学习情况考核登记表（表 10-4），并及时予以反馈。

表 10-4　学习情况考核登记表

序号	知识与技能	重要性	自我评价					小组评价					老师评价				
			A	B	C	D	E	A	B	C	D	E	A	B	C	D	E
1	会安装 vsftpd 软件包	★★★															
2	会启动、停止 vsftpd 软件包	★★★☆															
3	能分析 vsftpd.conf 文件中的主要字段	★★★★☆															
4	会编辑 vsftpd.conf 的主要字段，实现匿名用户访问	★★★★															
5	会编辑 vsftpd.conf 的主要字段，实现实体用户访问	★★★★★															
6	会使用 PAM 实现虚拟用户的应用	★★★★★															
7	会测试 FTP 服务器	★★★★															
8	能完成课堂训练	★★★☆															

说明：评价等级分为 A、B、C、D 和 E 共 5 等。其中，对知识与技能掌握很好，能够熟练地完成 FTP 服务的配置为 A 等；掌握了 75%以上的内容，能较为顺利地完成任务为 B 等；掌握 60%以上的内容为 C 等；基本掌握为 D 等；大部分内容不够清楚为 E 等。

项目 11

配置防火墙与 NAT 服务器

学习指导

教学目标 ☞

知识目标

了解防火墙的基本概念及工作原理

了解 netfilter/iptables 的架构

掌握 iptables 和 firewall-cmd 的命令格式

掌握防火墙的配置方法

掌握 NAT 的配置方法

技能目标

会检查并安装 iptables 软件包

会启动和停止 iptables 和 firewalld 服务

能使用 iptables 和 firewall-cmd 配置防火墙

能配置与管理 NAT

能解决防火墙配置中出现的问题

素质目标 ☞

培养认真细致的工作态度和工作作风

养成刻苦、勤奋、好问、独立思考和细心检查的学习习惯

能与组员精诚合作，能正确面对他人的成功与失败

具有一定的自学能力，分析问题、解决问题的能力和创新能力

培养法律意识、安全意识，具有共同维护网络安全的使命担当

建议课时 ☞

教学课时：理论学习 2 课时+教学示范 3 课时

技能训练课时：课堂模拟 3 课时+课堂训练 3 课时

随着 Internet 规模的迅速扩大，安全问题也越来越重要，构建防火墙是保护系统免受侵害的基本的手段之一。虽然防火墙并不能保证系统绝对的安全，但它简单易行、工作可靠、适应性强，因而在网络中得到了广泛的应用。

本项目详细介绍防火墙的基本概念、工作原理，iptables 防火墙和 firewalld 防火墙的配置命令及使用方法。通过任务案例引导同学们检查并安装 iptables；全面熟悉 iptables 和 firewall-cmd 的语法规则和应用技巧；具体训练同学们利用 iptables 和 firewall-cmd 配置与管理防火墙的技能以及配置与管理 NAT 等方面的技能。

11.1 任务描述

构建企业的安全网络环境

天一电子产品研发中心的网络改造项目已接近尾声，在整个项目的实施过程中，谢立夫充分发挥自己的智慧，解决了一个又一个难题。为了按质、按量、按时完成网络服务器的配置，他夜以继日、加班加点，谢立夫的敬业精神，得到了新奇网络公司和天一电子产品研发中心的多次表彰和奖励。

在天一电子产品研发中心的局域网中包含多个子网，这些子网都需要接入互联网。因此，需要保障内网与外网之间的数据通信流畅，及时发现并处理局域网运行时出现的安全风险。既要阻止内网资源不被外部非授权用户非法访问或破坏，又要阻止内部用户对外部不良资源的滥用，还要对发生在网络中的安全事件进行跟踪和审计。此时，谢立夫需要在局域网中进行哪些配置才能为天一电子产品研发中心解决上述问题呢？

谢立夫凭借所学的知识和工程项目的经验，经过认真分析认为，要满足以上要求，一是需要配置 NAT 实现内网与外网之间的通信，二是配置防火墙保证网络通信中的数据传输安全。因此，首先应根据网络拓扑和网络规模合理设置防火墙的位置，并构建合适的过滤规则。

11.2 任务分析

1. 防火墙的定义

防火墙是由软件和硬件设备组合而成，在内部网和外部网之间、专用网与公共网之间构造的保护屏障，是获取网络安全的形象说法，它是计算机硬件和软件的结合，使 Internet 与 Intranet 之间建立起安全网关（security gateway），从而保护内部网免受非法用户的侵入。防火墙主要由服务访问规则、验证工具、包过滤器和应用网关 4 部分组成，防火墙就是位于计算机和它所连接的网络之间的软件或硬件。

在逻辑上，防火墙是分离器、限制器，也是分析器，它有效地监控了内部网和 Internet 之间的任何活动，保证了内部网络的安全，如图 11-1 所示。

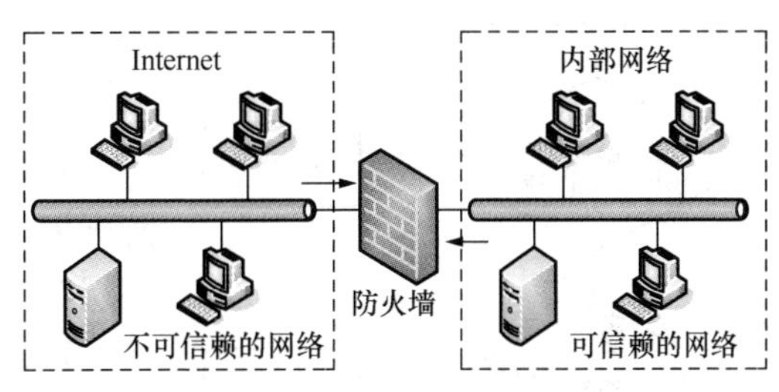

图 11-1 防火墙逻辑位置示意图

2. 了解非军事化区（DMZ）

DMZ（demilitarized zone，非军事化区，也称为隔离区）是为了解决安装防火墙后，外部网络不能访问内部网络服务器的问题而设立的非安全系统与安全系统之间的缓冲区。这个缓冲区位于企业内部网络和外部网络之间的小网络区域内，在这个小网络区域内可以放置一些必须公开的服务器设施，如企业 Web 服务器、FTP 服务器和论坛等。另一方面，通过这样一个 DMZ，更加有效地保护了内部网络，因为这种网络部署比起一般的防火墙方案，对攻击者来说又多了一道关卡。

DMZ 可以理解为一个不同于外网或内网的特殊网络区域，DMZ 内通常放置一些不含机密信息的公用服务器，比如 Web、Mail、FTP 等。这样，来自外网的访问者可以访问 DMZ 中的服务，但不可能接触到存放在内网中的公司机密或私人信息等，即使 DMZ 中服务器受到破坏，也不会对内网中的机密信息造成影响。

3. 了解网络地址转换（NAT）

NAT 是 IETF（Internet engineering task force，Internet 工程任务组）标准，允许整体机构以公用 IP 地址出现在 Internet 上。顾名思义，它是通过将专用网络地址转换为公用地址，从而对外隐藏了内部管理的 IP 地址。这样，通过在内部使用非注册的 IP 地址，并将它们转换为一小部分外部注册的 IP 地址，从而减少 IP 地址注册的费用以及节省目前越来越缺乏的地址空间（即 IPv4）。同时，这也可隐藏内部网络结构，从而降低内部网络受到攻击的风险。

4. 熟悉包过滤器的操作流程

包过滤器操作的流程如图 11-2 所示，几乎现有的包过滤器都遵循此流程。

1）包过滤规则必须被包过滤设备端口存储起来。

2）当包到达端口时，对包报头进行语法分析。大多数包过滤设备只检查 IP、TCP 或 UDP 报头中的字段。

3）包过滤规则以特殊的方式存储，应用于包的规则的顺序与包过滤器规则存储顺序必须相同。

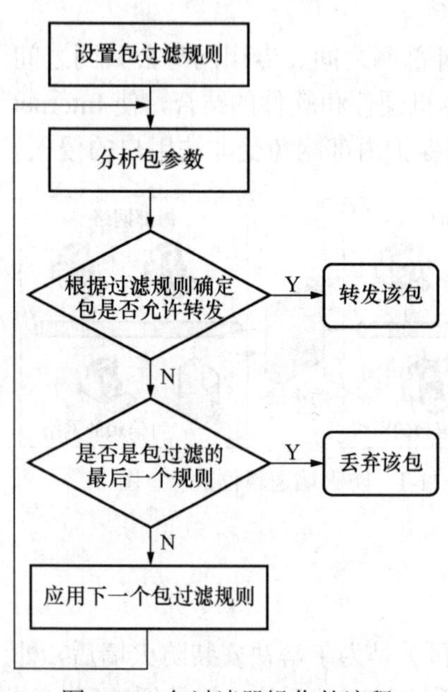

图 11-2 包过滤器操作的流程

4）若一条规则阻止包传输或接收，则此包不被允许。

5）若一条规则允许包传输或接收，则此包可以被继续处理。

6）若包不满足任何一条规则，则此包被阻止。

5. 了解本项目的具体任务

本项目的具体任务包括安装 iptables，配置 iptables 防火墙和 firewalld 防火墙，使用 iptables 和 firewall-cmd 实现 NAT 等几个方面，具体任务如下。

1）安装 iptables：包括分析防火墙工作原理，安装 iptables。

2）配置防火墙：包括分析 iptables 和 firewalld，配置包过滤防火墙，企业配置案例。

3）使用 iptables 和 firewall-cmd 实现 NAT：包括启动防火墙服务，配置防火墙服务器，配置防火墙客户端，测试防火墙服务。

11.3 知识储备

防火墙概述

11.3.1 防火墙概述

防火墙是指设置在不同网络（如可信任的企业内部网和不可信的公共网）或网络安全域之间的一系列部件的组合，是不同网络或网络安全域之间信息的唯一出入口，能根据企业的安全政策控制（允许、拒绝、监测）出入网络的信息流，且本身具有较强的抗攻击能力。防火墙是提供信息安全服务，实现网络和信息安全的基础设施。

防火墙作为一种网络或系统之间强制实行访问控制的机制，是确保网络安全的重要手段。针对不同的需求和应用环境，可以量身定制出不同的防火墙系统。防火墙可大到由若干路由器和堡垒主机构成，也可小到仅仅是网络操作系统上一个防火墙软件包所提供的包过滤功能。

在众多网络防火墙产品中，Linux 操作系统上的防火墙软件特点显著。首先是 Linux 操作系统作为类 UNIX 网络操作系统，在系统的稳定性、健壮性及价格的低廉性方面都独具优势。更为重要的是，Linux 不但本身的源代码完全开放，而且系统包含了建立 Internet 网络环境所需要的所有服务软件包，如 ApacheWeb 服务器、DNS 服务器、Mail 服务器、Database 服务器等。同样，基于 Linux 的防火墙软件不但具有强大的功能，而且大部分都是开放软件。

11.3.2　防火墙的类型和工作原理

防火墙的类型和工作原理——按实现技术分类

防火墙可以按照组成结构进行分类，也可以按照实现技术进行分类。防火墙按组成结构可分为软件防火墙、硬件防火墙和芯片级防火墙三种。

防火墙的实现技术虽然许多，但总体来讲可分为包过滤（packet filtering）型（也称分组过滤型）和应用代理（application proxy）型两大类。防火墙通常使用的安全控制手段主要有包过滤、代理服务和状态检测。

1. 包过滤防火墙

包过滤技术是在网络层对数据包进行选择，选择的依据是系统内设置的过滤逻辑，被称为访问控制表（access control table）。通过检查数据流中每个数据包的源地址、目的地址、所用的端口号、协议状态等因素，或它们的组合来确定是否允许该数据包通过。包过滤防火墙的工作原理是系统在网络层检查数据包，与应用层无关，如图 11-3 所示。

包过滤防火墙逻辑简单、价格便宜、易于安装和使用，网络性能和透明性好，通常安装在路由器上。但是，包过滤防火墙的安全性有一定的缺陷：一是非法访问一旦突破防火墙，即可对主机上的软件和配置漏洞进行攻击；二是数据包的源地址、目的地址以及 IP 端口号都在数据包的头部，很有可能被窃听或假冒。

2. 应用代理防火墙

应用代理也称为应用网关（application gateway），它是在网络应用层上建立协议过滤和转发功能，针对特定的网络应用服务协议使用指定的数据过滤逻辑，并在过滤的同时对数据包进行必要的分析、登记和统计，形成报告。

应用代理防火墙是通过打破客户端/服务器模式实现的。每个客户端/服务器通信需要两个连接：一个是从客户端到防火墙，另一个是从防火墙到服务器。另外，每个代理需要一个不同的应用进程，或一个后台运行的服务程序，对每个新的应用必须添加针对此应用的服务程序，否则不能使用该服务。所以，应用网关防火墙的缺点是可伸缩性差。

应用代理防火墙工作原理如图 11-4 所示。

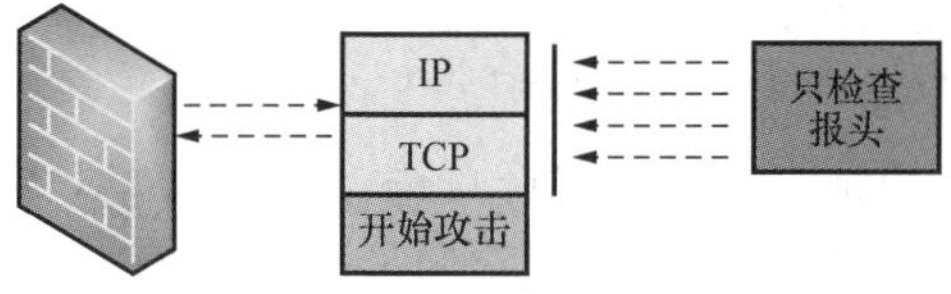

图 11-3　包过滤防火墙工作原理

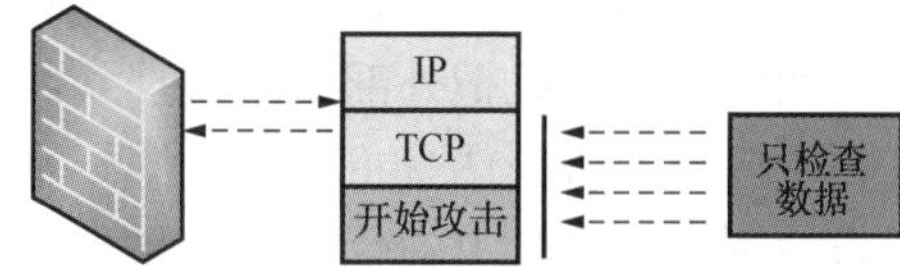

图 11-4　应用代理防火墙工作原理

3. 状态检测防火墙

状态检测防火墙基本保持了简单包过滤防火墙的优点，性能比较好，同时对应用是透明的，在此基础上，对于安全性有了大幅提升。这种防火墙摒弃了简单包过滤防火墙仅仅考察进出网络的数据包，不关心数据包状态的缺点，在防火墙的核心部分建立状态连接表，维护了连接，将进出网络的数据当成一个个的事件来处理。可以这样说，状态检测防火墙规范了网络层和传输层行为，而应用代理防火墙则规范了特定的应用协议上的行为。

状态检测防火墙工作原理如图 11-5 所示。

4. 复合型防火墙

复合型防火墙是指综合了状态检测与透明代理的新一代的防火墙，进一步基于 ASIC 架构，把防病毒、内容过滤整合到防火墙里，其中还包括 VPN、IDS 功能，多单元融为一体，是一种新突破。常规的防火墙并不能防止隐蔽在网络流量里的攻击，在网络界面对应用层扫描，把防病毒、内容过滤与防火墙结合起来，这体现了网络与信息安全的新思路。它在网络边界实施 OSI 第七层的内容扫描，实现了实时在网络边缘部署病毒防护、内容过滤等应用层服务措施。

复合型防火墙工作原理如图 11-6 所示。

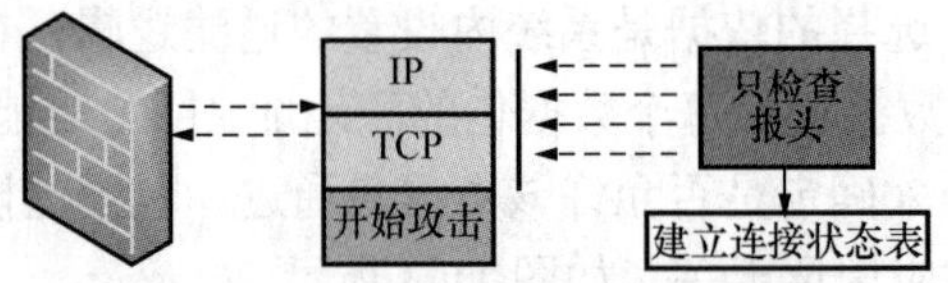

图 11-5 状态检测防火墙工作原理

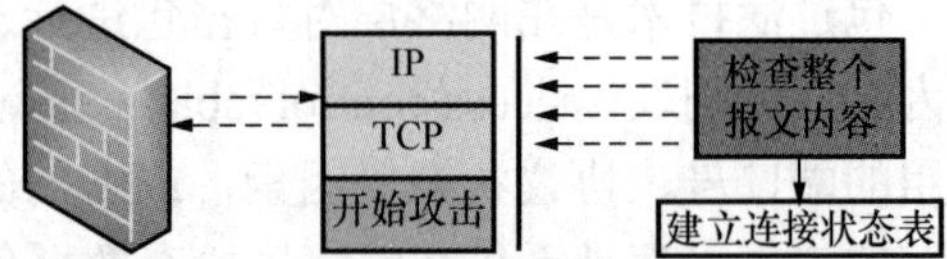

图 11-6 复合型防火墙工作原理

11.3.3 防火墙的构造体系

由于对更高安全性的要求，如仅仅使用某种单项技术来建立正确、完整的防火墙是不大可能达到企业所需的安全目标的。在实际实施方案时，经常要用若干的技术混合的复合型防火墙方可解决面对的各种问题。

在现有防火墙产品和技术中，将包过滤技术和多种应用技术融合到一起，构成复合型防火墙体系统结构是目前国内防火墙产品的一个特点，也是防火墙今后发展的主流技术。

复合型防火墙解决方案通常有如下两种。

1. 屏蔽主机防火墙体系结构

屏蔽主机防火墙体系结构由包过滤路由器和堡垒主机构成，其实现了网络层安全（包过滤）和应用层安全（代理服务）。

对于这种防火墙系统，堡垒主机配置在内部网络上，而包过滤路由器则放置在内部网络和 Internet 之间。在路由器上进行规则配置，使得进出的所有信息必须通过堡垒主机。这种路由允许堡垒主机把外部流量代理到内部网络前可进行流量分析。

由于内部主机与堡垒主机处于同一个网络，内部系统是否允许直接访问 Internet，或者是要求使用堡垒主机上的代理服务来访问 Internet，由机构的安全策略来决定。

对于这种体系结构常见的拓扑如图 11-7 所示。在实际的应用中，为了增强安全性，一般堡垒主机应至少有两个网卡，这样可以从物理上隔离子网。

2. 屏蔽子网防火墙体系结构

屏蔽子网防火墙体系结构是将堡垒机放在一个子网内，形成 DMZ，两个分组过滤路由器放在这一子网的两端，使这一子网与 Internet 及内部网络分离。在屏蔽子网防火墙体系结构中，堡垒主机和分组过滤路由器共同构成了整个防火墙的安全基础，如图 11-8 所示。

这个防火墙系统建立的是最安全的防火墙系统，因为在定义了 DMZ 网络后，它支持网络层和应用层安全功能。网络管理员将堡垒主机、信息服务器、Modem 组以及其他公用服务器放在 DMZ 网络中。在一般情况下，对 DMZ 配置成使用 Internet 和内部网络系统能够访问 DMZ 网络上数目有限的系统，而通过 DMZ 网络直接进行信息传输是严格禁止的。

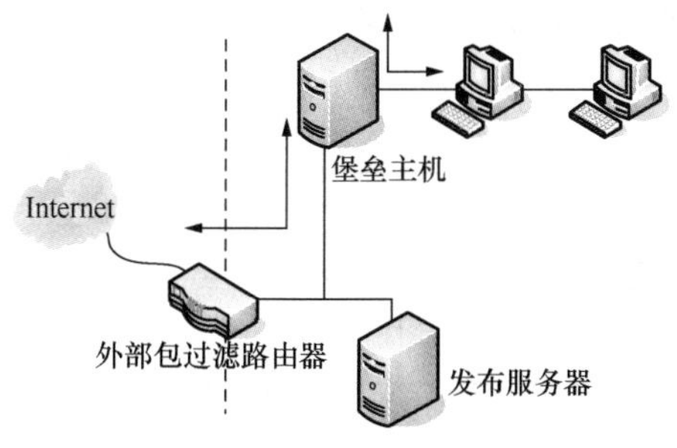

图 11-7　屏蔽主机防火墙体系结构

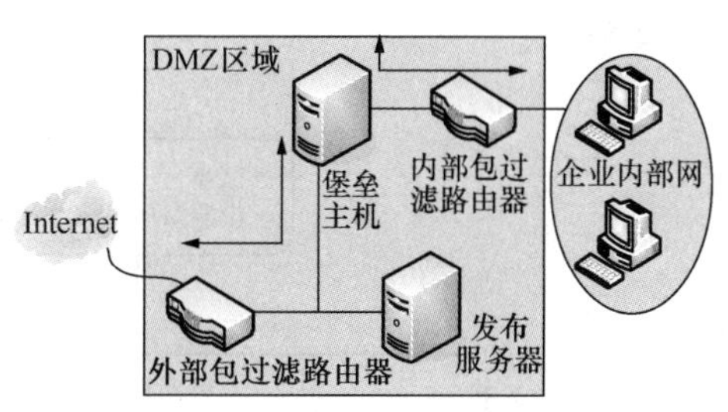

图 11-8　屏蔽子网防火墙体系结构

11.3.4　防火墙的访问规则

1. 防火墙的默认设置

防火墙有以下两种默认配置。

1）拒绝所有的通信。在这种情况下，内外的通信完全被阻断，是最安全但也最不适用的形式。

2）允许所有的通信。在这种情况下，内外可以进行无限制的通信，防火墙好像不存在。

对于安全性要求比较高的防火墙，一般采用拒绝所有通信作为默认设置。一旦安装了防火墙，为了授予防火墙内的用户访问被授权的系统，则需要根据公司的安全策略，只打开某些特定的端口以允许特定的内外通信，这就是需要进行相应的访问规则的配置。

2. 防火墙的规则元素

访问规则定义了允许或拒绝网络之间通信的条件。访问规则中运用的元素是防火墙中可用于创建特定访问规则的配置对象，规则元素一般可分为以下 5 种类型。

1）协议。此规则元素包含一些协议，可用于定义要用在访问规则中的协议。例如，可能想要创建只允许 HTTP 通信的访问规则，则在配置时对于协议的选择只选用 HTTP 即可。

2）用户集。用户集包含许多单独的用户或用户组。可以使用 Active Directory 域用户或用户组、远程身份验证拨入用户服务（RADIUS）服务器组或 SecureID 组等创建用户集。在规则配置时，则可以针对不同的用户集对网络资源的访问分别采用不同的规则进行访问控制。

3）内容类型。此规则元素提供可能想要应用规则的公共内容类型。例如，可以使用内容类型规则元素来阻止包含.exe 或.vbs 扩展名的所有内容下载。

4）计划。此规则元素允许指定一个星期内要应用规则的小时时段。如果需要定义只允许在指定的小时时段内访问 Internet 的访问规则，则可以创建定义小时时段的计划规则元素，然后在创建访问规则时使用该计划规则元素。

5）网络对象。此规则元素允许创建要应用规则的计算机集，或者将不再应用规则的计算机集；还可以配置 URL 集和域名集，用来允许或拒绝对特定 URL 或域的访问。

3. 访问规则的定义

创建访问规则的步骤是选择适当的访问规则元素，然后定义元素之间的关系，如图 11-9 所示。

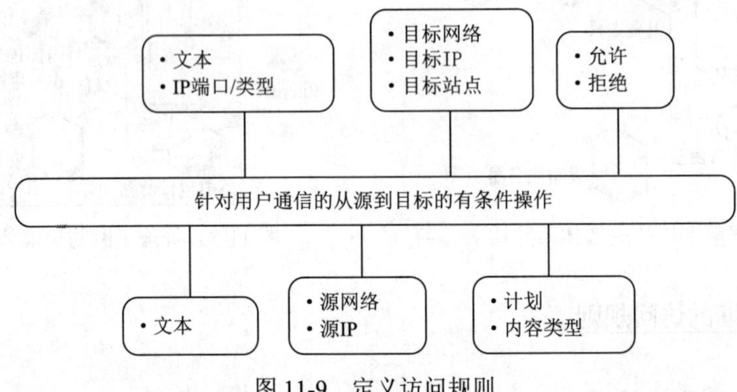

图 11-9 定义访问规则

11.3.5 iptables 和 firewalld 简介

在早期的 Linux 系统中，默认使用 iptables 防火墙管理和配置防火墙。RHEL 从 7.0 开始使用 firewalld（dynamic firewall manager of Linux systems，Linux 系统的动态防火墙管理器）服务作为默认的防火墙配置管理工具。其实 iptables 服务和 firewalld 服务都不是真正的防火墙，只是用来定义防火墙规则功能的管理工具，将定义好的规则交由内核中的 netfilter，从而实现真正的防火墙功能，其调用过程如图 11-10 所示。

在 RHEL 8/CentOS 8 中可以让 iptables、firewalld、ip6tables、btables 等几种防火墙共存，需要注意的是，不同的防火墙软件相互间存在冲突，使用某个防火墙软件时应禁用其他的防火墙软件。

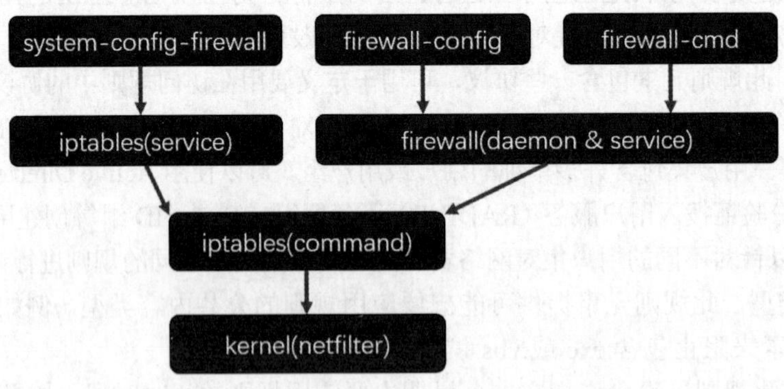

图 11-10 firewalld 和 iptables 的调用过程

1. iptables

iptables 是建立在 netfilter 架构基础上的包过滤管理工具，最主要的作用是用来作防火墙或透明代理。iptables 从 ipchains 发展而来，它的功能更为强大，对于 Linux 服务器而言，采用 netfilter/iptables 数据包过滤系统，能够节约软件成本，也可以提供强大的数据包过滤控制功能，目前市场上大量的生产环境还在使用 iptables 命令来管理防火墙，所以同学们也有必要了解 iptables。

iptables 提供三种功能：包过滤、nat 和通用的 pre-route packet mangling。

- 包过滤：用来过滤包，但是不修改包的内容。iptables 在包过滤方面相对于 ipchians 的主要优点是速度更快，使用更方便。
- nat：nat 可以分为源地址 nat 和目的地址 nat。

可以通过 iptables 设置一些适合企业环境需求的规则，而这些规则会保存在内核空间之中。iptables 可以追加、插入或删除包过滤规则。实际上，真正执行这些过滤规则的是 netfilter 及其相关模块（如 iptables 模块和 NAT 模块）。

（1）netfilter/iptables 的架构

netfilter 是 Linux 核心中一个通用架构，它提供了一系列的表（tables），每个表由若干链（chains）组成，而每条链中可以有一条或数条规则（rules），其总体结构如图 11-11 所示。

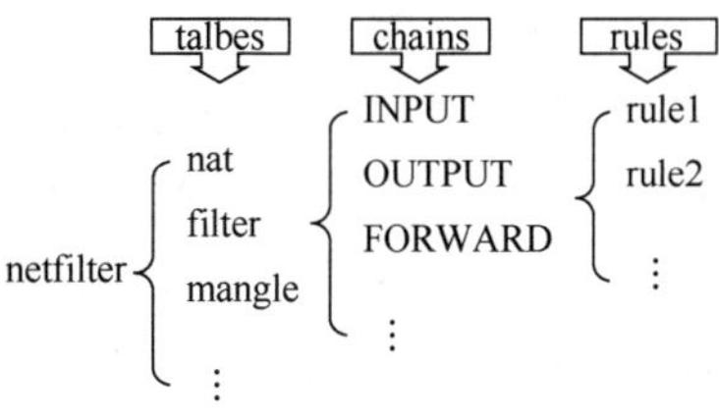

图 11-11　netfilter 的总体结构

1）规则。规则用于设置过滤数据包的具体条件，它存储在内核空间的信息包过滤表中，分别指定了源 IP 地址、目的 IP 地址、传输协议、服务类型等。当数据包与规则匹配时，就根据规则所定义的方法来处理这些数据包，如允许（accept）、丢弃（drop）等。

2）动作。当数据包经过 Linux 时，若 netfilter 检测该包符合相应的规则，则会对该数据包进行相应的处理。iptables 处理动作如表 11-1 所示。

表 11-1　iptables 动作

动作	说明
ACCEPT	接收数据包
DROP	丢弃数据包
REDIRECT	将数据包重新向本机或另一台主机的某个端口发送，通常用来实现透明代理或对外开放内网某些服务
SNAT	源地址转换，即改变数据包的源地址
DNAT	目标地址转换，即改变数据包的目的地址
MASQUERADE	IP 伪装，就是常说的 nat 技术，它只能用于 ADSL 等拨号上网的 IP 伪装，也就是主机的 IP 是动态分配的，如果是固定的就要使用 SNAT 了
LOG	日志功能，将符合规则的数据包的相关信息记录在日志中，便于分析和排错

3）链。链是数据包传播的路径，每一条链其实就是众多规则中的一个检查清单，每一条链中可以有一条或数条规则。当数据包到达一条链时，会从链中第一条规则开始检查，看该数据包是否满足规则所定义的条件：如果满足，系统就会根据该条规则所定义的方法处理该数据包；否则，将继续检查下一条规则。如果该数据包不符合链中任意一条规则，会根据该链预先定义的默认策略处理数据包。

规则链可分为内置链和用户自定义链两种，netfilter 常用的为内置链，如表 11-2 所示。

表 11-2　iptables 内置链

内置链	说明
PREROUTING	路由之前，刚到达的数据包

续表

内置链	说明
INPUT	通过路由，目的地为本机的数据包
FORWAR	需要通过本地系统进行转发的数据包
OUTPUT	由本机产生，向外转发，处于 POSTROUTING 之前的数据包
POSTROUTING	通过路由后，即将离开系统的数据包

4）表（tables）。netfilter 中内置有三张表：filter 表、nat 表和 mangle 表。其中，filter 表用于实现数据包的过滤；nat 表用于网络地址转换；mangle 表用于包的重构。

① filter 表。如果没有指定使用哪个表，iptables 就默认使用 filter 表来执行所有的命令，因为 filter 表为系统默认表。该表中包含了 INPUT 链（处理进入的数据包）、FORWARD 链（处理转发的数据包）和 OUTPUT 链（处理本地生成的数据包）等 3 个内置链，每一条链中可以有一条或数条规则，每一条规则都是这样定义的：如果数据包头符合这样的条件，就这样处理这个数据包。当一个数据包到达一个链时，系统就会从第一条规则开始检查，看是否符合该规则所定义的条件：如果满足，系统将根据该条规则所定义的方法处理该数据包；如果不满足，则继续检查下一条规则。最后，如果该数据包不符合该链中任意一条规则的话，系统就会根据该链预先定义的策略来处理该数据包。

② nat 表。nat 表主要用于网络地址转换，该表可以实现一对一、一对多和多对多的网络地址转换工作。iptables 使用该表实现共享上网功能。nat 表包含了 PREROUTING 链（修改即将到来的数据包）、OUTPUT 链（修改在路由之前本地生成的数据包）和 POSTROUTING 链（修改即将出去的数据包）等 3 个内置链。

③ mangle 表。mangle 表主要用于对指定的包进行修改，因为某些特殊应用可能需要修改数据包的传输特性，例如修改数据包的 TTL、TOS 和 MARK，不过在实际应用中该表的使用率不高。在 Linux 2.4.18 内核之前，mangle 表仅包含 PREROUTING 链和 OUTPUT 链。在 Linux2.4.18 内核之后，包括 PREROUTING、INPUT、FORWARD、OUTPUT 和 POSTROUTING 等 5 个链。

（2）iptables 传输数据包的过程

iptables 传输数据包的过程如图 11-12 所示。

1）当数据包进入 iptables 服务器时，数据包首先进入 PREROUTING 链，内核根据数据包的源和目的 IP 地址进行路由选择。如果数据包的目的地址是本机则进入 2），如果数据包的源和目的 IP 都不是本机则进入 3）。

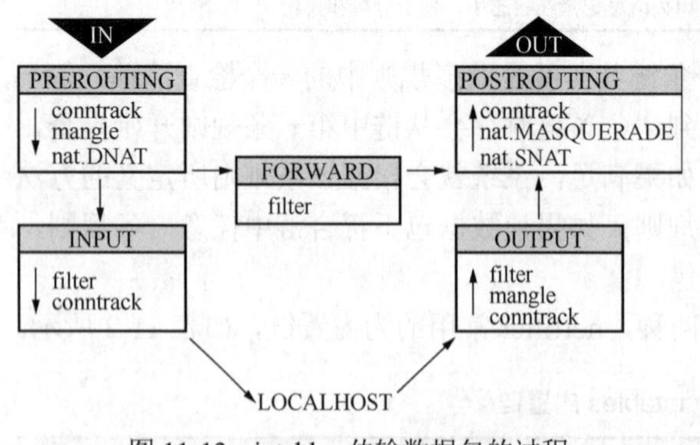

图 11-12 iptables 传输数据包的过程

2）如果数据包的目的地址是本机（即进入的数据包），则系统将数据包按图 11-12 所示送往 INPUT 链。如果通过规则检查，则本地进程就会收到它，本机进程将数据包的应答信息通过 OUTPUT 链处理之后，经 POSTROUTING 链输出；如果没通过规则检查，系统就会将这个包丢弃。

3）如果数据包的目的地址不是本机，也就是说，这个包将被转发。如果内核允许路由转发，数据包沿图 11-12 所示向右移动到达 FORWARD 链。FORWARD 链根据链中的规则对该数据包进行规则匹配并采取相应的动作。当 FORWARD 链允许对该数据包进行路由转发时，数据包会经 POSTROUTING 链输出；如果没通过规则检查，系统就会将这个包丢弃。

4）如果数据包是由本地系统进程产生的，则系统将其送往 OUTPUT 链。如果通过规则检查，则该包被发给相应的本地进程处理；如果没通过规则检查，系统就会将这个包丢掉。

2. firewalld

在 RHEL 8/CentOS 8 中默认采用 firewalld 管理 netfilter 子系统，也就是说 firewalld 和 iptables 一样，它们的作用都是用于维护规则，而真正使规则干活的是内核的 netfilter，只不过 firewalld 和 iptables 的结构以及使用方法不一样而已。

在 RHEL 8/CentOS 8 中搭载了一个名为 firewalld 的防火墙守护程序，它是具有 D-Bus 界面的完整解决方案，可动态管理系统的防火墙。相较于传统的防火墙管理配置工具，firewalld 支持动态更新技术并加入了区域（zone）的概念。简单来说，区域就是 firewalld 预先准备了几套防火墙策略集合（策略模板），用户可以根据生产场景的不同而选择合适的策略集合，从而实现防火墙策略之间的快速切换。firewalld 支持 IPv4、IPv6 防火墙设置以及以太网桥接，也支持允许服务或者应用程序直接添加防火墙规则的接口。firewald 拥有运行时配置和永久配置选项。

（1）firewalld 的主要概念

firewalld 将所有网络流量划分为区（zones），简化防火墙管理。例如一个包传入网络接口时，会根据源 IP 地址把流量转移到用于相应的区域（zone）的防火墙规则。每个区域（zone）都预设开放的或关闭的端口和服务列表。

1）过滤规则集合：zone。

- 一个 zone 就是一套过滤规则，数据包必须经过某个 zone 才能入站或出站。不同 zone 中规则粒度粗细、安全强度都不尽相同。可以把 zone 看作出站或入站必须经过的安检门，有的严格，也有的宽松，有的检查得细致，也有的检查得粗略。
- 每个 zone 单独对应一个 xml 配置文件，firewalld 默认提供了 9 个 zone 配置文件，分别是 block.xml、dmz.xml、drop.xml、external.xml、home.xml、internal.xml、public.xml、trusted.xml、work.xml。这 9 个配置文件都保存在“/usr/lib/firewalld/zones/”目录下。自定义 zone 只需要添加<zone 名称>.xml 文件，然后在其中添加过滤规则即可。
- 每个 zone 都有一个默认的处理行为，包括 default（默认）、ACCEPT、%%REJECT%% 和 DROP。
- firewalld 提供了 9 个 zone，如表 11-3 所示。

表 11-3　常见的 zone 区域及其主要作用

区域	主要作用
drop（丢弃）	任何接收的网络数据包都被丢弃，没有任何回复。仅能有发送出去的网络连接
block（限制）	任何接收的网络连接都被 IPv4 的 icmp-host-prohibited 信息和 IPv6 的 icmp6-adm-prohibited 信息所拒绝
public（公共）	在公共区域内使用，不能相信网络内的其他计算机不会对您的计算机造成危害，只能接收经过选取的连接
external（外部）	特别是为路由器启用了伪装功能的外部网。不能信任来自网络的其他计算，不能相信它们不会对您的计算机造成危害，只能接收经过选择的连接

续表

区域	主要作用
dmz（非军事区）	用于非军事区内的计算机，此区域内可公开访问，可以有限地进入内部网络，仅仅接收经过选择的连接
word（工作）	用于工作区。您可以基本相信网络内的其他计算机不会危害您的计算机。仅仅接收经过选择的连接
home（家庭）	用于家庭网络。您可以基本信任网络内的其他计算机不会危害您的计算机。仅仅接收经过选择的连接
internal（内部）	用于内部网络。您可以基本信任网络内的其他计算机不会威胁您的计算机。仅仅接受经过选择的连接
trusted（信任）	可接受所有的网络连接

注意

firewalld 附带了一些预定义的区域，以适合各种用途。默认区域设置为 public，网络接口将被分配到 public 区，但 lo 接口被分配到 trusted 区。

2）service。

- service 中可以配置特定的端口（将端口和 service 的名字关联）。zone 中加入 service 规则就等效于直接加入了 port 规则，但是使用 service 更容易管理和理解。
- 定义 service 的方式：添加<service 名称>.xml 文件，在其中加入要关联的端口即可。

3）过滤规则。

- source：根据数据包源地址过滤，相同的 source 只能在一个 zone 中配置。
- interface：根据接收数据包的网卡过滤。
- service：根据服务名过滤（实际是查找服务关联的端口，根据端口过滤），一个 service 可以配置到多个 zone 中。
- port：根据端口过滤。
- icmp-block：icmp 报文过滤，可按照 icmp 类型设置。
- masquerade：ip 地址伪装，即将接收到的请求的源地址设置为转发请求网卡的地址（路由器的工作原理）。
- forward-port：端口转发。
- rule：自定义规则，与 itables 配置接近。rule 结合--timeout 可以实现一些有用的功能，比如可以写个自动化脚本，发现异常连接时添加一条 rule 将相应地址 drop 掉，并使用--timeout 设置时间段，过了之后再自动开放。

4）过滤规则优先级。

- source：源地址。
- interface：接收请求的网卡。
- firewalld.conf 中配置的默认 zone。

（2）firewalld 的配置方法

1）运行时配置。

- 实时生效，并持续至 Firewalld 重新启动或重新加载配置。
- 不中断现有连接。
- 不能修改服务配置。

2）永久配置。

- 不立即生效，除非 Firewalld 重新启动或重新加载配置。

- 中断现有连接。
- 可以修改服务配置。

3）配置 Firewalld 的三种方式。

- firewall-config：GUI 图形化工具，即使读者没有扎实的 Linux 命令基础，也完全可以通过它来妥善配置防火墙策略。
- firewall-cmd：命令行工具，firewall-cmd：命令行工具，但是读者使用时需要具备一定的 Linux 命令基础，还要掌握 firewalld-cmd 命令的使用方法。
- 直接编辑 xml 文件：编辑完 xml 文件后还需要 reload 才能生效。不建议直接编辑配置文件，建议使用命令行工具。

（3）firewalld 原则

当客户端访问服务器时，服务器将根据以下原则决定使用哪个 zone 的策略去匹配。

- 如果这个客户端数据包的源 IP 地址匹配 zone 的 sources（来源），那么该 zone 的规则就适用这个客户端。注意：一个源只能属于一个 zone，不能同时属于多个 zone。
- 如果这个客户端数据包进入服务器的某一个接口（如 eth0）匹配 zone 的 interfaces，那么该 zone 的规则就适用这个客户端。一个接口只能属于一个 zone，不能同时属于多个 zone。

如果上述两个原则都不满足，那么缺省的 zone 将被应用，即使用 public 区域。

11.3.6　NAT 工作原理

NAT 并不是一种网络协议，而是一种过程，它将一组 IP 地址映射到另一组 IP 地址，而且对用户来说是透明的。NAT 通常用于将内部私有的 IP 地址翻译成合法的公网 IP 地址，从而可以使内网中的计算机共享公网 IP，节省了 IP 地址资源。可以这样说，正是由于 NAT 技术的出现，才使得 IPv4 的地址至今还足够使用。因此，在 IPv6 广泛使用前，NAT 技术仍然还会广泛地应用。NAT 服务器工作原理如图 11-13 所示。

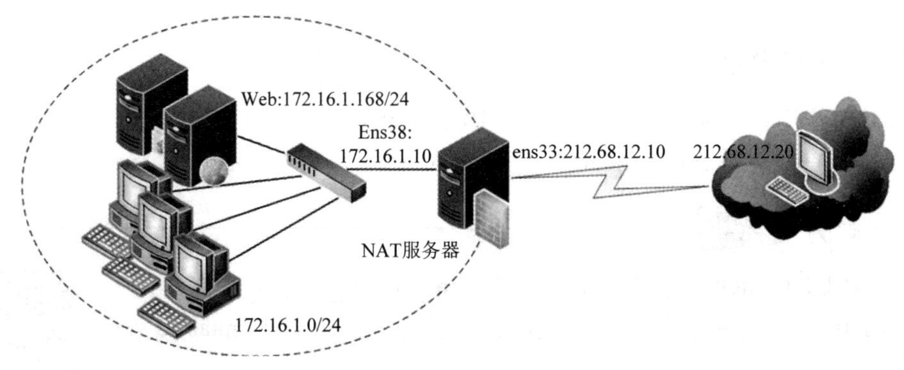

图 11-13　NAT 服务器工作原理

内网中 IP 为 172.16.1.10 的计算机发送的数据包其源 IP 地址是 172.16.1.10，但这个地址是 Internet 的保留地址，不允许在 Internet 上使用，Internet 上的路由器是不会转发这样的数据包的。为了使这个数据包能在 Internet 上传输，需要把源 IP 地址 172.16.1.10 转换成能在 Internet 上使用的合法 IP 地址，如本例中连接外网的 NAT 服务器的外部地址 212.68.12.10，才能顺利到达目的地。

这种 IP 地址转换的任务由 NAT 服务器来完成，运行 NAT 服务的主机一般位于内网的出口处，至少需要有两个网络接口：一个设置为内网 IP；一个设置为外网合法 IP。NAT 服务器改变出去的数据包的源 IP 地址后，需要在内部保存的 NAT 地址映射表中登记相应的条目，以便回复的数据包能返回给正确的内网计算机。

当然，从 Internet 回复的数据包也并不是直接发送给内网的，而是发给了 NAT 服务器中具有合法 IP 地址的网络接口。NAT 服务器收到回复的数据包后，根据内部保存的 NAT 地址映射表找到该数据包是属于哪个内网 IP 的，然后再把数据包的目的 IP 转换回来，还原成原来的内网地址，最后再通过内网接口路由出去。

以上地址转换过程对用户来说是透明的，计算机 172.16.1.10 并不知道自己发送出去的数据包在传输过程中被修改过，只是认为自己发送出去的数据包能得到正确的响应数据包，与正常情况没有什么区别。

通过 NAT 转换还可以保护内网中的计算机不受来自 Internet 的攻击。因为外网的计算机不能直接发送数据包给使用保留地址的内网计算机，只能发给 NAT 服务器的外网接口。在内网计算机没有主动与外网计算机联系的情况下，在 NAT 服务器的 NAT 地址映射表中是无法找到相应条目的，因此也就无法把该数据包的目的 IP 转换成内网 IP。

思政小贴士

没有网络安全就没有国家安全。为了保证网络的安全运行，在企业网络中既要配置防火墙对数据包进行检查和过滤，又要配置 NAT 防止外网对内网的攻击，还要运行其他的安全手段。因此，我们要掌握更多的网络安全知识和技能，担当起维护网络安全的责任，做网络安全坚定的维护者，为网络强国培根筑基。

11.4 任务实施

11.4.1 安装 iptables

在默认情况下，在 RHEL 8/CentOS 8 中没有 iptables，用户如果需要使用 iptables 配置防火墙的话，首要任务是安装 iptables。

任务案例 11-1

在 RHEL 8/CentOS 8 中检查是否安装了 iptables 软件包，若没有安装，则利用 Linux 的安装光盘进行安装，安装完成后，进一步确认 iptables 安装是否完整。

完成任务的步骤如下。

STEP 01 关闭 iptables 以外的防火墙

使用 iptables 之前，先使用 systemctl status {firewalld,iptables,ip6tables,ebtables} 检查一下 firewalld、iptables、ip6tables 和 ebtables 等几种防火墙的状态，如果开启了相应的防火墙，那么就得关闭与之对应的防火墙，操作方法如图 11-14 所示。

```
root@tianyi:~
文件(F) 编辑(E) 查看(V) 搜索(S) 终端(T) 帮助(H)
[root@tianyi ~]# systemctl status {firewalld,iptables,ip6tables,ebtables}
● firewalld.service - firewalld - dynamic firewall daemon
   Loaded: loaded (/usr/lib/systemd/system/firewalld.service; disabled; vendor>
   Active: inactive (dead)
     Docs: man:firewalld(1)

● iptables.service - IPv4 firewall with iptables
   Loaded: loaded (/usr/lib/systemd/system/iptables.service; enabled; vendor p>
   Active: inactive (dead) since Sat 2020-08-01 21:16:31 EDT; 3min 37s ago
  Process: 8234 ExecStop=/usr/libexec/iptables/iptables.init stop (code=exited>
  Process: 1175 ExecStart=/usr/libexec/iptables/iptables.init start (code=exit>
 Main PID: 1175 (code=exited, status=0/SUCCESS)
```

图 11-14　检查防火墙状态

STEP 02　检查是否安装了 iptables

使用 service iptables status 命令检测系统是否安装了 iptables 软件包，或查看已经安装的软件包的版本，操作方法如图 11-15 所示。

图 11-15　检查 iptables 软件包

从图 11-15 的提示，可以看出系统还未安装 iptables 软件包，此时就要使用 yum install -y iptables 命令进行软件包的安装。

STEP 03　安装 iptables 软件包

将 RHEL 8/CentOS 8 的安装光盘放入光驱，然后采用 mount 挂载光盘，接下来使用 yum install -y iptables 命令（yum 源的配置见【任务案例 3-5】）安装 iptables 软件包，安装方法如图 11-16 所示。

```
root@tianyi:/etc
文件(F) 编辑(E) 查看(V) 搜索(S) 终端(T) 帮助(H)
[root@tianyi etc]# yum install -y iptables
Updating Subscription Management repositories.
Unable to read consumer identity
This system is not registered to Red Hat Subscription Management. You can use su
bscription-manager to register.
上次元数据过期检查：0:15:46 前，执行于 2020年07月24日 星期五 01时57分26秒。
依赖关系解决。
================================================================================
 软件包                      架构       版本              仓库               大小
================================================================================
Installing:
 iptables                    x86_64     1.8.2-9.el8       InstallMedia_OS    582 k
安装依赖关系：
 libnetfilter_conntrack      x86_64     1.0.6-5.el8       InstallMedia_OS     65 k
 libnfnetlink                x86_64     1.0.1-13.el8      InstallMedia_OS     33 k
 libnftnl                    x86_64     1.1.1-4.el8       InstallMedia_OS     83 k

事务概要
================================================================================
安装  4 软件包

总计：762 k
```

图 11-16　安装 iptables 软件包

再使用 yum install -y iptables-services 命令安装 iptables-services，安装方法如图 11-17 所示。

```
root@tianyi:/etc
文件(F) 编辑(E) 查看(V) 搜索(S) 终端(T) 帮助(H)
[root@tianyi etc]# yum update iptables
Updating Subscription Management repositories.
Unable to read consumer identity
This system is not registered to Red Hat Subscription Management. You can use su
bscription-manager to register.
上次元数据过期检查：0:22:45 前，执行于 2020年07月24日 星期五 01时57分26秒。
依赖关系解决。
无需任何处理。
完毕！
[root@tianyi etc]# yum install -y iptables-services
Updating Subscription Management repositories.
Unable to read consumer identity
This system is not registered to Red Hat Subscription Management. You can use su
bscription-manager to register.
上次元数据过期检查：0:23:50 前，执行于 2020年07月24日 星期五 01时57分26秒。
依赖关系解决。
```

图 11-17　升级 iptables 和安装 iptables-services

STEP 04 检查确认

iptables 软件包安装完毕后，再次使用 service iptables status 命令进行检查确认，操作方法如图 11-18 所示。

图 11-18　查看 iptables 软件包

11.4.2　启动 iptables

在使用 iptables 的过程中，如果更改了策略，则需要重新启动 iptables 防火墙；如果系统不需要 iptables 此时就得关闭 iptables 防火墙。

任务案例 11-2

进入 RHEL 8/CentOS 8 系统，先熟悉启动 iptables 服务，然后停止 iptables 服务，再重启 iptables 服务，最后将 iptables 服务的启动设为自动加载。

完成任务的步骤如下。

STEP 01 启动 iptables 服务

使用 service iptables start 命令启动 iptables 服务，操作方法如图 11-19 所示。

图 11-19　启动 iptables 服务

STEP 02 停止 iptables 服务

使用 service iptables stop 命令停止 iptables 服务，操作方法如图 11-20 所示。

图 11-20　停止 iptables 服务

STEP 03 重启 iptables 服务

使用 service iptables restart 命令重启 iptables 服务，操作方法如图 11-21 所示。

图 11-21　重启 iptables 服务

STEP 04 自动加载 iptables 服务

如果需要让防火墙服务随系统启动而自动加载，可以使用 chkconfig --level 3 iptables on 命令自动加载 iptables 服务，如图 11-22 所示，还可使用 chkconfig --level 3 iptables off 命令取消自动加载 iptables 服务。

图 11-22　自动加载 iptables 服务

11.4.3　熟悉 iptables 命令

iptables 命令可以根据流量的源地址、目的地址、传输协议、服务类型等信息进行匹配，一旦匹配成功，iptables 就会根据策略规则所预设的动作来处理这些流量。另外，再次提醒一下，防火墙策略规则的匹配顺序是从上至下的，因此要把较为严格、优先级较高的策略规则放到前面，以免发生错误。要使用 iptables 防火墙，用户只要输入 iptables 命令即可对防火墙中的规则进行管理。

任务案例 11-3

在安装了 iptables 软件包的 Linux 系统中，熟悉 iptables 命令格式和使用方法，并进一步掌握表选项、命令选项、匹配选项和动作选项的各项参数的应用方法。

完成任务的步骤如下。

STEP 01 熟悉 iptables 命令格式

使用 iptables 命令配置防火墙，必须掌握 iptables 命令格式和使用方法，命令格式如下：

```
iptables  [-t 表名]  -命令  -匹配  -j  动作/目标
```

为了便于理解和掌握 iptables 命令的使用方法，下面给出 iptables 命令的图文表示方法，如图 11-23 所示。

STEP 02 熟悉 iptables 命令中表选项

图 11-23 的第 2 列是 iptables 命令的表选项，即-t 选项。-t 选项用于指定所使用的表，iptables 防火墙默认有 filter、nat 和 mangle 三张表，也可以是用户自定义的表。表中包含了分布在各个位置的链，iptables 命令所管理的规则就是存在于各种链中的。该选项可以不选，如果未指定具体的表，则使用默认的 filter 表。

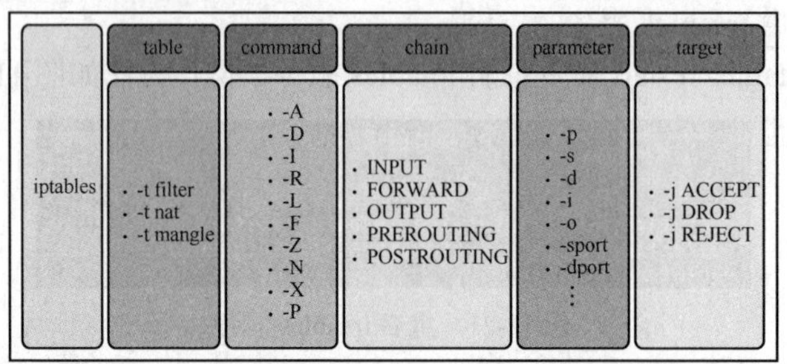

图 11-23 iptables 命令图文表示方法

如果对 nat 表设置规则的话，可以在-t 参数后加上 nat，其格式如下：

```
iptables -t nat  -命令  -匹配  -j  动作/目标
```

【操作示例 11-1】 列出 nat 表三条链的规则可使用如下命令：

```
#iptables -t nat -L
```

STEP 03 熟悉 iptables 命令中的命令选项

图 11-23 中的第 3 列是 iptables 命令的命令选项，包括-A、-D、-I、-R、-L、-F、-Z、-N、-X 和-P 等选项。这些命令选项告诉 iptables 要做什么事情，是添加规则、修改规则还是删除规则。有些命令选项后面要指定具体的链名称，而有些可以省略。此时，是对所有的链进行操作，还有一些命令要指定规则号。iptables 命令的命令选项及其说明如表 11-4 所示。

表 11-4 iptables 命令的命令选项及其说明

命令选项	选项说明	命令选项	选项说明
-A <链名>	在规则列表的最后追加一条规则	-L <链名>	查看 iptables 的规则列表
-D <链名>	从规则列表中删除一条规则	-F <链名>	删除表中的所有规则
-I <链名>	在指定的位置插入一条规则	-Z <链名>	将表中的数据包计数器和流量统计归零
-R <链名>	替换规则列表中的一条规则	-P <链名>	定义默认策略

如果对 filter 表中的 INPUT 链增加规则的话，可以省略表选项，命令选项是-A INPUT，其格式如下：

```
iptables -A INPUT  -匹配  -j  动作/目标        //注意此命令中省略了-t filter
```

【操作示例 11-2】 对 filter 表中的 INPUT 链增加允许访问 80 端口：

```
#iptables -A INPUT -p tcp --dport 80 -j ACCEPT
```

STEP 04 熟悉 iptables 命令中的匹配选项

图 11-23 中的第 5 列是 iptables 命令的匹配选项，包括-p、-s、-d、-i、-o、-sport 和-dport 等修改选项。匹配选项指定数据包与规则匹配所应具备的特征，分别代表匹配的传输协议（如 TCP、UDP、ICMP）、源地址、端口号（如 21、80、110）、目的地址、目的端口、网络进入接口和网络输出接口等。iptables 命令的主要匹配选项及其说明如表 11-5 所示。

表 11-5　iptables 命令的主要匹配选项及其说明

匹配选项	选项说明
-p 或--protocol [!]　<协议类型>	指定数据包匹配的协议，如 tcp、udp、icmp 等
-s 或--source　[!] address[/mask]	指定数据包匹配的源地址
-d 或--destination [!] address[/mask]	指定数据包匹配的目标地址
-i 或--in-interface　<网络接口>	指定数据包从哪个网络接口进入
-o 或--out-interface　<网络接口>	指定数据包从哪个网络接口输出
-sport [!] port[:port]	指定数据包匹配的源端口号，可以使用“起始端口号：结束端口号”格式
-dport [!] port[:port]	指定数据包匹配的目的端口号，可以使用“起始端口号：结束端口号”格式

如果对 filter 表中的 INPUT 链增加一条 ICMP 数据包规则的话，可以省略表选项，匹配选项是-p ICMP，其格式如下：

```
iptables -A INPUT  -p ICMP  -j  动作/目标    #注意此命令中省略了-t filter
```

更多的匹配条件可以利用 man 命令列出 iptables 命令的使用说明手册进行查看。命令如下：

```
[root@TIANYI~]#man iptables
```

STEP 05　熟悉 iptables 命令中动作选项

图 11-23 中的第 6 列是 iptables 命令的动作选项，包括 ACCEPT、DROP 和 REJECT 选项。iptables 命令中的“-j 动作/目标”可以对满足规则的数据包执行指定的操作，指定的操作可以是接受、丢弃或其他动作等。目标动作选项的具体动作参见表 11-1。

如果对 filter 表中的 INPUT 链增加一条拒绝所有使用 ICMP 数据包规则的话，可以省略表选项，匹配选项是-p ICMP，如下所示：

```
iptables -A INPUT  -p ICMP  -j  drop       #注意此命令中省略了-t filter
```

11.4.4　使用 iptables 配置防火墙

使用 iptables 配置防火墙无非就是对所管理的表（filter、nat 和 mangle）中的链（PREROUTING、INPUT、FORWARD、OUTPUT 和 POSTROUTING）设置相应的规则，使之允许或拒绝数据包的通过。

任务案例 11-4

使用 iptables 设置默认策略，进行策略的更新、修改和删除，而后查看策略规则集。对所使用的策略进行备份保存，并掌握备份策略的恢复方法。

完成任务的步骤如下。

STEP 01　设置默认策略

当数据包不符合链中的任意一条规则时，iptables 将根据该链预先定义的默认策略处理数据包，设置链的默认策略一般有两种方法。

一种方法是先允许所有的包，然后再禁止有危险的包通过防火墙，具体操作如下：

```
#iptables -P INPUT ACCEPT
#iptables -P OUTPUT ACCEPT
#iptables -P FORWARD ACCEPT
```

另一种方法是先禁止所有的包，然后根据需要允许特定的包通过防火墙，具体操作如下：

```
#iptables -P INPUT DROP
#iptables -P OUTPUT DROP
#iptables -P FORWARD DROP
```

STEP 02 查看 iptables 规则

在进行防火墙的配置过程中，经常需要列出表/链中的所有规则，其命令的格式如下：

```
iptables  [-t 表名]  -L  -链名
```

先使用“-L”查看 nat 表中所有链的规则列表，操作方法如下：

```
#iptables  -t nat  -L
```

再查看 filter 表中 FORWARD 链的规则列表，操作方法如下：

```
#iptables  -L FORWARD
```

STEP 03 插入、删除和修改规则

要使用 iptables 命令配置防火墙，必须掌握插入、删除和修改规则时 iptables 命令格式。

```
iptables [-t 表名]  <-A | I | D | R>链名 [规则编号] [-i | o 网卡] [-p 协议类型] [-s 源 IP | 源子网] [--sport 源端口号] [-d 目标 IP  | 目标子网] [--dport 目标端口号] <-j 动作>
```

参数说明如下。

- -A：新增一条规则，该规则将增加到规则列表的最后一行，该参数不能使用规则编号。
- -I：插入一条规则，原来该位置上的规则就会向后顺序移动，如果没有指定规则编号，则在第一条规则前插入。
- -D：删除一条规则，可以输入完整规则，或直接指定规则编号。
- -R：替换某条规则，规则被替换并不会改变顺序，必须指定替换的规则编号。
- <链名>：指定查看指定表中某条链的规则，可以使用 INPUT、OUTPUT、FORWARD、PREROUTING、OUTPUT 和 POSTROUTIN。
- [规则编号]：规则编号在插入、删除和替换规则时使用，编号按照规则列表的顺序排列，第一条规则编号为 1。
- [-i /o 网卡名称]：i 是指数据包从哪块网卡输入，o 是指数据包从哪块网卡输出。
- [-p 协议类型]：可以指定规则应用的协议，包含 TCP、UDP、ICMP 等。
- [-s 源 IP/源子网]：数据包的源 IP 或子网。
- [--sport 源端口号]：数据包的源端口号。
- [-d 目标 IP/目标子网]：数据包的目标 IP 或子网。
- [--dport 目标端口号]：数据包的目标端口号。
- <-j 动作>：处理数据包的动作。

为 filter 表的 INPUT 链追加一条规则，使之接受所有来自 lo 接口的数据包，而后查看 INPUT 链的规则列表，操作方法如下：

```
#iptables -A INPUT -i lo -j ACCEPT
#iptables -L INPUT
```

为 filter 表的 INPUT 链追加一条规则，使之接受所有来自 192.168.0.44 的数据包，而后

查看 INPUT 链的规则列表，操作方法如下：

```
#iptables -A INPUT -s 192.168.0.44 -j ACCEPT
#iptables -L INPUT
```

为 filter 表的 INPUT 链追加一条规则，使之丢弃所有来自 192.168.0.44 的数据包，而后查看 INPUT 链的规则列表，操作方法如下：

```
#iptables -A INPUT -s 192.168.0.44 -j DROP
#iptables -L INPUT
```

注意

iptables 是按照顺序读取规则的，如果两条规则冲突，以排在前面的规则为准。

在 filter 表的 INPUT 链中的第三条规则前插入一条规则，使之丢弃所有来自 192.168.1.0/24 的数据包，而后查看 INPUT 链的规则列表，操作方法如下：

```
#iptables -I INPUT 3 -s 192.168.1.0/24 -j DROP
#iptables -L INPUT
```

注意

-i 参数如果没有指定插入的位置，将插入到所有规则的最前面。

删除 filter 表中 INPUT 链中的第二条规则，而后查看 INPUT 链的规则列表，操作方法如下：

```
#iptables -D INPUT 2
#iptables -L INPUT
```

替换 filter 表 INPUT 链中第二条规则为，禁止 192.168.10.0/24 访问 TCP 的 80 端口，而后查看 INPUT 链的规则列表，操作方法如下：

```
#iptables -R INPUT 2 -s 192.168.10.0/24 -p tcp --dport 80 -j DROP
#iptables -L INPUT
```

STEP 04 清除规则和计数器

在新建规则时，往往需要清除原有的或旧的规则，以免影响新规则。如果规则较多，逐条删除比较麻烦，可以使用清除规则参数快速删除所有规则，命令格式如下：

```
iptables [-t 表名] <-F | Z>
```

命令主要参数选项如下。

- -F：删除指定表中所有规则。
- -Z：将指定表中数据包计数器和流量计数器归零。

将 filter 表中数据包计数器和流量计数器清零，操作方法如下：

```
#iptables -Z
```

清除 filter 表 INPUT 链的所有规则，而后查看 INPUT 链的规则列表，操作方法如下：

```
#iptables -F INPUT
#iptables -L INPUT
```

STEP 05 保存与恢复防火墙规则

iptables 提供两个非常有用的工具来保存和恢复防火墙规则，在规则集非常庞大时非常实用，它们是 iptables-save 和 iptables-restore。

（1）使用 iptables-save 保存防火墙规则

使用 iptables-save 命令可以把当前的防火墙规则存入一个文件里，它的语法格式如下：

```
iptables-save [-c] [-t 表名]
```

命令参数选项如下。

- -c：保存包和字节计数器的值。这可以使重启防火墙后不丢失对包和字节的统计。
- -t：指定要保存的表，默认是保存所有的表。

保存当前防火墙规则，操作方法如下：

```
#iptables-save > /etc/my-iptables
```

（2）使用 iptables-restore 恢复防火墙规则

iptables-restore 用来装载由 iptables-save 保存的规则集。不幸的是，它只能从标准输入接受输入，而不能从文件接受。它的命令格式如下：

```
iptables-restore [-c] [-n]
```

命令参数选项如下。

- -c：要求装入包和字节计数器。如果用 iptables-save 保存了计数器，现在想重新装入，就必须用这个参数。它的另一种较长的形式是--counters。
- -n：告诉 iptables-restore 不要覆盖已有的表或表内的规则。默认情况是清除所有已存在的规则。这个参数的长形式是--noflush。

将防火墙规则恢复到当前主机环境，操作方法如下：

```
#iptables-restore < /etc/my-iptables
```

11.4.5 iptables 配置案例

任务案例 11-5

天一电子产品研发中心由于业务需求，内网和外网之间通信机会较多，为了保证整个网络的安全性，要求添加 iptables 防火墙，并配置相应的策略。为该中心制定一套可行的方案，并予以实施。

企业环境：

天一电子产品研发中心有 230 台客户端，内网 IP 地址范围为 192.168.0.1～192.168.0.254，子网掩码为 255.255.255.0。所有内网计算机需要经常访问互联网，并且员工会使用即时通信工具与客户进行沟通。企业网络 DMZ 非军事化区搭建有 Mail、FTP 和 Web 服务器，其中：

- Mail 服务器：IP 地址为 192.168.0.1，子网掩码为 255.255.255.0。
- FTP 服务器：IP 地址为 192.168.0.2，子网掩码为 255.255.255.0。
- Web 服务器：IP 地址为 192.168.0.3，子网掩码为 255.255.255.0。

Mail 服务器和 FTP 服务器对内部员工开放，仅需要对外发布 Web 站点，并且管理员需通过外网进行远程管理。

需求分析：

企业的内部网络为了保证安全性，需要首先删除所有规则设置，并将默认规则设置为 DROP，然后开启防火墙对客户端的访问限制，打开 Web、MSN、QQ 及 MAIL 的相应端口，并允许外部客户端登录 Web 服务器的 80、22 端口。

完成任务的步骤如下。

STEP 01 配置默认策略

在 RHEL/CentOS 中，默认情况下 iptables 没有安装，此时需要参考前面的安装方法安装好 iptables，再配置好默认策略，操作方法如下。

1）清除预设表 filter 中所有规则链中的规则：

```
[root@TIANYI /]#iptables -F
```

2）清除预设表 filter 中使用者自定义链中的规则：

```
[root@TIANYI /]#iptables -X
[root@TIANYI /]#iptables -Z
```

3）设置默认策略。设置默认策略为关闭 filter 表的 INPPUT 及 FORWARD 链，开启 OUTPUT 链；nat 表的三个链 PREROUTING、OUTPUT 和 POSTROUTING 全部开启。默认全部链都是开启的，所以有些命令可以不操作，另外 mangle 表本项目没用到，所以不做处理。

```
[root@TIANYI /]#iptables -P INPUT DROP          #设置默认策略为关闭 filter 表
                                                #的 INPPUT 链
[root@TIANYI /]#iptables -P FORWARD DROP        #设置默认策略为关闭 filter 表
                                                #的 FORWARD 链
[root@TIANYI /]#iptables -P OUTPUT ACCEPT       #设置默认策略为开启 filter 表
                                                #的 OUTPUT 链
[root@TIANYI /]#iptables -t nat -P PREROUTING ACCEPT     #开启 nat 表的
                                                         #PREROUTING 链
[root@TIANYI /]#iptables -t nat -P OUTPUT ACCEPT     #开启 nat 表的 OUTPUT 链
[root@TIANYI /]#iptables -t nat -P POSTROUTING ACCEPT    #开启 nat 表的
                                                         #POSTROUTING 链
```

STEP 02 设置回环地址

有些服务的测试需要使用回环地址，为了保证各个服务的正常工作，需要允许回环地址的通信，如果不设置回环地址，有些服务不能启动，设置方法如下：

```
[root@TIANYI /]#iptables -A INPUT -i lo -j ACCEPT
```

STEP 03 连接状态设置

为了简化防火墙的配置操作，并提高检查的效率，需要添加连接状态设置，设置方法如下：

```
[root@TIANYI /]#iptables -A INPUT -m state --state ESTABLISHED,RELATED
-j ACCEPT
```

连接跟踪存在以下 4 种数据包状态。

1）NEW：想要新建连接的数据包。

2）INVALID：无效的数据包，例如损坏或者不完整的数据包。

3）ESTABLISHED：已经建立连接的数据包。

4）RELATED：与已经发送的数据包有关的数据包。

STEP 04 设置 80 端口转发

因为公司网站需要对外开放，所以需要开放 80 端口，配置方法如下：

```
[root@TIANYI /]#iptables -A FORWARD -p tcp --dport 80 -j ACCEPT
```

STEP 05 DNS 相关设置

为了客户端能够正常使用域名访问互联网，还需要允许内网计算机与外部 DNS 服务器的数据转发。开启 DNS 使用 UDP、TCP 的 53 端口，配置方法如下：

```
[root@TIANYI /]#iptables -A FORWARD -p tcp --dport 53 -j ACCEPT
[root@TIANYI /]#iptables -A FORWARD -p udp --dport 53 -j ACCEPT
```

STEP 06 设置允许访问服务器的 SSH

管理员要通过外网进行远程管理，需要开启 SSH 使用的 TCP22 端口，设置方法如下：

```
[root@TIANYI /]#iptables -A INPUT -p tcp --dport 22 -j ACCEPT
```

STEP 07 设置允许内网主机登录 MSN 和 QQ

QQ 能够使用 TCP80、8000、443 及 UDP8000、4000 端口登录，而 MSN 需通过 TCP1863、443 端口的验证。因此，只需要允许这些端口的 FORWARD 转发即可以正常登录，设置方法如下：

```
[root@TIANYI /]#iptables -A FORWARD -p tcp --dport 1863 -j ACCEPT
[root@TIANYI /]#iptables -A FORWARD -p tcp --dport 443 -j ACCEPT
[root@TIANYI /]#iptables -A FORWARD -p tcp --dport 8000 -j ACCEPT
[root@TIANYI /]#iptables -A FORWARD -p udp --dport 8000 -j ACCEPT
[root@TIANYI /]#iptables -A FORWARD -p udp --dport 4000 -j ACCEPT
```

STEP 08 设置允许内网主机收发邮件

客户端发送邮件时需访问邮件服务器的 TCP25 端口，接收邮件时，使用的端口较多，包括 UDP 协议以及 TCP 的端口 110、143、993 及 995 等，设置方法如下：

```
[root@TIANYI ~]#iptables -A FORWARD -p tcp --dport 25 -j ACCEPT
[root@TIANYI ~]#iptables -A FORWARD -p tcp --dport 110 -j ACCEPT
[root@TIANYI ~]#iptables -A FORWARD -p udp --dport 110 -j ACCEPT
[root@TIANYI ~]#iptables -A FORWARD -p tcp --dport 143 -j ACCEPT
[root@TIANYI ~]#iptables -A FORWARD -p udp --dport 143 -j ACCEPT
[root@TIANYI ~]#iptables -A FORWARD -p tcp --dport 993 -j ACCEPT
[root@TIANYI ~]#iptables -A FORWARD -p udp --dport 993 -j ACCEPT
[root@TIANYI ~]#iptables -A FORWARD -p tcp --dport 995 -j ACCEPT
[root@TIANYI ~]#iptables -A FORWARD -p udp --dport 995 -j ACCEPT
```

STEP 09 设置 NAT 端口映射

由于局域网的地址为私网地址，在公网上不合法，所以必须将私网地址转为服务器的外部地址进行地址映射，连接外网接口为 ppp0，具体配置如下：

```
[root@TIANYI ~]#iptables -t nat -A POSTROUTING -o ppp0 -s 192.168.0.0/24
-j MASQUERADE
```

MASQUERADE 和 SNAT 作用一样，同样是提供源地址转换的操作，但是 MASQUERADE 是针对外部接口为动态 IP 地址来设置的，不需要使用--to-source 指定转换的 IP 地址。如果网络采用的是拨号方式接入互联网，而没有对外的静态 IP 地址（主要用在动态获取 IP 地址的连接，比如 ADSL 拨号、DHCP 连接等），那么建议使用 MASQUERADE。

STEP 10 内网机器对外发布 Web 网站

内网 Web 服务器 IP 地址为 192.168.0.3，需要进行如下配置，当公网客户端访问服务器时，防火墙将请求映射到内网的 192.168.0.3 的 80 端口，设置方法如下：

```
[root@TIANYI ~]#iptables -t nat -A PREROUTING -i ppp0 -p tcp --dport  80
-j DNAT --to-destination 192.168.0.3:80
```

STEP 11 保存与恢复 iptables 配置

使用 iptables-save 保存配置内容，语法格式如下：

```
iptables-save [-c] [-t 表名]
```

1）-c：保存包和字节计数器的值，可以在重启防火墙后不丢失对包和字节的统计。

2）-t：用来保存哪张表的规则，如果不跟-t 参数，则保存所有的表。

可以使用重定向命令来保存这些规则集：

```
[root@TIANYI ~]#iptables-save > /etc/iptables-save
```

使用 iptables-restore 恢复，语法格式如下：

```
iptables-restore [-c] [-n]
```

1）-c：如果加上-c 参数，则表示要求装入包和字节计数器。

2）-n：表示不覆盖已有的表或表内的规则，默认情况下是清除所有已存在的规则。

使用重定向来恢复由 iptables-save 保存的规则集：

```
[root@TIANYI ~]#iptables-restore > /etc/iptables-save
```

如果要在服务或系统重启后依然生效，执行如下操作：

```
[root@TIANYI ~]#service iptables save
```

STEP 12 查看 iptables 全部配置

最终 iptables 配置情况如何，可使用以下方法查看：

```
[root@TIANYI ~]# iptables -L
```

11.4.6 使用 iptables 配置 NAT

用户使用 iptables 命令设置 NAT 规则，这些规则都存储在 nat 表中。设置的这些规则都具有目标动作，它们告诉内核对特定的数据包做什么操作。根据规则所处理的信息包类型，可以将规则分组存放在链中。

nat 表支持 SNAT、DNAT 和 MASQUERADE 三种操作。

- SNAT：改变数据包的源地址，是指在数据包从网卡发送出去的时候，把数据包中的源地址部分替换为指定的 IP，这样接收方就认为数据包的来源是被替换的 IP 的主机。
- DNAT：改变数据包的目标地址，是指数据包从网卡发送出去的时候，修改数据包中的目的 IP，表现为如果想访问 A，可是因为网关做了 DNAT，把所有访问 A 的数据包的目的 IP 全部修改为 B，那么实际上访问的是 B。
- MASQUERADE：作用与 SNAT 完全一样，改变数据包的源地址，是用发送数据的网卡上的 IP 来替换源 IP，因此，对于 IP 不固定的场合，比如拨号网络或者通过 DHCP 分配 IP 的情况下，就得用 MASQUERADE。

因为路由是按照目的地址来选择的，所以，DNAT 是在 PREROUTING 链上进行的；而因为 SNAT 是在数据包发送出去的时候才进行，所以是在 POSTROUTING 链上进行的。

1. 配置 SNAT

SNAT 需要对从内网出去的数据包的源 IP 地址进行转换，用公网 IP 代替内网 IP，以便数据包能在 Internet 上传输。iptables 的 SNAT 的配置应该是在路由和网络防火墙配置的基础上进行的。

iptables 防火墙中有三张内置的表，其中的 nat 表实现了地址转换的功能。nat 表包含 PREROUTING、OUTPUT 和 POSTROUTING 三条链，里面包含的规则指出了如何对数据包的地址进行转换。SNAT 的规则只能在 POSTROUTING 链中定义。这些规则的处理是在路由完成后进行的，可以使用“-j SNAT”目标动作对匹配的数据包进行源地址转换。

配置 SNAT 命令基本语法格式有两种方式。

1）外网 IP 地址固定（静态 IP）的 SNAT 命令的语法格式：

```
iptables -t nat -I POSTROUTING -o 外网网卡 -s 内网网段 -j SNAT --to-source 外网 ip 地址
```

2）共享动态 IP 地址上网（如 ADSL 拨号、DHCP 动态获取 IP）的 SNAT 命令的语法格式：

```
iptables -t nat -I POSTROUTING -o 外网网卡 -s 内网网段 -j MASQUERADE
```

任务案例 11-6

假设某企业网中 NAT 服务器配置情况如图 11-13 所示，在 NAT 服务器中安装两块网卡，其中一块（ens33）连接外网，IP 地址为 212.68.12.10；另一块网卡（ens38）连接内网，IP 地址为 172.16.1.11。企业内部网络的客户端都只有私有 IP 地址（如 172.16.1.177/24）。现在需要修改相关设置，使企业内部网络的计算机能够通过 NAT 服务器连接 Internet 网络。

完成任务的步骤如下。

STEP 01 添加网卡并配置 IP

1）在 NAT 服务器上添加网卡（ens38），添加完成后采用 nmcli con show 查看设备，操作方法如下：

```
[root@tianyi ~]# nmcli con show
NAME    UUID                                  TYPE      DEVICE
ens33   bfe89c9a-4c1a-4f7c-8646-96bff958daeb  ethernet  ens33
ens38   b19a1e61-29c2-49bf-8112-abe65355c02e  ethernet  ens38
virbr0  875f92e1-4272-404b-878b-edbc772f4460  bridge    virbr0
[root@tianyi ~]#
```

注意

主要看 DEVICE 这列的数据，ens33 是设置之前的网卡名，ens38 是新增加的网卡。

2）采用 ls /etc/sysconfig/network-scripts/查看网络配置文件，操作方法如下：

```
[root@tianyi ~]#ls /etc/sysconfig/network-scripts/
ifcfg-ens33
```

可以看出在/etc/sysconfig/network-scripts/中缺少 ens38 的网卡的配置文件。

3）采用 nmcli con add con-name ens38 type ethernet ifname ens38 生成 ens38 网卡的配置文件，操作方法如下：

```
[root@tianyi ~]#nmcli con add con-name ens38 type ethernet ifname ens38
```

4）使用 vim 修改/etc/sysconfig/network-scripts/目录中的网卡配置文件 ifcfg-ens33 和

ifcfg-ens38 的 IP 地址、子网掩码、DNS 和默认网关等，操作方法如下：

```
#vim /etc/sysconfig/network-scripts/ifcfg-ens38
......
BOOTPROTO=static
IPADDR=172.16.1.11                                   #配 ens38 的 IP
NETMASK=255.255.255.0                                #配 ens38 的子网掩码，不要网关
ONBOOT=yes
......
```

5）采用 service network restart 命令重启网络服务，操作方法如下：

```
[root@tianyi ~]# service network restart
```

STEP 02 开启内核路由转发功能

1）临时开启内核路由转发，操作方法如下：

```
[root@TIANYI ~]# echo 1 > /proc/sys/net/ipv4/ip_forward
```

2）如果需要内核路由转发永久生效的话，则需要修改 /etc/sysctl.conf，在其中修改 net.ipv4.ip_forward = 1，其中“1”表示开启，“0”表示不开启。

```
[root@tianyi~]#vim  /etc/sysctl.conf
......
net.ipv4.ip_forward = 1
......
```

3）采用 sysctl -p 执行，使之马上生效，操作方法如下：

```
[root@tianyi~]# sysctl -p
......
net.ipv4.ip_forward = 1
: wq
```

4）在客户机中 ping 服务器的外网 IP 测试路由功能是否有效，操作方法如下：

```
#ping 212.68.12.10                //能 ping 通说明路由开启成功
PING 212.68.12.10 (212.68.12.10) 56(84) bytes of data.
64 bytes from 212.68.12.10: icmp_seq=1 ttl=64 time=0.435 ms
64 bytes from 212.68.12.10: icmp_seq=2 ttl=64 time=0.300 ms
......
```

STEP 03 实现 SNAT

设置 iptables 规则，将数据包的源地址改为公网地址，操作方法如下：

```
[root@tianyi ~]# iptables -t nat -F        //清除原有的 nat 表中的规则
[root@tianyi ~]# iptables -F               //清除原有的 filter 有中的规则
[root@tianyi ~]# iptables -P FORWARD ACCEPT        //允许 IP 转发
[root@tianyi ~]# iptables -t nat -I POSTROUTING -s 172.16.1.0/24 -j SNAT
--to 212.68.12.10                                  //配置静态 IP
[root@tianyi ~]# iptables -t nat -L -nv            //
......
pkts bytes target   prot opt in    out    source          destination
   8   578 SNAT      all  --  *     *   172.16.1.0/24     0.0.0.0/0 to:
212.68.12.10
......
[root@tianyi ~]# iptables -t nat -A POSTROUTING -o eth0 -j MASQUERADE
                                                   //配置动态 IP
[root@tianyi ~]# iptables -t nat -L -nv
```

```
……
Chain POSTROUTING (policy ACCEPT 382 packets, 38811 bytes)
pkts bytes target    prot opt in    out    source          destination
  3  280 MASQUERADE   all  --  *     ens33  0.0.0.0/0        0.0.0.0/0
……
# service iptables save                                    //保存 iptables 规则
```

STEP 04 测试 SNAT

防火墙的配置完成后，在网络内部客户端配置好 IP（172.16.1.177）、添加网关（172.16.1.11）及 DNS 服务器的地址（在此处查看能连接互联网的计算机的 DNS，注意不要记错），便可以正常访问 Internet 了，这里采用 ping 命令进行简单的测试。

```
[root@localhost etc]# ping www.baidu.com
PING www.a.shifen.com (14.215.177.38) 56(84) bytes of data.
64 bytes from 14.215.177.38 (14.215.177.38): icmp_seq=1 ttl=52 time=49.1 ms
^C
--- www.a.shifen.com ping statistics ---
2 packets transmitted, 2 received, 0% packet loss, time 3ms
rtt min/avg/max/mdev = 41.492/45.306/49.120/3.814 ms
[root@localhost etc]#
```

2. 配置 DNAT

DNAT 改变的是数据包的目的 IP 地址，当来自 Internet 的数据包访问 NAT 服务器网络接口的公网 IP 时，NAT 服务器会把这些数据包的目的地址转换为某一对应的内网 IP，再路由给内网计算机。这样，使得具有内网 IP 地址的服务器也可以为 Internet 上的计算机提供网络服务了。

DNAT 需要在 nat 表的 PREROUTING 链设置，配置参数--to-destination。配置 DNAT 命令基本语法如下：

```
    iptables -t nat  -A  PREROUTING  -d 公网 IP  -p tcp -m tcp  -- dport  公网
端口 -j  DNAT  --to-destination 内网 IP:80
```

任务案例 11-7

在图 11-13 中，企业内部网络中有一台 Web 服务器，IP 地址为 172.16.1.168。要求当 Internet 网络中的用户在浏览器中输入 http://212.68.12.10 时可以访问到内网的 Web 服务器上的网页。

完成任务的步骤如下。

STEP 01 配置 NAT 基础环境

首先按照【任务案例 11-6】在 NAT 服务器中添加网卡并配置好 IP、再开启路由转发。

STEP 02 配置 Web 服务器

在内部网络的 Web 服务器（IP 为 172.16.1.168）上参考【任务案例 9-1】配置好 Web 服务，操作方法如下。

```
    [root@TianHe ~]# mount /dev/sr0 /mnt/cdrom          //挂载光驱
    [root@TianHe ~]# yum install httpd -y               //安装 httpd 软件包
    [root@TianHe ~]# systemctl start httpd              //启动 httpd 进程
    [root@TianHe ~]# echo "This 172.16.1.168's Web Site!!" > /var/www/html/
index.html                                              //建立测试网页
```

接下来在 NAT 服务器中打开网页浏览器，在地址栏中输入 4http://172.16.1.168 测试 Web 服务器，测试结果如图 11-24 所示，说明从 NAT 服务器能访问内网中的 Web 服务器。

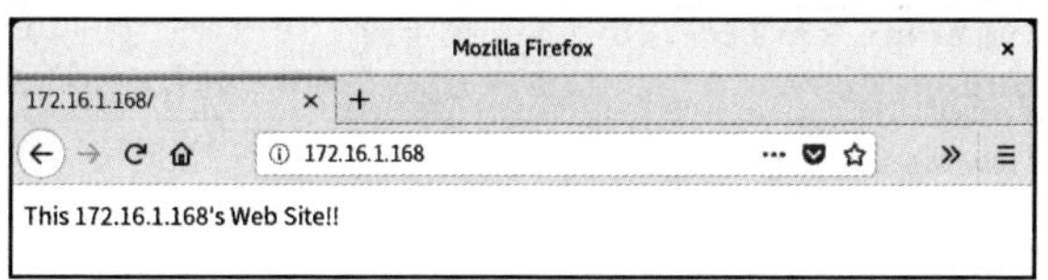

图 11-24　正常访问 Web 主页

接下来在外网选择一台计算机，打开网页浏览器，在地址栏中输入 http://212.68.12.10 测试 Web 服务器，测试结果如图 11-25 所示，说明此时从外网无法访问内网中的 Web 服务器。

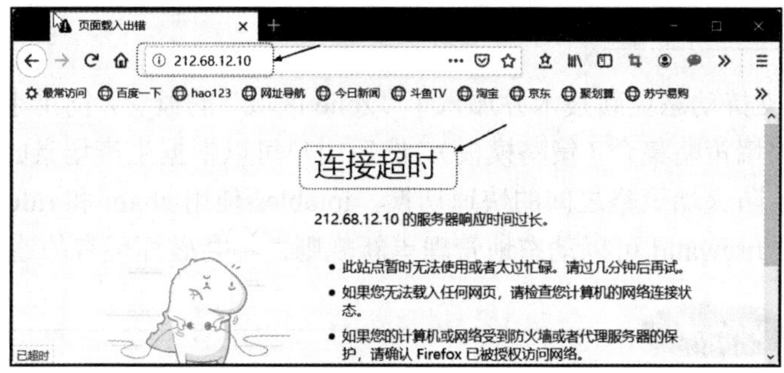

图 11-25　无法访问 Web 主页

STEP 03 准备 iptables 工作环境

```
[root@TIANYI ~]#iptables -F
[root@TIANYI ~]#iptables -t nat -F
[root@TIANYI ~]#iptables -t mangle -F
[root@TIANYI ~]#iptables -A INPUT -i lo -j ACCEPT
[root@TIANYI ~]#iptables -A OUTPUT -o lo -j ACCEPT
[root@TIANYI ~]#iptables -P INPUT ACCEPT
[root@TIANYI ~]#iptables -P OUTPUT ACCEPT
[root@TIANYI ~]#iptables -P FORWARD ACCEPT
```

STEP 04 配置 DNAT

在路由前（PREROUTING）将来自外网访问网关公网 IP 及对应端口的目的 IP 及端口修改为内部服务器的 IP 及端口，实现发布内部服务器。操作方法如下：

```
[root@TIANYI ~]# iptables -t nat -A PREROUTING -p tcp -d 212.68.12.10 --dport 80 -j DNAT --to 172.16.1.168:80
[root@tianyi ~]# iptables -t nat -I POSTROUTING -s 172.16.1.0/24 -j SNAT --to 212.68.12.10                    //要保证 SNAT 能正常工作才能有回包
[root@tianyi ~]#iptables -t nat -L -nv
```

注意

DNAT 需要在 PREROUTING 链做转发策略。

STEP 05 测试 DNAT

再次在外网选择一台 Windows 7 的客户机打开浏览器，在地址栏中输入 http://212.68.12.10，此时能正常访问内网中的 Web 服务器了，如图 11-26 所示。

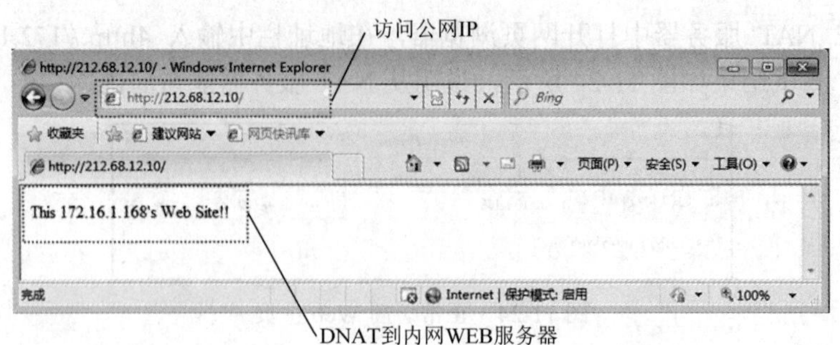

图 11-26　从外部能够访问到内网中的 Web 服务器

11.4.7　熟悉 firewalld 命令

firewall-cmd 支持动态更新技术并加入了“zone 区域”的概念，简单来说就是为用户预先准备了几套防火墙策略集合（策略模板），然后用户可以根据生产场景的不同选择合适的策略集合，实现了防火墙策略之间的快速切换。iptables 使用 chain 和 rules；firewalld 使用 zones 和 services，firewalld 可以动态地管理更新规则，不会破坏现有的连接和会话。

任务案例 11-8

firewall-cmd 是 firewalld 的字符界面管理工具，因此，配置 firewalld 防火墙的首要任务就是熟悉 firewall-cmd 的命令格式，接下来掌握预定义信息、区域管理、服务管理、端口服务管理的命令和参数使用，最后熟悉 firewalld 服务启动、停止、查看命令的使用。

完成任务的步骤如下。

STEP 01 熟悉 firewall-cmd 命令格式

firewall-cmd 命令语法如下：

```
firewall-cmd [--zone=zone] 动作 [--permanent]
```

firewall-cmd 的参数都是长格式的，不用担心难记的问题，可以用 Tab 键进行补全。

注：如果不指定--zone 选项，则为当前所在的默认区域，--permanent 选项为是否将改动写入到区域配置文件中，如果没有--permanent 选项则表示临时配置，重启服务后失效。

STEP 02 启动、停止、查看 firewalld 服务

在图 11-10 中使用 firewalld 时，先要使用 systemctl status 检查一下 firewalld、iptables、ip6tables 和 ebtables 等几种防火墙的状态，然后关闭 firewalld 以外的防火墙，接下来掌握如何启动、停止、重启、查看 firewalld 防火墙，操作方法如下：

```
#systemctl status {firewalld,iptables,ip6tables,ebtables}
• firewalld.service - firewalld - dynamic firewall daemon
  Active: inactive (dead)                        // 说明 firewalld 没有运行
• iptables.service - IPv4 firewall with iptables
  Active: inactive (dead)                        // 说明 iptables 没有运行
• ip6tables.service - IPv6 firewall with ip6tables
  Active: inactive (dead)                        // 说明 ip6tables 没有运行
• ebtables.service - Ethernet Bridge Filtering tables
  Active: inactive (dead)                        // 说明 ebtables 没有运行
……
```

```
#service iptables stop          //如果运行了 iptables，一定要停止 iptables
#chkconfig --level 3 iptables off    //取消自动加载 iptables 服务
#systemctl status firewalld          //查看 firewalld 防火墙服务是否开启
#systemctl start firewalld           //启动 firewalld
#systemctl stop firewalld            //停止 firewalld
#systemctl enable firewalld          //设置 firewalld 为开机自启动
#systemctl restart firewalld         //重启动 firewalld
#firewall-cmd --state                //查看 firewalld 的运行状态
running                              //出现“running”，表示已开启
```

STEP 03 获取预定义信息

firewall-cmd 预定义信息主要包括可用的区域、可用的服务以及可用的 ICMP 阻塞类型三种，具体的查看方法如下。

（1）查看预定义区域

```
#firewall-cmd --get-zones
block dmz drop external home internal libvirt public trusted work
```

（2）查看预定义服务

```
#firewall-cmd --get-services
```

（3）查看预定义的 ICMP 类型

```
#firewall-cmd --get-icmptypes
```

firewall-cmd --get-icmptypes 命令的执行结果中各种阻塞类型的含义分别如下所示。

- destination-unreachable：目的地址不可达。
- echo-reply：应答回应（pong）。
- parameter-problem：参数问题。
- redirect：重新定向。
- router-advertisement：路由器通告。
- router-solicitation：路由器征寻。
- source-quench：源端抑制。
- time-exceeded：超时。
- timestamp-reply：时间戳应答回应。
- timestamp-request：时间戳请求。

STEP 04 熟悉区域管理命令

使用 firewall-cmd 命令可以实现获取和管理区域，为指定区域绑定网络接口等功能。firewall-cmd 命令包含的选项（选项参数可用 tab 补齐）及主要说明如下。

- --get-default-zone 显示网络连接或接口的默认区域。
- --set-default-zone=<zone> 设置网络连接或接口的默认区域。
- --get-active-zones 显示已激活的所有区域。
- --get-zone-of-interface=<interface> 显示指定接口绑定的区域。
- --zone=<zone> --add-interface=<interface> 为指定接口绑定区域。
- --zone=<zone> --change-interface=<interface> 为指定的区域更改绑定的网络接口。
- --zone=<zone> --remove-interface=<interface> 为指定的区域删除绑定的网络接口。
- --list-all-zones 显示所有区域及其规则。
- [--zone=<zone>] --list-all 显示所有指定区域的所有规则，省略--zone=<zone>时表

示仅对默认区域操作。

（1）查看当前系统中的默认区域

```
[root@tianyi ~]# firewall-cmd --get-default-zone
public
```

（2）查看默认区域的所有规则

```
[root@tianyi ~]# firewall-cmd --list-all
public (active)
  target: default
icmp-block-inversion: no
interfaces: ens33
……
```

（3）查看本机网络接口 ens33 对应区域

```
[root@tianyi ~]#firewall-cmd --get-zone-of-interface=ens33
public
```

（4）将网络接口 ens33 对应区域修改为 internal 区域

```
[root@localhost ~]#firewall-cmd --zone=internal --change-interface=ens33
success
[root@localhost ~]# firewall-cmd --zone=internal --list-interfaces
ens33
[root@localhost ~]# firewall-cmd --get-zone-of-interface=ens33
internal
```

（5）查看所有激活区域

```
[root@localhost ~]# firewall-cmd --get-active-zones
internal
interfaces: ens33
……
```

STEP 05 熟悉服务管理命令

为了方便管理，firewalld 预先定义了很多服务，存放在/usr/lib/firewalld/services/目录中，服务通过单个的XML配置文件来指定。这些配置文件则按以下格式命名：service-name.xml，每个文件对应一项具体的网络服务，如 ssh 服务。与之对应的配置文件中记录了各项服务所使用的 tcp/udp 端口。在最新版本的 firewalld 中默认已经定义了 70 多种服务以供使用，对于每个网络区域，均可以配置允许访问的服务。当默认提供的服务不适用或者需要自定义某项服务的端口时，需要将 service 配置文件放置在/etc/firewalld/services/目录中。

（1）显示默认区域内允许访问的所有服务

```
[root@tianyi ~]#firewall-cmd --list-services
cockpit dhcpv6-client ssh telnet
```

（2）设置默认区域允许访问 http 服务

```
[root@tianyi ~]#firewall-cmd --add-service=http
Success
```

（3）设置默认区域允许访问 https 服务

```
[root@tianyi ~]#firewall-cmd --add-service=https
success
```

（4）再次查看默认区域内允许访问的所有服务

```
[root@tianyi ~]# firewall-cmd --list-services
cockpit dhcpv6-client http https ssh telnet
```

（5）设置 internal 区域允许访问 mysql 服务

```
[root@tianyi ~]#firewall-cmd --zone=internal --add-service=mysql
success
```

（6）设置 internal 区域不允许访问 samba-client 服务

```
[root@tianyi ~]#firewall-cmd --zone=internal --remove-service=samba-client
success
```

（7）查看 internal 区域内允许访问的所有服务

```
[root@tianyi ~]#firewall-cmd --zone=internal --list-services
cockpit dhcpv6-client mdns mysql ssh
```

STEP 06 熟悉端口管理命令

在进行服务配置时，预定义的网络服务可以使用服务名配置，服务所涉及的端口就会自动打开。但是，对于非预定义的服务只能手动为指定的区域添加端口。例如，执行以下操作即可实现。

（1）在 internal 区域打开 443/TCP 端口

```
[root@tianyi ~]#firewall-cmd --zone=internal --add-port=443/tcp
success
```

（2）在 internal 区域禁止 443/TCP 端口访问

```
[root@tianyi ~]# firewall-cmd --zone=internal --remove-port=443/tcp
success
```

（3）启用 internal 区域 22 端口的 TCP 组合

```
[root@tianyi ~]# firewall-cmd --zone=internal --add-port=22/tcp --timeout=5m
success
```

（4）查看 internal 区域内允许访问的所有端口号

```
[root@tianyi ~]# firewall-cmd --zone=internal --list-ports
22/tcp
```

STEP 07 熟悉两种配置模式

前面提到 firewall-cmd 命令工具有两种配置模式。

1）运行时模式（Runtime mode）表示当前内存中运行的防火墙配置，在系统或 firewalld 服务重启、停止时配置将失效。

2）永久模式（Permanent mode）表示重启防火墙或重新加载防火墙时的规则配置，是永久存储在配置文件中的。

firewall-cmd 命令工具与配置模式相关的选项有如下三个。

- --reload：重新加载防火墙规则并保持状态信息，即将永久配置应用为运行时配置。
- --permanent：带有此选项的命令用于设置永久性规则，这些规则只有在重新启动 firewalld 或重新加载防火墙规则时才会生效；若不带有此选项，表示用于设置运行时规则。
- --runtime-to-permanent：将当前的运行时配置写入规则配置文件中，使之成为永久有效。

【操作示例 11-3】设置 8888 和 9999 端口请求流量当前生效。

```
[root@tianyi ~]# firewall-cmd --zone=home --add-port=8888-9999/tcp
success
[root@tianyi ~]# firewall-cmd -reload
success
```

【操作示例 11-4】设置 https 服务请求流量永久生效。

```
#firewall-cmd --permanent --zone=home --add-service=https
success
```

11.4.8 firewalld 的配置案例

任务案例 

在图 11-13 的企业网中，架设一台 Web 服务器，IP 地址是 172.16.1.168，端口是 80。然后设置内网网段 172.16.1.0/24 中的客户机均可以访问这台 Web 服务器。

完成任务的步骤如下。

STEP 01 配置各主机和网卡参数

参考【任务案例 11-6】配置好图 11-13 中各主机的相关参数，如 IP 地址、网关和 DNS 等。

STEP 02 在内网的 Web 服务器上启用 firewalld 防火墙

在内网的 Web 服务器（172.16.1.168）上启用 firewalld 防火墙，并查看配置情况。

```
#systemctl start firewalld                          //启用 firewalld 防火墙
#firewall-cmd  --list-all                           //查看防火墙的配置
public (active)
  target: default
  icmp-block-inversion: no
  interfaces: ens33
  sources:
......
```

STEP 03 在内网的 Web 服务器上配置 dmz 区域

```
#firewall-cmd --get-default-zone                    //查看当前的默认区域
public
#firewall-cmd --get-zone-of-interface=ens33 //查询 ens33 网卡所属的区域
public
#firewall-cmd --set-default-zone=dmz                //设置默认区域为 dmz
success
#firewall-cmd  --permanent --zone=dmz  --change-interface=ens33
                                                  //将 ens33 网卡永久移至 dmz 区域
success
#firewall-cmd  --reload                           //重新载入防火墙设置使设置立即生效
success
```

STEP 04 配置 Web 服务

```
#yum  -y  install  httpd                            //安装 httpd 服务软件包
#systemctl  start  httpd                            //启用 httpd 服务
```

```
#echo "firewalld 配置测试" > /var/www/html/index.htm    //创建网站的测试首页
```

STEP 05 测试 Web 服务

（1）在 Web 服务器（本机）上测试 Web 服务

```
# curl  http://172.16.1.168                    //在本机可成功访问网站
firewalld 配置测试                               //能正常打开网页
```

（2）在局域网的其他主机（如 172.16.1.12）上访问 Web 服务器

可以在局域网内任选一台客户机对 Web 服务器进行测试，既可选择 Windows 客户机，打开浏览器进行测试；也可以打开 Linux 客户机，使用浏览器进行测试，或使用 curl 进行测试。

```
#curl http://172.16.1.168                      //在 172.16.1.12 的主机上进行测试
url:(7) Failed to connect to 172.16.1.168 port 80: 没有到主机的路由
                                               //访问失败，因为被防火墙阻止了
```

STEP 06 在 dmz 区域允许 http 服务流量通过

在 dmz 区域允许 http 服务流量通过，并让其立即生效（且永久有效）。

```
#firewall-cmd  --permanent  --zone=dmz  --add-service=http
#firewall-cmd  --reload
```

STEP 07 再次在其他主机上进行测试

在网段 192.168.1.0/24 的其他主机上再次进行访问网站测试，此时测试成功。

```
#curl http://172.16.1.168                      //在 172.16.1.12 的主机上进行测试
firewalld 配置测试                               //此时测试成功，表示策略生效
```

11.4.9　firewalld 部署 NAT 服务

企业内部计算机要实现共享上网，就必须部署 SNAT；而外部网络中的计算机要访问企业内部网络中的服务器，就必须部署 DNAT，接下来的任务就是使用 filewalld 部署 NAT 服务。

任务案例 11-10

在图 11-13 的企业内部网络中部署 SNAT 和 DNAT 服务，使得内部网络的计算机均能访问互联网；而互联网中的用户只能访问内部网络中的 Web 服务器和 FTP 服务器。

1. 配置 SNAT

STEP 01 在 NAT 网关服务器上开启防火墙

在图 11-10 的 NAT 服务器上开启防火墙→将网络接口 ens33 移至外部区域（external）→将网络接口 ens38 移至内部区域（internal），并确保设置永久生效和立即生效。

```
#systemctl start firewalld
#firewall-cmd --permanent --zone=external --change-interface=ens33
success
#firewall-cmd --change-interface=ens33 --zone=external
success
#firewall-cmd --permanent --zone=internal --change-interface=ens38
success
```

```
#firewall-cmd --change-interface=ens38 --zone=internal
success
```

STEP 02 在 NAT 网关服务器上添加 masquerading

1）查看在外网卡所属的外部区域（external）上是否添加伪装（masquerading）功能（默认已添加）。

```
# firewall-cmd --zone=external --query-masquerade
yes                              #查询外部区域（external）是否能伪装 IP，结果为 yes
```

2）如果没有添加伪装功能，则需要使用如下命令添加伪装功能。

```
#firewall-cmd --zone=external --add-masquerade -permanent//添加伪装功能
Warning: ALREADY_ENABLED: masquerade
Success
```

3）将 source 为 172.16.1.0/24 网段来的数据包伪装成 external（即 ens33）的地址。

```
#firewall-cmd --permanent --direct --passthrough ipv4 -t nat POSTROUTING
-o ens33 -j MASQUERADE -s 172.16.1.0/24
```

STEP 03 在 NAT 网关服务器上开启 IP 转发服务

1）如果需要临时开启内核路由转发，则按照以下操作方法即可。

```
[root@TIANYI ~]# echo 1 > /proc/sys/net/ipv4/ip_forward
```

2）如果需要内核路由转发永久生效的话，则需要修改 /etc/sysctl.conf，在其中修改 net.ipv4.ip_forward = 1，其中“1”表示开启，“0”表示不开启。

```
[root@tianyi ~]#vim  /etc/sysctl.conf
……
net.ipv4.ip_forward = 1
……
```

3）采用 sysctl -p 执行，使之马上生效。

```
[root@tianyi ~]# sysctl -p              //执行该命令，表示内核路由转发立即生效
……
net.ipv4.ip_forward = 1
```

4）内核路由转发生效后，可以在内网的客户机（如 172.16.1.17）ping 网关服务器（NAT）上连接外网网卡的 IP（212.68.12.10），如果能 ping 通，表示内核路由转发成功。

```
[root@TianHe ~]# ping 212.68.12.10
PING 212.68.12.10 (212.68.12.10) 56(84) bytes of data.
64 bytes from 212.68.12.10: icmp_seq=1 ttl=64 time=1.41 ms
^Z
[2]+  已停止                ping 212.68.12.10
[root@TianHe ~]#
```

STEP 04 在 NAT 网关服务器上设置默认区域

将 NAT 服务器内部区域（internal）设置为默认区域→重载防火墙规则，将以上设置的永久状态信息在当前运行下生效。

```
#firewall-cmd --set-default-zone=internal
success
#firewall-cmd  --reload
success
```

STEP 05 在客户机中进行测试

1）将内网中的客户机的默认网关设置为 NAT 服务器的内网网卡的 IP 地址（172.16.1.11），DNS 设置成能够进行域名解析 DNS。

```
#vim /etc/sysconfig/network-scripts/ifcfg-ens33
……
IPADDR=172.16.1.17                          //内网中客户机的 IP
GATEWAY=172.16.1.11                         //客户机接入外网所使用的网关
DNS1=212.68.12.10                           //客户机接入外网所使用的 DNS
……
: wq                                        //保存退出
# ervice network restart                    //重启网卡
```

2）在内网的客户机中 ping 外网的服务器（如 www.baidu.com），如果能 ping 通，则表明 SNAT 服务部署成功。

```
#ping www.baidu.com                         //ping 外部网站服务器的域名
PING www.a.shifen.com (14.215.177.38) 56(84) bytes of data.
64 bytes from 14.215.177.38 (14.215.177.38): icmp_seq=1 ttl=52 time=49.1 ms
^C
--- www.a.shifen.com ping statistics ---
2 packets transmitted, 2 received, 0% packet loss, time 3ms
rtt min/avg/max/mdev = 41.492/45.306/49.120/3.814 ms
[root@localhost etc]#
```

2. 部署 DNAT

STEP 01 配置 NAT 基础环境

首先按照【任务案例 11-10】在 NAT 服务器中添加网卡并配置好 IP、再开启路由转发。

STEP 02 配置内网 Web 服务器

接下来在内部网络的 Web 服务器（IP 为 172.16.1.168）上参考【任务案例 11-9】配置好 Web 服务。

STEP 03 在 Web 服务器上配置 firewalld

接下来在内部网络的 Web 服务器（IP 为 172.16.1.168）上配置 Web 页面内容为“DNAT 部署测试页面!”，在 dmz 区开启 http 服务和 8080 端口，使其立即生效和永久生效，并完成测试。

```
#echo " DNAT 部署测试页面!" > /var/www/html/index.html       //制作测试网页
#systemctl start firewalld
#firewall-cmd --set-default-zone=dmz                  //设置默认区域为 dmz
success
#firewall-cmd  --permanent  --zone=dmz  --change-interface=ens33
                                              //将 ens33 网卡永久移至 dmz 区域
success
#firewall-cmd --zone=dmz --add-service=http -permanent //开启 http 服务
success
#firewall-cmd --zone=dmz --add-port=8080/tcp --permanent//开启 8080 端口
success
#firewall-cmd --reload                       //重新载入防火墙设置使设置立即生效
Success
# vim /etc/httpd/conf/httpd.conf             //使用 vim 编辑器打开 httpd.conf
```

```
……
Listen 8080                                          //将监听端口 80 改为 8080
……
:wq
#service httpd reload
#curl http://172.16.1.168:8080
DNAT 部署测试页面!
```

STEP 04 在网关服务器上配置 DNAT

将流入 NAT 网关服务器外网卡 ens33(212.68.12.10)的 80 端口的数据包转发给 Web 服务器(172.16.1.168)的 8080 端口。

```
#firewall-cmd  --permanent  --zone=external  --add-forward-port=port=
80:proto=tcp:toport=8080:toaddr=172.16.1.168
success
#firewall-cmd --reload                  //重新载入防火墙设置使设置立即生效
Success
#yum  -y  install  httpd                //在 NAT 网关服务器上安装 httpd 服务软件包
#systemctl  start  httpd                //在 NAT 网关服务器上启动 httpd 服务
```

STEP 05 测试 DNAT

最后在外网选择一台 Windows 7 或 RHEL 8/CentOS 8 的客户机设置好网关（212.68.12.10）和 DNS，再打开浏览器，在地址栏中输入 http://212.68.12.10，此时若能正常访问内网中的 Web 服务器，说明 DNAT 配置正确，如图 11-27 所示。

图 11-27　从外部能够访问到内网中的 Web 服务器

11.4.10　使用 firewalld 防火墙策略的图形化工具

firewall-config 命令是管理 firewalld 防火墙策略的图形化工具，其界面友好、操作方便，通过 firewall-config 图形化配置工具，可以实现配置防火墙允许通过的服务、端口、伪装、端口转发、ICMP 过滤器等，几乎所有命令行终端的操作都可以实现。利用该工具能够将复杂的配置工作非常直观地予以实现，即使没有扎实 Linux 命令基础的初学者，也一样可以通过这款图形化工具较好地完成防火墙策略的配置。

任务案例 11-11

前面已经熟悉了在企业内部网络的 firewalld 防火墙中使用 firewall-cmd 命令方式配置 firewalld 防火墙。接下来使用图形化工具管理 firewalld 防火墙的相关策略。

STEP 01 安装 firewalld 防火墙策略的图形化工具

在 RHEL 8/CentOS 8 中，默认情况没有安装 firewalld 防火墙策略的图形化工具，因此，需要使用 yum 方式进行安装，操作方法如下。

```
[root@tianyi ~]#yum install -y firewall-config
……
  准备中        :                                                    1/1
  Installing   :firewall-config-0.6.3-7.el8.noarch                  1/1
  运行脚本   : firewall-config-0.6.3-7.el8.noarch                   1/1
  验证       : firewall-config-0.6.3-7.el8.noarch                   1/1
Installed products updated.
已安装:
  firewall-config-0.6.3-7.el8.noarch
完毕!
```

STEP 02 熟悉 firewalld 防火墙图形化工作界面

在命令行执行“firewall-config”命令即可启动 firewalld 防火墙图形化配置主界面，如图 11-28 所示。

```
[root@tianyi ~]# firewall-config             //执行“firewall-config”命令
```

firewalld 防火墙图形化配置主界面包括主菜单、配置选项卡、区域设置区和状态栏 4 部分。

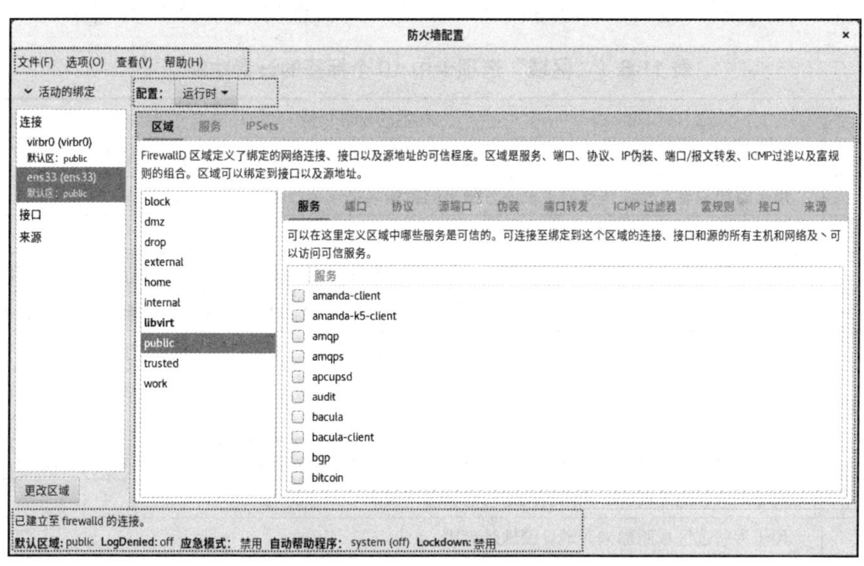

图 11-28 firewaalld 防火墙图形化配置的主界面

（1）主菜单

firewall-config 主菜单下有文件、选项、查看和帮助 4 个一级菜单，其中“选项”菜单是最重要的，主要包括以下几个选项。

- 重载防火墙：选择此菜单项以后，能够将当前永久配置的规则变成当即生效的配置。
- 更改连接区域：用于更改网络连接所属的区域。
- 改变默认区域：更改网络连接或接口所属的默认区域。
- 应急模式：用于禁用和启用应急模式。应急模式启用后会丢弃所有传入和传出的数据包，禁止所有的网络连接，一切服务的切球被拒绝，只有在服务器受到严重威胁时才启用。

- 锁定：对防火墙配置进行加锁，只允许白名单上的应用程序进行改动。锁定特性为 firewalld 增加了锁定本地应用或者服务配置的简单配置方式。
- 将 Runtime 设定为永久配置：单击此项后会将当前“运行时”的所有配置规则保存为“永久”配置，原有的“永久”配置规则被覆盖。

（2）配置选项卡

firewall-config 配置选项卡包括运行时和永久两种配置模式。

- 运行时：运行时配置为当前使用的配置规则。运行时配置并非永久有效，在重新加载时可以被恢复，而系统或者服务重启、停止时，这些选项将会丢失。
- 永久：永久配置规则在系统或者服务重启的时候使用。永久配置存储在配置文件中，每次机器重启或者服务重启、重新加载时将自动恢复。

（3）区域设置区

区域设置区是 firewall-config 的主要设置界面，包含了区域、服务、IPSets、ICMP 类型、直接配置和锁定白名单共 6 个选项卡（其中 IPSets、ICMP 类型、直接配置和锁定白名单选项需要在“查看”下拉菜单中勾选之后才能显示出来）。

“区域”选项卡包括 1 个区域列表，以及服务、端口、协议、源端口、伪装、端口转发、ICMP 过滤器、富规则、接口和来源共 10 个标签，其设置功能如表 11-6 所示。

表 11-6 “区域”选项卡中 10 个标签的设置功能

标签名称	标签的设置功能
服务	定义哪些区域的服务是可信的。可信的服务可以绑定该区的任意连接、接口和源地址
端口	用于添加并设置允许访问的主机或者网络的附加端口或端口范围
协议	用于添加所有主机或网络均可访问的协议
源端口	添加额外的源端口或范围，它们对于所有可连接至这台主机的主机或网络来说都是可以访问的
伪装	将本地的私有网络的多个 IP 地址进行隐藏并映射到一个公网 IP，伪装功能目前只适用于 IPv4
端口转发	将本地系统的（源）端口映射为本地系统或其他系统的另一个（目标）端口，此功能只适应于 IPv4
ICMP 过滤器	可以选择 Internet 控制报文协议的报文。这些报文可以是信息请求，也可以是对信息请求或错误条件创建的响应
富规则	用于同时基于服务、主机地址、端口号等多种因素进行更详细、更复杂的规则设置，优先级最高
接口	用于为所各地区域绑定相应的网络接口（即网卡）
来源	用于为所选区域添加来源地址或地址范围

在区域列表框中列出了由系统预定义的 9 个区域，每个区域预定义的规则是不一样的，用户可以根据不同的安全要求添加相关规则。由于所有的数据都是从网卡出入，到底哪个区域的规则生效，取决于在该区域上是否绑定了网卡。一个区域可以绑定多块网卡，一块网卡只能绑定一个区域，每个区域都可以绑定到接口和源地址。

- “服务”选项卡：用于添加、编辑服务对应的端口、协议、源端口、模块和目标地址等信息。此处的修改不能针对运行时的服务，只能针对永久配置的服务。
- “IPSets 选项卡：使用 IPSets 创建基于 IP 地址、端口号或者 MAC 地址的白名单或黑名单条目（允许或阻止流入或流出防火墙）。本项目只针对永久配置进行设置。
- “ICMP 类型”选项卡：ICMP（Internet Control Message Protocol，互联网控制报文

协议）主要用于检测主机或网络设备间是否可通信、主机是否可达、路由是否可用等网络状态，并不用于传输用户数据。在 firewalld 中可以使用 ICMP 类型来限制报文交换。

➢ “直接配置”选项卡：firewalld 的规则是通过调用底层的 iptables 规则实现的，当 firewalld 对规则的表述不够用时，可直接将 iptables 规则插入 firewalld 管理的区域中。

➢ “锁定白名单”选项卡：锁定特性为 firewalld 增加了锁定本地应用或者服务配置的简单配置方式，它是一种轻量级的应用程序策略。

（4）状态栏

firewall-config 界面的最底部是状态栏，状态栏显示五个信息，从左到右以此是连接状态、默认区域、LogDenied、锁定状态和应急模式。若在左上角连接状态有“已连接”字样，则标志着 firewall-config 工具已经连接到用户区后台程序 firewalld。

提示

使用 firewall-config 图形化管理工具配置完策略后，不需要单击“保存”或“完成”按钮，只要有修改内容图形化管理工具会自动保存。

STEP 03 设置允许其他主机访问本机的 http 服务

在 firewall-config 图形化管理工具中，设置允许其他主机访问本机的 http 服务，仅当前生效。

在“活动的绑定”区域中，选择网络适配器 ens33，在“配置”下拉列表中选择“运行时”，单击“区域”选项卡，在列表框中选择需要更改设定的区域 public，单击“服务”标签，在列表框中勾选 http，如图 11-29 所示。

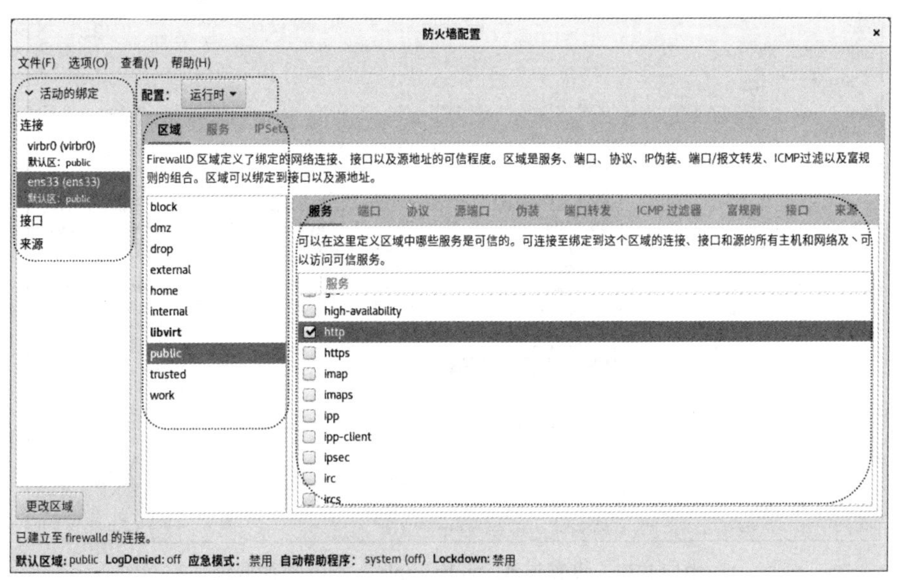

图 11-29　配置防火墙策略允许 http 服务请求

STEP 04 再添加一条允许 8080-8090 端口号入站请求数据策略

再添加一条允许（放行）8080-8090 端口号（TCP）入站请求数据策略，并且把配置模式提前设置为永久长期生效，以达到重启后依然生效的目的。

在“活动的绑定”区域中，选择网络适配器 ens33，在“配置”下拉列表中选择“永久”，单击“区域”选项卡，在列表框中选择需要更改设定的区域 public，单击“端口”标签，单击“添加”按钮，打开“端口和协议”窗口，如图 11-30 所示。在“端口/端口范围”文本框中输入“8080-8090”，单击“确定”按钮完成设置，返回防火墙配置窗口。

最后在菜单中单击“选项”菜单，接下来选择“重载防火墙”命令，如图 11-31 所示。让防火墙永久生效策略配置立即生效，这与在命令模式执行的--reload 参数效果是一样的。

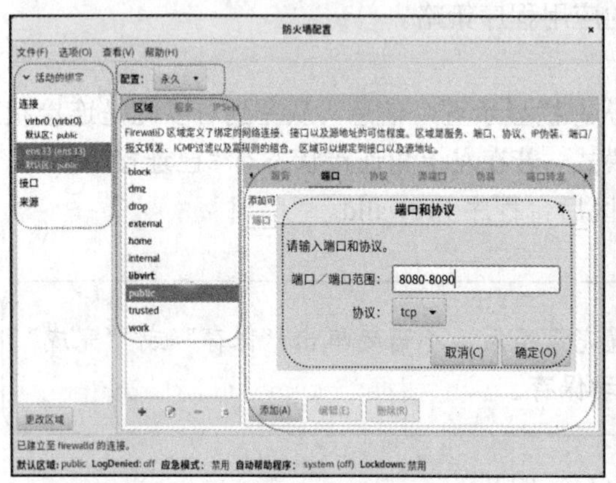

图 11-30 允许 8080-8090 端口号的请求

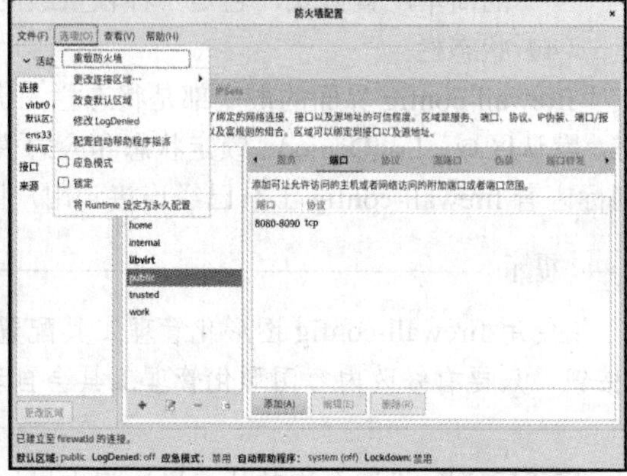

图 11-31 让防火墙永久生效策略配置立即生效

STEP 05 过滤“echo-reply”的 ICMP 协议报文数据包

在“活动的绑定”区域中，选择网络适配器 ens33，在“配置”下拉列表中选择“运行时”，单击“区域”选项卡，在列表框中选择需要更改设定的区域 public，单击“ICMP 过滤器”标签，在“ICMP 类型”列表框中勾选“echo-reply”选项，如图 11-32 所示。

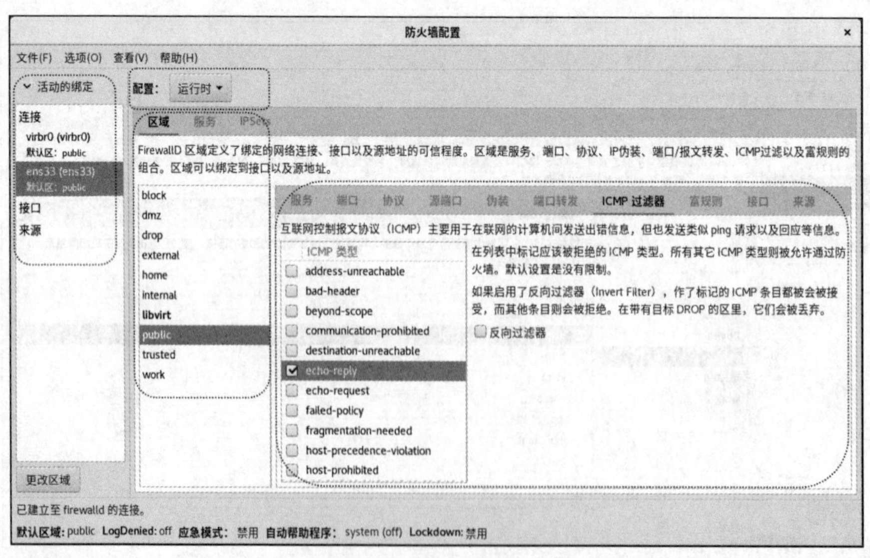

图 11-32 设置过滤“echo-reply”类型的数据包

STEP 06 创建富规则

在 firewall-config 防火墙中创建富规则，仅允许 192.168.1.58 主机访问本机（192.168.1.1）的 1520 端口，当前生效。

在“活动的绑定”区域中，选择网络适配器 ens33，在“配置”下拉列表中选择“运行时”，单击“区域”选项卡，在列表框中选择需要更改设定的区域 public，单击“富规则”标签，单击“添加”按钮→打开“富规则”对话框中根据要求，在“产品线”下拉框中选择 IPv4，勾选“元素”，在元素下拉框中选择“端口”，单击端口右侧链接图标，打开“端口和协议”对话框，在“端口/端口范围”文本框中输入 1520，单击“确定”按钮返回；单击“源 IP”右侧链接图标，打开“地址”对话框，在文本框中输入“192.168.1.120/24”，单击“确定”按钮返回，单击“目标”右侧链接图标，打开“地址”对话框，在文本框中输入“192.168.1.110/24”，单击“确定”按钮返回，设置完成后单击“确定”按钮，如图 11-33 所示。

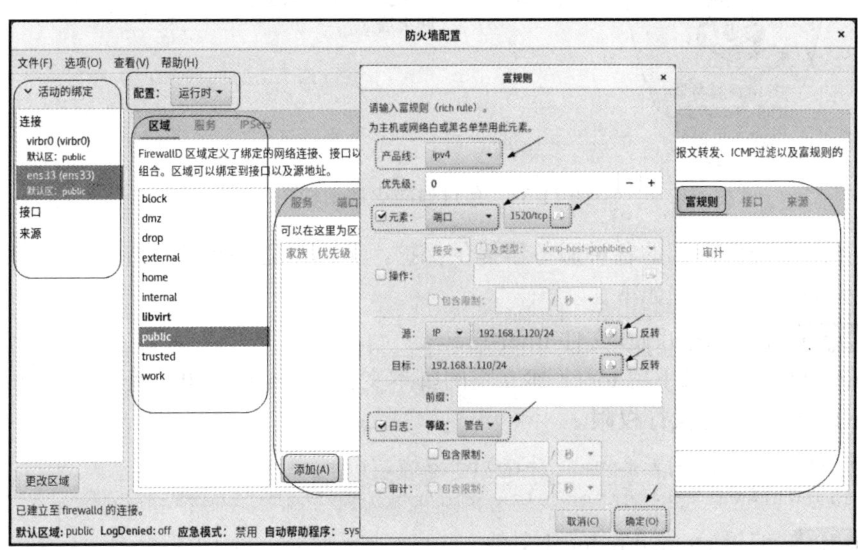

图 11-33　设置富规则

11.5　技能训练

11.5.1　课堂训练

天一电子产品研发中心经常需要将内网中的信息发往外网，而且内网中的三台服务器需要对外提供服务，考虑到系统的安全性，需要在网络中架设 iptables 防火墙来保证内网资源的安全，其结构如图 11-34 所示。

课堂任务 11-1

在图 11-34 所示的企业网络拓扑结构中，将内部网段 192.168.80.0/24 与 Internet 隔离，在内部网络和 Internet 之间配置包过滤防火墙，防火墙的内网接口是 eth1 或 ens38（198.168.80.254），防火墙的 Internet 接口是 eth0 或 ens33（198.199.37.254）。保证内网中三台服务器能够对外提供服务。三台服务器的 IP 地址分别如下。

- WWW 服务器：IP 地址为 198.168.80.251。
- FTP 服务器：IP 地址为 198.168.80.252。
- E-mail 服务器：IP 地址为 198.168.80.253。

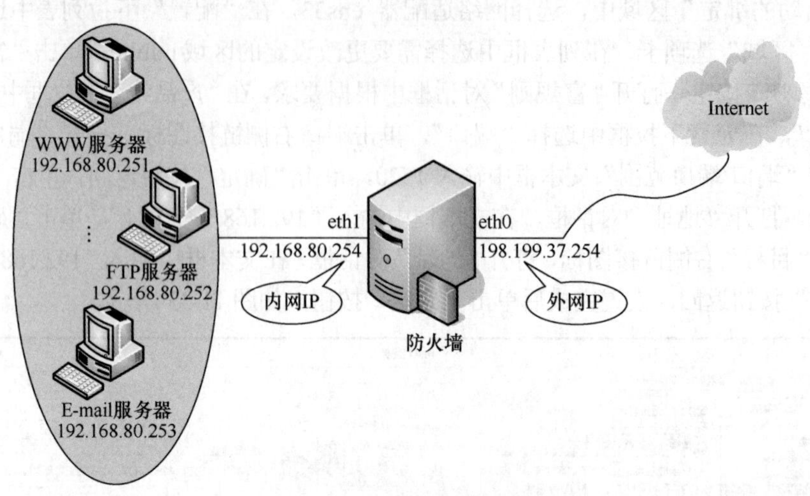

图 11-34 包过滤防火墙结构图

本任务主要是对内部的各种服务器提供保护，下面采用编辑并执行可执行脚本的方法建立此防火墙。具体过程如下。

STEP 01 建立空的脚本文件 filter-firewall

首先在/etc/rc.d/目录下用 touch 建立空的脚本文件 filter-firewall，然后执行 chmod 命令修改 filter-firewall 的可执行权限。

```
[root@TIANYI ~]# touch /etc/rc.d/filter-firewall
[root@TIANYI ~]# chmod u+x /etc/rc.d/filter-firewall
```

STEP 02 编辑/etc/rc.d/rc.local 文件

编辑/etc/rc.d/rc.local 文件，在末尾加上/etc/rc.d/filter-firewall 以确保开机时能自动执行该脚本。

```
[root@TIANYI ~]# echo "/etc/rc.d/filter-firewall" >> /etc/rc.d/rc.local
```

STEP 03 编辑/etc/rc.d/filter-firewall 文件

接下来使用 vi 文本编辑器编辑/etc/rc.d/filter-firewall 文件，插入如下内容（用户输入脚本内容是可以省略所有的注释）。

```
# !/bin/bash
echo "Starting iptables  rules…"                       #在屏幕上显示信息
echo "1" > /proc/sys/net/ipv4/ip_forward                #开启内核转发功能
IPTABLES=/sbin/iptablesables                            #定义 iptables 变量
WWW-SERVER=198.168.80.251                               #定义 WWW-SERVER 变量
FTP-SERVER=198.168.80.252                               #定义 FTP-SERVER 变量
EMAIL-SERVER=198.168.80.253                             #定义 EMAIL-SERVER 变量
IP_RANGE="198.168.80.0/24"                              #定义 IP_RANGE 变量
iptables -F                                             #刷新所有的链的规则
iptables -P FORWARD DROP     # 禁止转发任何包，即设置 FORWARD 链的策略为 DROP
#下面具体设置服务器的包过滤规则：
# 1.针对来自 Internet 的数据包建立过滤规则
#（1）WWW 服务的过滤规则：服务端口为 80，采用 tcp 或 utp 协议，规则为：eth0=>允许目的为内部网 WWW 服务器的数据包
iptables -A FORWORD -p tcp -d $WWW-SERVER -dport www -i eth0 -j ACCEPT
```

```
    # (2) FTP 服务的过滤规则：服务端口包括：命令端口 21，数据端口 20；FTP 服务采用 TCP，规则为：eth0=>允许目的为内部网 FTP 服务器的数据包
    iptables -A FORWORD -p tcp -d $FTP-SERVER -dport ftp -i eth0 -j ACCEPT
    # (3) E-mail 服务的过滤规则：包含两个协议，一个是 smtp，另一个是 pop3，出于安全性考虑，通常只提供对内的 pop3 服务，所以在这里只考虑针对 smtp 的安全性问题，smtp 端口 25，采用 TCP 规则为：eth0=>允许目的为内部网 E-mail 服务器的 smtp 请求
    iptables -A FORWORD -p tcp -d $EMAIL-SERVER -dport smtp -i eth0 -j    ACCEPT
    # 2.针对 Intranet 客户设置过滤规则
    # 本例中防火墙位于网关的位置，所以主要是防止来自 Internet 的攻击，不能防止来自 Intranet 的攻击，假如网络中的服务器都是基于 Linux 的，也可以在每一部服务器上设置相关的过滤规则来防止来自 Intranet 的攻击，对于 Internet 对 Intranet 客户的返回包，定义如下规则
    # (1) 允许 Intranet 客户采用被动模式访问 Internet 的 FTP 服务器
    iptables -A FORWORD -p tcp -s 0/0 -sport ftp-data -d $IP_RANGE -i eth0
  -j ACCEPT
    # (2) 接受来自 Internet 的非连接请求 tcp 包
    iptables -A FORWORD -p tcp -d 198.168.80.0/24 ! -syn -i eth0 -j ACCEPT
    # (3) 接受所有 udp 包，主要是针对 oicq 等使用 udp 的服务
    iptables -A FORWORD -p utp -d 198.168.80.0/24 -i eth0 -j ACCEPT
    # 3.接受来自整个 Intranet 的数据包过滤，定义如下规则
    iptables -A FORWORD -s 198.168.80.0/24 -i eth0 -j ACCEPT
    # 处理 IP 碎片：接受所有的 IP 碎片，但采用 limit 匹配扩展对其单位时间可以通过的 IP 碎片数量进行限制，以防止 IP 碎片攻击
    iptables -A FORWORD -f -m limit --limit 100/s --limit -burst 100 -j
  ACCEPT
    # 说明：对不管来自哪里的 IP 碎片都进行限制，允许每秒通过 100 个 IP 碎片，该限制触发的条件是 100 个 IP 碎片
    # 设置 icmp 包过滤：icmp 包通常用于网络测试等，故允许所有的 icmp 包通过，但是黑客常常采用 icmp 进行攻击，如 ping of death 等，所以采用 limit 匹配扩展加以限制
    iptables -A FORWORD -p icmp -m limit --limit 1/s --limit -burst 100
  -j ACCEPT
    # 说明：对不管来自哪里的 icmp 包都进行限制，允许每秒通过一个包，该限制触发的条件是 10 个包
```

STEP 04 执行脚本，使配置立刻生效

```
[root@TIANYI ~]# /etc/rc.d/filter-firewall
```

通过执行上面的脚本，建立了一个相对完整的防火墙。该防火墙只对外开放了有限的几个端口，同时提供了客户对 Internet 的无缝访问，并且对 IP 碎片攻击和 icmp 的 ping of death 提供了有效的防护手段。

课堂任务 11-2

某企业的网络拓扑结构如图 11-35 所示，在该企业网络中，需要完成以下任务，首先需要保证企业内部的客户机能够通过网关服务器接入到互联网；其次，互联网上的用户可以访问企业内部网络中的 Web 服务器；接下来，要设置只允许 172.16.1.0/24 网络中的计算机能 ping 网关服务器和 Web 服务器；最后，设置网关服务器和 Web 服务器可使用 SSH 远程登录的方式进行运维管理，但又只允许 172.16.1.10 主机通过 12345 端口进行登录。

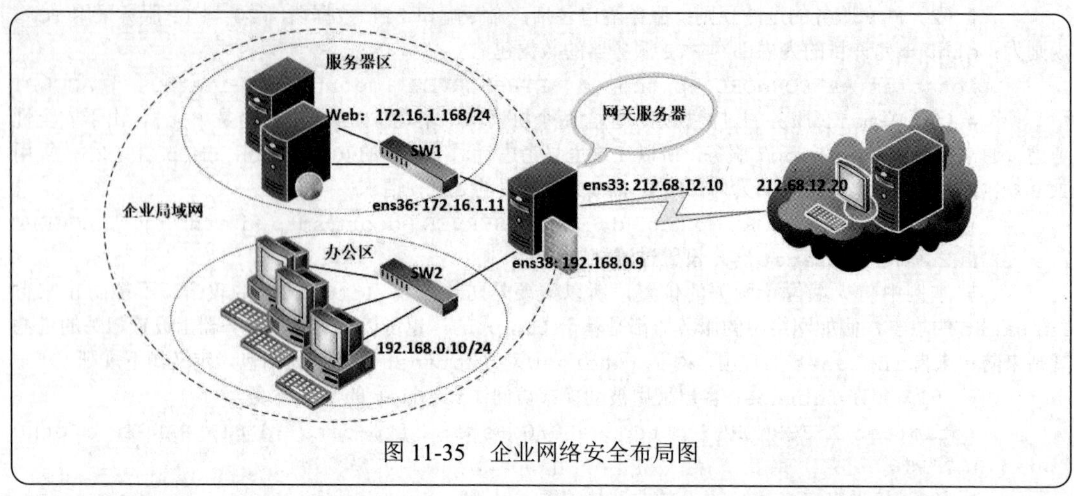

图 11-35　企业网络安全布局图

STEP 01 构建网络环境

在网关服务器上添加两块网卡，使之具有 3 块网卡（ens33、ens36 和 ens38），将这 3 块网卡分别连接到企业内部网办公区、企业内部网服务器区和互联网（外部网），规划它们所属区域，并配置相应的参数，区域规划与配置参数如表 11-7 所示。

表 11-7　区域规划与配置参数

网关服务器网卡区域	网关服务器网卡配置	与之相连网卡的配置	备注
external 区域	ens33:212.68.12.10	ens33：212.68.12.20	互联网（外部网）区
dmz 区域	ens36:172.16.1.11	ens33：172.16.1.168	企业内部网服务器区
trusted 区域	ens38:192.168.0.9	ens33：192.168.0.10	企业内部网办公区

配置网卡参数时，要查看网卡配置文件事发后存在，如果没有，可参考【任务案例 11-6】中的 STEP 01 先查看再进行添加。

① 配置 ens33 网卡的 IP、网关和 DNS 等。

```
[root@TIANYI ~]# vi /etc/sysconfig/network-scripts/ifcfg-ens33
……
BOOTPROTO=static                    //设置为静态 IP 地址
IPADDR=212.68.12.10                 //设置连接互联网网卡的 IP
NETMASK=255.255.255.0               //设置子网掩码
GATEWAY=212.68.12.1                 //设置企业网络网关
DNS=222.246.129.80                  //设置本地 DNS 服务器地址
……
```

② 配置 ens36 网卡的 IP，无须配置网关和 DNS。

```
[root@TIANYI ~]#vi /etc/sysconfig/network-scripts/ifcfg-ens36
……
BOOTPROTO=static                    //设置为静态 IP 地址
IPADDR=172.16.1.11                  //设置连接企业网网络服务器网卡的 IP
NETMASK=255.255.255.0               //设置子网掩码
……
```

③ 配置 ens38 网卡的 IP，无须配置网关和 DNS。

```
[root@TIANYI ~]#vi /etc/sysconfig/network-scripts/ifcfg-ens38
```

```
……
BOOTPROTO=static                            //设置为静态 IP 地址
IPADDR=192.168.0.9                          //设置连接企业网办公区网卡的 IP
NETMASK=255.255.255.0                       //设置子网掩码
……
#service network restart                    //重启网络服务
#ifconfig                                   //查看本机地址
```

STEP 02 配置企业内部服务器

（1）配置 Web 服务器的网卡 ens33 的参数

```
[root@TIANYI ~]# vi /etc/sysconfig/network-scripts/ifcfg-ens33
……
BOOTPROTO=static                            //设置为静态 IP 地址
IPADDR=172.16.1.168                         //设置连接互联网网卡的 IP
NETMASK=255.255.255.0                       //设置子网掩码
GATEWAY=172.16.1.11                         //设置网关
……
# service network restart                   //重启网络服务
```

（2）安装 apache 服务

接下来在内部网络的 Web 服务器（IP 为 172.16.1.168）上配置好 WEB 服务。

```
#yum -y install httpd                       //安装 httpd 服务软件包
#systemctl start httpd                      //启用 httpd 服务
#echo "我的 firewalld 配置测试" > /var/www/html/index.htm //创建网站的测试
                                                          //首页
```

STEP 03 配置 Firewalld 规则（网关服务器配置）

（1）配置每个网卡设置对应的区域

```
#firewall-cmd --set-default-zone=external           //设置默认区域
#firewall-cmd --change-interface=ens38 --zone=trusted
                                           //将 ens38 添加到 trusted 区域
#firewall-cmd --change-interface=ens36 --zone=dmz //将 ens36 添加到 dmz 区域
#firewall-cmd --reload                              //重新加载防火墙
#firewall-cmd -get-active-zones                     //查看当前区域配置
```

（2）配置企业内部网站服务器通过 SSH 的 12345 端口来管理

① 配置内部网站服务器。

```
vim /etc/ssh/sshd_conf
……
Port 12345                          //去掉前面的“#”号，端口修改为 12345
……
```

② 验证、加端口验证。

```
#ssh root@172.16.1.168                      //无法通过验证
#ssh root@172.16.1.168 -p 12345             //无法通过验证
```

③ 配置 setenforce 和防火墙策略，让 12345 端口可用。

```
#setenforce 0                               //先关闭 setenforce 服务
#systemctl restart sshd                     //重启服务
#firewall-cmd --add-port=12345/tcp          //设置防火墙策略，让端口 12345 可用
#ssh root@172.16.1.168 -p 12345             //此时可以通过验证
```

（3）配置网关服务器均通过 SSH 的 12345 端口来管理

① 配置网关服务器 firewalld。

```
#firewall-cmd --add-port=12345/tcp
#firewall-cmd --add-port=12345/tcp --zone=dmz
#firewall-cmd --add-port=12345/tcp --zone=trusted
```

② 企业内部（互联网）服务器启动 HTTP 协议。

```
#firewall-cmd --add-service=http
```

③（企业内网和互联网）服务器拒绝来自任何位置的 ping。

```
firewall-cmd --add-icmp-block=echo-request
```

验证网关服务器，可以发现网关服务器拒绝来自互联网上的 ping（及 ping 不通）。

验证公司内网服务器。

验证互联网服务器。

（4）公司内部主机通过网关服务器共享上网（SNAT）

① 开启网关服务器的路由转发功能。

```
#echo "1" > /proc/sys/net/ipv4/ip_forward
```

② 为 external 添加富规则，允许来自内网的流量访问外网。

```
#firewall-cmd --add-rich-rule='rule family=ipv4 source address=172.16.
1.0/24 masquerade'
```

③ 验证。

```
#ping www.baidu.com
```

（5）互联网用户通过网关服务器访问企业内部网站服务器（配置 DNAT）

为 external 区域添加端口转发，允许外网访问某一个特定地址的 80 端口的请求转发到企业内部服务器上。

① 配置网关服务器的 ens38。

```
#vim /etcsysconfig/network-scripts/ifcfg-ens38
……
IPADDR1=212.68.12.10
NETMASK=255.255.255.0
IPADDR2=212.68.12.17
NETMASK=255.255.255.0
……
```

② 添加富规则。

```
#firewall-cmd --add-rich-rule='rule family=ipv4 destination address=212.
68.12.10/24 forward-port port=80 protocol=tcp to-addr=172.16.1.168' --zone=
external    //这里的 212.68.12.10/24 代表所有 10 段的地址都转到企业内部服务器上
```

③ 验证，在互联网服务器上通过网关服务器的 IP 地址转发到企业内网服务器上。

```
#Curl http://172.16.1.168
我的 firewalld 配置测试
```

11.5.2 课后训练

|课后训练 11-1| 假设某单位租用 DDN 专线上网，网络拓扑参考课堂训练中的图 11-22。iptables 防火墙的 ens33 接口连接外网，IP 地址为 222.206.160.100；ens38 接口连接内网，

IP 地址为 192.168.1.1。假设在内网中存在 Web、DNS 和 E-mail 三台服务器，这三台服务器都有公有 IP 地址，其 IP 地址如图 11-22 所示。设置防火墙规则加强对内网服务器的保护，并允许外网的用户可以访问此三台服务器。

|课后训练 11-2| 假设某企业网中 NAT 服务器安装了双网卡，ens33 连接外网，IP 地址为 222.206.160.100；ens38 连接内网，IP 地址为 192.168.0.1。企业内部网络 Web 服务器的 IP 地址为 192.168.1.2。要求当 Internet 网络中的用户在浏览器中输入 http://222.206.160.100 时，可以访问到内网的 Web 服务器。

|课后训练 11-3| 假设某企业网中 A 机器安装了两块网卡 ens33(192.168.0.173)和 ens38(192.168.100.1)。ens33 可以上外网，ens38 仅仅是内部网络，B 机器只有 ens33（192.168.100.3）网卡，和 A 机器 ens38 可以通信互联。现在需要使用 firewall-cmd 命令配置 NAT 让 B 机器可以连接外网、进行端口转发（通过 A:1122 连接 B:22）。

11.6 总结提高

本项目首先介绍了防火墙的工作原理、NAT 的工作原理和 iptables 软件包的安装方法，iptables、firewall-cmd 的命令格式及配置方法，然后着重训练了包过滤防火墙的配置技能，最后训练了大家使用 iptables 和 firewalld 实现 NAT 的技能等。

防火墙是目前网络安全中应用最为广泛的服务之一，它的功能非常强大，随着读者学习的深入和对防火墙应用的熟练，更能体会到这一点。

通过本项目的学习，你的收获怎样？请认真填写学习情况考核登记表（表 11-8），并及时予以反馈。

表 11-8　学习情况考核登记表

序号	知识与技能	重要性	自我评价					小组评价					老师评价				
			A	B	C	D	E	A	B	C	D	E	A	B	C	D	E
1	会安装 iptables 软件包	★★★															
2	会启动、停止、重启防火墙	★★★☆															
3	能分析数据包的传输过程	★★★★☆															
4	能正确分析 iptables 和 firewall-cmd 命令格式	★★★★															
5	会设置各类过滤规则	★★★★★															
6	会配置防火墙	★★★★★															
7	会配置 NAT	★★★★															
8	能完成课堂训练	★★★☆															

说明：评价等级分为 A、B、C、D 和 E 共 5 等。其中，对知识与技能掌握很好，能够熟练地完成使用 iptables 配置防火墙和 NAT 为 A 等；掌握了 75%以上的内容，能较为顺利地完成任务为 B 等；掌握 60%以上（基本掌握）的内容为 C 等；基本掌握为 D 等；大部分内容不够清楚为 E 等。

项目 12

综合案例

——泰德公司局域网设计与实现

学习指导

教学目标 ☞

知识目标

了解局域网的基本概念

了解局域网的组成

了解中小型企业局域网拓扑结构的设计

掌握局域网服务器的配置方法

掌握局域网客户端的配置方法

技能目标

会绘制中小型企业局域网拓扑结构

能配置服务器基本工作环境

会配置企业局域网所需的 DNS、DHCP、FTP、WWW、VPN、防火墙等服务

会配置相关服务的客户端

会解决配置与管理中所出现的各类问题

素质目标 ☞

培养认真细致的工作态度和工作作风

养成刻苦、勤奋、好问、独立思考和细心检查的学习习惯

能与组员精诚合作，能正确面对他人的成功或失败

具有一定的自学能力和创新意识

建议课时 ☞

教学课时：理论学习 2 课时+教学示范 4 课时

技能训练课时：课堂模拟 4 课时+课堂训练 6 课时

综合案例——泰德公司局域网设计与实现

本项目内容请扫左侧二维码学习

参 考 文 献

陈祥琳，2014．Linux 从入门到精通[M]．2 版．北京：人民邮电出版社．

董良，宁方明，2012．Linux 系统管理[M]．北京：人民邮电出版社．

李晨光，2012．Linux 企业应用案例精解[M]．北京：清华大学出版社．

刘遄，2017．Linux 就该这么学 [M]．北京：人民邮电出版社．

鸟哥，2012．鸟哥的 Linux 私房菜——服务器架设篇[M]．3 版．北京：人民邮电出版社．

夏笠芹，谢树新，2013．Linux 网络操作系统配置与管理[M]．大连：大连理工大学出版社．

谢树新，2011．Linux 网络服务器配置与管理项目教程[M]．2 版．北京：科学出版社．

杨云，林哲，2019．Linux 网络操作系统项目教程（RHEL 7.4/CentOS 7.4）[M]．3 版．北京：人民邮电出版社．

张栋，黄成，2010．Linux 服务器搭建实战详解[M]．北京：电子工业出版社．

张同光，陈明，李跃恩，2014．Linux 操作系统（RHEL 7/CentOS 7）[M]．北京：清华大学出版社．